媒介视域下的时尚史

徐玲英 著

上海人民出版社

国家社科基金后期资助项目
出版说明

后期资助项目是国家社科基金设立的一类重要项目，旨在鼓励广大社科研究者潜心治学，支持基础研究多出优秀成果。它是经过严格评审，从接近完成的科研成果中遴选立项的。为扩大后期资助项目的影响，更好地推动学术发展，促进成果转化，全国哲学社会科学工作办公室按照"统一设计、统一标识、统一版式、形成系列"的总体要求，组织出版国家社科基金后期资助项目成果。

全国哲学社会科学工作办公室

图 0-1　麦当娜"锥形胸衣"造型

图 2-3　伊丽莎白一世的画像，约 1585 年

图 2-4　伦勃朗的《一个女人的肖像》,1632 年

图 2-5　范·戴克的《斯图尔特勋爵兄弟》，1638 年

图 2-7 《淑女杂志》刊登的伦敦时尚步行裙,1812 年 7 月

图 2-8 《戈迪女士之书》的时尚版画，1832 年 1 月

图 2-12　贝纳巴雷的《施洗者圣约翰》，约 1470—1480 年

图 3-4 《婚纱》,《女士时尚杂志》,1834 年 6 月

图 3-10 《好莱坞华裔女星黄柳霜》，斯泰肯摄，1931 年

图 3-33　欧仁妮皇后穿着沃思设计的礼服，约 1853 年

图 3-36　夏帕瑞丽的“龙虾裙”

图 3-37　迪奥的“新风貌”

图 4-2　蕾哈娜“主教冠冕”造型

COUTURE SPRING

SOFT AT NIGHT

SAINT LAURENT

No. 29: A beautiful evening pants look—pants for evening still good—emerald gabardine, with emerald print chiffon halter, flared jacket of silk crêpe printed in Oriental flowers.

Pants, Gandini wool gabardine. Halter and jacket, Abraham fabric. Turnout, to order at I. Magnin.

CHANEL

No. 14: Pyjama of flower-print chiffon—to wear over No. 19 perfume and nothing else. Wrapped blouse, wide clingy pants—all pinks, blues, greens.

Staron fabric. Coif by Alexandre.

LANVIN

No. 28: White crêpe de Chine. The soft pullover top, the long bias pull-on skirt—a glimpse of bare midriff between. Goes all the way with Via Lanvin—a brand-new perfume.

Abraham silk.

162

图 4-11 《时尚》插画，大卫·贝利拍摄，安东尼奥·洛佩兹绘图，1973 年 3 月

图 5-3 “钢雕女士”,《戈迪女士之书》,1840 年

图 5-4　吉布森创作的标志性吉布森女孩肖像

序

童　兵

《媒介视域下的时尚史》是作者八年教学实践和学术研究的综合成果，该书从媒介视角对时尚史作了较为系统的考察和梳理，是一项下了很大功夫的研究成果，在一定程度上填补了国内该领域的研究空白，为新增的专业学科——时尚传播的发展提供了较系统的研究支撑。

作者熟练运用文化研究、传播学、符号学和历史学等理论，以媒介为视域，重构了时尚史。作者基于多年的时尚传播教学及研究，结合媒介研究与时尚研究的跨界所长，将媒介技术发展与时尚史撰写结合起来，在媒介视域下，以“具身”媒介—大众媒介—数字媒介作为时尚史分期的参照标准，书写了从14世纪中期时尚诞生，至21世纪当代时尚发展状况的完整历史，梳理了时尚从古典、现代到后现代的变迁过程，以翔实的时尚史料，近200幅不同历史时期的时尚图片，图文并茂地再现了时尚在风格及文化两个层面的历史变迁。

该书为我们理解时尚提供了新的视角，作者将媒介视作时尚发展的一种制度性力量，从媒介关键技术的连续发展，即书写—印刷—电子—数字技术的角度来梳理时尚的发展历史，探求时尚是如何从古典时期对服装“新颖性”的追求，逐步演变成为现代社会的一种“普遍信仰”，审视数字媒介催生的媒介化社会对时尚系统的全方位渗透与影响。同时，作者从媒介技术入手，清晰地构建出古典、现代及后现代三个历史时期的时尚传播模式——古典时尚的“中心涟漪化扩散”模式、现代时尚的“多寡头大众化传播”模式以及后现代时尚的“多元融合化涌现”模式，模式简洁、直观且具有较强说服力，对总体把握时尚传播的特征有极强的概括作用。

该书的一个突出创新点是将时尚史置于物质与符号的双重体系下考察，弥合了以往研究将时尚生产与消费割裂的情况。作者认为，时尚作为现代社会的“神话”是基于消费的符号化和象征性的，因此必须把时尚生产-消费视作一个整体，重点关注它的双重性——即作为物的时尚与作为符号的时尚——如何经由媒介的“中介”或“媒介化”而得以贯通形成动态循环。为更深入分析时尚双重性的动态循环，作者研读了大量时尚史、社会史、媒介史及文化史等相关资料，辅之以服饰史翔实的一手资料，使理论阐释获得翔实可信的史料支撑，提升了该研究作为专业史研究的质量。

以媒介为视域重构的时尚史，该书超越了以往将时尚史单纯视作服饰变迁史的书写，更关注时尚文化史的形成，在考察服饰风格的更替变迁之外，重点探究媒介中介下时尚符号的“自然化”(naturalization)历史，剖析时尚媒介是如何建构并表征时尚意识形态，并进而成为现代社会一种普遍意识形态的。这样的跨界研究，显示出作者具有宽阔的国际学术视野，以问题探究为导向，提供了理解时尚的一种新视角；同时，将时尚作为一种社会建构理念，完整呈现了从14世纪诞生到成为现代社会的一种普遍意识形态的时尚文化史，显示该项研究整体结构颇为宏大，但层次清晰，理论分析与实证材料相互映照，具有较高的学术价值。

该书充分使用历史图片，并通过模型建构、表格图示等方式，将错综复杂的服饰变迁、媒介变迁以及时尚符号变迁表达得直观又清晰，将理论阐释与史料呈现相互映衬，历史资料与当下案例融汇比照，兼容了生动可读与学术深度。2020年，教育部将时尚传播（专业代码：050308T）列入新闻传播学类本科专业目录，时尚传播成为一级学科“新闻传播学”下新增的专业，本书的出版能及时满足新设置专业的教学实践所需，对新增专业的教学及基础性研究具有支撑作用。

（作者为复旦大学文科资深教授）

目　　录

图表目录

第三章

第五章

导论　媒介视域下的时尚史

时尚从诞生之日起就与传播密不可分，媒介在时尚的制度化及其转型中具有深刻影响力。以媒介为视域重构时尚史，首先要以一种新的视角——将媒介视作时尚发展的一种制度性力量，从媒介关键技术的连续发展，即书写—印刷—电子—数字技术的角度来梳理时尚历史，从时尚的表征及修辞变迁中，探求时尚是如何从古典时期对服装“新颖性”的追求，逐步演变成为现代社会的一种“普遍信仰”，审视时尚与媒介作为社会的两个子系统，从共生关系逐步演变为渗透与竞争关系的历史演变；其次，作为现代社会的一个“神话”，时尚建立在消费的符号化和象征性基础上，为弥合以往时尚史研究将时尚生产与消费割裂的情况，必须把时尚生产-消费视作一个整体，重点关注它的双重性——即作为物的时尚与作为符号的时尚——如何经由媒介“中介”或“媒介化”而得以贯通形成动态循环。根本而言，不应单纯视时尚史为服饰的变迁史，其也是时尚文化的形成史。时尚史除考察服饰的更替变迁外，还应探究时尚符号的“自然化”(naturalization)历史。罗兰·巴特曾说时尚表述至少包含两个信息系统，一是特定的语言系统，二是“服饰”系统(具体的服装)，两者不可截然分开①，前者将后者“自然化”后成为一种时尚意识形态对人们的日常生活形成影响。时尚媒介构建并表征了时尚意识形态，服饰已不再仅是我们身体的“栖居之所”，从它被赋予意义那一刻起，服饰即转化为时尚并作为现代社会的一种普遍范式，将任何人都网罗其中，因此，时尚史应该被书写为经由媒介持续中介后物的生产-消费与符号的生产-消费的双重互动史。

一、时尚生产-消费的双重性

(一) 时尚史研究的两种路径

时尚史的研究存在两种路径的分野。一是将时尚视作一个全球化的产

---

① [法]罗兰·巴特：《流行体系》，敖军译，上海人民出版社2016年版，第25页。当同一参考文献被本书多次引用时，首次引用会提供完整的信息，而后续的引用只提供作者名称、文献名称和图书的具体页码。

业，聚焦于时尚产业的规模、效益以及产业发展史，用科技、经济及管理等学科理论来考察时尚产业的技术变迁、生产组织、产业分布等。譬如考察欧洲现代时尚的起源，就要推至英国的纺织工业革命，它既拉开了欧洲工业革命的序幕，同时也深刻改变了欧洲时尚史的进程，纺织技术的更迭使服装产业的生产组织方式发生巨变，尤其是作为工业革命产物的第一台缝纫机在18世纪中后期被发明①，工厂化生产逐步替代手工作坊，工业化催生标准化，生产效率得到极大提高，由此时尚从身份、权力象征的垄断型专享向消费能力基础上的市场交易制转变。另一则是将时尚作为消费文化的重要组成部分来考察，这往往与社会学、美学、文化研究等相关，将时尚视作物质文化的研究对象，对时尚的具体风格——譬如束身胸衣、马裤、拉夫领等进行研究，视作人类社会象征再现的重要组成部分，对这一再现的生产过程及其对人的心理行为的影响进行研究。此类研究往往散见于各种社会学、人类学、博物馆学、艺术史等著作中，较少以时尚史为专题来论述时尚的消费史或时尚符号史。

时尚史的书写应将上述两个层面贯通。以往，出于设计与美学理念的微观层面的考察，未曾有兴趣细究时尚从作坊式手工生产到工业化流水线生产，改变的不仅是锁纽扣的方式和效率——生产组织方式的改变是时尚作为一个整体的生产-消费模式的变迁，它使时尚的民主化得以可行，由此，时尚才有可能成为现代社会的一种普遍范式，影响社会文化、心理及审美等；时尚的工业化伴随着资本进入时尚产业，推动了时尚的品牌化、符号化及全球化，新的生产方式需要新的消费模式，也需要一种新的时尚意识形态，它既是社会文化变迁的重要组成部分，也是变迁的推动力之一。

（二）时尚的双重体系

法国哲学家让·鲍德里亚（Jean Baudrillard）在其学术生涯的开山之作《物体系》中，将物区分为功能性和符号性两个维度，前者对应的是物的实用性，后者对应的是物的象征性，人类对“物”的消费蕴藏着更深层的“符号”消费，现代及后现代社会的“物体系”通过一个模糊而共享的理念，使每个人通过消费寻求自己的独特性，催生出了个性化和整合程序携手同行的体系奇迹②。鲍德里亚的“物的两重性”启发我们要完整地考察时尚史，同样需要看到时尚商品背后蕴藏着的时尚符号，作为物的生产-消费的时尚与作为符

① C. Cockburn and S. Ormrod, *Gender and Technology in the Making*, London: Sage Publications Ltd., 1993.

② [法]让·鲍德里亚：《物体系》，林志明译，上海人民出版社2019年版，第166页。

号的生产-消费的时尚是不可分割的双重体系，只有从体系的视角才能理解时尚作为现代社会“神话”存在的可能性与意义，这也是时尚作为人类社会特有的一种对物的占有形式，在从古典社会向现代社会转型中凸显出来的现代性。

时尚符号贯通了时尚生产-消费的两个体系，媒介是构建及传播时尚符号体系的主力。时尚以“新颖性”为根本原则，这使其从诞生之日起就仰赖媒介的“创新传播”，将媒介视作手段，为时尚提供传播的资源、手段与知识。以“红底高跟鞋”为例，作为时尚史上最知名的风格及符号，其诞生与路易十四（Louis XIV, 1638—1715）有关，这位在位长达72年的君主，被视作宫廷时尚的代表人物，脚穿“红底高跟鞋”的“太阳王”的形象，通过芭蕾舞剧、宫廷巡游、肖像画等“具身”媒介（embodied communication）表征；同时，每周两期的《法兰西公报》（*La Gazette*）和每月一期的《文雅信使》（*Le Mercure Galant*），也是“制造路易十四”时尚形象的重要载体[①]，媒介扩散了凡尔赛宫作为时尚策源地的影响力，也将“太阳王”钟爱的“红底高跟鞋”构建成了权力与阳刚之气的表征符号。19世纪末发生了著名的“男性大放弃”（The Great Masculine Renunciation）[②]，时尚成为女性丧失公共领域后的一种补偿性回报，维多利亚时代的时尚意识形态将高跟鞋与女性自恋、轻浮甚至是滥交联系在一起，直至经过20世纪两次女权主义运动重新改写时尚意识形态，著名时尚品牌“克里斯蒂安·鲁布托”（Christian Louboutin）的“红底高跟鞋”才被赋予了女性魅力、财富及独立的内涵。

图0-1　麦当娜“锥形胸衣”造型

时尚符号体系的演变以媒介为中介贯穿整个时尚史，其演化过程既是一部时尚生产史，也是一部时尚文化史。紧身胸衣在18—19世纪与妇女的

---

① ［英］彼得·伯克：《制造路易十四》，郝名玮译，商务印书馆2015年版，第24—25页。

② J. C. Flügel, “The Great Masculine Renunciation,” *The Rise of Fashion: A Reader*, Minneapolis, MN: University of Minnesota Press, 2004, pp.103—108.

道德约束绑定，20 世纪初时被融合进“新女性”（New Woman）的运动装设计而成为追求解放的象征。在 1990 年美国流行巨星麦当娜（Madonna）的全球巡回演唱会现场，著名设计师保罗·高缇耶（Paul Gaultier）设计的锥形胸衣成为麦当娜惊世骇俗的舞台造型之一（见图 0-1）。锥形胸衣又被解读为现代女性对传统的叛逆与挑衅，是女性自主处置身体的权力象征。如果仅从设计或美学的角度来考察时尚变迁，紧身胸衣也能给我们提供一部生动的内衣变迁史——从鲸鱼骨到钢托的使用，从棉麻到人造纤维，以及必然包含的各种缝纫技术及紧身效果等。媒介视域有助于我们看清时尚风格变迁背后的技术与文化的变迁史，时尚作为社会的一个子系统，这种变迁同样也是社会意识形态变迁的重要体现。

二、媒介的“中介”及“媒介化”

（一）“媒介”与“中介”

雷蒙·威廉斯[①]在梳理“媒介”（media）与“中介”（mediation）两个关键词时指出，“媒介”一词源自拉丁文，最早于 16 世纪末开始被引入英文，从 17 世纪初起，具有“中介”或“中介物（机构）”的意义，18 世纪时就有了与报纸相关的传统用法，到 19 世纪，“媒介”作为一个复数名词得到较为广泛的使用，20 世纪初期，把报纸描述为广告媒介变得很常见，到 20 世纪中期时，当广播和新闻报刊普及时，媒介也成了通用词，因此，“媒介”有如下三层含义：

(i) 最初的普遍意义指“中介”或“中介物”（机构）；

(ii) 专指媒介技术，譬如强调印刷与声音、视觉作为媒介的区别；

(iii) 资本主义层面，如报纸或广播等被视为广告的媒介。

由上可知，“中介”一词可视作“媒介”最原初的含义与功能，但威廉斯也指出“中介”定义复杂，且由于在多个现代思想体系里，它都被当成一个关键词来使用，因而更增其复杂性。“中介”一词最早包含了“分成两半”“占据一个中间位置”以及“充当中介”三种含义。“中介”的一般用法中，第一种是被反复用于基督在神与人之间的调解，以及在政治上调和或试图调和对手的行为；第二种则涵盖“中介物（机构）”，指从物质上的接触到心灵上的沟通所依赖的。因此，“中介”一词具有强烈的哲学意味，指在上帝与人之间，在精神与世界之间，在思想与对象之间，在主体与客体之间。随着大众媒介的制度化，“中介”一词的负面意思逐渐出现在“真实的”（real）与“中介的”（me-

① Williams, Raymond, *Keywords: A Vocabulary of Culture and Society*, London: Oxford University Press, 2014, pp.151—154.

diated)的关系对比中，特指经由媒介“中介”后被“蒙蔽”了的世界。利文斯顿据此，将“中介”梳理为三个层面的含义，首先是在政治行动中的调和者角色，其次是使原本分离的各方产生联系的连接者角色，再次是将一种无以名状的关系以正式的方式直接表达的一种形式①。

（二）“媒介化”

相对于英国文化研究学者对于“中介”一词的开拓性研究，“媒介化”(mediatization)成为近年来欧陆学者为定位传播沟通行动与社会过程和环境的互动关系的一个“关键词”②。“媒介化”最早被用于政治传播的研究中，用以表达政治体系日益受到大众媒介报道的影响，并自我调节以适应媒介所需，随着“媒介化”理论的扩展，逐渐延伸至宗教媒介化、游戏媒介化、科学媒介化、惯习媒介化等研究领域，强调随着媒介成为一种半独立的社会机构(semi-independent institution)，对于一切社会机制及其关系都有着根本性的影响，呈现媒介逻辑(media logic)是如何塑造社会中产生并流通的知识储备，将媒介变化与更宏观的社会变革理论相联系。但施蒂格·夏瓦(Stig Hjarvard)也在其《文化与社会的媒介化》一书中强调③，虽然文化和社会越来越依赖媒介及其逻辑，但“媒介化”并不是所有社会均存在的普遍过程，它主要存在于20世纪末期高度工业化与全球化的后现代社会中。W·舒尔茨(W. Schulz)将“媒介化”总结为四个过程：延展性(extension)——媒介技术延展了人类沟通及传播的界限；替代性(substitution)——媒介部分或完全替代了社会行动以及社会机构；融合性(amalgamation)——媒介行动与非媒介行动的界限日趋模糊，媒介渗透至越来越多的日常生活及其他专业领域；适应性(accommodation)——不同专业领域的组织或个人必须遵循媒介逻辑，以适应媒介不断增强的影响力④。

媒介的“中介”与“媒介化”是两种媒介研究视角。“中介”更强调传播过程本身，“检视制度化的传播媒介，譬如报纸、广播、电视等，所涉及的符号在社会生活中流通的过程”⑤，聚焦于特定社会语境下的某种具体媒介的传

① Livingstone, S., “On the Mediation of Everything,” *Journal of Communication*, 59(1) 2009b.

② 唐士哲：《重构媒介？——“中介”与“媒介化”概念爬梳》，《新闻学研究》2014年第10期。

③ ［丹］施蒂格·夏瓦：《文化与社会的媒介化》，刘君等译，复旦大学出版社2021年版，第13—25页。

④ Schulz, W., “Reconstructing Mediatization As an Analytical Concept,” *European Journal of Communication*, 19(1)2004.

⑤ Silverstone, R., *Media and Morality: On the Rise of Mediapolis*, Cambridge, UK: Polity, 2007, p.109.

播，强调媒介技术与社会互为因果的关系，特定技术实现的媒介传播，既能够影响信息又能影响传受双方的关系。例如时尚通过大众杂志而不是肖像画来传递信息时，这既会影响时尚传播的形式与内容，同时时尚杂志的传播过程也改变了支撑此过程的时尚文化环境，改变了时尚追随者与时尚体系的关系，确立了以消费能力而非出身等级作为个体时尚品味[①]的判断标准。“媒介化”则指涉一个更长期的过程，用来研究媒介和不同社会机制或文化现象之间的结构性改变以及如何影响人类的想象力、关系和互动[②]，“媒介化”隐含社会与文化行动的核心成分(如：工作、休闲或游戏等)，逐渐披上媒介的形式[③]，主张媒介是各方社会旨趣交会的场域，且拥有配置特定文化象征资源的权力。

媒介化视域下的时尚史，促使我们注意到时尚发展史中媒介的力量，既有传播过程中的“中介”化力量，更注重长期的“媒介化”影响。媒介“场域”(field)可以观察媒介中介下时尚逐渐被建构为一个具有历史传承性的文化符号体系，从而与无序的流行区分开来；更可观察时尚作为极其依赖符号象征资源的一个社会与文化的子系统，“媒介化”对时尚持久而深刻的影响。媒介逻辑作为一种特定制度的、美学的和技术的形式逻辑，掌握了现代社会象征性符号资源的生产与分配，它引导并改变了时尚系统的运营。随着媒介化社会的到来，媒介逻辑不仅主导媒介内容或者传输过程的种种实践，更具有外延的社会影响性。它使得社会制度或社会及文化生活，因为揣测或仿真这套逻辑而产生转变[④]。这种持续的影响集中体现为现代及后现代时尚越来越将媒介逻辑视作自身生产-消费的核心逻辑，以适应一个“拟像化”或“景观化”的社会情境。因此，媒介视域既可给我们撰写过往的时尚史提供新视角，也能为当下后现代时尚发展提供前瞻性的分析视角，诸如时尚的虚拟化、“元宇宙”时尚秀、时尚 NFT 交易等，都预示了时尚逻辑在数字媒介逻辑的渗透下，正在经历的适应性变化。

(三) 媒介研究的新视角

“中介”或“媒介化”为媒介研究提供了新的理论角度。长久以来，媒介研究一直关注媒介内容与效果两部分，忽视了媒介本身。伊莱休·卡

---

① 全书的“时尚品味”一词均译自“taste”这个社会学词汇。

② [丹]施蒂格·夏瓦：《文化与社会的媒介化》，第 5 页。

③ S. Hjarvard, “From Bricks to Bytes: The Mediatization of A Global Toy Industry,” in Ib Bondebjerg and P. Golding eds., *European Culture and the Media*, Bristol, UK: Intellect Books, 2004, p.48.

④ 唐世哲：《重构媒介？——“中介”与“媒介化”概念爬梳》。

茨(Elihu Katz)认为自 1940 年拉扎斯菲尔德(Lazarsfeld)和斯坦顿(Stanton)正式在哥伦比亚大学为传播学"安家落户"后,在早期"有限效果范式"的基础上,媒介研究逐步分化成三种范式,分别是制度范式、批判范式及技术范式①。制度范式延续了实证研究的传统,将媒介视作"信息的提供者",着重研究媒介对受众的态度、行为和认知的效果。批判范式,将媒介视作建构政治和社会现实的力量,能定义合法和越轨的政治,塑造社会运动的形象等,媒体的霸权使命不是告诉我们该思考什么或如何思考,而是不该思考什么或不该如何思考。技术范式的源头则可推至哈罗德·伊尼斯(Harold Innis)关于莎草纸对埃及帝国扩张的影响,詹姆斯·凯瑞(James Carey)关于电报如何为美国商业创造了一个全球市场的研究,伊丽莎白·爱森斯坦(Elizabeth Eisenstein)分析印刷术对文艺复兴、宗教改革以及科学革命的影响,以及马歇尔·麦克卢汉(Marshall Mcluhan)在 1964 年提出的经典论断——媒介即讯息。卡茨认为技术范式与前两个范式不同,它跳出了传播学最初的"效果研究"范畴,关注一个更根本的问题,即表征主要媒介的基本属性可能会影响社会秩序,或者换句话说,媒体既会告诉我们如何思考又会告诉我们如何组织。媒介研究的三种范式折射出对"媒介"这一概念理解上的差异,约翰·彼得斯呼应了这种差异性,他认为 1850 年左右出现的电报可视为人类古老的"灵媒"(medium)的现代技术版本,意义需要通过中介才能被传递与理解,这个含义是通向 20 世纪"媒介"概念的基础,随着大众传媒(mass media)——报纸、广播、电视、电影等的兴起,"媒介"越来越被视为传送新闻、娱乐、广告等内容的渠道(channels),与此同时,传播(communication)的意义也日益局限于信息的发送与传递②。

本书在"媒介"概念上综合以上说法,即具体至某个特定历史时期或某种特定媒介形态时,强调媒介作为信息渠道对时尚的中介作用,而在时尚史的整体发展中,则是将媒介视作环境或生态,媒介化作为一种深刻而长久的力量对时尚形成系统性影响。同时,媒介的中介性是媒介最古老的特征,也是将媒介外延从大众媒介范畴解放出来的关键,正如雷蒙·威廉斯所言,在人类媒介发展史上,类似于广播这样的大众媒介其实在人类漫长的传播实践史上是一个例外。因此约翰·彼得斯也强调,今天当我们谈论媒介时,绝

① Katz, Elihu, "Communications Research since Lazarsfeld," *The Public Opinion Quarterly*, 51(1987).

② [美]约翰·彼得斯:《奇云:媒介即存有》,邓建国译,复旦大学出版社 2020 年版,第 54—57 页。

不能让人听起来好像 1900 年前或者 1800 年前，媒介从来不存在似的。①本书挣脱将媒介仅理解成“意义的传递手段”这一功能主义概念，时尚作为社会秩序的一种组织方式，应将一切对这种秩序有着重要影响的各种器具(devices)均视作“媒介”，在此前提下，才能从“具身”媒介—大众媒介—数字媒介的不间断发展中形成媒介视域下时尚史的古典—现代—后现代的不间断发展过程。

媒介研究的新视域及“中介”“媒介化”理论的发展为我们提供了一个书写时尚历史的广阔视域，时尚传播展开的历史即时尚发展的历史。本书并非要站在时尚与媒介的十字路口，做一个交叉研究，而是在媒介视域下重新书写时尚史，时尚作为现代社会的一种集体信仰或生活幻想，必须通过媒介“中介”才能实现，不同媒介技术形成的传播形态与模式促成了时尚在特定社会情境中的生产与消费模式。伊尼斯曾从加拿大的皮货贸易来考察该国的经济史，并创造性地提出了传播可以被视作帝国发展的一种基本原材料，将经济学与传播学结合起来形成一种新的历史分析模式②。因此，媒介应被视作某一特定社会的时间、空间及权力的组织者，媒介在时尚领域展开就形成了时尚史。在某种意义上，时尚的历史不仅是通过媒介呈现的，媒介表征本身就构成了时尚的历史，正如大航海时代的西班牙国王菲利二世(Felipe II de España，1527—1598)留下的一句警世名言：“任何人或物，只要没有被文献记录下来，就相当于不存在。”它精炼简明地道出了媒介既能描述世界，又能操纵世界的特征，即媒介“通过干预来表征，通过表征来干预”的特性③。

三、以媒介为视域重构时尚史

(一) 重构时尚变迁动力

以媒介为视域重构时尚史的首要目标是将时尚的发展变迁置于宏观的社会环境中去考察，重构时尚变迁的动力。1964 年麦克卢汉在《理解媒介》中提出了与时人截然不同的关于“媒介”的看法：媒介即讯息，媒介是人体的延伸。由此，媒介的外延从广播、电视、报纸等无限延伸至道路、货币、电灯、汽车等，他在看似夸张的比拟中，实是开拓了一种全新媒介观——将媒介提升到本体的地位，媒介是人们赖以栖居的环境。

① [美]约翰·彼得斯：《奇云：媒介即存有》，第 23 页。
② [加]哈罗德·伊尼斯：《帝国与传播》，何道宽译，中国人民大学出版社 2003 年版。
③ [美]约翰·彼得斯：《奇云：媒介即存有》，第 24 页。

麦克卢汉广延的媒介定义，提供了我们重构时尚变迁的动力。无论是古典社会学还是现代社会学，往往将时尚变迁动力局限于社会心理层面，譬如西美尔(Georg Simmel)、凡勃伦(Thorstein B. Veblen)等人提出的模仿说、炫耀说，或者赫伯特·布鲁默(Herbert Blumer)提出的“集体选择”机制。媒介视域为时尚变迁提供了一个宏观的角度。以20世纪初女性裤装的发展为例，自行车作为时尚的媒介，推动了时尚史上自“男性大放弃”之后最重大的转变。据时尚史专家詹姆斯·拉韦尔(James Laver)考证，早在1851年受人尊敬的布鲁姆夫人(Mrs Bloomer)到访英国时，就曾试图向欧洲女性推广一种不那么女性化的装束：一件简化版的紧身上衣(bodice)、一条长及膝盖的宽大裙子，内穿一条长及脚踝的灯笼裤(baggy trousers，见图0-2)。但这种适度的改良却受到了冷漠、嘲笑甚至谩骂，因为维多利亚中期的男性将女性“穿着裤装”视作对男性特权地位的挑战。作为一种时尚革新尝试，“布鲁姆运动”完全失败了，女性真正穿上“裤子”不得不等待了将近50年。自行车的发明使女性为了骑车而选择穿着“布鲁姆灯笼裤”(bloomers)，时尚媒介又鼓吹自行车运动是女性健康的一种必要运动。拉弗尔认为“布鲁姆运动”失败的原因在于她的尝试过于超前了，在重男轻女的时期两种性别的服装要尽可能地呈现出明显的差异性。但我们只看历史图片即可发现，这条“布鲁姆灯笼裤”并不是因为无法呈现性别差异而被拒绝，更多的是“裤装”作为一个时尚符号与维多利亚时代的性别意识形态相关联，但在媒介变革的力量下，这种关联同样可以被革新①。

图0-2　布鲁姆夫人的适度改良女装，约1850年

（二）重构时尚生产-消费体系

以媒介为视域重构时尚史，能够重新整合时尚生产与时尚消费，形成完

① ［英］詹姆斯·拉韦尔：《服装和时尚简史》，林蔚然译，浙江摄影出版社2016年版，第170—173页。

整的时尚史。通过古典时尚媒介——如时尚版画、宫廷肖像画、时尚玩偶等，既可梳理出古典时尚的物质形态，也可溯源时尚诞生之初的消费情境，为时尚文化的起源寻找到更具支撑力的历史资料，将时尚的制度化建设及其现代性转向置于广阔的社会环境中去理解。大众传媒时代的到来，尤其是时尚杂志在19世纪中期之后的蓬勃发展，使时尚的表征及话语体系开始形成，“巴黎女郎”（La Parisienne）经由法国时尚杂志的传播成为第一代具有国际影响力的时尚偶像，随后是由时尚插画家塑造的20世纪初的“新女性”代表——吉布森女孩（Gibson Girl），然后是20世纪30年代经由经典好莱坞电影的全球传播塑造出的明星时尚魅力等等。现代时尚体系背后的核心驱动力是消费欲望的再生产，时尚消费成为时尚产业体系的核心环节，时尚产业围绕着品牌化实现了符号的价值化，全球时尚品牌的背后是时尚话语权的分配与再生产，正如香奈儿（Chanel）的品牌标志（ ）的符号生产，与香奈儿的服装、鞋履、皮具等的商品生产既相连又分离，相连从经验层面可直接感知，但分离却需置于媒介视域才能理解。随着数字媒介时代的到来，新的传播方式与传播格局，能否继续保持这种分离又统一的体系，还未可知。时尚的生产-消费是否会越过物质形态，而演化为纯粹的虚拟性、想象性生产-消费，值得关注；当时尚从街头走向社交媒体时，数字技术带来的时尚生产-消费模式的变迁也是本书重点关注的焦点，虽然迄今无法得出明确的结论。

媒介视域下的时尚史，为我们提供了一个观察现代社会的新视角，即人类究竟通过何种程序和物产生关联，并由此建构起人的行为及人际关系系统。消费不再仅仅是一种功能性的满足，而要理解成一种建立关系的主动模式，而且这不只是人与物品之间的关系，还是人与集体和世界之间的关系，它是一种系统性活动的模式，也是一种全面性的回应，在它之上，建立了我们文化体系的整体①。正是基于现代社会这种普遍化和大众化的符号消费，时尚作为现代社会最普遍、最广泛的一种符号体系，渗透至我们的日常生活，由此，时尚成为现代性的特征，深深嵌入现代社会，与文化、阶级、权力结构、身份族群等形成复杂的动态关系。时尚需要以服装为依托，但绝不能将服装直接视作时尚，只有当某种特定的服装风格广泛传播并被大众接受且消费时，与此同时，这件特定风格的服装必须在被消费之前被标记且被识别为时尚，它才能成为时尚，“人们穿着衣服，但他们相信或希望相信他们穿着和消费的是时尚而不是服装。这种信念源于社会建构的时尚理念，这不

① ［法］让·鲍德里亚：《物体系》，第220—223页。

仅仅意味着服装”①。

（三）重构时尚文化符号体系

媒介视域下的时尚史有助于我们弄清时尚作为一种社会建构的理念，是如何成为现代社会的一种普遍意识形态，进而渗透至其他社会领域的。因此，重要的不是消费者购买了哪些衣服、首饰、皮包，而是这些被建构出来的时尚文化符号如何组织成一个意义系统主导了我们的审美理念、消费偏好乃至身份认同，影响人对自我、他人及世界的认知并建构起动态关系与行为模式。这个意义系统的影响力已经溢出时尚范围，贯穿于人类生活的多元领域，美国社会学家布鲁默甚至认为，在现代社会，时尚不仅在纯艺术和实用艺术领域起作用，它还明显存在于娱乐和消遣领域，甚至是医学、科学、宗教、政治、哲学领域，把时尚仅限于或集中在服装或装饰品领域，是对时尚领域理解不完全的观念造成的②。在时尚领域，推动时尚发展的核心动力来源于这套意义系统不断“扩大再生产”，时尚作为一种操控性的符号系统成为现代社会的文化核心，时尚生产-消费的重点不再是物品本身，而是关系的生产与确认。媒介视域下的时尚史关注时尚信仰的社会生产过程，意图厘清时尚信仰作为人们脑海中的一种想象，如何依托符号体系的转化而在商业社会中获得实践和生命。

媒介视域可以将时尚的象征性消费置于绵长的历史沿革中。得益于时尚产业的技术革新与大众媒介的传播力，时尚成为现代社会对人类长久以来就存在的象征性消费的最普遍的现代继承形式。这种象征性消费在古代社会往往与生前的盛大辉煌和死亡的高度仪式化相关，譬如古埃及的木乃伊、金字塔，中国古代社会的殉葬制等，这是一种权力与等级的象征。随着等级社会的消亡，时尚以一种“民主化”的方式成为现代社会对人类亘古存有的象征性消费的继承。时尚是社会生产力得到极大发展后，现代人能够摆脱“物的役使”获得解放的表现，是消费文化从功能性消费到符号性消费的一种升级，这也是现代消费文化形成的基础。

因此，从这个意义上来说，时尚的起源虽然众说纷纭，但从人类象征性消费的历史而言，时尚也能被视作人类社会早期即存在的一种社会秩序的组织方式，但现代意义上的以“新颖性”为原则的时尚，只能诞生于技术革命推动下生产力得到极大发展的资本主义时期；另外，仅以象征意义为目的的

---

① Y. Kawamura, *Fashion-ology: An Introduction to Fashion Studies*, London: Bloomsbury Publishing, 2018, pp.1—2.

② [美]赫伯特·布鲁默：《时尚：从阶级区分到集体选择》，刘晓琴等译，《艺术设计研究》2010年第3期。

消费，也使社会滑向消费主义的深渊，符号的过度供应或者符号生产的泛滥，使得拟像与真实背离，以至于真实世界消失成为拟像的世界。符号只是指向它自身的逻辑，成为独立自在的系统，其背后不再有真实的意义。①时尚的符号化是时尚秩序化的历史，但过度的符号化也是文化空心化的象征，现代时尚的符号化建构出了现代时尚品牌体系，迄今在全球市场占据时尚产业主导权的欧美系品牌——古驰（Gucci）、路易威登（Louis Vuitton）、卡地亚（Cartier）、爱马仕（Hermes）、博柏利（Burberry）、普拉达（Prada）、宝格丽（Bvlgari）等，成为全球时尚符号源源不断的制造机器，在资本的驱动下，将时尚的象征性消费引至无穷无尽的消费主义深渊。

（四）重构时尚修辞体系

特定媒介的语法规则与美学特征决定了特定历史时期的时尚修辞。时尚修辞，即时尚被理解、表征、谈论及写作的方式，自“时尚”于 1350 年前后诞生起②，传统时尚修辞最初由时尚杂志决定，随着电子技术、数字技术逐步迭代印刷技术，时尚电影、时尚电视、数字时尚媒介等一直在寻求突破这种传统修辞，本书以“具身”媒介—大众媒介—数字媒介的技术特征为参照，以媒介的三个维度——作为渠道的媒介、作为语言的媒介以及作为环境的媒介，作为分析框架③，重构时尚修辞体系及其变迁机制，以此作为书写时尚史的主要线索。作为渠道的媒介，梳理三个历史时期时尚传播的具体媒介形态及时尚文本，譬如古典时尚的风格及变迁，可以从作为媒介渠道的时装玩偶、肖像画、时尚版画的历史资料中获得；作为语言的时尚媒介则确定了时尚传播的“语法规则”，形塑时尚信息并建构出特定历史时期时尚领域的互动方式，譬如时尚电影作为 20 世纪初一种新的时尚媒介，将时尚从静态的杂志页面中解放出来，重新呈现时尚是服装与身体结合的动态变化；第三维度关注作为环境的媒介，深入探讨时尚自 14 世纪诞生后，如何与更宏阔的社会与文化形成互动，并逐步提升时尚在社会领域中的影响力，洞察时尚转型的复杂动力结构。

以媒介为视域，重构时尚史，即视媒介为时尚修辞体系的提供者和组织者，时尚修辞体系的变迁史即时尚文化的变迁史。基于媒介“中介”和“媒介化”的理论来考察时尚历史发展：一要考察媒介技术带来的渠道之变——从

① [美]乔治·瑞泽尔：《后现代社会理论》，谢立中等译，华夏出版社 2003 年版，第 128 页。

② [法]费尔南·布罗代尔：《15 至 18 世纪的物质文明、经济和资本主义》第 1 卷，顾良、施康强译，生活·读书·新知三联书店 1992 年版，第 377 页。

③ Joshua Meyrowitz, “Understandings of Media,” *Institute of General Semantics*, 56(1) 1999.

"具身"媒介到印刷媒介、电子媒介再至数字媒介，时尚如何适应并利用这样的"渠道之变"；二要关注新媒介带来的"语法之变"——媒介技术更迭带来的叙事结构、信息表征、符号审美的变迁，"语法之变"推动时尚的叙事结构、表征及逻辑的变迁；三要注意媒介"环境之变"——媒介系统和机构以前所未有的"卷入"能力，成为当下社会一种不可忽视的建构力量，商业化、全球化、受众导向成为媒介促进和组织交流与传播的重要模式。针对媒介"环境之变"，时尚在新的传播时空中会形成怎样的修辞体系，尚需时间观察。

本书虽然强调以媒介为视域重构时尚历史，但并不意味着秉持一种媒介技术决定论。时尚的制度化及其变迁是一个复杂的历史过程，这个过程中无法不考虑"人"的能动性，个人或组织对于技术的使用方式、赋予的意义、符号的能动性解读、文化及制度的传承性等，都能影响媒介中介下的时尚以何种面貌呈现。时尚是文化的产物，是加之于物的形态之上的各种社会力量的结构化结果，媒介是将物质形态的时尚符号化并赋予其意义与价值的中介性力量。流水线或生产工坊内的任何一件成衣、皮包、鞋子都不可称其为时尚，只有经由时尚系统的意义加载，这些人造之物才能成为时尚。媒介通过符号生产、形象建构、身份认同等一系列方式，将个体对时尚的能动选择与社会结构性力量进行统合，个体在瞬息万变、变幻莫测的时尚面前拥有的能动性选择——基于个体的兴趣、习俗、个性、偏好等（而事实上即便是这些时尚偏好与个性化表达，也有媒介的中介力量），因媒介力量的统合而具有了趋势性与群体化的特征。时尚远不只是一种物质形态，而是提供给个体或群体交流与表达的方式，是自我或群体认同的一种可见形式。时尚就在这物质与文化统一的形态中，并在时间与空间中形成了变迁的历史，就此而言，时尚自身也具有媒介特征。

第一章 媒介技术与时尚传播

第一节 时尚的诞生及定义

一、时尚的诞生

（一）时尚的起源

一般认为，服装时尚起源于中世纪晚期，大约在文艺复兴初期，或许与重商主义的崛起有关系[①]，我们也可从法国著名历史学家、年鉴学派代表人物费尔南·布罗代尔（Fernand Braudel）的著作中找到更为详尽的时尚诞生的过程。布罗代尔详细考证了15—18世纪欧洲社会人们的衣食住行，认为“时尚”大约诞生于1350年前后，理由是当时人们穿着的服饰第一次从垂直地遮蔽身体转变成展现身体的某些特质：譬如这一年前后，男子的服装一下缩短了，再也不穿长袍了；至于妇女，她们的短上衣也贴合身材显出线条，变更服式从此在欧洲成为规律[②]。

时尚的起源和贸易扩大、城市兴起以及资本主义萌芽有密切关系，14世纪勃艮第公国（Duché de Bourgogne，918—1482）的贵族成为欧洲时尚服装的最早引领者。因为当时勃艮第处于地中海贸易走廊的中心，随着财富的积累，这一时期，勃艮第公国的宫廷生活以奢华著称，繁复的宫廷生活也催生了艺术上的进步，社会等级开始松动，积累了大量财富的贸易商开始模仿贵族衣着，城市的缝纫及制衣工业有了较大发展。布罗代尔认为假如社会稳定不变，假如只有穷人，都不会产生时尚，譬如等级制森严的东方社会，如17世纪的中国或者日本，也包括强盛的奥斯曼帝国（Ottoman Empire，1299—1923），这些保守的传统社会引以为傲的是一成不变的服饰传承，求新求异的时装往往被视为生性轻佻的表现；而穷人只有两身衣服，

① ［挪威］拉斯·史文德森：《时尚的哲学》，李漫译，北京大学出版社2010年版，第17页。

② ［法］费尔南·布罗代尔：《15至18世纪的物质文明、经济和资本主义》第1卷，第374页。

一套在节日里穿，往往是民族服装，另一套粗陋的则是日常劳作时穿。因此，所谓“时尚”最初表现为欧洲宫廷的时尚，产生在上层社会且影响力也仅限于宫廷社交圈，一直到1700年，时尚或者时髦一词，才带着新的含义在全世界流行：趋附潮流，时尚开始具有今天这样的含义及表现形式[①]。

（二）时尚的演变

时尚的概念及表现形式并非一成不变。15世纪的时尚是阶级地位的标志，是一种宫廷特权，尤其是在欧洲禁奢令的严格限制下，人们穿着的衣料及款式均有严格规定，且在中世纪苦修、节俭、奉献等道德观念的影响下，古典时尚是等级社会中秩序的外化与表征，人们的衣着提示了穿着者的地位和处境，这与现代时尚追求个性与变化相去甚远。作为现代性范式的时尚是在工业革命极大释放生产力、法国大革命等将社会等级制度摧毁后，才日益发展起来的，因此，现代时尚与现代社会是同构的。18世纪末开始时尚不再由皇室贵族垄断，社会生活发生了巨大变化，资产阶级开始在积累财富的同时寻求自身阶级的时尚风格，时尚越来越与消费能力相关而与身份、血缘无关；到了20世纪，时尚民主化进程加快，工业化制衣产业的发展，极大增强了时尚的可得性，每个人都有权看起来时尚；到了20世纪后半期及21世纪，与后现代性相呼应，后现代时尚表现出强烈的折中主义与多元化，伴随着数字技术的发展，后现代时尚在进一步向虚拟世界延伸时，对现代时尚的逻辑形成了挑战与反叛。

直到18世纪，时尚才真正形成力量，成为世界历史中最具决定意义的事件之一，因为它标示了现代性的发展方向[②]。古典时尚由于权力与等级的限制，只以“滴流状”[③]（trickle-down）有限地在向下渗透至社会富裕阶层，18世纪末欧洲的启蒙运动及英法资产阶级革命成为欧洲时尚现代化的强大动力。法国大革命（1789—1799）在倡导“自由、平等、博爱”的价值观时，也输出了一种新的社会理想，即个人能力胜过继承的特权，平等战胜等级，工作被视为美德，一个男人最重要的活动场所应该是在车间、办公室。随着这些新理想渗透至社会，旧制度的颓废服饰已然过时，男人的时尚修养应该是如布吕梅尔（Brummell）一样用良好的剪裁、优雅的着装来表示，而非用成堆的昂贵面料来炫耀，精神分析学家约翰·弗吕格尔（John Flügel）将其命名为“男性大放弃”。西方男性放弃了一切明亮的颜色与精致的形

---

① ［法］费尔南·布罗代尔：《15至18世纪的物质文明、经济和资本主义》第1卷，第373页。

② ［挪威］拉斯·史文德森：《时尚的哲学》，第19页。

③ ［德］格奥尔格·西美尔：《时尚的哲学》，费勇、吴謇译，文化艺术出版社2001年版，第72页。

式,将这些都留给了女性服装,这被认为是服装史上的一个重大转折点。它直接确定了现代男性简洁、功能性与职业化的着装规范,时尚被制度化和专业化地在女性领域使用,时尚从古典的权力代理转变成现代的性别代理[①]:

> 迄今为止,男人曾与女人争夺华丽的衣服,女人唯一的特权是躺在三角区和以其他的色情形式展示实际的身体;从此以后,直到今天,妇女将享有作为美丽和华丽的唯一拥有者的特权,即使在纯粹的服装意义上也是如此。

弗吕格尔意识到,现代欧洲时尚似乎与自然界中通常发生的事情以及"原始民族"的表现不相符合,在后两种情况下,雄性总是比雌性更具观赏性,他认为这是因为在18世纪的政治和经济革命期间,男性气质发生了深刻的重组,因此,从这个意义上说,现代社会的性别意识形态是由现代时尚塑造与表征的。20世纪初,伴随着美国经济的发展及好莱坞的崛起,"美国变成了一个'欲望的国度',一个刺激商品消费的地方"[②],时尚借助好莱坞电影的强大传播力,向全球扩散,时尚体系以更工业化、民主化的姿态融入现代社会,成为现代社会的典型特征。

二、时尚的定义

(一)时尚:作为服饰与作为变化

时尚的定义与时尚的诞生一样,令人感觉难以确认又众说纷纭。正如川村由仁夜(Yuniya Kawamura)[③]解释的,这种混淆主要是由于这个词的两个含义——时尚作为服饰和时尚作为变化。时尚起源于服饰,因此,很多学者将时尚的定义与服饰联系起来。譬如英国文化研究专家伊丽莎白·威尔逊(Elizabeth Wilson)认为,时尚就是那些不断快速变换风格的服饰,"变化"在某种意义上就是时尚的代名词。在现代西方社会,没有一件衣服外在于时尚,时尚定义了所有与服饰相关的行为[④];美国时尚史专家安妮·霍兰德(Anne Hollander)则将时尚定义为任一给定时间内,所有吸引人的漂亮

---

① Flugel J. C., "The Psychology of Clothes," *The Sociological Review*, a25(3)1933.

② [英]乔安妮·恩特维斯特尔:《时髦的身体:时尚、衣着和现代社会理论》,郜元宝等译,广西师范大学出版社2004年版,第296页。

③ Kawamura Y., *Doing Research in Fashion and Dress: An Introduction to Qualitative Methods*. Oxford, UK: Berg, 2011.

④ [英]伊丽莎白·威尔逊:《梦想的装扮:时尚与现代性》,重庆大学出版社2021年版,第13页。

服装款式①。

虽然很难找到与服装或服饰无关的时尚史或时尚研究，但只要转向真实的当下社会，我们就会发现时尚作为一种社会现象并不局限于服装和服饰领域。例如，赫伯特·布鲁默就认为时尚不仅对绘画、雕塑、音乐、戏剧、建筑、舞蹈和家居装饰这些具有明确审美维度的领域有影响，而且对医学、商业管理、殡葬实践、文学、现代哲学、政治学说，乃至某种哲学流派，都有可能是一种时尚②。一些社会学的实证研究也证明了布鲁默的说法，有学者通过对儿童名字的使用和传播机制进行实证研究，发现孩子的名字构成一个有趣的时尚案例。因为与服装或服饰用品等一般物品不同，名字的使用和传播主要不依赖于公司、专业和职业群体的有组织的行动，同样也不受宗教规范或法律限制等制度因素的约束，制度因素更多是决定名字选择的机制，而不是选择范围，孩子的取名呈现出明显的社会品味趋同性③。因此，时尚可以视为可潜在地扩展到人类活动的任何领域的一种社会现象，不应把时尚局限于服装领域，而应将时尚视为可应用于现代社会任何领域的一种核心社会现象、机制或过程。正如布罗代尔所言，现代意义上的时尚，它既是思想，也是服装，也可能是餐桌上的礼仪或密封一封信时所采取的谨慎态度，时尚是每个文明的定位方式，它像服装一样支配思想，时尚既有“贯时性”的来回变化，譬如裙子或长或短，头发时卷时直，但时尚也存在“共时性”的对立抗争，人们总会留恋一些固有的、传统的“旧”的东西④。

（二）时尚的词源学

从词源学入手，也是考察时尚概念的一个维度。时尚，英语“fashion”，这一英语词来自古老的（12 世纪）法语单词“facon”，它表示制作和做事的方式，突出时尚的积极作用⑤，它还具有社会内涵，因为“facon”的拉丁词“factio”指的是一起制作和做事。据 1988 年版的《巴恩哈特词源词典》记载，大约在 1300 年左右，意义为风格（style）、时尚（fashion）、服装样式（manner of dress）的词第一次被记录。正因如此，时尚一词也常常与方式

---

① Hollander, A., *Seeing through Clothes*, Berkeley: University of California Press, 1993.

② Blumer, Herbert, “Fashion: From Class Differentiation to Collective Selection,” *The Sociological Quarterly*, 10(3)1969a.

③ Lieberson, Stanley, and Eleanor O. Bell, “Children's First Names: An Empirical Study of Social Taste,” *American Journal of Sociology*, 98(3)1992.

④ [法]费尔南·布罗代尔:《15 至 18 世纪的物质文明、经济和资本主义》第 1 卷，第 387—388 页。

⑤ Kawamura Y., *Fashion-ology: An Introduction to Fashion Studies*, Oxford, UK: Berg, 2005, p.3.后文引用的该书均出自这个版本。

(mode)、风格(style)、时髦(vogue)、趋势(trend)、模样(look)、品味(taste)、风尚(fad)、风行(rage)、流行(craze)等词混淆或被视作同义,由此也造成给时尚下定义的困难。已有众多学者对以上这些概念进行区分,譬如关于时尚(fashion)与风尚(fad)之间的区别,风尚指的是经常迅速传播并迅速消失的突然变化,更多的是随机而无法预测的一种现象,但时尚则体现出历史的继承性,时尚在本质上是受到限制的,受到差异性的驱动,但风尚不受限制,追随风尚者也不寻求以风尚来区分身份①;时尚也不同于风格,譬如服装风格是由服装的轮廓、结构、面料以及诸多细节组合而成的,因此可以随着时间的推移,产生和扩展成多维的自我参照美学系统,"朋克风格"就是一个例子,它可以成为一种持久的文化参考,不断重复进行拆分并被组合进不同时期的设计,风格可以受到时尚的影响,但它本身并不是一种时尚②。

考察时尚在其他语言中的起源能提供更多的信息。时尚的法语"mode"、意大利语和西班牙语"moda"或德语"Mode",所有这些术语都有拉丁语起源,《20 世纪时装词典》更具体地指出,法语中的"时尚"一词意为共同的服装样式,且首次出现于 1482 年,直到 1489 年,时尚才用于服装或生活方式方面,在 16 世纪,时尚获得了更现代的含义③:这个概念开始意味着顺应流行的口味并暗示改变的想法。Mode 和 moda 来自拉丁词 modus,指的是礼仪,与现代和现代性的概念也有很强的联系,这些概念反过来印证了时尚是随着资本主义及现代性的出现而诞生的④,同时这两种词源都与制作和做事的方式有关,因此这也意味着时尚与实践的多样性有关⑤。因此,从词源而言,时尚虽起源于服装,受人们渴求变化的驱动,但它还指现代社会的一种集体实践,跟现代性有紧密的关系。从这个意义上说,将时尚视作现代社会的总体性社会事实是正确的,它有助于我们突破将时尚等同于时装的狭隘理解。总体性社会事实这一概念来源于法国社会学家和人类学家马塞尔·莫斯(Marcel Mauss),莫斯认为总体性社会事实是指深入涉及个

① Sproles G. B., Burns L. D., *Changing Appearances: Understanding Dress in Contemporary Society*, New York: Fairchild, 1994, p.323.

② Aspers P., *Markets in Fashion: A Phenomenological Approach*, London: Routledge, 2006.

③ Luhmann N., *The Reality of the Mass Media*, Stanford, CA: Stanford University Press, 2000, p.47.

④ Breward C., Evans C. eds., *Fashion and Modernity*. Oxford, UK: Berg, 2005, pp.1—7.

⑤ Godart F., *Unveiling Fashion: Business, Culture, and Identity in the Most Glamorous Industry*, Basingstoke and New York: Palgrave Macmillan, 2012, p.27.

人和社会群体的事实，能反映人类生活整体的社会事实①。时尚作为现代社会的一个总体性社会事实，既体现了时尚在现代社会的无所不在，也体现了时尚逻辑潜在地延伸至艺术、经济、政治等领域，同时在变动不居的现代社会中，它又承担了个体身份表达的功能。

（三）时尚既是物质又是符号

即便我们可以对时尚的历史渊源及表现形态进行追溯与梳理，但要给时尚下一个确切的定义，依旧是件困难的事。挪威学者拉斯·史文德森（Lars Svendsen）在梳理了亚当·斯密、康德、西美尔、安妮·霍兰德、罗兰·巴特、凡勃伦等不同领域学者对于时尚的定义或概念阐释后，也放弃了定义“时尚”的企图，转而从外延上将“时尚”区分为两大类：一类认为时尚就是服饰，另一类则认为时尚是一种总体性的机制、逻辑或者意识形态作用于众多领域，而服饰领域只是其中之一②。本书在后一类上使用“时尚”这个概念，它既是一种物质文化，又是一套符号体系③。自现代性形成以来，时尚在文化和经济上都具有重要意义，并且随着大众消费能力的增强，时尚作为服装或奢侈品行业的重要性在增加，多数关于这个主题的研究与服装有关，但本书的研究以媒介化为视域，将时尚视作两个体系有机结合后形成的一个社会独立子系统，即时尚作为一个系统既包括了物的生产与消费，也涵盖了符号或者文化的生产与消费。随着社会的发展，时尚逐渐成为现代社会的一个基本范式，因此，“时尚”的字面意思可以理解为“一时的风尚”，即某个时期内人们对某种事物的热衷和追随；但从社会结构来看，时尚是以自身逻辑实现制度化变化的一个物质文化与符号文化有机结合的体系，是人们在社会集体空间内的一种具体实践。

另外值得说明的是，对于将时尚的起源与发展局限于欧洲甚至缩小至西欧宫廷的说法，也有学者提出了异议，譬如时尚研究学者詹妮弗·克雷克（Jennifer Craik）认为时尚无处不在，因此她认为应将时尚视作与欧洲社会的历史发展无关的一种人类普遍现象④，时尚是向他人展示自己的主要方式之一，表明人们想要传达关于自身的性取向、财富、专业精神、亚文化、政治忠诚以及社会地位，甚至包括情绪信息。同时，现代社会的时尚已成为一

---

① [法]马塞尔·莫斯：《礼物——古式社会中交换的形式与理由》，汲喆译，上海人民出版社2002年版，第4页。

② [挪威]拉斯·史文德森：《时尚的哲学》，第5页。

③ Kawamura, Y., *Fashion-ology: An Introduction to Fashion Studies*.

④ J. Craik, *The Face of Fashion: Cultural Studies in Fashion*, London: Routledge, 1993, p.4.

个全球性的产业，对于我们所有制造、销售，穿着甚至只是观看时尚的人的生活产生了巨大的经济、政治和文化的影响①。同样，安东尼娅·芬南（Antonia Finnane）在《中国服饰更替：时尚、历史、民族》一书中，系统考察了中国从帝制晚期一直到改革开放的服饰变化，从晚明出现的女装风格的变化表现出了一些时尚标志与症状，到清代的扬州时尚，1840 年后的新军队新制服、“天足”运动、便装的军事化等，民国时期上海以纺织工业、缝纫机及针织机等技术为驱动力促进了时尚产业的发展，广告画报和时装设计师都将上海塑造成一个购物圣地，旗袍约在 1925 年的北京兴起，并形成北京和上海两种风格，具有国际风格的波波头在上海也很流行，一直到新中国社会主义改造形成的一种民族性的服装改造才造成中国与国际时尚的断裂，直至改革开放后再次接续，以此强调时尚起源于西方的信念可能与西方学者对其他文明（如中国）缺乏兴趣和来源有关②。事实上，时尚可能和服装本身一样古老，很可能同时出现在几个文明中。正如时尚史专家瓦莱丽·斯蒂尔（Valerie Steele）指出的时尚现象在很多社会可以找到，例如，在中世纪的日本，告诉某人他（她）是“imamekashi”被认为是一种很好的赞美，因为这个词意味着“最新的”，它预示着时尚的变化，但这未必表示日本能发展出完全的时尚理论。据此，我们可以认为时尚作为一种现象或许普遍存在于各种社会，但时尚作为一种制度体系，是在 1868 年的法国巴黎确立的，因此，将时尚作为一个独立的社会子系统进行研究，我们还是将时尚的起源及其制度化逻辑的确立限定在以巴黎为核心的欧洲时尚。

第二节 时尚逻辑与媒介逻辑

时尚作为社会的一个子系统，其独立的标志是逐步形成自己的制度逻辑。制度逻辑（institutional logics）定义了制度秩序的组织原则，例如其价值观、规范、假设和实践③，这个分析框架认为社会是由不同领域组成的，每个领域都有一套包含着价值观、规范、假设和实践的制度逻辑，这些逻辑影响着人们的价值观念、前提假设和具体实践。弗里德尔和罗伯特·奥尔福

---

① Craik J., *Fashion: The Key Concepts*, New York: Berg, 2009.

② Finnane A., *Changing Clothes in China: Fashion, History, Nation*, New York: Columbia University Press, 2008.

③ P. H. Thornton et al., *The Institutional Logics Perspective: A New Approach to Culture, Structure, and Process*, Oxford: Oxford University Press, 2012.

德认为，现代社会存在五种核心制度，即资本主义、家庭、政府、民主及宗教，每种制度都存在一种核心逻辑，建构了这个领域的组织原则，可供组织与个人进行阐述，它们“嵌套”进社会系统形成既依赖又互斥的关系。譬如，资本主义的制度逻辑就是积累以及人类活动的商品化；政府的制度逻辑就是通过立法与科层等级组织来对人类活动进行理性化调节和规制；民主的制度逻辑就是参与，以及大众控制人类活动的扩张；家庭的制度逻辑就是共产主义，以及通过成员的无条件忠诚和再生产需要而促进人类活动；宗教或科学的制度逻辑，就是超然世界或世俗世界的真理，以及所有人类活动领域即“实在”的符号建构①。

一、时尚的逻辑

（一）时尚的“新颖性”

时尚逻辑以“新颖性”为根本性原则，与现代性形成同构（isomorphism）。时尚就是一场求新运动，将“新颖性作为时尚领域的根本性原则”②推动了时尚的发展。首先，“新颖性”与新的阶级和社会思潮的兴起相吻合。14—18世纪欧洲社会现代化的前夜，“一种前所未有的社会价值开始传播，这就是新奇”③，这种追求与中世纪晚期的社会革新思潮相吻合，使时尚成为个体意识崛起与个人身份表达的推动力，时尚的“新颖性”促成新兴的资产阶级突破欧洲“禁奢令”的限制，并从模仿中慢慢发展出自身的品味；同时，时尚对“新颖性”的追求客观上减弱了社会阶层区隔，这又创造了一个更适合时尚发展的有限“流动”社会。其次，“新颖性”包含对传统的摒弃，蕴含了解放的力量。时尚对“新颖性”的追求与现代性的关键特征④——世俗化、理性化、民主化、个体化以及科学的兴起，相一致，预示着时尚作为社会创新的作用日渐重要。在某种程度上，时尚的现代性与其作为消费者选择的广泛性而具有民主的象征意义有关，譬如法国在1793年废除了“禁奢令”——该法令将许多类型的服装和面料限制在贵族手中，大革命倡导没有人可以限制任何公民男性或女性穿着特定的时尚，服装的民主象征意义与大革命后

---

① R. Friedl and R. Alford, Robert, “Bringing Society Back in: Symbols, Practices, and Institutional Contradictions,” in Walter W. Powell and Paul J. DiMaggio eds., *The New Institutionalism in Organizational Analysis*, Chicago: University of Chicago Press, 1991, pp.232—235.

② [美]凡勃伦：《有闲阶级论》，蔡受百译，商务印书馆2013年版，第131—133页。

③ [法]吉勒斯·利浦斯基：《西方时尚的起源》，杨道圣译，《艺术设计研究》2012年第1期。

④ [英]安东尼·吉登斯、[英]菲利普·萨顿：《社会学基本概念》，北京大学出版社2019年版，第15页。

的国家产生了特别深刻的共鸣①，时尚不仅成为现代性的一种推动力量，同时亦与现代性同构，时尚的“新颖性”在现代社会获得了自明的意识形态正当性，时尚逻辑随着时尚地位的提升而影响力日增。

时尚形成独立的制度逻辑，意味着将“变化”制度化、组织化。时尚的“新颖性”表现为时尚对“变化”的无止境的追求，这种追求既是现代性“求新”的需求，也是人类基于模仿及区隔的心理需求。因此，将时尚作为社会的一个子系统，除了将它纳入人类历史发展的宏观环境中去考察之外，一些社会学家也从人类的心理机制出发，为时尚逻辑的形成提供了研究视角。社会学家加布里埃尔·塔尔德(Gabriel Tarde)的《模仿律》是启发众多社会学家的一本经典著作，塔尔德将模仿视作社会变迁及个体互动的基本力量，认为人的一切社会行为都是模仿，模仿有两种，一种亦步亦趋地模仿对象，一种是反其道而行之②：

> 社会由一群人组成，他们表现出来许多的相似性，是模仿或反模仿(counter-imitation)造成的。人们经常进行着反模仿，尤其是在不虚心向别人学习或没有能力搞发明的时候。在反模仿的时候，自己的所作所为和别人的所作所为，刚好是相反的。此时，人们越来越趋向一个样子，正如他们的所作所为与周围的人正好相同时而产生的趋势一样。除了顺从葬礼、婚礼、做客和礼节的风俗，最富有模仿性的行为就是压抑自己追随事物潮流的天然倾向，就是假装逆潮流而动。

塔尔德同时区分了两种不同的社会时代：古老的模式占压倒优势是风俗的时代，这种古老的模式可能是父权模式或爱国模式；另一种是优势常常站在新颖、奇异的模式一边，那就是时尚的时代，通过时尚，模仿就在生成的过程中得到释放。时尚的模仿一定是思想先于行动，塔尔德举例说16世纪西班牙时装之所以进入法国那是因为在此之前，西班牙文学的杰出成就已压在法国人的头上，17世纪法国时装统领欧洲那是因为法国文学已君临欧洲。通览全书，可将塔尔德的“模仿”理解为传播，思想的传播要先于行动的模仿与实践，社会个体对某种服饰的模仿或反模仿，其背后是某种时尚意识形态的接受或排斥。因此，将时尚作为一种制度化的实践体系的同时，必须

① 汤晓燕：《革命与霓裳——大革命时代法国女性服饰中的文化与政治》，浙江大学出版社2016年版。

② [法]加布里埃尔·塔尔德：《模仿律》，何道宽译，中国人民大学出版社2008年版，第9页。

意识到时尚也是一种信仰的社会生产过程，这种信仰通过媒介中介扩散至不同社会阶层，并对人们的实践产生实际的影响。

（二）时尚的“趋同”与“标异”

西美尔认为时尚的逻辑源于兼具两种貌似矛盾的特征，一种是模仿群体特征的“趋同”，但个体在其中却又有一种凸显自己的“标异”，所以，时尚或者流行始终是在一窝蜂起来，又快速消散之间摆动，时尚跟趋同与标异的人类心理的二元性相关。时尚是阶级分野的产物，在一个相对开放的阶级社会中，作为阶级区分的形式出现的。在这样一个社会里，精英阶层试图通过直观的记号或徽章使其阶级脱颖而出。较低阶层几乎没有时尚，即使有的话也往往不是他们特有的……[①]：

> 社会的进步肯定直接地有利于时尚的快速发展，这样一来具有上述特征的过程——只要较低阶层一采用，较高阶层就丢弃的时尚原则——时尚获得了以前无法想象的阔大和活力。

西美尔据此论证提出14—15世纪的佛罗伦萨不存在时尚，因为当时每个人都有一套穿着方式，因此无法产生趋同。此外，关于时尚的社会学研究，在西美尔之前还有哲学家赫伯特·斯宾塞（Herbert Spencer），他将时尚的起源归结于徽章和其他具有地位象征作用的物品的扩散趋势，这意味着人们对凸显身份的追求，即便佩戴者不具有资格；凡勃伦从抑制旧贵族的道德、提升资产阶级的价值观入手，将时尚看作富裕有闲阶级的习尚、举动和见解，是社会中其他成员一贯奉行的行为准则，因此时尚往往跟“炫耀性消费”“炫耀性有闲”密切相关[②]。在这些古典社会学家看来，时尚就是在一个金字塔式的社会结构内不断由上层创造、下层模仿，上层抛弃旧有再创新风格，下层再模仿这样的循环往复。时尚一旦启动就在不断的竞争中重复着创造与替代的过程，永无止歇，这就是时尚的本质和它的运行机制。

（三）时尚的“变化”与“选择”

赫伯特·布鲁默认为现代时尚虽依旧以“新颖性”为基本原则，但时尚选择的机制发生了根本变化。布鲁默认为，虽然西美尔可以说是古典社会学家里对时尚认知最有价值的一位，但他的观点只适用于17、18和19世纪欧洲的着装风格和其特殊的阶层结构，不适用于当下这个多样化和强调现代

① ［德］格奥尔格·西美尔：《时尚的哲学》，第89页。
② ［美］凡勃伦：《有闲阶级论》，第146页。

性的时代，布鲁默通过对当代巴黎时尚的社会学观察进一步对西美尔的时尚理论提出批判、分析，认为时尚的本质不是阶级区分，而是集体选择[①]：

> 我确信时尚将不断上演。这个领域里的人将不断地集中选择时尚样式并随着时间推移变换选择。这种集体选择并不是因为被选样式具有固有价值和合理性，而是因为这些样式所具有的出众的外表……集体选择的形成是在显赫地位与初级品味之间，权威认可与志趣相投之间的一个有趣但不甚了解的互动中发生的。通过这样的互动过程，集体选择得以产生，以致在特定时期内对一种时尚样式进行集中选择而在另一段时期又是另外一种选择。

布鲁默认为西方时尚从根本上被视为现代性的范式，因此，时尚在现代社会的充分发育，仰仗于三个外部条件的改变：第一是垄断的打破；第二是工业生产的发展导致时尚成本的降低；第三是社会观念从“尚古”向着“喜新”的转变。因此，时尚在古代社会虽也存在，譬如中国古人尚玉、喜肥（《礼记》云：“肤革充盈，人之肥也。”），也可理解为古代中国社会追求的一种风尚，但这样的风尚因被等级社会垄断、难以追求[②]，与充分意义或现代意义上的时尚并不相同。

时尚形成独立的制度逻辑，意味着时尚的“变化”并不完全是偶然而随意的，“新颖性”是受时尚文化系统限制的继承与反叛之间的摇摆。因此，时尚不同于创新，虽然两者指的都是变化，创新意味着改进，意味着深层次地改变了社会实践并具有持久的影响[③]，但旧的着装方式被新的替代，绝不意味着着装方式的改进或进步，它只是在时尚逻辑推动下的一种制度化“变化”，社会无法给品味或偏好变化提供一个可供量化的独立标准。时尚的“变化”是时尚意识形态的演变而非社会创新进步的需求，权举一例以证之。高跟鞋最早出现在擅长骑术的波斯帝国，据弗吕格尔考证[④]，波斯的战斗风格特别仰赖于良好的马术，高跟鞋特别适合骑行，因此在阿巴斯一世（Abbas I of Persia，1571—1629）于 1559 年向欧洲派遣外交使团时，强盛

---

① ［美］赫伯特·布鲁默：《时尚：从阶级区分到集体选择》。

② 郑也夫：《论时尚》，《浙江社会科学》2006 年第 2 期。

③ Gronow J., Fads, “Fashions and ‘Real’ Innovations: Novelties and Social Change,” in E. Shove et al. eds., *Time, Consumption and Everyday Life*, Oxford, UK: Berg 2009, pp.42—129.

④ J. C. Flugel, “The Psychology of Clothes.”

的波斯帝国的一切引起了欧洲宫廷的强烈兴趣，高跟鞋被视作一种阳刚之气、强大的军事优势被采纳，到17世纪70年代时，法国国王路易十四（见图1-1）特别颁布法令，将红底高跟鞋限制在宫廷成员中，并将它与对国王的忠诚和宫廷权力相联系；至于高跟鞋与女性的关系则可上溯至17世纪30年代，一些女性出于时尚的目的，模仿男性穿高跟鞋、抽烟斗、戴礼帽，以获得一种男性化气质。但随着“男性大放弃”带来的性别意识形态的转变，以及工业革命后技术而非马术成为衡量男性成功的重要标志，高跟鞋逐步成为女性的专有时尚物品。而在维多利亚时期，女性一直被视为非理性、多愁善感的、不可教育的，高跟鞋开始与女性自恋、轻浮和滥交联系在一起，随后经过20世纪初“新女性”（New Women）运动及二战后女权运动，克里斯蒂安·鲁布托的红底高跟鞋在消费主义意识形态的作用下，再次有了魅力与财富的内涵。从军事力量到淫荡的象征再到性感诱惑，红底高跟鞋的演变史是时尚制度化“新颖性”的一个缩影。时尚不等同于创新，它不是纯粹的“新”替换“旧”，时尚的“变化”包含着时尚制度的一套价值观、规范、假设和实践的逻辑，归根到底这是一套“实在”的符号建构及实践。

图1-1　穿着红底高跟鞋的路易十四

古典时尚可以理解为现代时尚的孕育期，但只有在现代社会，时尚才成为重要的社会特征，时尚逻辑日益渗透至社会的不同领域成为社会的主导逻辑。这主要基于三个维度的判断：首先，时尚作为一种求新求异的追求，更替速度加快，这也成为众多领域对于快速创新的一种奖赏原则；其次，时尚的数量或曰时尚的表现形式大大增加，时尚作为现代社会的重要特征超越物的层面，成为现代文明的一种重要指向，譬如“布波族”的新生活方式①、意识

① 布尔乔亚精神和波希米亚精神结合而成的布波精神如何演化成一种社会时尚，详见［美］大卫·布鲁克斯：《布波族：一个社会新阶层的崛起》，徐子超译，中国对外翻译出版社2002年版。

形态等;第三,时尚的参与者规模大大扩容,古典时尚的圈层已被文化的民主化打破,时尚的传播突破由上而下的渗透模式,成为整个社会的价值取向。为何现代社会成为现代意义上的时尚诞生的温床?柯林·坎贝尔的分析简洁有力,推动现代消费主义的核心动力与求新欲望密切相关,尤其是当后者呈现在时尚消费惯例当中,并被认为能够说明当代社会对于商品和服务的非同寻常的需要①。

二、媒介的逻辑

(一)媒介的独立性

与时尚领域相比,媒介作为一个独立的产业领域,其制度形成及逻辑成熟均要晚于前者。据延森考证,媒介的拉丁文"medium"原意是"中介",指从事某事的方式,到17世纪中叶,交流的总体观念开始形成,媒介的主要含义是作为大众传播的渠道,直到1960年,"媒介"才成为一个术语,用于描述实现跨时空社会交往的不同技术与机构而受到关注与研究②。制度学派认为,工具性制度往往有着清晰的目的和手段的区分,制度逻辑组成部分,如动机、价值观、利益和目标,可以归类为目的,而其他的,如物质实践、资源、经验和专业知识则可以归类为手段。工具性制度逻辑在成熟之前,往往作为手段为其他制度所用,因为它们可以被部署到各种其他目的中。

进入20世纪,随着媒介产业发展及新闻专业教育的普及,媒介日益作为一个独立领域形成基于自身目的的制度及逻辑,尤其是到20世纪后半叶,随着媒介化社会的到来,不断增长的媒介影响带来了社会及文化机制与互动模式的改变,隐含着社会与文化行动的核心成分(如:政治、工作、休闲或游戏等),逐渐披上媒介的形式③。媒介作为各方社会旨趣交会的场域,不再只是作为手段,而是拥有配置特定文化象征资源的权力,其他制度日渐倚赖媒介掌握的象征资源,隐含着这些制度必须将媒介运作的潜规则内化,以接近这个象征资源④。这意味着媒介逻辑的成熟,媒介基于自身目的而

① [英]柯林·坎贝尔:《求新的渴望》,罗钢、王中忱主编:《消费文化读本》,中国社会科学出版社2003年版,第266页。

② [丹]克劳斯·延森:《媒介融合:网络传播、大众传播和人际传播的三重维度》,刘君译,复旦大学出版社2015年版,第71页。

③ S. Hjarvard., "From Bricks to Bytes: The Mediatization of A Global Toy Industry," p.48.

④ S. Hjarvard, "The Mediatization of Society: A Theory of the Media as Agents of Social and Cultural Change," *Nordicom Review*, 29(2)2008.

追求外延的社会影响,“它使得社会建制或社会及文化生活,因为揣测或仿真这套逻辑而产生转变”①。

因此,在时尚传播这个交叉领域内,时尚与媒介两种逻辑之间的关系也应从具体的历史情境中去考察,媒介作为手段为早期时尚的发展提供资源、实践和知识,两者形成了互补共生关系;而随着媒介将自身逻辑视作合法目的时,两者关系转化为竞争博弈关系,制度逻辑目的的冲突会带来更明确的争论或反抗,以及更低的妥协可能性②。当领域内的参与者是多个逻辑的载体时,这种冲突可以成为制度变革的引擎,甚至转化为创造性的混合重组原始逻辑。因此,时尚与媒介两种制度逻辑关系的转变有可能成为时尚领域制度变革的引擎,也促使该领域的行动者需采取多种适应性的策略,以应对面临的制度变革。

（二）媒介与时尚的共生关系

古典及现代时尚时期,时尚将媒介视作手段,两者形成互补共生关系。时尚对“新颖性”的追求,使其从诞生之日起就仰赖媒介的“创新传播”,将媒介视作手段,为时尚提供传播的资源、手段与知识。古典时尚通过王室贵族的身体、宫廷宴会、巡游、时装玩偶、沙龙等媒介③,以“具身化”的传播(embodied communication)扩散了时尚的影响力。路易十四在位长达72年,孜孜不倦地用服装及时尚礼仪来“制造路易十四”这一“太阳王”形象④,将凡尔赛宫打造成古典时尚的策源地,但这种“具身化”的媒介也使时尚成为“一种由具体社会个体所承担并实现、囿于本地语境的表达与事件”⑤。

印刷技术的发展促成了现代时尚媒介的诞生,1785年第一本完全专注于时尚的常规杂志《时尚衣橱》(*Les Cabinet des Modes*)在法国创刊,成为现代时尚杂志的一个样板,推动了现代时尚文化的形成,它同时表明时尚的仲裁权从宫廷转移至商业化、民主化的时尚新市场和新势力⑥。与20世纪时尚工业化进程相呼应,电子技术迅速成为时尚传播的“发动机”,好莱坞经典电影与现代主义美学及都市化进程相适应,第一次为全球带来了“白话现

① 唐世哲:《重构媒介?——“中介”与“媒介化”概念爬梳》。

② A. Pache and F. Santos, “When Worlds Collide: The Internal Dynamics of Organizational Responses to Conflicting Institutional Demands,” *Academy of Management Review*, 35(3)2010.

③ 杨道圣:《时尚的历程》,北京大学出版社2013年版,第1页。

④ [英]彼得·伯克:《制造路易十四》,第24、98页。

⑤ [丹]克劳斯·延森:《媒介融合:网络传播、大众传播和人际传播的三重维度》,第71页。

⑥ Kate Nelson Best, *The History of Fashion Journalism*, New York: Bloomsbury Academic, 2017, p.22.

代主义”[①]的流行，大规模生产和消费的时装、设计、广告等这类现代主义的“白话”，因其强大的流通性、混杂性和转述性成为日常使用层面上现代主义的普及符号。时尚通过电影被想象为与现代性经验等价的文化实践，不断扩充自己的影响力，《蒂凡尼的早餐》(*Breakfast at Tiffany's*)中的奥黛丽·赫本(Audrey Hepburn)、《后窗》(*Rear Window*)及《捉贼记》(*To Catch a Thief*)中的格蕾丝·凯利(Grace Kelly)、《欲望号街车》(*A Streetcar Named Desire*)中的马龙·白兰度(Marlon Brando)等好莱坞明星成为时尚的表征，电影媒介成为时尚的仲裁者及放大器。

作为一种手段，媒介将时尚的制度逻辑呈现为一个有组织的历史文化系统。首先，通过追溯潮流的起源，时尚传播试图定义时尚的周期性变化，尝试将变化无常的“新颖性”合理化。譬如通过媒介将时尚与艺术并列，将早期的时装裁缝如保罗·普瓦雷(Paul Poiret)塑造成艺术家，把引领时尚风潮的设计师，如可可·香奈儿(Coco Chanel)和艾尔莎·夏帕瑞丽(Elsa Schiaparelli)与巴勃罗·毕加索(Pablo Picasso)、萨尔瓦多·达利(Salvador Dalí)、斯特拉文斯基(Stravinsky)等这些艺术家并列，赞誉这两位女士不仅仅是服装设计师，她们还是当时整个艺术运动的一个重要组成部分。将新颖的服装款式命名为独立艺术品，譬如将早期设计师马瑞阿诺·佛坦尼(Mariano Fortuny)在1907年推出的“特尔斐”褶裥裙誉为永恒的艺术品，并有意识地在传播中与当代日本时尚设计师三宅一生(Issey Miyake)的“三宅褶皱”形成“时空对话”，将时尚建构成一个具有传承性的文化系统。其次，媒介构建起基于时尚逻辑的“实践词汇”及认知图式，将“定制工坊”“重工”“专属试装模特”“巴黎独立工作室”“时装屋”以及“春夏两季发布会”等一系列“实践词汇”建构成“高级定制”的严格准入机制，将巴黎时尚话语霸权合法化。第三，通过媒介，为时尚含糊而不明确的“实践词汇”积极寻找表征，为社会及个体提供更明确的制度规范与实践指导，譬如基于不同的媒介语法特征及美学原则，时尚杂志构建了“巴黎女郎”(La Parisienne)以及巴黎时尚神话[②]：

> 巴黎作为时尚世界中心的神话地位反映在福楼拜的小说《包法利夫人》中，艾玛幻想着这座城市的物质，在较小程度上，也幻想着文化的

① [美]米莲姆·布拉图·汉森：《大批量生产的感觉：作为白话现代主义的经典电影》，刘宇清、杨静译，《电影艺术》2009年第5期。

② Kate Nelson Best, *The History of Fashion Journalism*, p.49.

复杂性。她的幻想是通过阅读两本精英时尚杂志塑造的：La Corbeille（1840—1855）和 Le Sylphe des Salons（1829—1882）。

时尚插画构建了更具美国清教气质的“吉布森女孩”（Gibson Girl），好莱坞电影则推出了 20 世纪 20 年代的“Flapper Girl”等年轻偶像。这些“时尚偶像”的变迁也成为时尚文化系统的传承性遗产，法国时尚杂志将这个“白皮肤、小手、有光泽的头发”的“巴黎女郎”神话为 19 世纪理想女性的一种标准，是流行性与时尚性的标记，也是消费主义梦想神话的始祖；而著名时尚插画家笔下的“吉布森女孩”在 1895 年和第一次世界大战之间开始主导女性美的标准[①]，与她的前辈“巴黎女郎”的腼腆相比，她的姿态和目光更独立、更直截了当，这是一种新的时尚气质，这个新的理想女性形象创造了一个替代欧洲女性气质的国家模式——特别关注年轻品质的美国女孩，从而为 20 世纪的主流文化现象奠定基础[②]。

三、两种制度逻辑的博弈

时尚与媒介两种制度逻辑的关系变迁，为媒介视域下的时尚史研究提供了分析框架。制度逻辑之间的互补与竞争关系对跨行业的决策有相当大的影响。早期的研究认为，当商业环境发生变化时，无法适应新条件的制度逻辑经常被新条件所取代[③]，最近的研究则认为，遇到困难的制度逻辑可以通过吸收新实践、扩大或缩小其范围，与其他制度逻辑融合或混合，或者分裂成多个制度逻辑[④]。组织也可以使用制度逻辑作为战略性地合并或丢弃资源，以提高它们在行业中的竞争地位和绩效。因此，当新的逻辑出现时，根据能力基础、经营范围和地位，组织可以选择坚持原有的逻辑，或者接受新的逻辑，通过增加或替代现有的逻辑来彻底改变既定的竞争地位[⑤]。基于数字技术诞生的数字媒介催生出了一种全新的社会形态——媒介化社会，媒介的影响力除了介入社会宏观制度与机构之外，有时更在于导引其他

① Banner Lois, *American Beauty*, New York: Knopf, 1983, p.154.

② Kate Nelson Best, *The History of Fashion Journalism*, p.63.

③ P. H. Thornton and W. Ocasio, “Institutional Logics and the Historical Contingency of Power in Organizations: Executive Succession in the Higher Education Publishing Industry, 1958—1990,” *American Journal of Sociology*, 105(3)1999.

④ P. H. Thornton et al., *The Institutional Logics Perspective: A new Approach to Culture, Structure, and Process.*

⑤ R. Durand et al., “Institutional Logics as Strategic Resources,” *Research in the Sociology of Organizations*, 39A(1)2013.

社会场域里特定制度化实践内涵的重塑[①]。时尚传播中的两种制度逻辑之间的关系通过构建替代组合，可梳理出四个此类场景的矩阵（见图 1-2），用以指导时尚产业、时尚媒体及其他主要利益相关者的宏观战略决策与微观实践，为应对快速变化的产业环境和媒介环境提供数字时代的时尚产业逻辑的可能性备选方案。

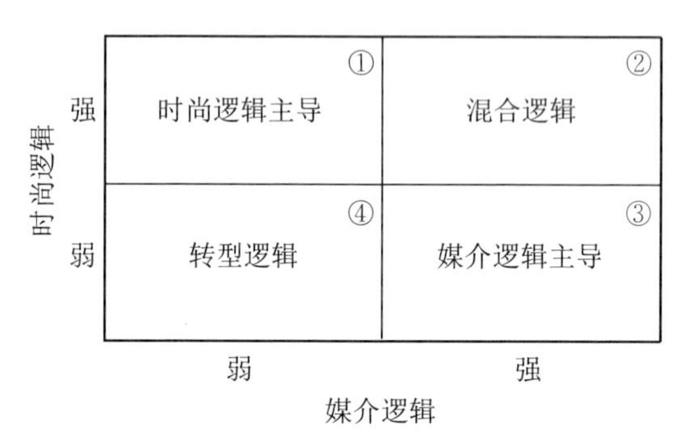

图 1-2　时尚逻辑与媒介逻辑的博弈

（一）时尚逻辑占主导地位

在第一个场景中，时尚逻辑和媒介逻辑在时尚传播中仍然并存，但时尚逻辑依旧占据主导地位。时尚传播的重点是要区分这两者：技术及其新的传播实践在推动时尚相关行为中所起的作用，以及根植于人类潜在的心理机制对时尚及行为的影响。工具和技术在不断迭代、进化，曾经与微博较量过的博客、Myspace 等平台已渐渐消散，但替代“两微一端”或见证“抖音”、TikTok、Instagram 被更前沿的新技术媒介替代的可能不容置疑，数字时代时尚传播的重点应该是理解和揭示独立于底层技术之上的时尚心理机制和行为，基于技术促成的某些类型的时尚传播的形态及实践，是研究的方法而不构成目的。时尚逻辑依旧是数字时尚的主导逻辑，类似于“虚拟时尚”的发展应理解为时尚逻辑在虚拟空间的延伸，除了基于媒介形式的探索之外，更有可能是时尚基于自身“新颖性”逻辑的追求。超越功能性的“新颖性”是时尚在后现代社会发展的基本逻辑，虚拟技术代表着最新颖的传播技术，自然成为时尚全力追逐的表现形式。时尚将虚拟技术作为一种手段来提升自身在媒介化社会中的地位，时尚借助虚拟现实（VR）、增强现实（AR）、CG 特效等数字虚拟技术，催生出新型的虚拟时装、虚拟秀场、虚拟

① 唐世哲：《重构媒介？——“中介”与“媒介化”概念爬梳》。

偶像[①]等实践形式，甚至将时尚的逻辑延伸至以游戏为核心的“元宇宙”世界，将时尚体系进行数字移植，以虚拟技术促成时尚体系的创新发展[②]。“元宇宙”中的穿衣原则依旧遵循现实世界中时尚业已形成的制度逻辑，时尚被视作有历史传承性的文化系统，在时尚逻辑的主导下构建后现代时尚传播的制度与实践原则，并将历史性的“实践词汇”通过数字传播手段加以扩散，成为虚拟时尚合法化的图式与工具。

在场景1中，媒介将依旧被时尚视作手段而非目的，数字技术为时尚传播提供了更多元的媒介形态，媒介逻辑在服从时尚逻辑的基础上发挥作用，在融合媒体的环境中提升时尚的地位及影响力；时尚借助技术发展向新兴的数字领域延伸，时尚产业将媒介视作数字时代不可或缺的手段，作为产业扩张与发展的策略之一。

（二）时尚与媒介的混合逻辑

在场景2中，数字技术将促使时尚领域的时尚与媒介两种逻辑“混合”，形成一种崭新的混合逻辑。当两种制度逻辑相互作用时，一种可以吸收另一种的关键要素，从而导致两者的“混合”[③]。在这个混合逻辑中，时尚的“新颖性”原则将成为媒介“注意力竞争”资源的核心，时尚的“新颖性”不再局限于自身领域，而是将其扩充到媒介技术领域。混合逻辑促成SHOWstudio这样全新的时尚传播形态的出现。SHOWstudio创立于2000年，是一个屡获殊荣的时尚网站（https://showstudio.com/），作为世界最顶尖的数字影像创作平台之一，该网站利用网络互动和多元前卫的数码技术，更新着世界对于时尚的理解。2019年2月，网站与著名设计师梅森·马吉拉(Maison Margiela)合作推出时尚短片《现实逆转》(*Reality Inverse*)，这部创新的时尚电影以标准版本和360度视觉版本发布，观众戴上VR头盔只需点击鼠标就可以在图像中自由移动，为观众打造出一个真实与虚幻交织的空间。影片采用负片、过度饱和、暴力拼接等表现手法，将音乐、设计、绘画、摄影、动态影像及热成像摄影等各种媒介领域的先锋理念糅合在一起，以极为抽象及实验性的数字融合作品让受众感受时尚在数字时代呈现出的颓废、颠覆、虚拟的美学风格。

混合逻辑下的SHOWstudio探索并逐步建立数字时尚惯例，在这一

① 戴雨仟、楼甜甜：《虚拟时尚的发展现状研究》，《纺织科技进展》2021年第3期。

② 秦兰珺：《游戏＋时尚：虚拟时尚何以成立》，《文艺研究》2020年第3期。

③ M. A. Glynn and M. Lounsbury, “From the Critic's Corner: Logic Blending, Discursive Change and Authenticity in a Cultural Production System,” *Journal of Management Studies*, 42(5)2005.

“见证不同媒体制度出现”的过程中,也改变了时尚观看/用户模式,时尚产业的组织模式。SHOWstudio 并不直接将受众定位于时尚潜在的消费者,在时尚传播的创意与商业需求之间,更倾向于将受众视作用户,强调受众的主动性、参与性、互动性。SHOWstudio 也改变了时尚媒介组织的传统机制,它将时装秀、时装制作、时尚拍摄等转化为在线直播,甚至将知名设计师的设计图纸直接搬上网站供人下载,诸如此类的媒介实践为大众打开了原本封闭的时尚圈,挑战了时尚用“神秘感”来维持象征性歧视价值的行业惯例。这种混合逻辑也为时尚带来了新的“实践词汇”。

同理,混合逻辑下的虚拟时尚不再被视作“时尚+数字”的一种手段运用,而是时尚与媒介融合后的时尚新业态,在“元宇宙”中的虚拟时装、虚拟时尚空间、虚拟偶像是与现实世界相互融合交叉并存的,混合逻辑既催生了虚拟时尚也改变了现实时尚,混合逻辑将成为“元宇宙时尚”的核心动力,甚至可反向“殖民”物理空间中的时尚,将虚拟时空内的时尚美学原则、技术及话语体系输出至实体时尚。

(三)媒介逻辑占主导地位

情景 3 中,媒介逻辑开始主导时尚传播。在媒介化社会的大环境中,时尚日渐将媒介逻辑作为传播的主导逻辑,将“注意力竞争”作为目的以提升自身在社会中的影响力与地位。数字技术将重构时尚传播的新生态,将时尚摄影、电影、插画、视频等媒介形态融合重组,以一种新的媒介形态再生出新的“数字技术美学”,反向主导时尚产业的发展趋势,例如虚拟游戏里盛行的“废土美学”“赛博朋克”“暴力美学”等反向输出至时尚产业;同时,这种媒介形态的融合重组也颠覆了时尚传播以媒介类型划分形成的时尚话语体系,类似时尚杂志的“封面女郎”、时尚插画的“吉布森女孩”不再可能被继承,依托 CG 技术创造出来的国际“头部”虚拟偶像,譬如 Miquela Sousa、Noonoouri 和 Shudu Gram(三者的 Instagram 账号粉丝数分别达到 300 万、37 万和 21 万),将成为数字时代的时尚偶像。当然比这些虚拟偶像更具影响力的则是类似来自人气游戏《最终幻想》(*Final Fantasy*)中的角色雷霆(Lighting),她既能为 LV2016 的春夏广告大片代言,也能自由行走于虚拟时空中的所有平台中。

媒介逻辑主导下的时尚传播,使时尚更趋虚拟化、大众化与技术化。时尚品牌越来越倾向将大众文化带入时尚,这既是众多奢侈品牌主动走下神坛的目标之一,也是迎合媒介“注意力竞争”逻辑的最佳策略。巴黎世家(Balenciaga)把 2022 春夏发布会办成《辛普森一家》(*The Simpsons*)的首映礼,专为品牌拍摄的卡通短片中,《时尚》(*Vogue*)总编辑安娜·温特

(Anna Wintour)与虚拟的辛普森一家在片中互动,真实的安娜"女魔头"身着品牌最新款既出现在片中,也出现在首映礼的红毯上。制衣技术维持时尚行业运转,但如今时尚界的聚焦点却不再局限于如何做出一件好看的衣服,设计师的才能更多体现在引入种种议题来强化品牌社交属性。"巴黎世家"无疑是此中高手,该品牌为2021年秋季系列发布制作的原创游戏《后世:明日世界》(*Afterworld: The Age of tomorrow*)清晰地体现了这一宗旨。区别于其他奢侈品牌与大型成熟游戏的跨界合作,这是一款完全独立、情节复杂,并由相对完整世界观支撑的网页游戏,消费者可在线进入品牌在游戏中为新系列打造的展厅,沉浸地感受整个系列。巴黎世家通过这些极富理念的媒介创新实践向大家宣告:我们已经不只是一个时装品牌,我们要建构起拥有完整主张且不断发展的品牌世界。

（四）一种转型逻辑

两种制度逻辑除了混合之外,也有可能是经受挑战后出现彻底转型导致出现一种新的制度逻辑,最终取代现有逻辑①。情景4是考虑时尚及媒介的消费习惯及内容均发生重大改变,为应对来自消费形态、时尚空间及技术变化带来的挑战,可能会出现一种新制度逻辑主导时尚及其传播。2019年5月,荷兰的电子时装公司The Fabricant和来自加拿大的区块链游戏公司Dapper Labs联手完成了全球首件区块链虚拟时装"Iridescence",这件售价高达9 500美元的虚拟时装在现实中并不存在。2020年全球首个100%虚拟时装品牌Tribute Brand诞生,其通过计算机生成3D图像,将虚拟服装"穿"在消费者身上,虽限量且高价,但还是拥有了一定消费群体。

当时尚从街头走向社交媒体时,服装被视作一项内容生产,不依存实体生产的虚拟时尚显得既环保又"实用",时尚越来越成为人们在数字空间中展示的内容而非真实的穿着,有什么理由需要耗费现实资源去生产"这一件衣服"呢?何况任何一件虚拟时装都能转变成在线环境中的"区块链数字资产"(以太坊区块链上的代币NFT),它证明了数字服装可以成为应用区块链技术的完美画布,而区块链技术则可以为数字服装增加附加价值,这一切使得数字时尚领域从生产、消费、交易等均脱离了实体时尚,呈现出一种全新的制度逻辑。

其次,基于"元宇宙"形成的新的时尚空间,在时尚NFT日趋成熟的交易背景下,时尚正在形成新的商业逻辑与价值主张,根据网站Market

① R. Hayagreeva et al., "Border Crossing: Bricolage and the Erosion of Categorical Boundaries in French Gastronomy," *American Sociological Review*, 70(6)2005.

Insider 的报道，“元宇宙”中的数字时尚业务估计每年的价值为 1 万亿美元，虚拟时尚不能简单理解成时尚行业的数字迁移，为时尚在元宇宙中找到一个新的栖息地，时尚作为社会互动的交叉界面，“元宇宙”让身份政治、赋能、科技、虚拟与现实等议题自由地融汇。媒介技术的变迁存在巨大的不确定性，一切旧技术都曾经是新技术，因此，建立在新技术背景下的制度逻辑自身存在着不确定性与变化，在人类将“脑机”接口作为下一个新技术进行预测时，我们完全有理由相信制度逻辑的变迁还远未停止。

第三节　时尚的制度体系

将时尚视为一种制度体系，意味着时尚是一个由信仰、习俗和正式程序组成的持久网络，这个网络共同形成一个具有公认中心目的的明确的社会组织①。我们首先需要考察时尚制度化的历史，1868 年时尚作为一个系统首次在巴黎出现，这也为巴黎的时尚神话提供了最丰厚的历史遗产。其次，本节将分析时尚的制度化给时尚带来的变化，第一，时尚的制度化意味着时尚的历史也是人造文化符号的制度化历史；第二，时尚的制度化是时尚产业化的基础，18 世纪的服装行业是最先实行工业化的行业；第三，时尚的制度化推动了时尚产业的结构化，也使全球的时尚权力结构化，形成以巴黎、米兰、伦敦、纽约为代表的时尚寡头。但网络社会的崛起形成新的空间逻辑——“流动空间”，对传统的时尚寡头结构带来了挑战。

一、时尚的制度化

（一）时尚制度的形成

对法国时尚的实证研究证明，时尚作为一个系统于 1868 年在巴黎首次出现，独家定制服装被制度化地命名为高级定制（Haute couture）②，并形成明确的社会组织及制度规范。高级定制时装最早可以追溯到 18 世纪，法国时装设计师罗斯·贝尔廷（Rose Bertin）将高级时装带入“断头王后”玛丽·安托瓦内特（Marie Antoinette，1755—1793）的宫廷，巴黎时装及裁缝技术成为欧洲宫廷贵族追逐的潮流，但直到英国裁缝查尔斯·弗雷德里克·沃

---

① White Harrison and Cynthia White, *Canvases and Careers: Institutional Change in the French Painting World*, New York: John Wiley, 1993(1965).

② Y. Kawamura, *The Japanese Revolution in Paris Fashion*, Oxford, UK: Berg, 2004.

思(Charles Frederick Worth)的一系列创新举措,譬如允许他的客户选择颜色、面料和其他细节,专为客户进行最新时装的展示等,才将高级定制时装的实践形成一套流程。在他的推动下,1868 年巴黎高级时装协会(Chambre Syndicale de la Couture Parisienne)成立,该协会被定义为“决定哪些时装公司有资格成为真正的高级定制时装屋的监管委员会”,只有“在工业部设立的委员会每年制定的名单中提到的那些公司才有权使用”高级定制标签,确定“高级定制”一词受法律保护。该协会是中世纪行会的现代化改造,负责监管其成员的各项实践活动,如仿冒款式、时装秀开幕日期、展示模特数量、与媒体的关系、法律和税收问题以及促销活动等,并发挥组织协调作用。1945 年该协会制定了更严格的“高级定制”标准,只有符合如下四项要求的设计师或工作室,才能拥有“高级定制”的权利并在其广告和任何其他方式中使用“高级定制”一词[①]:

> 为私人客户定制设计,并能提供一件或多件配饰;
> 在巴黎拥有独立工作室并至少有十五名全职员工;
> 在一个独立车间或工作室内至少雇佣 20 名全职技术人员;
> 每个时装季(每年 1 月和 7 月两次)向公众展示至少 50 套原创设计,包括日装和晚装。

迄今,该协会依旧是巴黎作为时尚之都的网络中心,它通过认可制将设计师、制造商、批发商、公共关系官员、记者和广告公司纳入高级时尚的组织结构,还通过许可制,将规则转化为高级时尚的形象生产及实践指导。沃思极具创意的制度化改造,彻底改变了人们对制衣行业的看法,也使裁缝转化成时装设计师,甚至是装饰艺术家,如今的“高级定制”依然源源不断地为巴黎时尚及品牌提供象征价值。

时尚的制度化也表明时尚的生产与服装的生产不能等同,时尚依托于服装等物的生产,但绝不限于“物”的生产,更是一种制度化后的象征价值生产[②]:

> 服装是物质生产,时尚是象征生产。服装是有形的,而时尚是无形的。服装是必需品,时尚是多余的。服装具有效用功能,而时尚具有地

---

① https://www.businessoffashion.com/education/fashion-az/haute-couture, 2022-07-17.

② Y. Kawamura, *The Japanese Revolution in Paris Fashion*, p.1.

> 位功能。服装存在于人们穿着自己的任何社会或文化中，而时尚必须在制度上构建并在文化上传播。一个时尚系统运作将服装转化为具有象征价值并通过服装表现出来的时尚。

时尚不仅是关于服装的变化，而且是一种制度化的、被授权实施它的人产生的系统性变化。时装作为一种物质文化不仅仅是一种被创造、传播和消费的产品，还是一种经过组织和宏观制度因素加工的产品，巴黎时尚不仅仅是巴黎时装的生产与销售，还是包含了物质、社会和象征性资源的统筹后创造出来的有意义的文化物品。

（二）时尚的符号体系

时尚的制度体系同时意味着时尚的历史也是人造文化符号的制度化历史。正是将时尚视作一个符号体系，罗兰·巴特才极具创新性地将结构主义符号学引入对流行体系的分析，巴特把服装分为三种：意象服装（Image-clothing）、书写服装（Written clothing）和真实服装（Real clothing），前两种服装都统一于两者所代表的现实中的服装。他选择最具影响力的两本法国时尚杂志《她》（*Elle*）和《时装之苑》（*Le Jardin des Modes*），对其在 1958 年 6 月至 1959 年 6 月的内容进行系统研究，直接将研究对象定位于书写服装——即在时尚杂志和广告中展现出来的服装，书写服装的物质材料是语言，语言中沉淀着历史中形成的权势，因此巴特将流行杂志视为制造意义的系统，也就是制造流行神话的系统。时尚就是现代工业社会的一个“神话”形式，时尚的“神话化”就是一个将偶然和历史提高到必然和普遍的高度，因此，时尚体系必须把符号转变为一种自然事实或理性法则，时尚体系由此显现出至高无上、霸道专横。巴特的贡献还不仅在于指出了时尚体系通过制造流行神话来维持时尚的三层架构的运行（见图 1-3）[①]，更在于让我们意识到时尚作为一种系统，为所有时尚利益相关者，包括设计师、生产商、消费者在内的集体，提供了结构性的内在规约与时尚意识形态，这种对时尚的共同信念是所有共同参与生产和延续时尚文化的意识形态基础，它弥补了过去服装史和社会学研究中对时尚的浅层化认识。

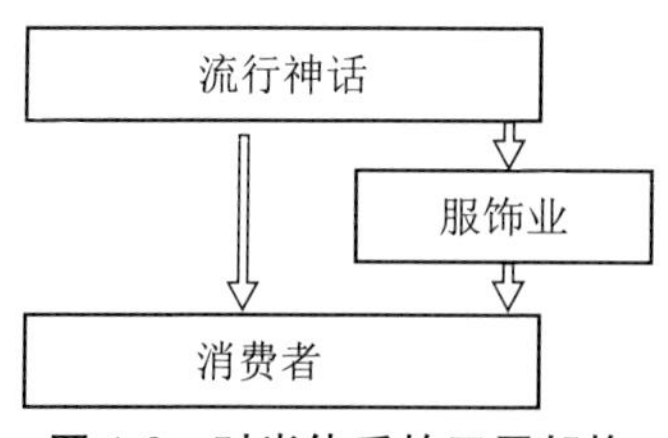

图 1-3　时尚体系的三层架构

将时尚理解为现代工业社会的“神话”有助于我们揭开时尚作为一种共

① ［法］罗兰·巴特：《流行体系》，第 1 页。

同信仰的面纱。作为神话的时尚脱离了科学理性与具体实质，属于人类的一种认知范畴概念，它往往和集体经验、集体记忆及良知相关联，属于传统人类学研究原始部落或社会常用的基本概念。但时尚充当的是现代工业社会的“神话”，它将符号任意地转化成“自然的”“崇高的”事实，在这之中媒介是“神话化”必不可少的中介，安娜·温特这样的时尚“把关人”则充当了现代时尚的“祭司”或“萨满”，巴黎时尚的神话集中体现于法国时尚杂志构建的“巴黎女郎”的神话。这个神话始于19世纪中期，但直到今日依旧通过电影、摄影、广告、杂志及电视，塑造着大众对时尚巴黎的共同信仰，正如弗吕格尔所言①：

> 时尚，我们从小就相信（无数期刊上的几代作家都促成了这种信念），是一位神秘的女神，我们有责任遵守而不是理解她的法令；事实上，这暗示着，这些法令超越了所有普通人的理解。我们不知道它们为什么被制造出来，或者它们会坚持多久，但只是它们必须被遵循；顺服越快，功德就越大。

（三）时尚的文化传承

时尚作为一种制度，通过为服装添加社会、经济、文化和象征资本，使服装产生等级，使某些剪裁方法或特定风格具有文化传承性，使服装的具体实践与时尚符号的演进形成有机结合，这反映在时尚众多的历史沿革中。英国时尚设计师薇薇安·维斯特伍德（Vivienne Westwood）因将朋克及新浪潮时装带入主流社会而被誉为“朋克时尚”的教母。她在1981年发布的海盗系列中，因复杂的“切割”（slashing）技术而获得时尚界赞誉，这个系列被评论为“将历史切割法与民族切割法结合，开发了基于矩形

图1-4　薇薇安海盗系列的“切割”风格，1981年

① J. C. Flugel, *The Psychology of Clothes*, London: Hogarth, 1930, p.137.

的民族切割技术”①(见图 1-4)。但据时尚历史学家拉弗(Laver)考证,“切割”作为一种裁缝手段,最早可溯源至 1477 年,瑞士人击败勃艮第公爵“大胆查理”(Charles the Bold,即 Charles le Téméraire, 1433—1477)后,夺取了丝绸等奢侈品作为战利品,并将其切割成碎条以修补自己破烂的衣服。这直接导致 15 世纪一种奇怪的流行风尚,即将衣服剪开以露出彩色衬里,后来在设计史上,“切割”被定义为故意在服装,譬如裤子、背心、帽子等处剪开口子以露出最丰富多彩的内饰。“切割”成为一种时装艺术形式后,最早被德国雇佣兵采纳,然后被法国宫廷采用,并随着战争及宫廷通婚等扩散至欧洲其他国家,直到 1500 年左右几乎普及为欧洲时尚。将这种风格发挥到极致的是德国人②:

> 不仅是紧身衣,连马裤都被“切割”了;事实上,从字面上看,是“剪成丝带”。下身的衣服由宽大的布带组成,垂至膝盖,有时垂至脚踝。注意每条腿上的带子应该形成不同的图案,甚至可以是不同的颜色。

图 1-5 弗兰斯·范·米里斯自画像,1657 年

这种巧妙的安排使“切割”成为表现服装复杂装饰图案的一种手段,这种装饰手段到 1657 年左右在荷兰风俗画家老弗兰斯·范·米里斯(Frans van Mieris the Elder)绘制的自画像(见图 1-5)中还能看到:他身穿带有缎面衬里的天鹅绒背心,袖子“切割”处露出白衬衫。“切割”长久的生命力还体现在它仍然定期出现在现代时尚设计中,而薇薇安·维斯特伍德显然深谙从服装史中找到这种古老的技术再加以改造之道,让奢华与破败并置,营造出高级时尚的朋克风——一种后现代的矛盾风格。

---

① When it really was alternative: the punk style of Vivienne Westwood(artbop.co.nz), 2022-05-20.

② Laver James, *Costume and Fashion: A Concise History*, London: Thames and Hudson, 1995, p.78.

二、时尚的产业体系

（一）时尚产业链

制度化是产业化的基础，时尚的制度化意味着时尚产业化的发展。服装行业是18世纪最先实现工业化的行业之一①，也是最早出现全球化公司的行业，这些公司可能最初只是提供原材料，后来发展至提供时尚的全套解决方案。时尚产业与其他任何行业一样，是由市场的多个网络构成的，这些网络通过上、下游产业链的合作最终满足市场的消费需求，在这些网络中既有路易·酩轩（LVMH集团）这样的奢侈品集团，雨果·博斯（Hugo Boss）这样的成衣公司或H&M这样的快时尚公司，也有类似中国设计师王汁这样的工作室（其创立了个人同名品牌“Uma Wang”），还有亚洲市场占有率极高的“优衣库”（UNIQLO）这样的大众市场连锁店生产商。时尚产业围绕着设计创意团队的灵感来设计、生产取悦顾客的商品，再辅之以“符号生产”赋予物品以时尚价值，从而实现时尚产业的体系化运作。因此，时尚既是物质文化，又是一套符号体系，这意味着时尚既可以是一个关于“物”的生产与销售的商业体系，又可以是一个关于“意义”的生产与传播的文化体系。前者促使我们将时尚产业纳入全球时尚供应链中去考察，将其分成设计、生产、分销及消费四个核心环节，形成一个完整的商业价值链；后者促使我们用文化研究的视野，去探究构建时尚符码体系的语法原则、赋予符码意义的权力分配以及符码传播过程中“编码”“解码”的运行规则。作为一个商业体系，它包含这四个子系统：一个创意系统，负责设计产品、样品制作以及时尚品味推广；一个制造系统，负责服饰制造及生产的全过程；一个分销系统，负责组织和控制采购、物流、渠道及零售推广；一个消费系统，即最后的消费者推广、服务及售后等。我们可以用图1-6将产业链的运行过程直观地表现出来：

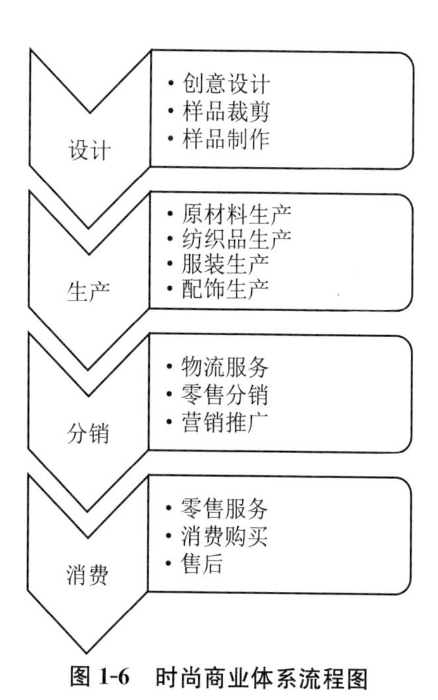

图1-6　时尚商业体系流程图

① D. Farnie and D. Jeremy eds., *The Fibre That Changed the World*, New York: Oxford University Press, 2004.

（二）时尚产业的价值链

将时尚视作一个产业链意味着时尚的生产与组织是在不同的企业及机构之间协同完成的，因此也是对时尚产业进行价值链分析的一个过程，即在它的四个环节中，时尚是以哪一个环节为核心进行价值驱动的。竞争战略管理专家迈克尔·波特（Michael Porter）在1985年首次开发的价值链方法是一种将行业作为一个整体进行映射，并在生产过程的不同步骤中定位公司竞争力的方法①，价值链主要针对企业在生产经营中的各种活动，或者是上下游企业之间的价值联系，而企业与企业之间的竞争实际上是整个价值链的竞争。价值链竞争的经典表现就是“微笑曲线”，即产业的附加值主要分布在设计和销售两端，而加工制造这样的中间环节，产业附加值却最低。格雷菲（Gereffi）将价值链分析法与产业组织研究结合起来，创建“全球商品链”（Global commodity chains，GCC）的概念用以分析全球化的服装产业，以更好地理解价值链的不同阶段及价值分配的地理区域，并确定了专注于生产者的“生产者-驱动（producer-driven）商品链”，以及专注于以零售商和品牌为核心的“购买者驱动（buyer-driven）商品链”②。所谓“生产者驱动商品链”指的是，大型制造商经由向前向后生产过程的联结以及借由标准化相关产业的内容提供、分配、服务来控制整个生产系统，利润主要来自规模、数量与技术利益；“购买者驱动商品链”由拥有强大品牌优势和销售渠道的跨国公司所控制，商品主要是以全球采购或外包生产的方式找到全球供应商，利润来自高价值研究、设计、销售、营销以及与金融服务的独特组合。

通过引入GCC概念，人们能更好地理解现代时尚的全球价值链分配。就时尚产业而言，价值驱动长期围绕着“设计师”（或品牌）这个核心创意群体展开。也正是在这个意义上，时尚产业更多地被视为一个创意产业而非简单的制造工业，正如《时尚学》的作者川村由仁夜在研究时尚体系的形成时所言③：

> 设计师无疑是时尚生产中的关键人物，在时尚的维护、复制和传播中发挥着重要作用……没有设计师，衣服就不会成为时尚。设计师将适时的、最新的并被认为是可取的“时尚”拟人化，对时尚系统的

① M. E. Porter, *Competitive Advantage: Creating and Sustaining Superior Performance*, New York: Free Press, 1985.

② G. Gereffi, “International Trade and Industrial Upgrading in the Apparel Commodity Chain,” *Journal of International Economics*, 48(1)1999.

③ Kawamura, Y., *Fashion-ology: An Introduction to Fashion Studies*, pp.57—60.

社会结构和组织的理解包括设计师在系统中的角色以及他们生产的产品。

但随着时尚产业分层的加剧，时尚价值的驱动核心也不再是单一的设计创意，高级时尚体系无疑依旧是沿袭了时尚的最古老的传统，但工业时尚、快时尚显然越来越视消费者为驱动核心，贴近市场、快速周转、适应多元化的销售渠道，是时尚金字塔中底部体系运转的核心。

三、时尚的权力结构

（一）时尚的“全球价值链”

“全球商品链”或“全球价值链”为全球时尚产业提供了一个全面的分析框架，尤其是将地理区域与产业链分布和价值链分配结合起来的方法，揭示了地理学在时尚产业中一直扮演的重要角色。全球时尚产业长久以来一直围绕着世界四大时尚之都——巴黎、米兰、伦敦和纽约展开，巴黎作为时尚寡头的权力，源于巴黎的时尚历史资产与时尚媒介资源，正如戈达特(Godart)对巴黎作为全球时尚中心的神话的分析一样，这是一种产业发展和文化实践相结合的产物，要理解这个神话必须回到路易十四统治时期以及法国政治权力集中的凡尔赛宫里，溯源帝王的朝臣将之转变为著名品牌和商业帝国的过程，现在这些品牌和商业帝国植根于现代的区分逻辑，也植根于全球市场，并对我们的日常生活产生了巨大的影响①。在巴黎神话的缔造过程中，法国时尚杂志、法国电影等大众媒体提供了重要推动力，“巴黎女郎”(la Parisienne)这样的媒介形象为这个神话增添了栩栩如生的形象感，也为全球时尚追随者提供了一个具有“异域风情”的模仿对象。现在，通过两个时尚集团LVMH(路易·酩轩)和PPR(开云集团)在全球不断收购奢侈品牌，并通过“高级定制”这样的制度化体系持续吸引全球优秀设计师来到巴黎，巴黎神话依旧维持了自己的时尚主导地位。时尚地理学为我们揭示了全球不同的城市和空间对时尚权力的争夺，这种争夺自古典时尚起就已存在②：

十六世纪欧洲上层阶级莫不效法西班牙人穿的黑呢衣服，这一现

① F. Godart, *Unveiling Fashion: Business, Culture, and Identity in the Most Glamorous Industry*.

② [法]费尔南·布罗代尔：《15至18世纪物质文明、经济和资本主义》第1卷，第376页。

象反映了西班牙国王的“世界”帝国左右着欧洲的政治局势。文艺复兴时代豪华的意大利服装（方口大开领、宽袖、发网、金银线刺绣、金线织锦、深红缎子和丝绒）曾在欧洲大部分地区风行……十七世纪则相反，用色彩鲜艳的丝绸制作、风度洒脱的所谓法国式服装逐渐战胜西班牙式服装。

当然，法国时尚要想获得欧洲的统治权，也非一帆风顺，它首先遭到了西班牙国王的强烈反对，米兰当时作为西班牙的属地，在17世纪中叶时还在抵制法国时尚的诱惑。意大利时尚产业是在悠久的贸易文化、精良的手工艺和逐美文化传统（以美第奇家族为代表的艺术赞助传统）基础上发展起来的，但法国时尚的强势虹吸效应，导致米兰一直作为巴黎时尚的配套而存在。一直到第二次世界大战后，美国的“马歇尔计划”帮助意大利渡过战后危机，意大利时尚工业（尤其是纺织工业）才得到迅猛发展，意大利时尚成功的另一个因素则是美国市场对巴黎时尚的“厌倦”，它被视为过于奢靡的“帝国主义”风格，专注于可穿戴性及工艺技术的意大利品牌“成衣”（Ready to Wear）提供了“高级时装”（Haute Couture）令人满意的替代品，米兰成为能与巴黎并列的时尚权力中心。正如时尚文化历史学家瓦莱丽·斯蒂尔（Valerie Steele）指出的，米兰的成功源于意大利悠久的奢华和卓越的时尚传统①：

人们普遍认为，可识别的“意大利风格”的发展发生在20世纪70年代后期，由阿玛尼（Armani）和范思哲（Versace）等设计师带头。然而，意大利成功的基础开始得更早。

斯蒂尔认为意大利时尚的基础可以追溯到罗马帝国的文化主导地位及文艺复兴奠定的审美品味，当然全球时尚市场上的竞争力，更重要的是20世纪出现的一批优秀设计师，譬如埃米利奥·普奇（Emilio Pucci）、詹弗兰科·费雷（Gianfranco Ferre）、古奇奥·古奇（Guccio Gucci）、马里奥·普拉达（Mario prada）、罗伯托·卡普奇（Roberto Capucci）、罗西塔·米索尼（Rosita Missoni）和奥塔维奥·米索尼（Ottavio Missoni）夫妇等。

（二）全球时尚中心的竞争

时尚作为一个全球化的大产业，不同的城市和空间依旧在争夺全球利益相关者的注意力。随着网络社会的崛起，卡斯特提出了一种新的空间逻

① V. Steele, *Fashion, Italian Style*, New Haven: Yale University Press, 2003, p.1.

辑——“流动空间”(space of flows),以此和具有历史根源的、我们共同经验的空间组织——“地方空间”(space of places)相对应,由信息技术支撑起的“流动空间”会形成新的节点(node)与核心(hub),在这个充斥着符号及信息的流动空间内也会形成占支配地位的管理精英(而非阶级)的空间组织,因此,卡斯特认为这种新的空间逻辑会向人们感知到的、以地方为基础的实体空间渗透①:

> 由于我们社会的功能与权力是在流动空间里组织,其逻辑的结构性支配根本地改变了地方的意义和动态……两种空间逻辑之间的结构性精神分离,构成存在社会沟通渠道的威胁。支配性的趋势是要迈向网络化、非历史性的流动空间之前景,意图是将其逻辑安放在分散的、区隔化的地方里……

“流动空间”增加了全球时尚中心的竞争,但我们在阅读传统时尚杂志时,往往依旧是巴黎、纽约、伦敦、米兰这四大中心城市被关注,持续确立它们的全球时尚中心的地位;但移师网络空间内,时尚权力的分散中心在持续涌现,一些新兴市场如中国香港及上海、日本东京、巴西圣保罗、荷兰安特卫普、印度德里或孟买等日益成为时尚风格或时尚消费的新中心,时尚地理学需要将“流动空间”内的权力重组对地方空间的影响纳入研究视野。

新的生产技术及多元消费市场导致快时尚、可持续时尚的发展,类似Zara、H&M、优衣库或Forever 21等快时尚品牌相对于巴黎的高级时装产业,提供了一种全新的商业模式,多元时尚产业模式暗合了多样化和碎片化的后现代时尚发展,全球时尚产业价值链及时尚中心是否会在21世纪形成新的利益和权力分配?

可能存在三种情况,第一种情况是四大时尚寡头永久存在,技术、经济以及政治权力的重新分配不会改变当前的时尚结构,只是在这个金字塔的中底部充实更多的基座力量而已;第二种情况是全球时尚权力中心的重新构建,包括孟买、上海、圣保罗、东京等挑战者有可能成为新的时尚节点城市,但时尚仍将是一种寡头结构,时尚权力的仲裁者将在其中协调时尚趋势、组织时尚生产,变化只在于寡头的数量和城市;第三种情况则是寡头的消失,时尚在网络社会发生结构性的变化。“世界是平的”带来了时尚权力

---

① [西]曼纽尔·卡斯特:《网络社会的崛起》第1卷,夏铸九等译,社会科学文献出版社2001年版,第524页。

的扁平化、分散化，时尚网络不再有明确的中心，而是“流动空间”内不停轮换着生产-消费的掌控权，时尚博主、网红、消费者、品牌方可以在瞬间将时尚信息传播全球。依托四大时尚中心的时装秀将在“元宇宙”内成为虚拟时尚的表现方式之一，时尚本身也会非物质化——虚拟时尚将成为时尚产业在数字时代的发展方向，理论上每一个地方空间都可以迅速为本地乃至全球消费者提供时尚风格。

（三）时尚产业结构的变迁

时尚的制度化，通过将“物”的生产-消费体系叠加上文化、符号、意义和象征资本后，将时尚产业结构化①（见图 1-7），从古典时尚到现代时尚，这个金字塔式的时尚结构既是一种产业结构，从处于金字塔顶端的高级定制时装到大众平价时装，时尚产业形成高端市场、中端市场、大众及平价市场的等级结构；同时也形成全球性的时尚文化等级结构，以巴黎“高级定制”为核心的高端市场以每年两季的频率为时尚产业输出创意与风格，这些高级定制时装秀不再以销售或利润为核心，更多是为品牌及设计师提升文化资本，为四大时尚中心提供源源不断的符号生产能力。这种结构性的符号生产与消费通过时尚媒介的中介传播，为全球时尚产业生产-消费提供趋势，这是以“新颖性”为核心原则的时尚在工业化生产体系中必需的组织协调，基于时尚制度化的逻辑与原则，使无序的时尚在产业组织中走向有序。

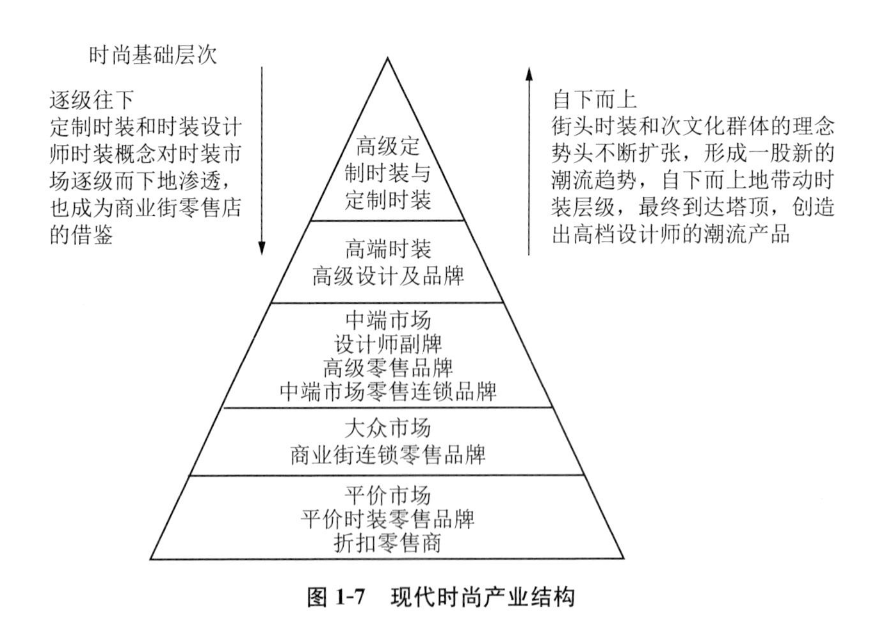

图 1-7　现代时尚产业结构

---

① ［英］哈丽特·波斯纳：《时尚市场营销》，张书勤译，中国纺织出版社 2014 年版，第 13 页。

时尚的制度化也提供了时尚网络内的权力分配及管理精英。制度提供了精英行使权力的手段和背景，时尚专业人士通过控制主要社会机构变得强大和占主导地位①。现代时尚以品味区隔为现代人提供身份的象征，但正如皮埃尔·布迪厄(Pierre Bourdieu)通过对法国社会广泛的民族志研究后得出的结论：没有任何品味判断是无辜的——我们都是“势利小人”，不同的审美选择都是一种身份区隔，细微的品味差异是社会判断的基础，社会世界同时作为权力关系系统和象征系统发挥作用，特定的品味与主流文化结合后形成某种所谓的高雅文化(high culture)，具有了成为文化资本的可能性，利用文化资本，精英不断地与非精英保持距离②。文化资本有权解释品味及社会群体在社会中的排名，社会资本表明个体在社会网格结构中的资源，“符号资本”本质上是被承认和认可的经济或文化资本，经济、社会和文化资本都是不同群体之间以及群体内个人之间竞争的对象和斗争的武器，时尚城市的等级、时尚品牌的等级、时尚设计师的等级以及时尚媒介的等级均与时尚的文化资本、社会资本及符号资本相关，而这些资本最终均能与经济资本实现转化。

时尚的制度化本质上是现代社会结构的一种表征，时尚只产生于流动的、开放的社会中，但时尚同时提供了身份区隔与地位等级的普遍性手段。随着消费主义的蔓延，时尚符号成为现代社会重要的象征资本，强加给现代人，即便不是时尚的追随者而仅是时尚的观看者，同样也被网罗其中，正如鲍德里亚所言③：

> 时尚的形式逻辑对所有独特的社会标志施加了更大的流动性。符号的这种形式上的流动性是否对应于社会结构(专业、政治、文化)中的真实流动性？当然不是。时尚——更广泛地说，与时尚密不可分的消费——掩盖了一种深刻的社会惯性。

时尚是现代性代码的一种象征，时尚系统内嵌于现代社会中，并形成自身逻辑不断渗透影响社会的其他领域。时尚在现代社会的持续扩张与消费欲望再生产密不可分，正如塔尔德所言，欲望是由结构性的社会关系构成，

---

① Y. Kawamura, *Fashion-ology: An Introduction to Fashion Studies*, p.55.

② P. Bourdieu, *Distinction: A Social Critique of the Judgment of Taste*, translated by R. Nice, Cambridge: Harvard University Press, 1984.

③ Jean Baudrillard, *For a Critique of the Political Economy of the Sign*, translated by Charles Levin and St Louis, MO: Telos Press, 1981, p.78.

服从某种“模仿律”,“模仿律”虽主要适用于下层阶级模仿上层阶级,但现代社会开拓了更多的模仿空间,这样上层阶级也可以模仿下层阶级①。而在这个不断被拓宽的模仿空间中,媒介发挥了不可替代的作用,时尚的制度化历史同时也是一部时尚媒介的壮大史、媒介技术的变迁史。

第四节　媒介技术与传播模式

鉴于时尚与传播的密不可分,本书选择将传媒关键技术的连续发展:书写—印刷—电子媒介—信息技术,作为思考时尚发展历程及其社会影响力的角度,从技术如何应用于时尚传播实践,从而形成不同的时尚传播模式,并进而形塑不同历史时期的时尚文化,进行历史纵向考察,期待以此为角度,探究人们如何利用技术工具,突破时空的限制,在不同社会与文化环境中,为时尚传播创造可能,而时尚及时尚品牌传播又对社会文化及观念产生怎样的影响。

一、媒介技术与传播模式

(一) 技术变迁与模式更迭

技术变迁是理解时尚传播模式更迭的关键,它深刻影响了全球时尚产业过去、现在及未来的发展趋势。网络社会的崛起还预示着时尚产业尚未发生的传播实践,各类传播实践终将描摹出一张全新的全球时尚产业与时尚品牌版图。

本书将要探讨的问题按照如下逻辑展开:

1. 在媒介视域下重构时尚史,以前现代媒介技术—现代媒介技术—数字技术为基准,将时尚史分段书写为**古典时尚、现代时尚**及**后现代时尚**。

2. 梳理三个历史时期时尚媒介形态的变迁,从**“具身”时尚媒介—大众时尚媒介—数字时尚媒介**,探讨不同媒介形态是如何形塑时尚及时尚文化的。

3. 从媒介技术特征入手,构建不同历史时期时尚传播模式,即古典时尚的**“中心涟漪化扩散”模式**、现代时尚的**“多寡头大众化传播”**模式以及后现代时尚的**“多元融合化涌现”模式**。

4. 分析梳理媒介技术对时尚历史转型的功能性影响:**时尚版画**之于古

---

① [挪威]拉斯·史文德森:《时尚的哲学》,第38页。

典时尚的诞生,时尚杂志之于现代时尚的转型以及**数字媒介**带来的时尚虚拟化的全新形态。

5. 第五章分别选取四种媒介形态—时尚杂志、时尚电影、时尚摄影以及作为媒介的博物馆,探讨媒介通过时尚形象建构、时尚表征范式变迁、时尚文化的越轨传播以及时尚视觉与文本信息的创新,聚焦媒介中介下的时尚文化变迁,探讨一种**"新"时尚文化史**书写的可能性。

模式是"对真实世界理论化和简约化的一种表达方式"①,它是一种符号的结构和操作的规则,用来将已存在的结构或过程中的相关要点联系起来。模式隐含了对相关性的判断,模式具有组织、启发、预测和测量四种显著功能。评估一个模式是否成功一般可从普遍性、启发性、重要性及准确性四个维度加以评判,当然好的模式一般还具有原创性、简约性或经济性等特征。时尚传播模式可以用来揭示时尚传播过程中传播要素之间及其与外部因素之间的联系,时尚传播模式是对时尚传播的结构与运行过程的抽象概括与描述,从内部结构而言,它主要由四大要素组成:时尚的传播者、时尚的接收者、媒介及作为传播内容的时尚信息。但传播作为一个子系统在一个更大范围的社会系统内存在并运行,因此,无论是作为时尚的传者、受者都与特定的社会结构相关联,作为特定传播渠道的时尚杂志、时尚电影、时尚摄影及时尚新媒体等也内嵌于更大的媒介系统内,时尚信息的生产与解读则与社会文化系统和人们的观念系统密不可分。因此,分析时尚传播内部要素与外部因素之间的联系,有助于我们更好地理解不同传播情境、技术因素、文化环境等外部因素与时尚的内在传播要素之间是如何相互作用,最后构建出特定的时尚传播模式的。

(二) 媒介物质形态与时尚分期

媒介物质的形态决定了传播技术主导下新模式形成的可能性。布鲁恩·延森认为技术的社会应用必须植根于物质,这种应用往往需要经历一系列漫长的、累积式的发展,逐渐被人们认识与重构,并且经历"文化的创造"②,就如电磁演化为广播一样。电磁作为一种媒介物质,是广播这种传播技术的原型特征,前者决定了后者的可能性,但并不必然预示广播的诞生,广播的诞生需要经过人们的认识、重构及文化创造后,才成为覆盖全球的一种现代传播媒介。同时,不同的媒介物质既使人类创造出新的表达、表

---

① [美]沃纳·赛佛林、[美]小詹姆士·坦卡德:《传播理论:起源、方法与应用》,郭镇之主译,中国传媒大学出版社2006年版,第40页。

② [丹]克劳斯·延森:《媒介融合:网络传播、大众传播和人际传播的三重维度》,第66页。

征与交流活动，但对于其他形式的表达、表征与交流而言，则又会是一种限制的力量。譬如时尚杂志作为时尚传播的核心媒介，默认了时尚的静态化展示，但时尚作为服装与身体的结合，在现实情境中恰恰是不可分割的一种动态存在，时尚杂志使现代时尚获得了古典时尚前所未有的传播范围与效果，但却牺牲了“具身”传播中时尚特有的动态整体性。

布鲁恩·延森将媒介物质划分为三大形态，即作为人际交流媒介的人的身体、经典的大众媒介以及数字化的信息传播技术三种形态。从本质而言，人类的传播实践就是在这三种不同的物质媒介平台间的变迁，没有大众媒介这种物质平台，就不可能诞生二级传播模式，是媒介技术促使了大众传播经由意见领袖而抵达社会大众这种传播模式的实现。但布鲁恩·延森也强调，“作为交流与传播中的特殊资源，物质还具有持久性与共享性。一旦形成某种媒介形态，物质就会获得一种自我发展的动力”①。因此，传播技术的变迁不应理解成一种断裂式的革新，而更多的是一种延续性的迭代与更替。

时尚的历史与人类的表征、宣传及形象化的技术手段密切相关。从早期的肖像画、时尚玩偶、时尚版画、时尚插画到大众传播时代的时尚杂志、摄影、电影、电视以及数字时代的时尚自媒体，通过多元的传播渠道，时尚媒介将时尚建构为一种理想的生活方式或幻想认同机制，将时尚的魅力与奇观从精英阶层逐步扩散至全社会，时尚成为现代社会的普遍现象。因此，媒介视域为理解媒介技术更迭给时尚变迁带来的影响提供了观察角度，这种影响首先体现为时尚传播模式的变迁。以媒介物质形态为依据，结合时尚自诞生以来的传播实践，本书将时尚历史分段划分为“具身”传播的**古典时期**，大众媒介的**现代时期**以及数字化技术诞生之后的**后现代时期**。本书核心观点认为时尚的传播模式与传播技术的更迭密切相关，技术的社会应用是以媒介物质为基础的，因此，媒介物质形态的变迁可以作为时尚分期的重要依据(见图 1-8)。

二、古典时尚:“中心涟漪化扩散”模式

传播的前现代时期，传播实践局限于第一维度的媒介—人的身体以及它们在工具中的延伸，传播媒介主要是身体、时尚玩偶、肖像画及时尚版画等。机械复制技术诞生之前的时尚主要局限于宫廷贵族阶层，古典时尚传播呈现“中心涟漪化扩散”模式(见图 1-9)。该模式中 A 代表了以宫廷为

① [丹]克劳斯·延森:《媒介融合:网络传播、大众传播和人际传播的三重维度》，第 67 页。

时间	分期	传播媒介
约 1350 年至18 世纪末	古典时尚	身体
		时装玩偶(1391 年出现)
		肖像画(约 14—15 世纪)
		新闻印刷(1450 年前后谷登堡改进印刷术,16 世纪出现不定期新闻印刷品)
		时尚版画(大约在 16 世纪)
		时尚杂志(1672 年出现雏形)
19 世纪初到20 世纪 70 年代	现代时尚	时尚杂志(1785 年创刊,19 世纪盛行)
		摄影(19 世纪中后期出现,20 世纪初盛行)
		电影(20 世纪 20 年代开始发展)
		广播(1910 年发明,二战后在全世界普及)
		电视(1936 年 BBC 开播,1946 年彩电发明,1962 年开启卫星传播)
20 世纪80 年代至今	后现代时尚	互联网的诞生(web1.0，20 世纪 90 年代初期,各大门户网站)
		社交媒体诞生(web2.0，2004 年脸书、2006 年推特、2009 年微博、2011 年微信等)
		“元宇宙”(web3.0，2021“元宇宙”元年)

图 1-8　时尚历史分期及媒介形态

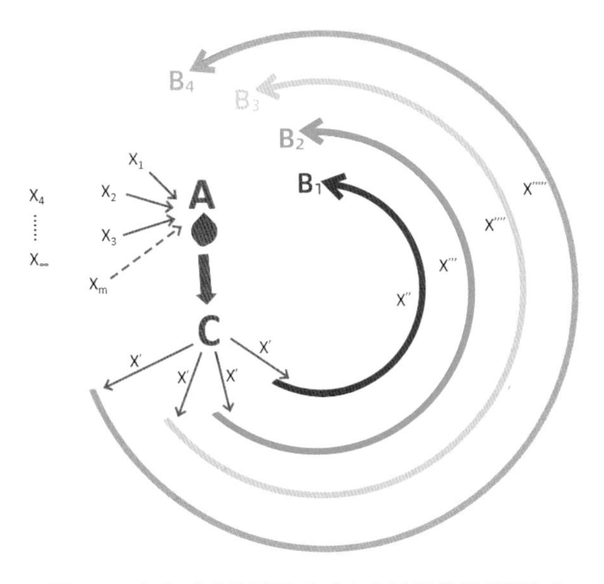

图 1-9　古典时尚传播模式:“中心涟漪化扩散”模式

核心的时尚策源中心，C 则代表了“具身”化的传播渠道/媒介环境，宫廷时尚信息 X 由近及远地波及不同等级的接收者 B。该模式确立了古典时尚作为等级与身份代理的功能，决定了古典时尚以国王、王后为中心的自上而下的有限扩散。

（一）禁奢令与古典时尚

禁奢令确立了古典时尚传播模式的“中心”。对欧洲时尚影响巨大的禁奢令（Sumptuary Law），是一项专为限制奢侈而制定的法律。禁奢令几乎存在于中外的所有等级社会中，古希腊时期，女性不得佩戴黄金首饰或带有紫色边框的衣服，除非她是妓女；古罗马时期男人曾被禁止穿丝绸、一般公民禁止使用一种叫泰尔紫色（Tyrian purple dye）的昂贵染料；伊斯兰世界的禁奢法以《古兰经》教义为基础，劝告男性不要穿丝绸衣服，也不要戴金首饰；中国古代除了以儒家教义指导人们要节俭外，从秦朝始就在服饰材料及颜色上按社会等级作了严格限定；幕府统治下的日本，严格规定了富裕商人只能佩带一把剑，且还只能是有威望的。

欧洲禁奢令在各国虽内容各异，但均旨在通过限制服装、食物、家具等方面的过度支出来规范和加强社会等级和道德，个体的穿着用度基本取决于其出身及社会地位，法令最常见的内容是阻止平民模仿贵族的外表，并且可以用来“污名化”不受欢迎的群体。

欧洲中世纪的禁奢令是最为系统且严格的法律制度。1463 年英格兰通过第一个奢侈法案，同样限制“皇家紫色”——泰尔紫色的使用，到 1483 年的第二个“服装法”颁布时，更细化到金布、貂皮、天鹅绒及缎面织锦等只能被限制在骑士和领主身上；法国在路易十三（Louis XIII，1601—1643）时期，禁止除王子和贵族外的任何人佩戴绣有金丝线或蕾丝的帽子、衬衫、领子和袖口；意大利是禁奢令最为繁复的国家，在中世纪和文艺复兴时期，甚至各个城镇都经常通过奢侈法（leggi suntuarie），主要用来限制女性的服装①。所有这些禁奢令的一个共同之处是，任何人或群体穿着不符合其自身地位与等级的服饰是违法的。在中世纪晚期的城市，禁奢令更多的成为一种被贵族用来限制富裕的资产阶级炫耀性消费的手段，如果资产阶级臣民看起来与统治贵族一样富有或更富有，这可能会破坏贵族将自己描绘成强大的合法统治者的形象，并被质疑他们控制和捍卫封地的能力，从而引起社会的动荡与权力的更迭。一直到 17 世纪，禁奢令依旧因此目的而阻止奢华的古典时尚向中下阶层传播，直到法国大革命的思想逐步传递至全社会。

---

① https://en.wikipedia.org/wiki/Sumptuary_law，2022-04-05.

（二）古典时尚的“具身”传播

其次，传播技术局限了古典时尚传播模式“中心涟漪”的波及范围。古典时尚需要借助“具身”传播才能流行起来，往往通过肖像画、时尚玩偶等手段，并能以宫廷联姻或战争的方式，让时尚在欧洲上层社会传播并向下有限扩散。例如拉夫领(ruff collar)和裙撑(法辛格尔，farthingale)两种最重要的欧洲古典时尚元素，均起源于西班牙宫廷，最后通过宫廷联姻或战争等因素，传播至整个欧洲。据时尚历史学家詹姆斯·拉韦尔(James Laver)考证，裙撑在1545年时被英国宫廷采用，在1580年左右被法国采用，意大利宫廷则将其进行了鲸骨版本的改良及普及，而拉夫领的传播及改良，则可以从伊丽莎白一世众多的肖像画中得到证明。16世纪和17世纪的欧洲时尚继续体现贵族风格，并且可以发现不同宫廷的时尚之间的差异，但是，当朝臣混杂在一起时，在战争期间和通过包办婚姻，一个宫廷的时尚常常被另一个宫廷挪用和采用。

在机械复制技术诞生之前，肖像画是时尚传播最重要的途径，随着贸易的发展，社会等级开始松动，到17世纪时出现了一批专业的肖像或风俗画家。他们也为富裕的市场阶层服务，譬如荷兰黄金时代的老弗朗斯·范·米里斯(Frans van Mieris the Elder, 1635—1681)，最擅长的科目就是描绘那些比较富裕阶层的人员的时尚穿着及日常生活中的场景。这些源自日常生活的时尚场景从侧面反映了17世纪时宫廷时尚已有限地传播至社会上层，富裕的资产阶级不仅模仿贵族的衣着，也采用了肖像画这种形式来固定自己的时尚瞬间(见图1-10)。同时期，被称为荷兰黄金时代最伟大的画家之一的约翰内斯·维米尔(Johannes Vermeer, 1632—1675)的大部分画作都表现了中产阶级生活的场景，题材主要是风俗和肖像，他的绘画主题提供了17世纪荷兰社会的一个横截面，从一个简单的挤奶女工、匿名的戴珍珠耳环的少女(见图1-11)，到富有的名人和商人在他们宽敞而辉煌的房子里的奢华生活。

（三）古典时尚的传播手段

时尚版画(fashion plate)是古典时期除时尚杂志外，另一个能利用复制技术进行传播的时尚媒介，尤其是后期结合平版印刷技术成为摄影诞生之前时尚杂志最重要的视觉传播手段。时尚版画大约起源于16世纪，但大规模传播则是在19世纪至20世纪初，宫廷肖像画可被视作时尚版画的基础，因比时尚娃娃携带更方便而更受欢迎，时尚版画随着时尚杂志而逐渐扩散，形成古典时尚及现代时尚早期的传播路径。时尚版画一般可分为木刻、铜版及平版印刷三种，后期还可手工着色，拉韦尔认为最好的时尚版画“达到了

图 1-10 米里斯的《串珍珠的年轻女子》,1658 年

图 1-11 维米尔的《戴珍珠耳环的少女》,1665 年

非常高的审美价值"①,时尚版画的内容突破了人物肖像的表现内容,经常表现特定裁缝或商店的时尚风格以及不同材料制成的服装,描绘一群时尚人物场景化的时尚生活方式,以供读者效仿。但时尚史专家也指出,时尚版画可能只反映了当时上层社会的流行趋势及服装风格,而不是大多数人的穿着方式,时尚版画可视为现代高端时尚杂志或设计师品味的来源与时尚文化传承。

无论是肖像画还是版画,作为描绘古典时尚的重要方式,它们确实将古典时尚通过较为直观、生动的视觉手段,向欧洲社会及中下层社会扩散。但我们同时要意识到,16 世纪和 17 世纪的欧洲时尚体现的是贵族风格,时尚更多的是通过婚姻或战争,在不同的宫廷之间被传播、挪用及改良。第一维度的媒介决定了古典时尚内嵌于等级化的欧洲社会中,局限于人际传播有限的时空范围,自上而下地将时尚信息有限扩散。宫廷王室作为时尚的中心及策源地,与国家形象及力量紧密相关,传播手段单一、技术落后,跨时空能力很低,具有明显的人际传播特征,且呈现明显的物理空间由近及远的圈层化涟漪状特征。时尚传播的主要功能在于维护社会结构的现状、传递等级社会的合理性与宫廷的权威性。但同时,基于时尚吻合了人类普遍存在

① James Laver, *Fashions and Fashion Plates 1800—1900*, London and New York: Penguin Books Limited, 1943, p.3.

的模仿心理，凭借身体媒介化的传播示范效应，古典时尚初步构建了时尚文化的编码—解码体系，为现代时尚的跨时空扩散提供了可传播与理解的意义体系，为时尚品牌的诞生及时尚产业化发展奠定了基础。

三、现代时尚："多寡头大众化传播"模式

（一）大众传播的特征

数字媒介出现之前，大众传播（mass communication）的定义可以用如下三个特征来确定[①]：

> 1.它针对较大数量的、异质的和匿名的受众。2.消息是公开传播的，在时间安排上通常同时到达大多数受众，在特征上是稍纵即逝的。3.传播者一般是复杂的组织，或在某个复杂的组织之下运作，这通常需要庞大的开支。

大众传播刚兴盛时，人们对其传播效果的认知存在着偏差即夸大，典型的如"魔弹论"，与此相对应的，对大众传播模式的认知也较简单，最著名的是哈罗德·拉斯韦尔（Harold Lasswell）的"5W"模式，将传播过程简化为：

- ◆ 谁（Who）
- ◆ 说了什么（Says What）
- ◆ 通过什么渠道（In Which Channel）
- ◆ 对谁说的（To Whom）
- ◆ 产生了什么效果（With What Effect）

但随着对大众媒介效果与使用研究的深入，议程设置理论、知识沟假说以及受众对媒介的使用与满足等理论相继提出，在大众传播过程中发现了二级传播模式及意见领袖的存在等，促使研究者不断完善拉斯韦尔过于简化的线性模式，综合性地提出了"韦斯特利-麦克莱恩模式"（见图 1-12）。

该模式中 A 和 C 分别代表了传播者及传播渠道/媒介环境的角色。A 有目的地选择并传播消息，既是信源也是议程的设置者；传播渠道 C 往往扮演着守门人的角色，参与信息传播的设计，传播渠道在不同类型的社会中扮演不同的角色，发挥不同的功能，也会产生各种功能障碍；B 作为接收者，既可以是个人也可以是一个基本群体或者一个社会系统，B 需要"可以传递的消息作为指引其在环境中行动的手段，和保证解决其问题或满足其需要

---

① ［美］沃纳·赛佛林、［美］小詹姆斯·坦卡德：《传播理论：起源、方法与应用》，第 4 页。

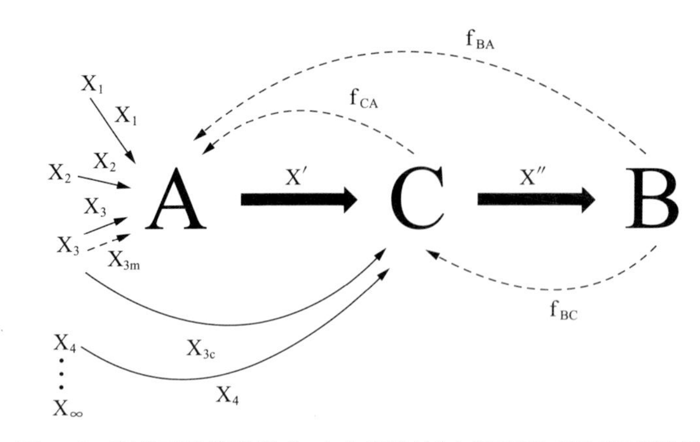

图 1-12　现代时尚传播模式：大众传播的“韦斯特利-麦克莱恩模式”

的办法”；X 即信息，是通过信道从 A 和/或 C 传播到 B，信息可以起到告知、说明和教育的作用，信息重复的用处是抵消信道中噪声的干扰[①]；“f”的存在表明该模式已考虑了大众传播中多重有限反馈的存在。

（二）作为大众传播子系统的现代时尚传播

现代时尚体系严重依赖大众媒介，通过媒介中介成为现代性的范式，通过时尚内容的生产和传播奠定了对时尚欲望的再生产，从而形成消费主义，以此促成现代时尚产业的巨大发展。时尚与媒体这种新型关系的先驱是时尚杂志。时尚营销学教授琳达·威尔特斯认为，时尚与媒介互为依赖的关系主要体现在两个方面：一是时尚产业如何利用媒体向潜在的消费者推销其产品，二是媒体针对消费者将有影响力的时尚榜样或守门人的标志风格重新包装，并在媒体中展示以吸引公众的注意力[②]。随着媒体包装展示能力的提升，媒体奠定了自身在时尚系统的中心地位，时尚媒介也成为独立于时尚的一个产业。因此，现代时尚传播模式本质上是由时尚杂志、电影、电视及广播等媒介主导的大众传播模式，基本的传播过程与研究范畴可用“韦斯特利-麦克莱恩模式”来表示，无论是传播者分析、受众研究、时尚信息的生产与设计以及最终的传播效果，这个模式都提供了较为清晰而完整的图景。

现代时尚传播作为大众传播的一个子系统又有自身的特征，传播模式中 A、C 两个角色同时呈现出“多寡头”的结构。寡头（oligarchy），一般用

① ［美］沃纳·赛佛林、［美］小詹姆斯·坦卡德：《传播理论：起源、方法与应用》，第 53—54 页。

② Linda Welters, “Introduction: Fashion in the Media,” L. Welters and A. Lillethun eds., *The Fashion Reader*, Oxford, UK: Berg, 2007, p.275.

作政治学或经济学术语，指由少数人统治或指挥的一种权力形式或权力结构。这些寡头统治或指挥者一般会有如下一个或几个特征来实现权力垄断，例如贵族、名望、财富、教育，或公司、宗教、政治或军事等①。纵观历史，寡头往往是专制的，因强迫公众服从或压迫公众而存在。在商业逻辑向全球渗透的过程中，出现了控制足够资源以及影响国家政治的商业寡头，这些大型组织往往使用垄断策略主导一个行业，拥有足够的政治权力来促进自己的利益。现代时尚的“多寡头”结构主要体现在“四大时尚中心”成为时尚信息垄断性的策源地，围绕着这四大寡头形成高级时装设计师、全球时尚品牌、时装秀/展览、广告公关组织的系统化权力组织，从古典时尚中继承了巨大时尚遗产的巴黎是最先形成时尚寡头的城市，随后是伦敦、纽约以及米兰；“多寡头”结构的第二个层次体现在传播渠道上，以时尚杂志为核心形成的四大时尚顶刊、20 世纪 30 年代好莱坞电影的全球化传播等，成为时尚符号的垄断性生产机构，也是现代时尚的仲裁机构。

（三）时尚“多寡头”结构的起源

戈达特曾撰文分析四大“时尚寡头”结构的起源②，以巴黎为例，世界时尚中心的神话本质上是关于城市身份或城市空间的一种社会建构，是经由时尚媒介通过持续不断地将巴黎置于象征性和想象性语境中的产物，也与巴黎发达的纺织制衣生产系统密切相关，但巴黎在时尚系统内已不能仅仅理解为时尚产品的生产地，而是作为时尚的决策中心、全球时尚的权力中心而存在。

时装周（fashion week）在 20 世纪“时尚寡头”结构中扮演了一个权力节点的角色，基于注意力竞争的媒介逻辑，“四大时装周”持续吸引全球关注，在时尚系统发挥超强的“黏性”作用。时装秀（fashion show）在 1850 年左右由沃思发明，以推销自己的高级定制时装，其后它的功能与规模虽经历巨大变化，但作为时尚体系最重要的权力节点之一，它的超强“黏性”功能从未改变，也正是在这个意义，“四大时尚中心”在全球时尚权力结构中依旧占据着中心位置。“时尚寡头”的形成既是系统内行动者的互动决定的，同时这些行动者又被这个“寡头”塑造，以巴黎为代表的“时尚寡头”成为时尚利益相关者获取社会资本、文化资本的策源地。但这种寡头结构并非一成不变的，正如 20 世纪初还只有巴黎能主导时尚潮流，虽然巴黎也一直动员一切

---

① Oligarchy Definition & Meaning-Merriam-Webster，2022-04-20.

② F. Godart，“The Power Structure of the Fashion Industry：Fashion Capitals，Globalization and Creativity，” *International Journal of Fashion Studies*，1(1)2014.

力量，包括整个法国的力量来遏制新寡头的出现，但先是英国在男装产业上突破，用“英伦风格”为伦敦赢得地位，然后是20世纪30年代后，美国改进了工业缝纫机并将标准化生产流程扩充到成衣产业，迎合了大众市场的时尚需求，逐步奠定了纽约在全球时尚权力结构的地位，随后是“二战”之后依靠意大利工匠技艺及优秀设计师崛起的米兰。

围绕着“时尚寡头”形成了垄断性的时尚商业集团，是现代时尚产业的另一特征。随着全球消费市场的形成，时尚品牌越来越娴熟地利用大众传播媒介，将时尚消费转化成符号化消费，时尚品牌成为流动社会中身份、意义、认同的象征。世界四大时尚中心，既是全球时尚品牌的聚集地，也是全球时尚符码的生产中心，尤其是法国的两大时尚集团路易・酩轩集团(LVMH)和开云集团(Kering)。这些商业集团以资本力量通过不断并购牢牢控制了时尚产业金字塔顶端的品牌资源，也成为全球时尚媒体仰赖的重要广告客户，更是时装周上最重要的高级时装秀的品牌方。20世纪后半叶，巨型时尚集团成为“时尚寡头”结构中的权力聚合点，翻开各大时尚杂志，时尚中心、时尚集团与时尚媒介一起，构建了全球时尚权力的结构版图。

现代时尚“多寡头”结构的第二个层次是指时尚媒介的“寡头”结构。以杂志、电影、电视为代表的大众传播媒介的技术特征决定了现代时尚传播“中心化”的趋势，但与古典时尚以国王/王后作为时尚唯一仲裁者的单一中心不同，大众媒介针对不同的受众群体，形成了“多寡头”的结构，并没有哪一本时尚杂志或时尚频道能够成为垄断性的传播渠道，但不同媒介形态在竞争中基本形成了较为稳定的强势媒介结构，而其中最为典型的则是时尚杂志。

(四) 时尚的现代性转型

“男性大放弃”造成的后果是现代时尚成为女性的专有领域，女性被局限在家庭生活领域展示自己的气质及生活方式。同时，男性在工业社会的地位与身份需要通过家庭女性的“代理性消费”来展示，这为女性时尚杂志的发展提供了广阔空间。针对不同阶层的女性如何娱乐、休闲、整理家务、塑造身体等等，均需要一个“现代性”的时尚指导者，在维多利亚时代(Victorian era，通常被定义为1837年至1901年，即维多利亚女王统治时期)，对时尚杂志的需求增长到了惊人的程度。例如，在1870年至1900年间，英国出现了50种新杂志，随着女性努力为她们的社会地位获得“正确”的举止和道德，销量猛增①，“维多利亚女性”强调家庭生活和道德，同时又致力于时

① Craik J., *Fashion: The Key Concepts*, p.250.

尚和美容的平衡,19 世纪时尚杂志将此作为重要议程获得了女性的追捧;随着 20 世纪初"新女性"(New Women)运动的兴起,更具自主意识的"新女性"们也需要潮流化的时尚杂志作指导,消费主义开始生根发芽,广告业扩大了时尚杂志的办刊实力,精美的时尚摄影为女性消费者提供了更具诱惑力的时尚新生活。

时尚杂志通过视觉化的手段再现了时尚,并通过指导读者如何塑造自身形象来建构身份、社会地位及性别象征,逐步从国王/王后手中接管了时尚仲裁权,成为时尚符号及话语构建的主导者。但在时尚杂志内部也存在着激烈的市场竞争,靠着不断扩张自己的发行版图(不断推出国际版),密切或垄断与高级时装设计师、奢侈品牌、广告商的关系及时装周的资料或信息,逐渐形成了现代时尚杂志的基本结构(见表 1-13),以《时尚芭莎》(*Harper's Bazaar*,美国)、《时尚》(*Vogue*,美国)、《嘉人》(*Marie Clair*,法国)、《她》(*Elle*,法国)等为代表的顶刊成为时尚媒介的"寡头"。

表 1-13 时尚杂志一览表

发行时间	杂志标题
1672 年	《文雅信使》(*Le Mercure Galant*,法国)
1785 年	《时尚衣橱》(*Les Cabinet des Modes*,法国)
1770 年	《淑女杂志》(*The Lady's Magazin*,英国)
1786 年	《法国女士与时装杂志》(*Giornale delle Dame e delle Mode di Francia*,意大利)
1787 年	《奢侈品与时尚杂志》(*Journal des Luxus und der Moden*,德国)
1797 年	《女士与时尚杂志》(*Journal des Dames et des Modes*,法国)
1806 年	《百丽集会》(*La Belle Assemblee*,英国)
1829 年	《勒福莱特》(*Le Follet*,法国)
1830 年	《戈迪女士杂志》(*Godey's Lady's Books*,美国)
1852 年	《英国女士家庭杂志》(*Englishwoman's Domestic Magazine*,英国)
1860 年	《插图时装》(*La Mode Illustrée*,法国)
1861 年	《女王》(*Queen*,英国)
1867 年	《时尚芭莎》(*Harper's Bazaar*,美国)
1873 年	《绘图者》(*Delineator*,美国)
1876 年	《麦考尔》(*McCall's*,美国)
1884 年	《点石斋画报》(中国)

续表

发行时间	杂志标题
1890年	《妇女》(*Woman*,英国)
1892年	《时尚》(*Vogue*,美国)
1894年	《妇女界》(*Woman's Own*,英国)
1912年	《宪报》(*Gazette du Bon Ton*,法国)
1913年	《名利场》(*Vanity Fair*,美国)
1926年	《良友》(中国)
1931年	《服装艺术》(*Apparel Arts* 后更名为*GQ*,美国)
1931年	《时尚先生》(*Esquire*,美国)
1931年	《玲珑》(中国)
1939年	《魅力》(*Glamour*,英国)
1945年	《她》(*Elle*,法国)
1949年	《现代新娘》(*Modern Bride*,美国)
1953年	《花花公子》(*Playboy*,美国)
1963年	《大都会》(*Cosmopolitan*,英国)
1965年	《情报志》(*Nova*,英国)
1973年	《*W*》(美国)
1980年	《*i-D*》(英国)
1980年	《面孔》(*Face*,英国)
1986年	《竞技场》(*Arena*,英国)
1991年	《眩》(*Dazed*, 2014改名为*Dazed and Cunfused*,英国)
1991年	《远见者》(*Visionnaire*,美国)

与此同时,工业大生产催生了工业化时尚,工业化时尚使更多的阶层开始有可能消费时尚产品,成衣成为时尚产业最重要的领域,时尚不再是大众可望而不可即的对"上层社会的想象"。与此同时,大众传播技术的诞生开始将时尚更迅速、高效地向大众传播,现代时尚的传播从最初的印刷书籍、报纸、杂志等平面媒体扩展到广播、电视、电影等电子形态,本雅明所谓的机械复制时代即是这种第二维度的媒介物质-技术的特征,传播实现了一对多的高效率扩散,人类第一次突破时空的限制,实现了全球"在场"的可能性。时尚传播成为大众传播不可或缺的组成部分,大众传播模式即为这一时期

的时尚传播模式。伴随着资本主义的全球扩张，现代时尚传播实现了时尚从区域性传播到全球化传播的跨越，推动了时尚产业的全球化发展，全球市场逐渐形成，时尚品牌借助大众传播开始在全球扩张，时尚传播与时尚品牌传播呈现出高度的重合性。

四、后现代时尚："多元融合涌现"模式

（一）后现代时尚传播的多元化

数字技术给后现代时尚传播带来的首要特征是多元化。首先是多元传播节点的构建，数字技术带来了传播实践、媒介渠道的多样化，尤其是社交媒体的诞生，从根本上改变了时尚传播节点的旧格局，机构化的媒介与时尚博主、时尚意见领袖等新涌现的传播节点共同构建起新的多元传播节点；其次，随着新媒介的不断涌现，时尚系统呈现出"去中心"的趋势，时尚的权力结构出现了"多元化"的特征。为了应对媒介环境和受众结构的变化，时尚体系开始多层次吸纳媒介逻辑将其整合至时尚实践中，各大时尚公司均大规模扩充了广告公关队伍。更有类似巴宝莉（Burberry）在 2010 年时就宣布推出全球最先进的"零售剧院"概念，即在全球 25 家旗舰店内，伦敦时装秀在"剧院"3×3 米的高清屏幕上直播，客户可以在 iPad"即看即买"，品牌多方面内容直接传播到世界各地，"剧院"内的数字活动使顾客能实时体验服装、音乐、能量和氛围，创造了一个现代而纯粹的品牌环境。正如时任巴宝莉的首席创意官克里斯托弗·贝利（Christopher Bailey）所言①：

> 我们现在既是一家媒体内容公司，也是一家设计公司，因为这都是整体体验的一部分。所以这是一件大事。它正在改变整个购买系统，以及整个生产周期。基本上，你可以买到每一个走在 T 台上的包包，每件外套和所有的化妆品。

对现代时尚"多寡头"权力结构更大的挑战来自 SHOWstudio 这样融合性的时尚传播网站，该网站创立于 2000 年，该网站利用网络互动和多元前卫的数码技术，更新了世界对于影像和时尚的理解。2009 年，SHOWstudio 直播了传奇设计师亚历山大·麦昆（Alexander McQueen）的春夏秀，成为史上第一场现场直播的时装秀，同时结合流行偶像 Lady Gaga 的

---

① H. Alexander, "Burberry's Conquest of Cyber Space," *The Daily Telegraph*, 8(9)2010.

新歌首发集中造势，这场秀成功将大众引向直播流，实时观看并且参与评论，并催生了图像社交平台 Instagram 随后推出的图像分享时尚的新方式，让该平台至今仍然火爆；2022 年的 3 月 25 日，SHOWstudio 宣布与 DAVID CASH 合作加入“元宇宙”，全球首届“元宇宙时装周”于 2022 年 3 月 24 日至 27 日在虚拟世界“Decentraland”举行，吸引了一众主流品牌加盟。随着更多的虚拟时尚周的推出，“四大时装周”作为时尚系统权力节点的功能正经受挑战，时尚系统原来只是利用媒介专业知识和资源来实现时尚的传播，提升时尚在社会系统的影响力，但现在媒介逻辑成为时尚系统的主导性逻辑。

（二）后现代时尚传播的融合化

数字技术给后现代时尚传播带来的第二大特征是融合化。融合既指技术推动下的传播手段及方式的融合，也指新媒介环境塑造出的一种新的媒介融合文化。延森将数字技术称为“元技术”，数字计算机不仅复制了先前所有的表征与交流媒介的特征，而且将它们重新整合在一个统一的数字化平台上，将文本、声音、图像等从大众媒介相对割裂的状态重新整合到数字媒介中，从而产生了新的传播形态。在元技术的影响下，传播再次拥有了人际传播中的互动与多元的交流模式①，这是融合的第一个纬度。但更重要的是融合的媒介生态催生出一种新型的媒介文化——融合文化，数字技术带来的“再媒介化”(remediation)，通常指新媒介从旧媒介中获得部分的形式和内容，有时也继承了后者中一种具体的理论特征和意识形态特征，但与此同时，数字媒介被认为将以独特方式塑造出崭新的意识和文化②。正如亨利·詹金斯(Henry Jenkins)所言③：

> 媒体融合并不只是技术方面的变迁那么简单。融合改变了现有的技术、产业、市场、内容风格以及受众这些因素之间的关系。融合改变了媒体业运营以及媒体消费者对待新闻和娱乐的逻辑。

詹金斯强调理解媒体融合的三个关键概念：融合、集体智慧和参与。融合文化代表了一种关于媒介的新的思维方式，要理解媒体融合正在怎样再造媒体生产者与消费者之间的关系，包括集体智慧的体现、集体意义的构

① [丹]克劳斯·延森：《媒介融合：网络传播、大众传播和人际传播的三重维度》，第 74 页。
② 同上书，第 92 页。
③ [美]亨利·詹金斯：《融合文化：新媒体与旧媒体的冲突地带》，杜永明译，商务印书馆 2012 年版，第 47 页。

建，社区的形成及互动，受众的迁移以及新的粉丝文化的形成。

多元与融合的媒介生态，使后现代时尚传播呈现出复杂系统的“涌现”模式。首先，数字技术促成的多媒体（polymedia）生态环境呈现出一种自组织结构，理论上所有的时尚利益相关者都能成为时尚传播节点，打破了以往被机构媒体垄断的传播格局；其次，时尚的多媒体传播生态又与更宏观的媒介化社会环境产生联结与互动，促成时尚系统的非物质化，“涌现”出包括虚拟时尚、元宇宙时装周、时尚 NFT 等在内的全新的时尚形态，也使时尚系统从相对封闭走向开放，也让时尚系统的金字塔形等级结构受到挑战。新的媒介生态势必催生出新的时尚文化与表征体系，这是当下后现代时尚正在经历的变化。

（三）“多元融合化涌现”传播模式

由此，后现代时尚的传播模式见图 1-14。

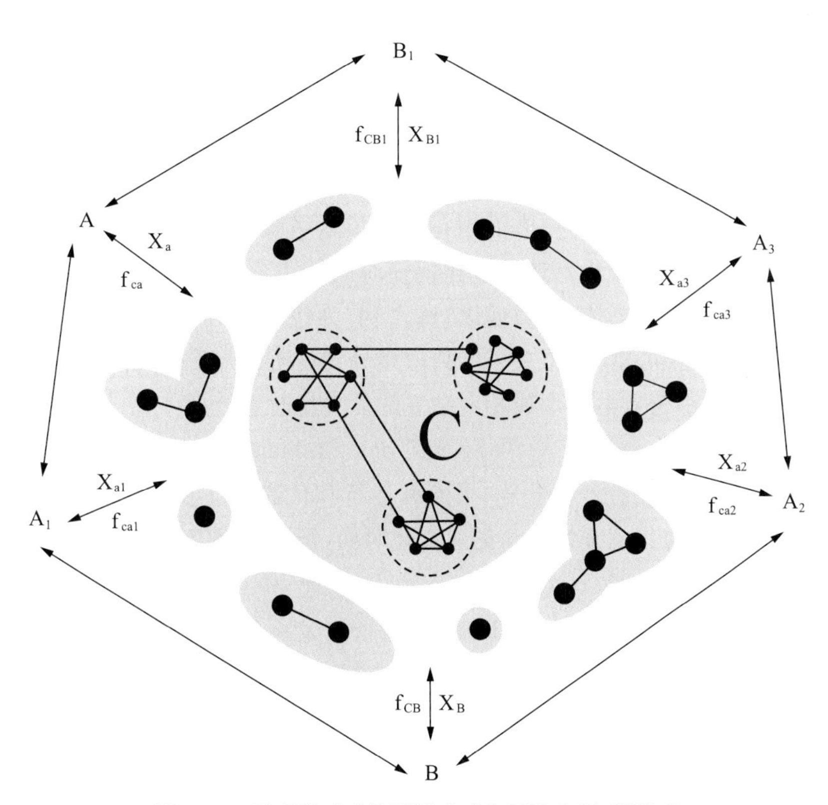

图 1-14　后现代时尚传播模式：“多元融合涌现”模式

该模式中 A（$A_1/A_2/A_3$）和 C 分别代表多元化的传播者及复杂传播渠道，B（B_1）代表日益分层化的受众，X（X_a/X_b 等）代表系统内多元的信息，多个"f"则表明系统内随时存在的双向即时反馈,整个系统呈现出即时交互的扩展型传播网络模型。模型构建借鉴了复杂网络思想对知识和知识关联关系进行研究的成果①,将后现代时尚传播网络视作一种具有层次结构的复杂网络,而非一般意义上的信息传播交流的渠道。获诺贝尔经济学奖及图灵计算机科学奖的赫伯特·西蒙(Herbert Simon, 1916—2001)是最早分析复杂系统的人,他曾指出:"许多复杂系统具有可分解的层次结构,这是促进我们理解、描述,甚至'看见'该系统及其组成的主要因素。"②因此,复杂系统具有的"涌现"特征同样适用于时尚的数字传播系统,时尚传播渠道C已成为一个复杂系统,它并非完全随机也非完全规则,具有很强的模块性或社群结构,即在网络拓扑结构上表现出聚集现象。C的中心位置为网络的巨分支,周边为小分支。对于巨分支来说,虽然其内部各节点彼此之间相互连通,但是在巨分支内部仍存在较为明显的社群结构,即每个社群内部的节点之间的连接相对紧密,各社群之间的连接相对来说比较稀疏③。巨分支可以理解成围绕着机构型媒介或大型社交媒介平台形成的传播群落,小分支则可理解为不断涌现的自媒体、互动媒介等小型传播群落。这些传播群落离散型的分布在巨分支周围,有一定的独立性,但又受巨分支的辐射与影响。这个模式重点要表明在时尚系统演进过程中,一方面受到整个社会系统及媒介系统的影响,另一方面则是时尚传播系统各种媒介的关联关系也会发生兴衰更迭而变化。这些变化促使时尚的大众媒介进行转型,而新的传播权力节点正在形成,但目前以"四大刊"为代表的机构型媒体依旧是这个复杂网络中核心群落,但更多的离散型分支群落已经形成,甚至有些非连通的、孤立的小分支群落形成相对独立的亚文化时尚传播体系,典型的如萨普时尚(La Sape,是基于短语 Société des Ambianceurs et des Personnes Élégantes 的缩写,字面意思是"氛围制造者和优雅人士协会")④。这是一种从刚果殖民时代就开始存在的亚文化时尚,但随着网络社会的到来,它的传播网络开始与法国、日本等时尚群落产生联结,但这个传播体系依然作为时尚的一个小分支群落,离散在时尚系统的巨分支结构之外。

2021年被确定为"元宇宙"元年,Web3.0时代是否将人类带入一个"世

① [美]M. E. J. 纽曼:《网络科学引论》,郭世泽、陈哲译,电子工业出版社2014年版,第80—90、152—160页。

② Simon, Herbert A., "The Architecture of Complexity," *Facets of Systems Science*, Boston: Springer, 1991, pp.457—476.

③ 安宁等:《领域知识群落的演变模式与知识传承》,《情报资料工作》2019年第4期。

④ La Sape-Wikipedia, 2022-07-15.

界作为一种媒介(the world as a medium)”的构想[①]?这是一个需要时间加以解决的悬念,但1964年马歇尔·麦克卢汉提出“媒介即讯息”的经典阐述时,他显然无法预见到数字技术催生的“元媒介”(meta-media)对文化和社会产生的意义——媒介即存在,随着虚拟时尚的不断壮大,已得到相当程度的体现。

① [丹]克劳斯·延森:《媒介融合:网络传播、大众传播和人际传播的三重维度》,第86页。

第二章　古典时尚及其传播模式

第一节　时尚、启蒙与古典时尚

法国年鉴学派代表人物布罗代尔通过对15—18世纪欧洲社会日常生活史的研究，尤其是将当时普通民众的面包、饮食、住宅、服装与时尚等纳入研究范围后，打开了中世纪晚期至现代欧洲这一段历史的研究视域。据此，布罗代尔认为欧洲时尚诞生于1350年，并一直到1700年前后，时尚才获得在现代社会的意义及形式。

一、时尚与启蒙

"中世纪晚期个体主义美学和诱惑美学的出现，产生了崇尚新奇和变化的时尚。个体主义美学指中世纪晚期个体意识的觉醒使得贵族阶层特别重视外观的个性化；而诱惑美学指随个体意识觉醒以及对于现世欢乐的追求而形成的男女两性吸引的新观念，随这种新观念而产生的身体外观成为诱惑的力量所在。"[①]此前，服饰与绘画、建筑等领域一样，只强调"垂直感"的"哥特"风格，但在14世纪前后男女两性的服饰首次出现了明显的可辨识性。如果说女性服饰仍相对保守，那么男性服装的款式则开始着意凸显性别特征，"几乎达到令人尴尬的程度"：直线剪裁的宽松长袍被贴合身形的短装上衣所取代，使男性的躯干轮廓得以展现，包裹双腿的紧身长袜不仅色彩绚丽、条纹或格纹花色繁多，甚至还呈现出左右腿不对称的撞色设计[②]，这种自1350年以来男女服装结构上的变化就是审美诱惑的特征。布罗代尔的研究重新评估了消费在传统社会向现代社会转型中的作用，受年鉴学派

---

① [法]吉勒斯·利浦斯基：《西方时尚的起源》。

② 李婧敬、曹鹏飞：《意大利的时尚与时尚的意大利——评〈意大利时尚简史〉》，《艺术设计研究》2021年第2期。

影响较大的一批欧美历史学家，据此将消费文化的诞生时间由20世纪中期直接上推至17、18世纪的早期近代时期①。时尚的发展与消费文化密切相关，而消费文化作为社会文化系统的组成部分，其发展变化与欧洲社会的文艺复兴、宗教改革、大航海、启蒙运动及资本主义兴起等均密切相关。

（一）文艺复兴

文艺复兴（Renaissance）是14—17世纪的一场欧洲思想文化运动。14世纪的欧洲随着工场手工业及商品经济的发展，资本主义萌芽在欧洲城邦开始出现，新兴的资产阶级为寻求统一的大市场，不满于城邦的封建割据及中世纪基督教会对思想的垄断，寻求复兴以古希腊、古罗马为代表的古典文化。因此，文艺复兴最先在古罗马文化的诞生地——意大利各城市兴起，后逐步扩展到西欧各国，于16世纪达到顶峰，诞生了以但丁（Dante）、彼特拉克（Petrarca）、薄伽丘（Boccaccio）为代表的文艺复兴"文坛三杰"，以达·芬奇（Leonardo Da Vinci）、米开朗琪罗（Michelangelo）、拉斐尔（Raffaello）为代表的"艺术三杰"。其通过《神曲》《歌集》《十日谈》等文学作品，《蒙娜丽莎》《最后的审判》《大公爵圣母》等艺术作品批判了守旧思想、人性压制、宗教统治，开辟了文艺复兴之路，带来一段科学与艺术革命时期，揭开了近代欧洲历史的序幕，被认为是中古时代和近代的分界。彼得·伯克认为历史意识产生于文艺复兴时期（15世纪的意大利，16世纪和17世纪初的西欧其他地方），历史意识虽说是一个复杂的概念，但定义它可以从三个要素入手：时序意识、证据意识及对因果关系的兴趣。其中时序意识是一种历史透视意识，或是变化意识、过往意识②，伯克认为，中世纪人没有意识到过去本质上不同于现在，也不会认真对待差异，一直到文艺复兴时期，人们才意识到各种事物——建筑物、服装、语言、法律——都随时间而变化。时序意识跟时尚意识的形成密切相关，它促使艺术和文化的标准发生变化，人们对待差异和变化的态度也发生了截然不同的改变。

文艺复兴也直接孕育并催生了西欧近代另两大思想解放运动——宗教改革（16世纪）与启蒙运动（17—18世纪）。文艺复兴创造了西欧历史上一次空前的文化、知识、精神的解放，深刻影响了古典时尚的发展。意大利作为文艺复兴的中心也成为欧洲时尚的中心，罗马成为全球四大时尚中心之一的渊源可推至文艺复兴积累的艺术与手工艺资源。文艺复兴留下来的众

---

① 周薇薇：《传媒与时尚：法国现代化进程中的文化动力》，《南京大学学报》（哲学·人文科学·社会科学）2017年第6期。

② ［英］彼得·伯克：《文艺复兴时期的历史意识》，杨贤宗、高细媛译，上海三联书店2017年版，第1、43页。

多杰出的画作，都可以作为服饰史与美术史的共同财富来对待，古典时尚最早的传播工具之一即这些文艺复兴画家留下的栩栩如生的人物肖像画，譬如达·芬奇的《抱银鼠的女子》(*Lady with an Ermine*)、《额饰女郎》(*La belle Ferroniere*，又名《美丽的菲罗妮尔》)，维托雷·卡巴乔(Vittore Carpaccio，1465—1526)的《两位威尼斯女士》(*Two Venetian Ladies*)、《年轻骑士》(*Young Knight in a Landscape*)等画作。

（二）宗教改革

文艺复兴运动为宗教改革打下思想基础，1450 年谷登堡(Gutenberg)发明的金属活字印刷术使《圣经》的印刷与传播成为可能。中世纪城市商业的兴起促成识字的市民阶层人数增多，14—15 世纪《圣经》已被译成多种语言供识字人群直接阅读，开设印刷作坊成为一件有利可图的商业行为，客观上为宗教改革思想的传播奠定了基础。16 世纪以来，长达两百年的十字军东征、残酷的异端裁判所、教会内部分裂、滥发赎罪券、为维持教廷和高级教士的奢侈生活而不断加征的税收，以及不断加强的西班牙、法国、英国的君主权力对罗马教廷的不满，导致一场波及整个欧洲的宗教改革。一般认为，1517 年马丁·路德(Martin Luther，1483—1546)在德国威登堡教堂门前贴出反对销售赎罪券的《九十五条论纲》揭开了宗教改革的序幕，涌现出了以马丁·路德、约翰·加尔文(Jean Calvin)、约翰·卫斯理(John Wesley)为代表的改革人物。

宗教改革打破了天主教的精神束缚，确立了新教的地位，对于世俗生活产生了巨大影响。新教更重视人的个性与现世生活，“世俗生活已经成为快乐的对象，它被认为是美的，是值得关注的，因此艺术家产生了一种越来越明确的对于审美思考的注意。”①对于世俗快乐追求的逐步强化和加速与品味和生活标准的风格化的过程是一致的。宗教改革对时尚的直接影响是打破了从 13 世纪由教会与政府联手推行的禁奢令，随着教廷势力的衰弱，这项针对欧洲新兴富裕阶层禁止奢侈的法令开始失效，原本规定专门为某些社会阶层独享的服装或物品，开始在新兴的资产阶级中流行，社会阶层区隔减弱创造了一个更适合时尚发展的有限“流动”社会。

（三）大航海

在文艺复兴、铅字印刷术、中国航海技术罗盘针的传入、宗教改革传播福音以及欧洲“寻金热”的综合推动下，在《马可·波罗游记》描述的东方遍地财富的直接刺激下，欧洲涌现出了诸如哥伦布(Cristóbal Colón，约

---

① [法]吉勒斯·利浦斯基:《西方时尚的起源》。

1451—1506)、迪亚士(Bartholmeu Dias,约 1451—1500)、达·伽马(Vasco da Gama,约 1469—1524)、麦哲伦(Fernando de Magallanes, 1480—1521)等著名航海家,催生了 15—17 世纪的大航海时代(Age of Discovery,也称地理大发现),这些船队为欧洲新兴的资本主义寻找新的贸易路线和贸易伙伴。新航路的开辟,使人类第一次建立起跨越大陆和海洋的全球性联系,东西方之间的文化、贸易交流开始大量增加,但随之而来的殖民主义也使殖民地人民遭受掠夺、屠杀与奴役等暴行,深刻改变了东西方发展格局。

大航海时代,葡萄牙、西班牙、荷兰、法国、英国相继统领了海上霸权,海外殖民势力的扩张不仅让这些国家迅速积累起令人瞩目的军事与经济实力,也让海外殖民地的各种香料、瓷器、纺织品、黄金、珠宝等涌入宗主国。因此古典时期,欧洲时尚的领导地位大致与欧洲各国的经济及政治实力的此消彼长相对应,大航海时代早期,西班牙借助邻近大西洋的地理优势在很长的一段时间里主导了地理大发现,较早开始海外贸易和殖民扩张并开拓了庞大的殖民地,建立起世界上第一个日不落帝国,因此:

> 16 世纪欧洲上层阶级莫不效仿西班牙人穿的黑呢衣服,这一现象反映了西班牙国王的"世界"帝国左右欧洲的政治局势。文艺复兴时代豪华的意大利服装(方口大开领、宽袖、发网、金银线刺绣、金线织锦、深红缎子和丝绒)曾在欧洲大部分地区风行,到这个时候被简洁的西班牙服装取代(下摆鼓起的黑呢紧身短上衣、短斗篷、上端饰有小绉领的高领子)。17 世纪则相反,用色彩鲜艳的丝绸制作、风度洒脱的所谓法国式服装逐渐战胜西班牙式服装。①

但布罗代尔也指出政治优势能够影响整个欧洲的时尚趋势,但在服装领域却会出现滞后的现象,时装的演变过程属于文化转移的范畴,它的传播是遵循一定规律且本质上必定是缓慢的,并且与某些带强制性的规律相联系。因此,法国服装一直要到 18 世纪才真正确立其统治地位,并随着法国成为欧洲启蒙运动的中心而日益成为欧洲时尚的主流。另外,大航海时代客观上也促成欧洲时尚向殖民地的传播,譬如 1716 年在秘鲁的西班牙人穷奢极欲,他们穿"法国服装,往往是一袭五色缤纷的丝绸上衣(从欧洲进口)"。②

---

① [法]费尔南·布罗代尔:《15 至 18 世纪的物质文明、经济和资本主义》第 1 卷,第 376—377 页。

② 同上书,第 377 页。

（四）启蒙运动

启蒙运动（The Enlightenment，17—18世纪），是继文艺复兴后的欧洲近代第二次思想解放运动，以法国为中心，以反封建、反教会为目标，传播自由、民主和平等的思想，为欧洲资产阶级革命形成舆论与思想准备。其间，诞生了以伏尔泰（Voltaire）、孟德斯鸠（Montesquieu）、狄德罗（Diderot）、洛克（Locke）、斯宾诺莎（Spinoza）、霍布斯（Hobbes）、卢梭（Rousseau）等为代表的启蒙思想家，启蒙的核心思想是“理性崇拜”，用理性之光驱散愚昧的黑暗，运动覆盖了自然科学、哲学、伦理学、政治学、经济学、历史学、文学、教育学等诸多领域。启蒙运动直接促使时尚发展史上最著名的“男性大放弃”运动，时尚领域开始倡导属于新兴阶级的品味与风格[①]：

> 18世纪末，时尚史上发生了令人震惊的事情，它至今仍然影响我们的生活，但是我们却不注意它的价值：男性放弃了所有艳丽、华美、精致和变化多端的各种装饰形式，放弃了美的权利，将这些都留给了女性，他们自身的服装变成最朴素和严谨的艺术，从服装史上看，它值得被称为伟大的男性放弃（The Great Masculine Renunciation）。

启蒙思想为法国大革命奠定了思想基础。针对宫廷时尚的奢华夸耀，大革命前卢梭就提倡用简洁服装真实表达自然情感，启蒙主义者还提倡用具有民族主义的制服取代象征权力与等级的宫廷服装。因此，在法国大革命期间，一种原来流行在乡村的农民及水手服装——无套裤（sans-culottes，一种长裤，字面意思是“没有马裤”），配上法国革命的红、蓝、白三色徽章成为革命服装的象征，一些激进的革命女性甚至也穿上了无套裤。

（五）制度变迁

欧洲时尚变迁的另一大推动力来自英国。1688年英国议会反对派发动宫廷政变（又称光荣革命，Glorious Revolution），以新贵族阶级为代表的新兴资产阶级推翻了封建统治，并在1689年颁布《权利法》以法律形式对王权进行明确制约，确立了议会君主立宪制。随着英国海外贸易的发展和原始资本积累，到18世纪末英国取代法国成为欧洲最强大的统治力量。英国的工业革命又首先在棉纺织业进行技术革新，瓦特蒸汽机的改良和广泛使用提升了纺织业的生产效率，强调简洁、功能性与职业化的英国男性服装逐渐成为男性服装的主流。而英法两国随着双方国力的变迁，也在不断争夺

---

① John Carl Flugel, *The Psychology of Clothes*, p.135.

对欧洲时尚的仲裁权，英王查理二世为脱离法国时尚而故意对宫廷着装进行了大胆改革①：

> 对宫廷来说这还是第一次，陛下庄严地为自己穿上一件东方风格的长袍，把束身上衣、硬领、饰带和斗篷换成了一身仿波斯风格的漂亮礼服……而且国王决定不再改变它们，并远离那种迄今仍让我们花费巨大开支且倍(引按：备)受指责的法式风格服饰。

这让法王路易十四大为恼火，立志要使法国时尚成为欧洲品味的他，为了表达对英王服饰改革的蔑视，让自己所有男仆都穿上了类似的长袍，而法国所有的贵族自会模仿他们的国王，让自己的仆人都穿上长袍。这种争斗在太阳王去世之后也从未停止过，到了 18 世纪 60 年代，英国“乡村”服饰——一种更实用、更简洁的风格开始改变欧洲时尚对法国“宫廷风格”的高度倚重，到 18 世纪末期英国乡村风格已成为欧洲男性服装的标志，到 19 世纪上半期时，连法国人也明确地将英式服装视作了时尚规范。正是从英法两国开始，时尚开始从以等级差异步入性别差异的现代时期，古典时尚开始向现代时尚转型，在随后近百年的时尚发展史中，时尚开始紧紧地与女性和消费主义联系在一起，时尚也成为构建现代社会性别意识形态的重要工具。

从 1350 年古典时尚诞生起，时尚一直局限在封闭的欧洲贵族精英圈子内，作为维持社会等级与宫廷品味的重要工具。但随着欧洲社会人文及思想的解放，时尚由宫廷贵族日渐向社会新兴阶层、富裕的市民阶层甚至是普通民众渗透、传播，时尚以圈层化的方式从宫廷中心不断往外渗透的这个过程是如何发生的？这个过程与现代社会转型之间产生怎样的互动关系？回答这两个问题，需要回到 14 至 18 世纪的传播技术革命。

二、印刷技术与传播革命

早在 1620 年，现代科学之父弗朗西斯·培根(Francis Bacon)就列出了三项“实用艺术”——印刷机、火药和磁罗盘，并宣称历史上没有一个帝国、一个教派、一起事件加诸人类的力量能比这些机械发明更大②。但正如凯文·凯利(Kevin Kelly)所言，在大部分时间里，技术都被人们忽略了，人类

---

① [英]詹姆斯·拉韦尔：《服装和时尚简史》，第 106 页。

② [美]凯文·凯利：《技术元素》，张行舟等译，电子工业出版社 2013 年版，第 12 页。

的发明创造经常被冠以“技艺”(techne)、“手工艺”(craft)、“灵巧”(ingenuity)等名,直到1829年哈佛教授雅各布·毕格罗(Jacob Bigelow)提议将分散在大学各学科中的“实用艺术”统一命名为“技术”(Technology),并在1831年出版了一本百科全书式的《技术元素》一书,书中内容来自毕格罗在剑桥大学的一门“科学应用于实用艺术”的课程①,“技术”才在现代社会正式被命名。

(一)作为技术的媒介

媒介“作为一个描述实现跨时空社会交往的不同技术与机构”的术语②,直到1960年才出现,这个术语与香农信息学的创立密切相关,即现代传播学意义上的“媒介”关注纯粹的信号(signals)以提高信息传播效率,无法涵括信息论诞生之前的前现代“媒介”。随着20世纪80年代“媒介考古学”(media archeology)的诞生及发展,“媒介”的内涵与外延不断被扩大,诸如手抄本、身体、莎草纸、甲骨文、竹简、绘本等“旧媒介”开始成为媒介研究的对象。正如彼得斯将媒介定义为“任何处于中间位置的因素”(In Medias Res),他认为媒介不仅是“表征性货物”(symbolic freight)的承运者(carriers),也是一种容器或环境,是人类存在的塑造者(crafters)③。因此,彼得斯的概念中“媒介”既包括具有“技术含量”的现代媒介,如广播、电视及互联网等,也包含没有或较少“技术含量”的自然之物,此种媒介观念跟麦克卢汉将电灯光视作没有内容的媒介有相通之处,因为电灯成为人类生活变革的一种重要的环境诱因而应被视作“媒介”。

在麦克卢汉的神来之作《谷登堡星汉璀璨》一书中,他以充满激情与想象的文笔描述了印刷术的诞生对人类社会的影响,它强化了视觉文化,催生了现代个人主义。印刷术使人类从伊甸园式的部落生活进入了现代生活,但也使个人与社会走向分裂,促成了民族主义和民族国家的诞生④:

> 如果一项技术产生于文化内部或外部,而且这项技术能够赋予我们某项感官以新的侧重或优势,那么我们所有感官之间的平衡比率将

① Jacob Bigelow, *Elements of Technology*, taken chiefly from a course of lectures delivered at Cambridge, on the application of the sciences to the useful arts: now published for the use of seminaries and students, G. Hilliard et al., 1831.

② [丹]克劳斯·延森:《媒介融合:网络传播、大众传播和人际传播的三重维度》,第59—60页。

③ [美]约翰·彼得斯:《奇云:媒介即存有》,第5页。

④ [加]马歇尔·麦克卢汉:《谷登堡星汉璀璨:印刷文明的诞生》,杨晨光译,北京理工大学出版社2014年版,第89页。

得到调整。我们所感觉的世界不再是原来的世界，我们的眼睛、耳朵和其他感官都不再保持原来的感觉。……其结果是打破感官之间的平衡，造成感官同一性的一种缺失。未掌握书面文化的部落人，生活在各种体验的听觉组织的巨大压力下，因此他们是，正如我们曾经是，神志恍惚的。

（二）谷登堡印刷术

约翰内斯·谷登堡(Johannes Gutenberg，1397—1468)早年做过金匠，从事过镜子生产及宝石打磨等技术工作，大约在1440年左右开始尝试活字印刷。严格来说，谷登堡并非活字印刷术的发明者，他的贡献在于将金属活字的生产工艺、可调模具、排版技术、改良的油性墨水配方以及基于欧洲农民的螺旋式印刷机的设计等，将这些元素结合到一个实用的系统中，使大规模印刷书籍得以实现，将印刷成本降低到大众可接受的程度。但正是这一系统性的技术改良，被视作引发了15世纪欧洲的传播革命，是现代史上最重要的事件之一，促使人类文明从口头走向文字。随着印刷术在欧洲的传播，由此开启了欧洲文艺复兴、宗教改革、启蒙时代和科学革命等运动，迎来了人类历史的现代时期①。

谷登堡活字印刷术的第一次大规模使用是1455年左右推出的一套200册带插图的拉丁文圣经，该版圣经每页印刷42行，因此被称为四十二行本《圣经》，成为西方现存的第一部完整的印刷书籍。印刷版的《圣经》不仅在美感上毫不逊色于费时费力的手抄圣经，而且远比手抄本便宜(尽管一本《谷登堡圣经》在当时的售价大约相当于一名普通职员三年的工资)。虽然谷登堡至死都不是一个成功的商人，最终在穷困潦倒中死去②，但他的印刷术却预示着一个大众传播新时代的来临。随着谷登堡印刷术在欧洲的普及，大约在随后的50年里用这种新方法印刷了3万多种共1 200多万份印刷品。中世纪和现代早期的图书生产是一个充满活力的经济部门，年均增长率约为1%(见图2-1)。15世纪中叶之后产量的增加可能是书价降低和识字率提高所致，经济史专家通过对书籍数量及定购方的研究，证明印刷技术的普及改变了欧洲的知识传承结构，从早期的修道院到中世纪后期的大学和精英阶层，识字率的增加打破了精英阶层对教育与学习的垄断，壮大了

---

① [美]伊丽莎白·爱森斯坦：《作为变革动因的印刷机：早期近代欧洲的传播与文化变革》，何道宽译，北京大学出版社2010年版。

② H. Whipps, "How Gutenberg Changed the World," *Live Science*, 26(5)2008.

新兴的中产阶级①。一直到19世纪,蒸汽轮转印刷机取代谷登堡式手动印刷机,实现了工业化规模印刷,在此期间,谷登堡印刷术是早期现代批量印刷的唯一媒介。

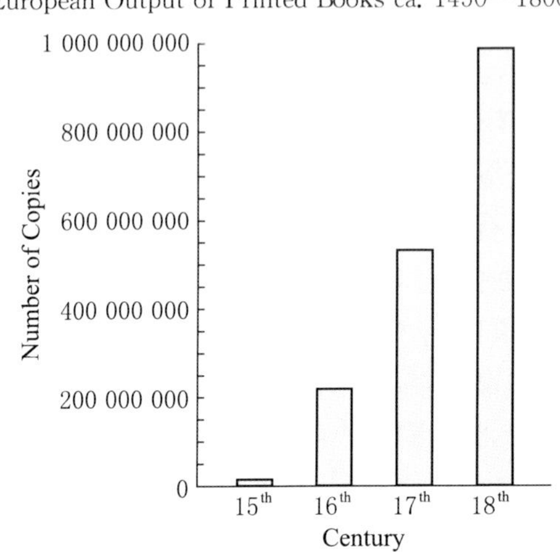

图 2-1 欧洲 15—18 世纪的手稿和印刷书籍数量

数据来源:《经济史杂志》2009 年第 1 卷。

(三) 技术带来的传播革命

正如伊丽莎白·爱森斯坦(Elizabeth Eisenstein)在其辉煌巨作《作为变革动因的印刷机》一书中提出,不应把印刷技术简单地理解成一次技术创新,而应该看作一次"印刷革命"。这次革命直接"制造"了现代性,充当了人类社会从传统到现代两种范式的转换桥梁。现代意识是在知识生产层面的改变中逐步形成的,印刷文化意味着知识生产进入了全新的时代,机械复制技术延长了文本的生命,知识从长者的记忆与智慧的束缚中解放出来,进入高速累积的时代。爱森斯坦用实证主义的历史研究方法,指出印刷术对文艺复兴、宗教改革以及科学革命的影响,认为活字印刷术的改进,促成了意大利文艺复兴的持续发展并扩展到整个欧洲,也助推了报纸的诞生;印刷术使通俗本的《圣经》得以大量发行,并使马丁·路德的宗教改革倡议得到大范围的传播,而至于对科学革命的影响,爱森斯坦则在第七章中专门对照了

① E. Buringh and J. Van Zanden, "Charting the 'Rise of the West': Manuscripts and Printed Books in Europe, A Long-Term Perspective from the Sixth through Eighteenth Centuries," *The Journal of Economic History*, 69(2)2009.

哥白尼的《天体运行论》和维萨里的《人体的结构》的命运，前者只使用了手抄本，后者则是印刷本的传播，虽然两部著作都受到了宗教的约束，但技术出版不仅让《人体的结构》得到更快传播，而且因为采用了清晰的配图说明更能获得科学革命的效果。

印刷技术掀起的传播革命，改变了各种社会元素之间的关系并进而形成推动社会变革的合力。媒介环境学派（Media Ecology）是传播学三大流派之一，它将口语传播、文字传播、印刷传播、电子传播和网络传播视为人类迄今发生的五次传播革命，正因如此，该学派一直将《作为变革动因的印刷机》一书视作重要著作，将爱森斯坦视作与麦克卢汉对话的学派代表人物。将印刷机或印刷技术理解为一场传播革命而不仅仅是一种技术创新及商业运用，的确有助于我们深刻理解社会结构及思想变迁中，媒介技术中介的作用，理解传播改变着人类的行动与观念，但爱森斯坦也强调，印刷技术带来的革命性的影响并非突发性、断裂式的，更深远的影响往往是缓慢而巨大的①：

> 描绘谷登堡的发明这一抽象概念的“力量和效应”必然会遭遇许多困难。一方面，它似乎什么也没有改变；另一方面它又似乎改变了一切。几乎所有的史学家都同意，15世纪的前半叶和后半叶不能够划一条界限分明的分割线。

后世学者在评价爱森斯坦的这本巨著时，往往指出“她宣称印刷机是变革动因，但实际上却论证了它是变革诱因；她在多变量解释与单变量解释的两难境地中不能自拔”②，因此陷入了因果关系的循环论证中而无法自拔，也使此书耗费其15年的时间。但实际上很少有学者会将大尺度的文化变革与社会结构变迁归结于单一原因，因此随便以“技术决定论”为标签去评估任何一种强调技术在社会变革中作用的洞见，都是一种思维的懒惰。正如马克思曾有过著名的论断，手推磨带来的是封建领主的社会，蒸汽磨带来的则是工业资本家的社会。

爱森斯坦用将近80余万字的体量，不仅帮我们详细溯源了印刷机及书籍的传播扩散过程，而且提供了一个从媒介技术角度来理解现代性“破晓”的时刻，用巨细无遗、复杂的史料支撑了印刷机作为欧洲社会范式转型的一

---

① [美]伊丽莎白·爱森斯坦：《作为变革动因的印刷机：早期近代欧洲的传播与文化变革》，第19页。

② 胡翼青、戎青：《历史的想象力：处于因果陷阱中的〈作为变革动因的印刷机〉》，《国际新闻界》2014年第4期。

种主要动因(an agent),而不是在“技术决定论”与“多因素推动”之间的二选一路径。正如汉娜·阿伦特(Hannah Arendt)所言,只有一流的思想家才能生产出一流的矛盾,我们需要警惕的是当我们说每一次巨大的社会变革都是由政治、经济、文化等多种因素推动的一样,这是一句正确的废话。无论是麦克卢汉天马行空式的思想,还是爱森斯坦细致入微的史学考证,强调的都是印刷技术将人类从手抄书文化带入印刷文化而造成世界观的转变,印刷技术是促进人类社会变革与文化变迁的一种主要动因。

第二节　古典时尚媒介(一)——具身媒介

14 至 18 世纪期间最重要的媒介技术革命是 1450 年谷登堡改进了金属活字印刷,直接改变了古典社会的知识生产与传播方式,并催生出了第一批时尚杂志,促使古典时尚的传播范围逐步突破宫廷与贵族圈层,呈涟漪状地往外扩散,围绕着印刷术发明前后,古典时尚的传播媒介可区分为具身化媒介与机械印刷媒介两大类。

一、“具身传播”

(一)“具身传播”的定义

“具身传播”(embodied communication)是“传播”的基础类型。所谓“具身传播”,至少有两个主体(生物或物理),通过身体的开放,实现了在时空中发生的“信息共享”[①]。这一定义表达了在“传播”和“身体”两要素间存在着一种“具身”物化的动态关系,即在最广泛的意义上,“具身传播”意味着它使“沟通”变得“有形、可把握”。法国哲学家、社会学家吉勒斯·利浦斯基(Gilles Lipovetsky)认为时尚之所以诞生在中世纪晚期,主要跟个体主义美学和诱惑美学的出现有关,个体主义美学指中世纪晚期个体意识的觉醒使得贵族阶层特别重视外观的个性化;而诱惑美学指随个体意识觉醒以及对于现世欢乐的追求而形成的男女两性吸引的新观念,这种新观念促使贵族阶层特别重视外观的个性化并进而将身体外观视作诱惑的力量所在[②]。因此,时尚的产生既非单纯阶级区分可以解释,也非夸耀性消费可以阐明,时

① J. Allwood, “Dimensions of Embodied Communication-towards a Typology of Embodied Communication”, *Embodied Communication in Humans and Machines*, (9)2008.

② [法]吉勒斯·利浦斯基:《西方时尚的起源》。

尚源于对新奇和变化的崇尚，并将这种崇尚“具身化”后视作个体的一种新地位和新表达，个体与他人之间一种新关系。因此，时尚的本质与“具身传播”对“身体”的媒介化是高度一致的，这决定了时尚作为中世纪晚期的一种新观念，通过“具身传播”才获得有形的、可把握的时尚外观与时尚沟通。

（二）“共享”而不是“传输”

“具身传播”的定义强调“传播”一词更应被理解为“共享”而不是“传输”，它不仅强调传播者的积极性，更强调接受者的积极参与。传播者应被概念化为“分享”的发起者而不是作为信息、意义或理解的“转移”者，接受者则应被概念化为一个激活的共享者，而不仅仅是一个被动的接受者。因此，“具身传播”奠定了“双向”而非“单向”的传播概念的基础——“人类传播”应被定义为至少有两个主体在彼此互动和与上下文（环境）互动中分享信息，“信息”可以进一步限定为“内容”“意义”或“理解”。传统的“具身传播”定义和分析都倾向于关注生物或物理身体对于认知或传播的重要性，倾向于忽视互动、活动和语境的重要性，但传播作为分享、移情、共鸣及感染的“具身化”，势必具有传播的多模态、内容的多类型、表征的多样性以及代理方式的多重性等特征。

因此，“具身传播”一方面将时尚传播确定为“一种由具体社会个体所承担并实现、囿于本地语境的表达与事件”①，同时，也将时尚信息与信息载体合而为一，传播方式直观形象，但信息的承载量有限，传播效果有限。彼得斯认为人的身体是最基础的媒介，具有最丰富的意义，但这些意义并不是基于语言或符号，而是因为人的身体深植于一个巨大的网络中，个体的身体往往与其他身体共享一个时空，从而蕴含了丰富的意义②。时尚在诞生之初仰赖“具身传播”的多种模态及良好的互动共享，为时尚开发出了基本的表征符号，这些表征符号按符号学家查尔斯·桑德斯·皮尔斯（Charles Sanders Peirce）的分类法涉及索引性、标志性和象征性三类信息③，为现代时尚的大众传播奠定了基础。

“具身传播”这个概念可以被拆分成“具身”（embodiment）、“身体”（body）和“传播”（communication）这三个词，因此，如果要对“具身传播”进行类型学的研究，既可以从它涉及的身体类型或身体方面的角度进行分析和分类，也可以从“传播”维度，即从涉及的传播类型或传播方面的角度进行

① ［丹］克劳斯·延森：《媒介融合：网络传播、大众传播和人际传播的三重维度》，第71页。

② ［美］约翰·彼得斯：《奇云：媒介即存有》，第7页。

③ C. S. Peirce, *Collected Papers of Charles Sanders Peirce, 1931—1958, 8 vols*, C. Hartshorne et al. (eds.), Cambridge MA: Harvard University Press, 1931.

分类，或是从“具身”关系类型的角度进行考虑。下文将主要从“具身”的关系类型来对古典时尚的具身传播媒介进行分类，包括生物身体的直接媒介化和间接媒介化两大类，直接媒介化主要包括初代时尚偶像——国王、王后及宫廷贵族，也包括以沙龙或巡游等形式来集中展示的时尚身体，以及作为身体媒介化的语境及互动场景而存在的凡尔赛宫、城市空间以及世界博览会等时尚的物理空间；间接媒介化则包含了作为身体的模拟、以复制为特征的时尚玩偶、时尚肖像画等。

二、身体的直接媒介化

克劳斯·延森将人的身体视作第一维度的媒介（media of the first degree），即人的身体以及它们在工具中延伸——不仅将现实与可能的世界具象化（externalize），而且赋予我们每个人彼此交流与传播的能力，以实现思考和工具性的目的[1]。国王及王后（或情妇）的身体的直接媒介化是古典时尚“具身传播”的重要形式，它既塑造了初代时尚偶像，也促使宫廷时尚在特定时空情境中获得生动而权威的分享。

（一）国王及王后的身体

古典时代，时尚的裁判者是国王及宫廷贵族，时尚的倡导与传播也主要依靠宫廷贵族的衣着服饰和着装礼仪。欧洲时尚的奠基者是法国宫廷及其贵族精英，17至18世纪的凡尔赛宫廷服装及宫廷礼仪构建了古典时尚的基本框架[2]：

> 无论18世纪的时尚风格如何变化，法国的政治中心凡尔赛一直都是时尚的策源地。在它诞生之初，就有浓厚的政治意味蕴含其中，因此，宫廷与时尚的关系就像佩罗所说，正是宫廷，通过戏剧化的过程，将神秘的隐喻和参照投射到世俗，扮演着多重角色。一方面，它赋予君主光彩夺目的形象，将他的光彩传递到远方；另一方面，宫廷的炫目使人民臣服的同时又与他们保持距离。

18世纪末法国大革命给法国时尚形成较大冲击，也使巴黎替代凡尔赛成为法国时尚的中心，革命倡导的自由、平等、博爱的理念深刻影响了欧洲

---

① ［丹］克劳斯·延森：《媒介融合：网络传播、大众传播和人际传播的三重维度》，第69页。

② Philippe Perrot and Le Luxe, *Une richesse entre faste et confort*（*XVIIIe—XIXe siècle*），1995，p.49，转引自汤晓燕：《革命与霓裳——大革命时代法国女性服饰中的文化与政治》，第59页。

时尚的走向;同时,英国借助“光荣革命”、工业革命及殖民地扩张逐步取代法国在欧洲的政治影响力,英国王室在高端时尚上的话语权逐步增大,同时受浪漫主义、自然主义及新古典主义影响,英国时尚逐渐显现出与法国宫廷时尚日趋女性化、奢华的不同趋势,体现出资产阶级品味的简洁、现代性特征,尤其是男装,强调功能性与标准化,标准男式三件套逐渐成为19世纪男装的主流,女性时尚则依旧留有“前现代”的特征。

1. 法国宫廷时尚的奠基人:路易十四

法王路易十四(Louis XIV, 1661—1715),自号太阳王,在位长达72年,据说后世流行的紧身裤、高跟鞋、蕾丝衬衣均出自他的品味。他在位期间,偏好壮丽豪华的巴洛克(Baroque)风格,十分注重利用服装塑造自己的威严形象,通过宫廷宴会及巡游,传播自己的形象和时尚品味。据记载,路易十四为了更好地控制贵族,将贵族们“圈养”在凡尔赛宫,凡尔赛宫不仅是国王的居所,同时也是集时尚中心、宫廷礼仪展示及王权神圣性大舞台于一体的“典范中心”。英国文化史学家彼得·伯克(Peter Burke)在《制造路易十四》一书中详细分析了如何通过绘画、雕塑、文学、戏剧以及建筑等艺术形式“制造路易十四”这一形象①:

> 路易十四在清晨起床和晚间就寝构成了一定的“起床”仪式和“就寝”仪式,而起床仪式又分为懒懒散散的“小起床”和仪仗正规的“大起床”;他的进餐分为正规进餐和非正规进餐,而就是最不正规的进餐也有三道主菜和许多小菜。……路易十四形象的制造遵循着某种神圣君王的传统,国王的标准画像通常与真人一般大小,他要么身披盔甲,显出英武之气,要么衣着华丽,显得位高权重。同时,他周围设计布置了古典式圆柱、天鹅绒帷幔等装饰品,象征着权力与华贵。

1701年,亚森特·里戈(Hyacinthe Rigaud)为路易十四绘制了最著名的国王肖像画,画像中的国王以芭蕾式的站姿有意地突出了象征着男性气概与权势地位的红底高跟鞋、紧身裤袜、昂贵的皮草等。整幅肖像画强化了“国王的身体”与权力、优雅的同质关系,彰显法国宫廷时尚对国王身体的重新设计,路易十四的权力通过时尚身体而被“具身化”,被凝视的国王身体生成为一种“公共身份角色”——新的主体诞生;时尚与时尚礼仪则把凡尔赛宫转化成了路易王权的“规训场”,在权力的机制下,以宫廷礼仪固定了新的身

---

① [英]彼得·伯克:《制造路易十四》,见第24、98页,有改动。

体法则——去“自然化”。因此，路易十四的肖像画既要传达法国在欧洲版图上的地位，又要引领欧洲宫廷的时尚审美，提升法国文化在欧洲的影响力。

图 2-2　扮演“太阳王”的路易十四

路易十四还非常热衷于扮演“太阳王”的形象。1651 年 12 岁的路易在其首场芭蕾舞《卡桑德拉》(*Ballet de Cassandre*)的演出中就扮演了太阳王，1653 年 14 岁的路易在投石党运动平息后主演了《夜芭蕾》(*Le Ballet de la Nuit*)，再次扮演“太阳王”(le Roi Soleil)(图 2-2)，展示只有被自然恩典的太阳王才能战胜黑夜与梦魇，重现法兰西的荣光。法国贵族文化一直钟情于这个神话般的角色，亨利二世(Henri II)、路易十三(Louis XIII)也都曾扮演过太阳神，但唯有路易十四直接自封为“太阳王”。通过“太阳王”的形象，国王的身体和行为被神圣化[①]，国王的身体象征着荣誉、恩典、勇气、神圣等，因此，围绕着奢华的“太阳王”形成的“典范中心”才能宣示王权的神圣性，也为前现代的民族—国家认同提供了象征资源。克利福德·格尔茨(Clifford Geertz)关于巴厘剧场国家的论述提供了一个重要的分析路径，王室的仪式生活，事实上也是王室本身的总体生活，其成为社会秩序的范例，人们应该努力遵照这一世界的模式来塑造自己的生活[②]。每月一期的《时尚信使报》则以巨幅版面登载国王的活动：举凡生日庆典、接见使节以及慰问巡察等日常事务，无不加以详细报道。时尚对身体进行编码，使原本自然、“享乐的身体”在宫廷繁复的时装及礼仪的设计下成为“受控的身体”“去肉身化的身体”，进而成为阶级、权力及身份的标识。

2. 女性时尚偶像的更替

15—16 世纪，西班牙人阴郁、繁复的着装品味主导着欧洲时尚，西班牙宫廷严厉而僵化的时尚在除法国和意大利以外的任何地方都占主导地位，

---

① ［法］乔治·维加埃罗：《身体的历史(卷一)：从文艺复兴到启蒙运动》，张竝、赵济鸿译，华东师范大学出版社 2013 年版，第 296 页。

② ［美］克利福德·格尔兹：《尼加拉：十九世纪巴厘剧场国家》，赵丙祥译，上海人民出版社 1999 年版，第 13 页。

黑色服装在最正式的场合穿着，服装非常复杂、精致，采用天鹅绒和凸起的丝绸等厚重的面料制成，还往往缀有鲜艳的珠宝。但这种情况随着英国女王伊丽莎白一世(Elizabeth I，1533—1603)成为统治者而得到改变，女性时尚在她统治时期变得越来越引人注目，并成为古典时尚最重要的组成部分。由于女王总是被要求拥有纯粹的形象，借鉴伊丽莎白女王的风格，当时女性理想美的标准变成拥有浅色或自然的红色头发、苍白的肤色、红色的脸颊和嘴唇。伊丽莎白一世创造了将头发染成浅红色的时尚，目标是看起来非常“英国”，因为英格兰的主要敌人是西班牙，而在西班牙，深色头发占主导地位。最初“红头发”被她的朝臣复制，他们希望效仿她并获得赞助，但红头发的时尚后来从皇宫传到了贵族和更普遍的绅士①。

随着西班牙海上霸权地位的陨落，在法国国王的大力支持下，法国时尚逐渐成为欧洲时尚的主导者，巴洛克及洛可可(rococo)两种风格的倡导者均来自法国宫廷中最有权势的女性。法国国王路易十五的著名王室情妇蓬帕杜夫人(Madame de Pompadour，1721—1764)，她将巴洛克风格的奢华因素推向极端，通过沙龙、宫廷宴会将自己的服装品味倡导成欧洲宫廷的时尚品味，同时又通过对文学艺术家的资助、为狄德罗领导的百科全书派提供庇护，蓬帕杜夫人将政治影响力与时尚潮流的引导力结合在一起，将法国宫廷时尚带到18世纪中期的繁盛期。一直到19世纪中叶，法国时尚杂志《时尚监视器》(*Le Moniteur de la Mode*)还提到当时流行一种“著名的蓬帕杜面霜”(famous Pompadour cream)，它与“上流社会的女性”和精英生活方式相关联：“它可以防止肤色因深夜和明亮的灯光而改变”②；在时尚史留下一笔的还有“蓬帕杜发型”，留这种发型的男性把前面的头发向上梳起，女性则在前额上留一绺卷发。20世纪50年代，“蓬帕杜发型”在男性乡村摇滚乐艺术家和演员中风靡一时，其中包括马龙·白兰度和詹姆斯·迪恩，蓬帕杜发型还发展出了拉丁式，与欧洲和阿根廷的探戈时尚潮流关系密切。

将洛可可风格推向极致的则要数法国国王路易十六的妻子、“断头皇后”玛丽·安托内特(Marie Antoinette，1755—1793)，她运用大量夸张的造型、繁复的装饰、马卡龙色彩以及自然形态的装饰，营造了法国宫廷奢华浪漫又女性化的时尚品味，对欧洲时尚影响深远。皇室贵族对时尚的影响一直延续到现代时尚初期，法兰西第二帝国皇帝、拿破仑三世的妻子——法国“末代皇后”欧仁妮皇后(Eugénie de Montijo，1826—1920)对法国奢侈

---

① James Laver, *Costume and Fashion: A Concise History*, p.95.

② Kate Nelson Best, *The History of Fashion Journalism*, p.52.

品的发展意义深远，她几乎以一己之力将LV(Louis Vuitton)旅行箱包、娇兰(Guerlain)香水、卡地亚(Cartier)珠宝带上了欧洲奢侈品品牌的金字塔顶端，也将服装设计师沃斯(Charles Frederick Worth)为其设计的“克里诺林”(crinolines)式长裙引领成风靡欧洲的时装款式。

（二）沙龙

“沙龙”一词源于意大利文单词“Salotto”，是法语Salon的译音。《沙龙的兴衰：500年欧洲社会风情追忆》一书的作者瓦·托尔尼乌斯认为最早的沙龙可推至古罗马时期，在中世纪时沙龙一度衰落，到文艺复兴时期再度兴起，而把沙龙这种社交形式推至极致的则是启蒙运动前的法国巴黎。17世纪出现的早期沙龙是宫廷社交的延伸，宫廷时尚的价值观念和惯习塑造了早期沙龙的基础形态。早期沙龙的成员也主要是王室和宫廷贵族，但随着新兴资产阶级的崛起，沙龙成员逐渐有了各行各业的艺术家与城市新贵。沙龙成员的更迭与话语权的转换，可以被视作古典时尚向现代时尚转换的一个信号，哈贝马斯认为“沙龙是没落的宫廷公共领域向新兴的资产阶级公共领域过渡的桥梁”，古德曼认为沙龙女主人是“启蒙的设计者”①，这也引发学者对沙龙与启蒙运动发展的关系进行研究。

瓦·托尔尼乌斯认为沙龙是洛可可时代的统治权威，通过沙龙，女性力量渗透了整个政治过程，法国大革命前几乎每一位法国杰出男性人物的名望都与女性有关。沙龙的女主人往往智慧、从容、敏锐、独立，她们是现代女性的先驱，其中尤以德·莱斯比纳丝夫人的沙龙为著②：

> 全体“百科全书派”，都来访问德芳夫人。这里有博物学家布丰，莫里莱神父、马蒙泰尔、屠尔哥、拉·哈普和其他大量名人……“百科全书派”在这里谈到了很多重大的题材，并且从女主人的嘴里不时会吐出一些尖辛的、甚至于或者是有点恶意的bon mot[隽语]，第二天它就会在巴黎被人复诵……在这些房间里，那种高卢式的机智、那种在伏尔泰的著作中得到其最大成功的机智，仍然受到尊敬；那种“jeu d'esprit”[精神的游戏]在这里怒放出它最后的繁花。

18世纪中期后，面对教会和当权者的压力，沙龙及其女主人不仅为百

① 郭莹莹：《近代西欧沙龙文化探析》，华南师范大学2007年硕士学位论文，第2页。

② [德]瓦·托尔尼乌斯：《沙龙的兴衰：500年欧洲社会风情追忆》，何兆武译，世界知识出版社2003年版，第238页。

科全书派（Encyclopédiste）的凝聚和发展提供了巨大的帮助，更成为《百科全书》编纂的相对安全的场所[1]，大大推动了资产阶级启蒙运动思想的传播。18 世纪的沙龙讨论内容已经从文学、艺术领域扩展到哲学、政治等领域，沙龙上的思想交锋也在沙龙本身影响力的催化下，逐渐成为影响社会思潮、推动社会发展和政治变革的重要力量，沙龙也因此成为资产阶级获得政治话语权，从而获得时尚话语权的重要场域。

三、身体的间接媒介化

（一）时装玩偶

时装版画发明以前，最新的时尚资讯很难得到，时装玩偶成为最重要的时尚传播"中介物"。玛丽·安托瓦内特的裁缝师就认为，每年穿梭于欧洲大陆，用巨大的四轮双座篷盖马车载回身着巴黎最新款式的玩偶们是一件很有必要的事[2]。据考证，14 世纪初，法国查理四世（Charles IV，1294—1328）把一个穿着最新时尚服饰的玩偶送给了英国王后，这成为最早的时装玩偶；1642 年，波兰王后（西班牙皇帝的妹妹）要求一名西班牙信使去荷兰时顺便给她带"一具穿法国服装的玩偶，以便她的裁缝能如法缝制"[3]；到 17、18 世纪，时装玩偶已经非常盛行，成为西欧各国间传播时尚服饰的重要媒介[4]：

> 17 世纪初，圣奥诺雷街（Rue Saint-Honoré）的商店定期将玩偶送到欧洲宫廷，以鼓励巴黎裁缝和女裁缝公会的生意。这些"潘多拉"每月在朗布依埃酒店（the Hotel Rambouillet）展出一次，并被送到欧洲所有主要城市，甚至送到"新世界"。这些玩偶对法国时装贸易非常重要，以至于在战争时期，它们都有武装护送人员陪伴。

这些时装玩偶可被理解成第一批时尚媒体工具，它传播法国文化和服装，并在 18 世纪时在欧洲的城镇广场和商店中显眼地展示，这促成了时尚的影响力越出宫廷向巴黎郊区及外省渗透，从社会上层向城市新阶层及下层社会渗透。时尚玩偶一直流通到 19 世纪初，直到法国大革命失败后在拿破仑当政时被禁止，理由是法国国王担心它们可能被用来传递间谍消息。历史的吊诡之处在于，时装玩偶作为时尚媒体的使命并未就此终结。1945

---

① 李国强：《启蒙时代：法国沙龙的作用》，《六盘水师范学院学报》2018 年第 5 期。

② ［英］詹姆斯·拉韦尔：《服装和时尚简史》，第 106 页。

③ ［法］费尔南·布罗代尔：《15 至 18 世纪的物质文明、经济和资本主义》第 1 卷，第 377 页。

④ Kate Nelson Best, *The History of Fashion Journalism*, p.17.

年，为应对战后布料紧缺但又想尽早恢复被战争中断的高级时装秀，插画家兼设计师克里斯汀·布拉德（Christian Berard）又一次让人偶穿上华丽的高级时装，200个牵线人偶在巴黎装饰艺术博物馆首次展示后，又去美国做了巡回演出，为战后高级时尚的回归再次充当了时尚大使。

时装玩偶的出现解放了身体媒介化在时尚传播中的时空限制，时尚传播得以突破人际传播的物理空间，向更远距离的人们展示贵族形象和宫廷时尚，客观上也促进了时尚风格在欧洲及“新世界”之间的传播和交流。

（二）肖像画

14—15世纪出现的“现实主义”自传、肖像和自画像中，充满了逼真的细节。在印刷技术普及之前，这些肖像画也成为传播时尚的一个重要渠道，尤其是早期宫廷时尚通过宫廷画师绘制的大量肖像画，使时尚逐步在欧洲上流社会普及，肖像画兴盛的背后，尤其是从宫廷贵族向社会富裕阶层蔓延的过程，既是时尚涓滴状（trickle-down）渗透的过程，也是尊崇个体、赞赏世俗生活的现代思潮的起源。文艺复兴时期的欧洲，诞生了一大批伟大的画家，包括达·芬奇在内的众多艺术家为后世留下很多肖像画，譬如达·芬奇的《抱银鼠的女子》（约1485—1490）和《额饰女郎》（又名《美丽的菲罗妮尔》，约1490—1495）两幅画，就让我们能大致了解文艺复兴时期女性的发饰及发型、流行的服装等。后世的一些知名肖像画依旧发挥着这一功能，譬如维米尔（Vermeer）的《戴珍珠耳环的少女》（又名《蓝色头巾的少女》）、勒布伦（Le Brun）的《穿着衬裙的玛丽·安托瓦内特》、雷诺阿（Renoir）的《阅读时尚杂志的年轻女子》（马奈也有一幅叫《阅读时尚杂志的女人》）等，仅从这些画名中，即可看出肖像画与欧洲时尚传播之间的密切关系。正如日本学者深井晃子所言①：

> 西洋绘画所一味追求的、将目之所见忠实记录的“写实”，不过是文艺复兴至19世纪这一特定时段内的一种艺术表现形式而已……也就在这个时候，作为这一潮流理所当然的归宿，时尚画也摸索着“艺术的”表现形态，并创造出非常辉煌的成果。

基于对文艺复兴时期肖像画的考证，深井晃子认为当时的服装设计已相当奢华，一种被称作“拉修”（即在服装上拉开切口制造出的裂口装饰）的

① ［日］深井晃子：《名画时尚考：从文艺复兴到20世纪》，段书晓译，中信出版社2018年版，第8页。

装饰红极一时，当时的女性为了让自己的额头看上去显高，不仅将眉毛和发际处的头发剃掉，还会在头上戴奇特的装饰物等，而维米尔《戴珍珠耳环的少女》的名画，则是 17 世纪中后期富裕的荷兰市民阶层的品味的体现。

纵观历史，许多艺术家都表现出对服饰的迷恋，如丢勒（Dürer）、华托（Watteau）、布歇（Boucher）、安格尔（Ingres）等，但这些画家描绘的对象主要还是蓬帕杜夫人、宫娥这样的贵族女性。在资本主义萌芽较早的荷兰，17 世纪，随着城市富裕的市民阶层数量的扩大及购买力的提升，肖像画成为市场化的艺术品，以荷兰黄金时代的鲁本斯（Rubens）、伦勃朗（Rembrandt）、维米尔（Vermeer）以及执掌英国宫廷的荷兰画师范・戴克（Van Dyck）为代表的群体，除了绘制传统的宫廷贵族肖像之外，也开始接受富裕的上层市民阶层的委托，甚至产生了专门的“荷兰小画派”——主要服务于市民阶层的美术流派，使我们现在也能大致领略时尚在不同社会阶层中的模仿与差异。

图 2-3　伊丽莎白一世的画像，约 1585 年

图 2-4　伦勃朗的《一个女人的肖像》，1632 年

“现实主义”肖像画的普及，也揭示了“个体”的人已经被赋予了一种新的尊严，个体的差别成为一种社会优越性的符号[①]，对个人独特身份的表达意愿，对个人身份文化上的推崇可以成为一种“生产力”，促使社会等级顶端的人士通过改变自己的环境、发明新的技巧、将其外观个性化而获得声誉。拉夫领（ruff collar），是一种用于装饰衣领的褶皱织品，于 16 世纪中期至 17 世纪中期流行于西欧地区的上流社会之间，肖像画清晰地描绘了这种时尚

① ［法］吉勒斯・利浦斯基：《西方时尚的起源》。

的传播及演进过程。早期的拉夫领是衬衫上可拆卸的配件，便于替换洗濯以保持领口的整洁，16 世纪时发明了以淀粉浆衣的技术，可以加大拉夫领尺寸而仍保持固定形状，其最大半径可达 30 厘米，像个圆盘般将头颈部围在中间。僵硬的拉夫领迫使穿着者保持直立姿势，而这种不切实际的时尚也使它成为财富和地位的象征，随着伊丽莎白一世将拉夫领视作权势、贞洁的象征，拉夫领成为完全由蕾丝制成的昂贵装饰，其尺寸也被夸大到惊人的程度，最大的半径可达 30 厘米。

在 17 世纪，对肖像画的需求比其他类型的作品更强烈。当时成功的肖像画家范·戴克在伦敦维持了一个大型工作室，该工作室"几乎成为肖像生产线"。根据当时一个访客的说法，范·戴克通常只在纸上打好底稿，然后由助手放大到画布上，之后他自己画了头像，客户希望被绘制的服装留在工作室，并且通常将未完成的画布发送给专门渲染此类服装的艺术家。范·戴克和他同时代的迭戈·委拉斯开兹(Diego Velázquez)是第一批作为宫廷肖像画家的杰出画家，并彻底改变了这一类型。对于范·戴克而言，服装是一种有价值的工具，可以表达肖像的主题或理想，服装被精心挑选以补充叙事(见图 2-5)。这幅真人大小的双人肖像画描绘了两个贵族青年穿着华丽的丝绸和缎面服装，有蕾丝领子，奢华面料的垂坠感和色调与柔和的棕色背景相得益彰，是典型的当时英国上流社会男性时尚的代表。但他的肖像画并不总是如实反映当时的时尚，和伦勃朗一样(见图 2-6)，他有时甚至

图 2-5　范·戴克的《斯图尔特勋爵兄弟》，1638 年

图 2-6　伦勃朗的《高贵的斯拉夫人》，1632 年

利用历史性的、异国情调的或异想天开的服饰，以提升肖像画的艺术品味与地位，以达到历史绘画的叙事功能，从而将作品从一个普通人的直截了当的再现提升到更雄辩的理想或抱负的展示①。

因此，时尚与绘画之间的关系，在17世纪有理想与雄心的艺术家手中，显现出复杂的双向关系。范·戴克和他的追随者创造了一种时尚，将一个人的肖像画成异国情调、历史或田园风，或者以简化的当代时尚，添加各种围巾、斗篷、地幔和珠宝，以唤起经典或浪漫的情绪，并防止肖像在几年内过时。这些画作是17世纪后期时尚的先驱，在接下来的150年里，范·戴克成为英国肖像画的主要影响者，甚至形成"范·戴克胡须"以及"范·戴克衣领"的时尚，即那个时代男性流行的尖尖的、修剪的山羊胡须以及"有很多蕾丝、横跨肩膀的宽领子"。因此，肖像画有时并不一定反映实际穿着的衣服，在17世纪，艺术家开始将华丽的服装引入不可识别背景的肖像画中，或者是没有历史或寓言的背景的画像中。艺术家利用服装来表达历史的高层流行语，以此将肖像画提升到和历史绘画同等的艺术的地位。

第三节　古典时尚媒介(二)——时尚杂志和时尚版画

时尚最初的外观及传统修辞均是由时尚杂志形塑的。17世纪的法国诞生了时尚杂志的雏形，1785年第一本时尚杂志创刊，时尚刊物逐渐成为时尚信息传递的重要媒介，同时也成为资产阶级品味塑造的重要工具。正是由于时尚刊物的出现，时尚影响的范围急剧扩展，这也是18世纪时尚迅速发展的重要原因②。随着印刷技术的发展，时尚杂志及版画逐渐成为时尚传播的主流渠道，时尚的大众传播时代到来，让时尚突破了狭小社交圈，将原来仅限于社会上层的时尚信息开始潜移默化地向社会中下层渗透，并逐步确立法国时尚在欧洲的引领地位，推动现代时尚的发展，改变普通民众的生活方式乃至价值观念。

一、时尚版画

时尚版画(fashion plates)是展示时尚风格及服装亮点的版画，是关于

---

① Gordenker E. E. S., "The Rhetoric of Dress in Seventeenth-century Dutch and Flemish portraiture," *The Journal of the Walters Art Gallery*, (57)1999.

② 杨道圣：《时尚的历程》，第202页。

时尚的穿着而非历史服饰的记录(除非历史人物的服饰在后世被模仿),它已成为研究时尚历史的重要材料。时尚版画深受肖像绘画影响,但又有区别,版画的重点不是描绘个人的特征而是通过人物的衣服、装饰等表明身份,这是一种风格化的图像,显示人们对个人着装日益增长的兴趣。时尚版画是一种概括性的肖像,目的是显示正在流行的服饰或即将流行的服饰趋势,表明裁缝、制衣商或商店可以制作或供应的服装风格,也展示如何将不同的材料制成服装,承载着较强的时尚传播与商业广告的功能。

(一)时尚版画的起源

时尚版画按技术类别可分为三个阶段——木刻(woodcuts)、雕刻(engravings)及平版印刷术(lithographs),最后为摄影工艺所取代①。第一阶段是 16 世纪初至 17 世纪初,这个时期的时尚版画主要采用木刻技术,因此也被称为"木版本"(block book)时期。这个时期的服饰变化缓慢,流行周期很长,因此大多是一些既有款式的服装样本。第二阶段是 17 世纪初至 18 世纪中叶,主要采用铜版雕刻技术,时尚史称之为"服装版画"(costume plate)时期,以铜版画为主是这个时期的特点。铜版雕刻通过热处理及化学处理,能呈现服饰更加丰富多彩的艺术效果,同时,随着通信的改善及人们对其他国家服饰和生活产生浓厚兴趣,时尚版画开始呈现出"时尚"这个词的现代意义——对流行的预测、对变化的偏好。第三阶段是从 18 世纪 70 年代到 20 世纪初,利用平版印刷技术。这个时期的时尚版画主要出现在定期发行的时尚杂志上,时尚史上狭义的时尚版画就指这个阶段时装杂志中的插页。这些单页或数页连续的手工上色的彩色时装图片,成为最受收藏家青睐的收藏品。

时尚版画的基础是时尚插画(fashion illustration),时尚版画通过不同的复制技术将插画师的作品复制到杂志或书籍中,时尚插画可以做成时尚版画,但时尚版画本身并不是原创的插画作品。服装版画的历史始于 16 世纪,跟大航海的发展有关,新航路激发了人们对未知世界的探索,其中包括对异域风情的服装及装饰的浓厚兴趣,1520 年至 1610 年间,欧洲出版了 200 多套版画、蚀刻版画或木刻版画,其中就有包含穿着符合其国籍和等级的服装的人物版画。其中最著名的作品之一是切萨雷·维切利奥(Cesare Vecellio)的《世界不同地区的古今习惯》(*De gli habit antichi et moderni*

---

① John L. Nevinson, *Contributions from the Museum of History and Technology: History paper 60: Origin and Early History of the Fashion Plate*, Bulletin of the United States National Museum, 1967.

di diverse part del mondo，1590)，该图册由420幅描绘欧洲、土耳其和东方服饰的木刻版画组成，第二版于1598年出版，新增了包括非洲和亚洲的服饰以及新世界的20幅服装版画。这些早期的木刻版画第一次专门描绘了服饰插图，因此，成了我们今天所知道的时尚版画的原型①。

（二）时尚版画的发展

时尚版画在时尚杂志兴起后，才获得了快速发展。出现在16世纪的服装版画，因能展示更多的服装细节而得以广泛传播，尤其是来自法国的服装版画，因具有较高的观赏价值而被中产阶级用来装饰房间或收藏。但这些服装版画大多展示的是已流行过的服饰，如亚伯拉罕·博斯(Abraham Bosse)、雅克·卡洛(Jacques Callot)、文策尔·霍拉(Wenzel Hollar)等，都是以忠实复刻当时或历史上的时装样式而著称的版画师，这些版画还不能称为真正意义上的时尚或时装版画。1672年，第一份杂志——《文雅信使》(*Le Mercure Galant*)开始在法国出版，杂志上出现了包含标题的时尚插画，还附有供应商地址。同时，路易十四将时尚视为主导欧洲文化的一种手段，将时尚艺术作为文化宣传的皇家命令的重要组成部分，杂志加版画的组合无疑是贯彻皇家命令的最好手段。从17世纪始，法国时尚版画成为欧洲时尚出版业的模板，这些版画描绘贵族的生活场景，后来铜版画技术发展成熟，而18世纪末登场的手工上色的大开本时尚铜版画，更是绽放出了独特的魅力②。

1778年发行的法国时尚杂志《时尚画廊》(*La Galerie des Modes*)是第一本以时尚版画为突出卖点的杂志，在不长的出版周期内共留下了400多幅版画，也创造了现代时尚杂志注重视觉、图像的新模式③。在《时尚画廊》1778—1787年的出版中有大量的版画描绘法国当时最新的时装款式与风格④：

> 随着对时尚的兴趣增加，对时尚版画(fashion plates)的兴趣也在增加，与以前的服装版画(costume plates)不同，它提供了有关当前或未来时尚的信息。1700年至1799年间，法国生产的印版数量翻了两

① C. Blackman, *100 Years of Fashion Illustration*, London: Laurence King Publishing, 2007, p.6.

② [日]深井晃子：《名画时尚考：从文艺复兴到20世纪》，第179页。

③ Roche Daniel, *The Culture of Clothing: Dress and Fashion in the Ancien Régime*, translated by Jean Birrell, Cambridge: Cambridge University Press, 1989, p.476.

④ Kate Nelson Best, *The History of Fashion Journalism*, p.20.

番，达到大约1 275版。……这些版画本身被视为艺术品，经常用于室内装饰或放在相册中——这种做法一直延续到19世纪的手工上色版画。……1778年，出现了更广泛的版画收藏，弥合了年鉴和时尚杂志之间的鸿沟。《时尚画廊》的出版更加定期，每期都包含六幅版画，并且非常昂贵，除了黑白和彩色版画外，它还包含有关特色服装起源的详细报告，包括从制衣师Rose Bertin到Marie Antoinette的信息，以及所用面料的描述。

贝斯特认为1759年发行的时尚杂志——《淑女杂志》(*The Lady's Magazine*)，既是英国第一本时尚杂志同时也是第一本出现彩色时尚版画的杂志。1778年发行于法国的《时尚画廊》既可看作早期时尚杂志的雏形，也可看作合订在一起的时尚版画，持续经营近十年期间，发行的单张时尚版画总数超过了200张，为人们展示了18世纪末服装的全景画。整个18世纪，时尚版画都成为摄影技术出现之前时尚传播中最重要的视觉传播形式，这些色彩华丽的时尚版画大都由有绘画功底的版画家创作而成，相较于“具身”传播媒介——身体而言，传播范围更广泛。时尚版画的兴盛催生出18世纪时尚杂志的基本视觉形式，早期的时尚杂志围绕着时尚版画或时尚插画，加入一些诗歌、新闻、戏剧等内容，成为标准意义上的时尚杂志，发行量甚至可以达十万份以上。

图2-7 《淑女杂志》的时尚版画，1812年7月

图2-8 《戈迪女士之书》的时尚版画，1832年1月

到19世纪30年代，美国杂志开始通过引进法国时尚版画作为吸引读者的亮点，《戈迪女士之书》(*Godey's Lady's Book*)作为当时最受欢迎的女性杂志，为与竞争对手形成差距，编辑莎拉·约瑟夫·黑尔(Sarah Josepha Hale)开始突出自创版画以抑制巴黎奢侈时尚对新大陆女性美德的侵蚀，并试图将简约和精致作为更适合新教气质的新大陆时尚基本特征。20世纪初，摄影的日益普及意味着时尚版画地位受到了挑战，因为时尚照片为时尚风格提供更逼真的写照。伴随着社会及政治的变化，时尚版画作为一种复制和传播图像的手段，意味着时尚更迅速的变化及传播，一方面影响了时尚的周期，另一方面也从根本上动摇了古典时尚的宫廷贵族专享制。

二、时 尚 杂 志

从16世纪的服装之书，通过个人手工着色的时尚版画，到1785年被公认为第一本时尚杂志的《时尚衣橱》(*Les Cabinet des Modes*)从印刷机上滚落，随后一本接着一本，时尚杂志作为时尚传播最重要的媒介形式，促进了时尚的民主化，确定了时尚的传统修辞及表征方式。

时尚杂志最早诞生于法国。法国宫廷当时主导着欧洲时尚，女性时尚的中心在巴黎，因此时尚传播及创新的中心也在法国，后影响至英国、意大利、德国等国；欧洲早期的时尚杂志皆受法国时尚杂志的影响，无论是从杂志的形式还是时尚信息的来源方面，都可称为法国杂志的翻版。时尚杂志脱胎于综合类文学杂志，最早由文学类杂志辟出专页或专刊传播宫廷贵族的时尚信息，夹杂一些宫廷杂闻，但并不构成杂志的主要内容。在18世纪，日益城市化和不断扩大的中产阶级寻求创造一种不同于宫廷支配地位的身份，导致对时尚需求的增大，时装业的发展为满足这一需求，开始寻求创办独立的时尚杂志，第一本独立的时尚杂志《时尚衣橱》于1785年在法国问世，随后在英国、德国和意大利被模仿[①]。

（一）《文雅信使》(*Le Mercvre Galant*)

17世纪，法国诞生了流行在宫廷贵族间的介绍文艺沙龙、裁缝铺子和最新款式服饰的小册子，这成为时装杂志的雏形[②]。一般认为，1672年，凡尔赛宫的贵族和流行闹剧的作家让·多诺·德·维塞(Jean Donneau de

---

① Kate Nelson Best, *The History of Fashion Journalism*, p.15.

② 王飞：《英国时装杂志的发展历程研究及启示》，北京服装学院2009年硕士学位论文，第2页。

Visé)创办的《文雅信使》是世界上第一本关注时尚的文娱性杂志，也是法国历史上最负盛名的文学刊物之一，杂志得名于罗马神话中众神的信使墨丘利(Mercurius)。杂志创刊号表明报道内容包括戏剧、宫廷事件、军队信息，也包括诗歌并描述“新时尚”。杂志初期就像一份断断续续地发表宫廷时尚特色的报纸，1677 年改名为《新文雅信使》，实现每月一期的定期出版，内容包括书评、戏剧评论、诗歌、歌曲、宫廷杂闻、婚丧等内容，虽然日常版面中时尚内容并不常见，但一年有两次特别版专门关注时尚，包括织物及家居用品内容，同时，杂志还提供非常详细的供应商信息，类似于现代时尚杂志成熟的邮购目录。出版至 1724 年，剧作家安托万·德·拉罗克(Antoine de Laroque)将杂志更名为《法兰西信使》(*Mercure de France*)，杂志由外交部赞助，成为巴黎最有权威性的文学刊物。1785 年，作家和出版家庞库克(Charles-Joseph Panckoucke)成为主编，杂志的年订阅量达到 15 000 份，成为欧洲最有影响力的刊物之一，后断断续续地持续到 1832 年。

LE
MERCVRE
GALANT.
CONTENANT PLUSIEURS
HISTOIRES VERITABLES,
Et tout ce qui s'eſt paſſé depuis
le premier Janvier 1672. juſques
au Depart du Roy.

PARIS,
T[illegible]ODORE GIRARD, dans
la Grand'Salle du Palais, du coſté de
la Cour des Aydes, à l'Envie.
M. DC. LXXII.
AVEC PRIVILEGE DU ROY.

图 2-9　1672 年的《文雅信使》扉页

《文雅信使》较为后人关注的两点传播特征：一是杂志提供服装供应商名称和地址，并有时配有黑白版画；二是杂志还有初步的“服务”意识，以写给女性读者信件的形式将时尚信息通知给外省读者，这些是对时尚特别感兴趣的人。有学者认为，这是期刊史上的一个创举，对于向外省和国外传播时尚、奢侈品、礼仪以及路易十四时代的宫廷生活信息起了关键作用。该杂志还有一个特殊的贡献，在介绍某一款式的服装之后提供时尚商人的地址，这开了时尚广告的先河①。琼恩·德尚(Joan Dejean)在《时尚的本质》中指出,这些内容表明时尚工业在17世纪已经形成②。作为路易十四文化战略的一部分,杂志与宫廷渊源颇深,杂志的主要时尚仲裁者是国王和王后,服务于法国国王宣传目标:将国家认同与时尚优势联系起来,确立法国时尚在欧洲的统治地位。

(二)《时尚衣橱》(*Les Cabinet des Modes*)

在时尚需求的刺激下,伴随印刷术及版画技术的成熟,第一本完全专注于时尚的常规杂志《时尚衣橱》于1785年在法国创刊,1786年更换编辑后杂志更名为《法英时尚新闻杂志》(*La Magasin des Modes Nouvelles Françaises et Anglaises*, 1786年11月至1789年12月),1790年2月,当创始人布罕重新获得控制权时,杂志被重新命名为《时尚与品位杂志》(*Le Journal de la Mode et du Goût*),直到1793年4月大革命时期因财政困难而停刊。

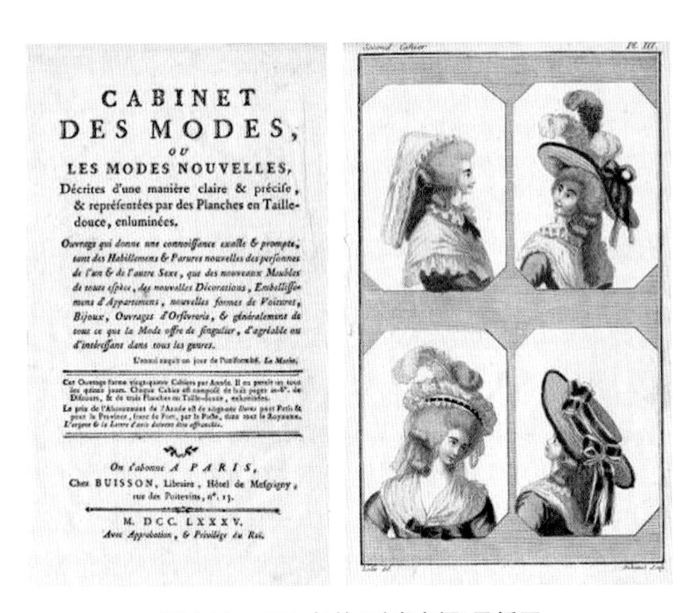

图2-10　1785年的《时尚衣橱》及插画

《时尚衣橱》的前身是《法国时装和服饰画廊》(*Galerie des Modes et Costumes Français*),它扩展了18世纪流行的年鉴袖珍书的时尚理念,这些袖珍书通常都以时尚版画来招徕顾客,该杂志也由一系列装饰时尚版画组成,但出版频率很低。《时尚衣橱》的创刊标志着时尚杂志开始由精英面

① 周薇薇:《传媒与时尚:法国现代化进程中的文化动力》。

② 杨道圣:《时尚的历程》,第1页。

向大众发行,时尚杂志的发展进入一个新阶段。杂志内容包含家具、装饰以及服装时尚,描述时尚礼仪,并就特定季节、特定场合甚至是一天中的特定时期,给出特定类型的适合服装,并经常给读者建议什么时候穿某种服装是时尚的,这是时代的创新,也预示着时尚杂志的时尚仲裁权力的潜力;同时,它还开创性地刊登了裁缝及时装商人的广告,并为读者提供时尚邮购目录的服务。《时尚衣橱》是一份定期出版的半月刊,只关注与时尚有关的内容,每期 8 页,配 3 幅插图,并将定价降到一个实惠的价格——21 里弗,价格比它的前身便宜很多,因此在出版的第一年就获得了超过 800 名订阅者,取得了巨大的成功,实惠的定价使其成为中产阶级获得贵族式好品味的来源,杂志本身体现了时尚的民主化倾向。正如时尚史专家贝斯特指出的①:

> 尽管名称一改再改,但杂志的形式与功能保持不变,成为现代出版的一个样板,不仅对界定和传播新时尚产业起到促进作用,而且推动了时尚文化。它表明国王与王后已不再是时尚唯一的裁夺者了,在不断发展的商业、民主文化中,新的人物开创了趋势,包括女演员和时尚市场。

《时尚衣橱》作为现代时尚杂志的先驱,确立了现代时尚传播的基本体系。

首先,它将时尚呈现为一个更有组织的系统,追溯潮流的起源,并试图定义时尚的季节及其每季的服饰变化,尝试将变化无常的时尚合理化。

其次,它将时尚首次从服装扩大到服装和礼仪两个层面,穿着礼仪强调不同场合需要有不同的时装匹配。这既刺激了时装产业的发展,同时也确立了时尚杂志自身的定位与角色——作为现代时尚的品味仲裁者及现代女性的时尚顾问,它通过杂志社论创立了一套时尚的"技术话语"(des termes techniques),掌握这套话语赋予了 18 世纪欧洲上流社会读者的社会地位。这样,《时尚衣橱》既负责生产时尚文化,也负责报道它②:

> 一个正在梳妆打扮的女人总是需要一个她可以咨询的人,以了解这种发型或这种帽子是否适合她以及她是否可以在长廊或其他公共场所有利地展示自己:为什么我们不应该让自己成为她的顾问,为什么她

① Kate Nelson Best, *The History of Fashion Journalism*, p.22.
② Ibid., p.15.

不应该阅读她在我们的问题中寻找的意见?

第三,《时尚衣橱》确立了现代时尚杂志基本的商业模式,即以高质量的时尚评论和版画、较低的价格向大众发行,以广告赞助寻求商业成功。作为时尚行业与消费者的中介,它既以发行量寻求自己作为时尚顾问和品味仲裁者的行业地位,同时,也以模糊了广告、社论与信息的方式寻求低价发行后所需的广告收入。根据布罕的说法,《时尚衣橱》到 1785 年是盈利的,作为商品的时尚杂志诞生了①。

(三)《淑女杂志》(*The Lady's Magazine*)

《淑女杂志》往往被认为是英国历史上第一本真正意义的时尚杂志。17 世纪的英国并没有诞生时装杂志,法国的时装杂志开始在英国贵族间流传起来,逐渐成为上层社会时尚生活相互交流的大众传媒。1709 年,文化生活类杂志《闲谈者》(*The Tatler*)经常提及中产阶级男士的着装样式;1770 年 8 月诞生了英国历史上第一本真正意义的时尚杂志——《淑女杂志》,第一期就推出了"女士的习惯"专题黑白版画。然而,该杂志每个月都有时尚资讯,从 1770 年 8 月创立到 1830 年期间,一直主导着市场,杂志售价为每份六便士,当时杂志声称读者人数为 16 000 人,结合当时的识字水平和不发达的印刷技术,这一数字被认为是成功的②。它的成功也直接导致像《女士月刊》(*Lady's Monthly Museum*)和《新女士杂志》(*New Lady's Magazine*)这样的模仿者③。1830 年后,曾先后更名为《美女文学之镜》(*Mirror of the Belles Lettres*)等,并于 1847 年停刊。

《淑女杂志》的撰稿人大多是专业或半专业的作家,与同时期的《绅士杂志》(*The Gentleman's Magazine*)等男性杂志类似,它也刊登类似诗歌、社会新闻以及伦敦舞台信息等文章。但与许多男性出版物不同,《淑女杂志》在很大程度上远离政治领域,不报道政治事件。杂志以华丽的插图、刺绣图案以及家居用品的针线图案吸引女性读者,除了时尚与服饰之外,它还包括小说、音乐和传记等特色主题。该杂志也是第一个提供即将出版的书籍摘录的杂志,还开设了一个关于医疗建议的流行专栏,为女性读者提供母乳喂

① Kate Nelson Best, *The History of Fashion Journalism*, p.22.

② M. Poovey, *The Proper Lady and the Woman Writer: Ideology as Style in the Works of Mary Wollstonecraft, Mary Shelley, and Jane Austen*, Chicago: University of Chicago Press, 1985.

③ R. Ballaster et al., *Women's Worlds: Ideology, Feminity, and the Woman's Magazine*, New York: NYU Press, 1991, p.66.

养和月经疼痛等有关信息。这在那个时代是一种进步的体现,也是实现杂志在创刊号中的承诺——“家庭主妇及她们的同伴将遇到适合她们的不同行业的内容”。学者玛格丽特·比瑟姆(Margaret Beetham)认为,通过这些特色主题,《淑女杂志》“开始定义下个世纪的‘女性杂志’”[①],帮助这些杂志在上层阶级读者中正常化。

同时期,影响最大的还是法国《时尚衣橱》在欧洲各国的复制本。1794年英国的《时尚画廊》(*Gallery of Fashion*, 1794—1803)是以法国版的《时尚衣橱》为模板,由法国雕版师和插画师创作,由法国移民尼古拉斯·海德洛夫(Nicholas Heideloff)创办,旨在吸引伦敦流离失所的法国贵族和英国人。此外,德国第一本时尚杂志《现代时尚杂志》(*Journal des Luxus und der Moden*, 1786—1827),在意大利米兰出版的《法国女士与时装杂志》(*Giornale delle Dame e delle Mode di Francia*, 1786—1794)和威尼斯的《致力于美丽性爱的报纸》(*Giornale Dedicato al Bel Sesso*),均是法国《时尚衣橱》的复制版,图版及文章都直接翻译自法国版。[②]

(四)《邦顿公报》(*Gazette du Bon Ton*)

19世纪为女性出版带来一种新的民粹主义模式。更好的印刷设备、报纸税的下降和识字率的提高将杂志带到更多的家庭。到19世纪末,仅英国就已有30本左右的时尚杂志,这些杂志的办刊理念往往是“女性化的消费文化”,这说明杂志的盈利很大程度上依靠宣传广告客户的产品。在19世纪50—60年代,女性杂志将女性接受家庭主妇角色的必要性进行了道德化,但到19世纪70年代中期,时尚杂志已越来越多地通过讲故事、美化艳丽的衣服和穿着漂亮女性的插图来吸引读者,时尚杂志的插画最常见的场景包括女性登上火车或在咖啡馆成群结队地交谈。随着百货公司在19世纪后期改变时尚消费,杂志越来越多地展示女性购物的形象,这些插图经常描绘一个穿着优雅的女人,在宽敞明亮的百货商店内挑选各种帽子或配饰。时尚杂志不仅鼓励女性不断滋长的购买行为,而且还为读者提供私人代购。以一本杂志的价格,女性获得了阅读一个幻想世界的机会,这让她们摆脱了家庭的直接压力,获得一种独立的愿景与想象。但并不能就此认为,时尚杂志为女性提供了切实的自由与自主空间。恰恰相反,这些杂志推动了男性主导形式——女性应该以穿着取悦男性的想法——以及新兴的消费主义概

---

① M. Beetham, “Lady's Magazine(1770—1847),” in L. Brake et al.(eds.), *Dictionary of Nineteenth-Century Journalism in Great Britain and Ireland*, New York: Academia Scientific, 2008, p.342.

② Kate Nelson Best, *The History of Fashion Journalism*, pp.24—25.

念,即通往幸福的途径必须经过取悦男性的关键节点,而这种时尚理念迄今仍是当今女性杂志吸引力的一部分。

时尚杂志在17—19世纪成为时尚大众化的重要推动力量,而其传播力达到顶峰或者说借助媒介来谋求时尚更大的艺术地位,则需提及20世纪初的一本独特杂志——创刊于1912年的法国《邦顿公报》(*Gazette du Bon Ton*)。这本充满了华丽的装饰艺术插图的杂志,虽然规模小且出版周期短,但却是时尚传播史上颇具影响力及转折性的时尚杂志,它旨在将时尚确立为与绘画、雕塑和素描并驾齐驱的艺术,正如它在第一篇杂志社论中所言——"女人的服装是一种视觉上的乐趣,不能被认为低于其他艺术"①。《公报》由吕西安·沃格尔(Lucien Vogel)于1912年创立,1925年停刊,由康泰纳仕(Condé Nast)发行,同时发行美国版——《文体公报》(*Gazette du Bon Genre*)。为了提升时尚的社会地位及影响力,该杂志努力呈现精英形象,以区别于当时颇具影响的大众时尚杂志——美国的《时尚》(*Vogue*)和《时尚芭莎》(*Harper's Bazaar*)以及法国的《女性》(*Femina*)、《时尚》(*Les Modes*)和《艺术与时尚》(*L'Art et la Mode*)等主流竞争对手,它将艺术、社会等的革命性变革与时尚、美容及生活方式的最新发展并举。杂志的办刊理念源自法语"bon ton"概念,即永恒的好品味和精致,杂志的核心是它的时尚插图。它聘请了当时许多最著名的装饰艺术方面的艺术家和插画家,每期有十个整版时装版画(七幅描绘时装设计,三幅受时装启发,但仅由插画家设计),采用当时最先进的彩色印刷技术,以精美的纸张出版,因此,价格高达每年100法郎并且只对订阅者开放。杂志与包括保罗·波烈(Paul Poiret)、查尔斯·沃思(Charles Worth)在内的七家巴黎顶级时装屋签署了独家合同,但将香奈儿(Chanel)和达夫-戈登夫人(Lady Duff-Gordon)这样的杰出设计师排除在外。

图2-11　《邦顿公报》1920年版的封面

① Davis, Mary E., *Classic Chic: Music, Fashion, and Modernism*, Berkeley: University of California Press, 2006, p.49.

三、空间偏向媒介

(一) 城市商业空间

除了时尚杂志这样时间偏向的媒介之外,时尚传播媒介中更古老的空间偏向的媒介也不容忽视:集市、展览及早期的百货公司。法国时尚与法国巴黎独特的拱廊街道(arcade)关系密切,这种拱廊街道是上面加盖的人行过道,两边有商店和咖啡厅。1780 年建成的巴黎皇家大厦(Palais Royal)内部就有这种专门用来购物的街道,它吸引了各种类型的社会角色,如金融家、浪荡儿、纨绔子和妓女①,构成本雅明(Benjamin)笔下的现代城市消费主义根基的象征与景观。18 世纪伦敦的皮克迪利(Piccadilly)大街与梅费尔(Mayfair)高级住宅区出现了专供"体面的"妇女自由走动的商店。

1852 年,一位巴黎制帽商的儿子——阿里斯蒂德・布西考特(Aristide Boucicaut)和妻子玛格丽特(Marguerite)一起将盘下的一家普通商店重新开业,店内商品丰富,人们可以自由进入并不受打扰地漫步。这就是被称为世界第一家"百货商店"的乐蓬马歇百货公司(Le Bon Marché,1984 年被 LVMH 集团收购)②。他们的商业创新还包括固定价格、降低利润、送货上门、物品交换、邮购、折扣月份等,甚至在店内举行过私人音乐会,设立了图书角、绘画画廊等,这些革命性的商业创新使百货商店成为炫耀性消费的场所、女性安全的消磨时间的购物天堂。左拉曾在《妇女乐园》中形容它是"一个顾客云集的、商业的主教座堂",随后开业的罗浮宫百货公司(Grands Magasins du Louvre)、美丽花园(À la Belle Jardinière)、巴黎春天(Printemps)等都受此启发而诞生,这些百货公司将女性作为重点客户,将时装作为重点商品,精心制作的商店橱窗展示可以与时尚版画相媲美。百货商店成为时尚传播的一个重要渠道,围绕着时装展示及吸引女性购物者催生了商店装修、橱窗展示、人体模特、商品目录等一系列的传播链条,这代表时尚已经成为一个商业系统,围绕着消费运行。

英国最早的百货公司出现在 18 世纪中期,由最初的布店发展而来,除布匹之外还售卖珠宝、毛皮及各种精美物品。当然,现代百货公司的专业化橱窗展示是在 19 世纪末的美国发展起来的,曾写出《绿野仙踪》童话故事的作者弗兰克・鲍姆(Frank Baum)在时尚史上的地位同样不容小觑,他成立

---

① [英]乔安妮・恩特维斯特尔:《时髦的身体:时尚、衣着和现代社会理论》,第 292 页。

② L'Histoire du Bon Marché|Le Bon Marché(lebonmarche.com),2022-05-25.

了“国际橱窗装饰者协会”并创办了专门的杂志《商店橱窗》[①]：

> 他看到了橱窗展示在吸引过路者的注意力和激发消费欲望方面的重要性……他“把商店橱窗抬到整个广告策略的首要位置上”……一个奇妙的世界的诞生，它允诺人们可以随意消费大量的货物和商品。从19世纪晚期到20世纪早期，美国变成了一个“欲望的国度”，一个刺激商品消费的地方。

（二）世界博览会

除了上述嵌入城市日常生活的时尚展示场所之外，对欧洲时尚更具扩散力的当数世界博览会。1851年在伦敦水晶宫举办了第一届世界博览会，将缝纫机等纺织机械作为重要的工业技术成就展出，而法国在1855年举行巴黎万国博览会时，拿破仑三世为了挽回失去举办首届博览会的面子，更是不惜代价要办一届“真正的”世界博览会和艺术博览会。博览会将法国高级时装作为亮点及形象加以推广，将巴黎打造成欧洲时尚文化的典范。而精明的服装设计师查尔斯·沃斯也在此次展览会上推出了一种新礼服，肩部下垂，线条别具一格，成为世博会上一处风景，几乎吸引了每一位女士艳羡的眼神，最终获得金牌，在他具有划时代的时尚品牌化之路上跨出了重要一步。

古典时尚的媒介决定了古典时尚传播模式受物理空间限制的特点。由宫廷礼仪、服饰构成的古典时尚惯习是宫廷社会权力秩序的外在化，越接近传播核心（宫廷）圈层，时尚细节中体现的内在权力越大，人们对时尚细节的变化越敏感；而随着传播圈层与传播核心的空间距离增加，人们彼此间的政治权力趋同，差距减小导致人们对时尚的敏感度降低。位于“中心的涟漪化扩散”模式内部的圈层，在追逐权力和宫廷爱情、骑士爱情等观念的影响下，对宫廷社会及宫廷时尚会有积极接触的主动行为，当宫廷时尚发生变化时，他们会在与较高阶层趋同的社会心理调适下成为最先接触和传播时尚的群体。反之，位于“中心的涟漪化扩散”模式外部的圈层，他们与时尚传播核心的物理距离和社会距离都比较大，对时尚的变化最不敏感，很少会主动寻求宫廷时尚的变化趋势，更多的是等待人际传播渠道中时尚信息的被动涟漪化扩散。因此，时尚信息会随物理空间的距离增加而在不同社会阶层间传递，出现明显的圈层化特征。

---

① ［英］乔安妮·恩特维斯特尔：《时髦的身体：时尚、衣着和现代社会理论》，第296页。

第四节　具身传播与古典时尚

时尚在14—18世纪的传播，既是旧秩序的体现，也预示着失序的开始。时尚史的重要主导性因素是资源的稀缺，自然的稀缺性可以导致欧文·戈夫曼(Erving Goffman)所说的“排他性的确认”[①]。这种因稀缺性而形成的排他性的等级秩序，在东西方的前现代社会中均普遍存在，在服饰史上往往体现为权力阶层垄断某些昂贵的自然资源，如黄金宝石、裘皮貂毛等，或者是因技术的限制而无法实现规模生产的人造资源，如丝绸或者某些无法从自然界获取的颜色，譬如紫色等。但随着贸易的扩张和技术的发展，以稀缺性来维持等级秩序受到了挑战，海外殖民扩张也意味着财富在不同等级之间的重新分配。13世纪欧洲文艺复兴时期各国持续推出及强化“奢侈法”就是旧贵族试图继续维持旧秩序的尝试，而新兴的富裕阶层则用购买力来加以对抗，当服装的材质与颜色被严格规定后，新兴阶层通过模仿服装的风格(style)来追求个体身份的表达。这既是时尚起源的动力，也是时尚传播的内在机制，即西美尔所说的“涓滴”扩散(trickle down)。当贵族不能纯粹以风格来区分时，他们加上了速度，一旦某种风格被下层阶级所模仿，上层阶级就放弃这种风格转向一种新的风格，追求变化与创新的时尚由此替代鲜少变化的稀缺性服装成为中世纪晚期社会区分的标志。

一、维持与创新之间的博弈

（一）新媒介与新阶层

时尚的传播就如一滴水滴入现代社会的前夜，它形成了涟漪并逐渐荡漾开去。时尚传播以“具身”个体和印刷文本为特征，成为一种由特定社会个体所承担并实现、囿于本地语境的表达与事件。“具身传播”围绕着被凝视的身体，时尚与权力紧密相关，身体展示了等级化的时尚，围绕身体的是权力对身体的规训(discipline)，是统治阶级对身体的意象，它表达出对社会秩序的需要[②]；但同时，印刷技术的普及导致成本的下降，逐渐使时尚杂志

① ［以］伊夫兰特·特斯隆：《让·鲍德里亚：作为意义终结的后现代时尚》，［英］安格纳·罗卡莫拉、［荷］安妮克·斯莫里克编著：《时尚的启迪：关键理论家导读》，陈涛、李逸译，重庆大学出版社2021年版，第294页。

② ［法］米歇尔·福柯：《规训与惩罚》，刘北成、杨远婴译，生活·读书·新知三联书店2012年版，第154、188页。

成为时尚传播的主流渠道，时尚杂志的编辑逐渐取代国王、王后，成为时尚的仲裁者，时尚传播趋向于大众传播。到18世纪中叶时，随着缝纫机及耐洗染料的发明，以经济制约来维持时尚的等级制基本被消除，时尚的民主化与时尚的大众传播相结合促成了古典时尚向现代时尚的转型。

哈罗德·伊尼斯认为任何一种新媒介的诞生都会伴随着一个新的权力阶层的出现，这个阶层因为掌握甚至垄断了新媒介的知识并通过设置准入门槛，由此累积了财富、攫取了利益。伊尼斯称这些阶层往往以专家的形象出现，譬如欧洲中世纪的各种行会。以此观点来考察时尚杂志作为一种时尚新媒介的出现，极具启发性，它既是新的时尚知识垄断阶层出现的前奏，也是重新组织时尚系统的时间、空间与权力的动态关系的方式。时尚杂志不仅传播时尚，而且建构时尚，以往由宫廷合法化的时尚风格，即将转向由时尚杂志提供仲裁，即某种风格是否时尚，越来越取决于时尚杂志的关注，而非这种风格在实际生活的流行。德国媒介理论家弗里德里希·基特勒(Firedrich Kittler)认为媒介是人类一切新颖的可能性都必须经过的一个"针孔"或"门槛"，书写媒介就曾经是所有意义都必须通过的关隘或窄门，电影或摄影则是19世纪末形成的模拟媒介，它打破了文字对人类的"能指垄断"，人类第一次实现了在时间轴上的操纵能力①。基特勒的这种媒介观对时尚史的研究同样极具启发性，他将媒介看作整个世界的基础设施，媒介作为载体，其变化可能并不显眼，但却能带来巨大的历史性后果。17世纪时尚杂志的出现，就给时尚带来了巨大的现代性后果。

（二）时尚与社会创新

古典时尚既是维持旧制度、旧秩序的手段，也是新秩序、新权力的预示。14—18世纪欧洲社会现代化的前夜，社会流动性加剧预示着时尚作为社会创新的作用日渐重要。时尚究竟只是一种轻佻浅薄的社会现象，还是深刻地反映着特定社会、经济、文明的特征，反映着该文明的活力、潜力和要求？费尔南·布罗代尔对这个问题给出了自己的答案②：

> 未来属于这样一类社会，它们既关心改变服装的颜色、用料和式样这类琐事，又关心改变社会等级制度和世界排序——就是说未来属于那些勇于与传统决裂的社会。

---

① F. A. Kittler, *Gramophone*, *Film*, *Typewriter*, California: Stanford University Press, 1999.

② [法]费尔南·布罗代尔:《15至18世纪的物质文明、经济和资本主义》第1卷，第382页。

由此，布罗代尔认为17世纪的中国、17世纪的波斯与幕府时代的日本一样，不属于未来而属于传统。因为在这些国家，服装丝毫不受时尚的影响，式样一成不变，甚至在江户幕府时代，人们以自身民族两千多年没有改变过服装式样而自豪，认为这是传统和古老文化的象征，而生性轻佻的欧洲人才会追逐时尚。布罗代尔提醒我们时尚的背后是财富与阶层流动，随着资本主义的发展及贸易带来的巨额财富，特权阶层感受到了既定权力与秩序的挑战，于是不惜一切代价要与追随、模仿的大众相区别，要在“我们”与“他们”之间树立障碍，于是时尚产生了。正是基于时尚的这种功能，它促使社会阶层不至完全固化，经济更繁荣、物质追求更合理，而工商业也自然会将时装作为重要的产业来经营。一部时尚史同时也是一部纺织材料史或经济社会发展史，财富会随着产业的发展与转移而累积、转移：当中国丝绸成为欧洲宫廷的奢华面料时，财富会大量向中国转移，但随着羊毛纺织品开始在工业革命发源地英国大规模生产后，全世界的财富开始向英国转移就成为顺理成章的事。时尚或者时装本身，也成为一种新对旧的淘汰的语言表征，社会的创新的风气开始蔓延。

（三）作为等级元素的“拉夫领”

但宫廷时尚囿于等级制，消费群体主要集中于贵族精英，时尚成为彰显权力和社会地位的重要手段，也是社会阶层区隔的重要体现[①]：

> 到了1570年代，它（引按：指拉夫领）出现在紧身上衣的高立领之上，使得头部高高地亮出而呈现一种蔑视的态度。不言而喻，拉夫领是贵族特权的标志。这一男性服装潮流的极端范例表明了其着装者不需要工作，或者起码不用被牵扯进费劲的劳务中；在该世纪的进程中，拉夫领演变得越来越大，大到实在很难想象它们的穿着者是如何把食物送进嘴里的。

拉夫领是古典时尚中一个典型的“等级”元素，女性为展示社会地位也会穿着拉夫领，在1600年英国女王伊丽莎白一世的《彩虹肖像》、马库斯·格瑞兹（Marcus Gheeraerts）的画作《在布莱克法尔的伊丽莎白女王》中，这位以处子之身权倾四海的女王穿着显眼而夸张的拉夫领，与她苍白严峻的面容一起显现出大英帝国在欧洲日渐崛起的权势。古典时尚形成了一套与性别无关但与权力相关的时尚体系，在宫廷礼仪的规范下创新性有限。譬

① ［英］詹姆斯·拉韦尔：《服装和时尚简史》，第84页。

如，法国宫廷风靡一时的假发、红底高跟鞋、紧身裤等无不与“太阳王”路易十四对自身权威形象的塑造有关，而“拉夫领”作为权力的符号成为欧洲王室的选择，甚至形成了前面打开袒露胸部、头后部以薄纱翼状耸起的“伊丽莎白领子”(Elizabethan Collar)的专用款式，也是在女王的“具身传播”之后，拉夫领成为伊丽莎白时代男女贵族的华丽宣言，这个小小的装饰品成为英格兰地位的象征。

古典时尚生产-消费更多依存于时尚实体，外延相对较小，内涵稳定、明确，时尚传播的主要功能是将时尚“具身化”，时尚的社会功能是体现社会阶层的区隔以及等级社会的合理性。伴随资本主义在欧洲的发展，富裕市民阶层开始壮大，他们拥有的财富可以支持他们模仿宫廷贵族的时尚，这迫使宫廷社会对原有时尚进行创新和变革，以与逐渐宫廷化的上层市民阶层区别开来，维持社会结构的原有等级。时尚的“中心涟漪化扩散”模式，在传播过程中会产生与不同阶层文化融合的现象，造成同一时尚在不同阶层的表现不同，但由于古典时尚传播模式中缺乏反馈机制和互动渠道，这些元素很难影响时尚文化的发展变化。新的审美元素只有在被宫廷接受和吸收后，才有可能成为时尚变化的新元素①。宫廷决定了时尚生产的“权威许可”，只有获得宫廷许可的时尚元素才能成为时尚的“法定符号”。

二、构建起时尚的“话语体系”

（一）时尚话语体系的形成

德国社会学家尼克拉斯·卢曼(Niklas Luhmann)认为社会由不同的系统组成，不同类型的系统通过区分自身与他者来确立自身的存在及独立性。艺术作为现代社会的一个子系统，在于它是通过意义结构的自我生产来维持与其他系统的边界，并通过系统的自我产生“交流”(communication)。这意味着子系统本身可能是高度灵活并保持着开放，但每个功能性子系统都按照自我生产的逻辑在运行上是封闭的②，即艺术按照艺术的逻辑运行，不能把法律或经济的逻辑加诸艺术系统。这种运行逻辑会使每个子系统形成自己的话语，艺术作品只能通过艺术的语言进行交流，这是艺术确定自身成为“艺术”的方式。同样，如果将时尚视作现代社会的一个功能性子系统，其独立性也取决于它能否通过自我生产意义结构来维持与他者的边界。而

---

① 杨道圣：《时尚的历程》，第12页。

② N. Luhmann, “Meaning as Sociology's Basic Concept,” *Essays on Self-reference*, Warrenton: Columbia University Press, 1990, pp.21—79.

这种自我生产的前提是时尚有能力自我生产出一套时尚话语体系，以供时尚利益相关者在系统内自我产生“交流”，时尚的交流限于用时尚话语在时尚系统内完成，我们才能把时尚视为一个独立的子系统。

古典时尚传播的重要功能之一即体现为通过时尚杂志，在逐步形成时尚修辞的基础上确立了时尚意义的自我生产能力，时尚杂志基本确定了时尚被理解、表征、谈论及写作的方式。现代时尚的“技术话语”建立在古典时尚的基础之上，时尚是以规则而系统的内在变化逻辑为特征的一种衣着系统。这套系统不仅向日常衣着提供衣着本身，还提供有关衣着的话语以及围绕衣着的美学观念①，譬如关于“流行”与“守旧”，“变化”与“复古”等时尚话语中的二元符码，也包含了通过时尚杂志而被建构出来的“优雅”“品味”等更复杂的包含了时尚礼仪的话语②：

> “品味”成为时尚的稳定锚和判断其审美价值的标尺……“goût”的概念也构成了对时尚的第一次新闻批评的基础，并开始越来越多地出现在时尚媒体中，这有助于提高杂志的地位和知识形象。

时尚传播将时尚话语推至现代社会的一种决定性的文化资本，大众传播进而创造出了一个崇尚时尚形象的社会环境。时尚本身不仅成为橱窗里、货架上的服装，而且成为现代人表征自我、实现交流的一种“仪式奇观”，由此，时尚成为现代性的代理。

（二）时尚的性别意识形态

古典时尚虽与性别无关，但现代时尚构建的性别意识形态却建立在古典时尚的衣着系统之上。现代时尚发展与资产阶级作为一个新兴阶层的崛起密不可分，资本主义扩大再生产成为社会经济发展的最强大推动力，古典时尚的繁琐、奢靡、阴柔、夸张的风格，对于社会新的权力结构及经济发展需求均不相符合。资产阶级迫切需要跟古典时尚划清界限，在时尚领域里倡导属于这个新兴阶级的品味与风格。于是，18世纪末，时尚史上发生了令人震惊的“男性大放弃”，它至今影响着我们的生活③：

> 男性放弃了所有艳丽、华美、精致和变化多端的各种装饰形式，放

① [英]乔安妮·恩特维斯特尔：《时髦的身体：时尚、衣着和现代社会理论》，第51、55页。

② Kate Nelson Best, *The History of Fashion Journalism*, p.36.

③ 高秀明：《男性服装史上“伟大的男性化放弃”原因探析》，《东华大学学报》（社会科学版）2015年第6期。

弃了美的权利，将这些都留给了女性。他们自身的服装变成最朴素和严谨的艺术，从服装史上看，它值得称之为“伟大的男性放弃”（The Great Masculine Renunciation）。

伴随着这次“男性大放弃”同时到来的是女性服装与男性服装的分野，时尚开始与女性发生紧密关联。“男性大放弃”既带来了时尚的现代性，又预示着现代的性别意识形态构建与时尚成为性别代理密不可分。正如西美尔所言，时尚是对女性在专业群体中缺乏社会地位的补偿，而投入职业的男性却因为与其所属的阶层的一致性而获得了充分的重要性；在历史的大部分时期，女性都处于弱势的社会地位，她们总受制于“惯例”，只能做惯例所认为“正确”与“适当”的事，处于一种被普遍认可的生存方式中①。

时尚从古典时期的权力代理到现代时尚的性别代理，从表面看是一种功能的转型，实际却是时尚作为一个延续性系统的“话语体系”的完善。时尚被制度化和专业化的女性领域使用，女性时尚几乎全盘继承了古典时尚的遗产，并在随后的发展中不断演化创新，构建出了高级时尚、工业时尚与街头时尚的现代体系。极为注重细节和装饰的宫廷时尚将缝纫技术发展到很高程度，才有可能孕育出专属于女性的“高级定制”（haute couture），并成为现代时尚创新的最重要实验室与时尚潮流的引领者。因此，法国社会学家吉尔·利波维斯基（Gilles Lipovetsky）甚至将从19世纪中期到20世纪60年代的百年时尚，视作女性时尚的同义词②：

> 这并不意味着平行的男性时尚不存在；而是说，后者并没有根植于能够与高级定制相媲美的机制，包括展室、季节性更新、时尚模型演示以及其大胆突破和“革命”。与高级定制相比，男性时尚可以说是缓慢、中庸、稳定和“平等主义的”，即便是它在定制（made-to-order）和成衣（ready-to-wear）的对立中有着清晰的表现。

三、孕育了现代时尚的“符号体系”

（一）时尚的符号学分析

罗兰·巴特（Roland Barthes）运用结构主义符号学对时尚进行极具启

---

① ［德］格奥尔格·西美尔：《时尚的哲学》，第81页。

② Gilles Lipovetsky, *The Empire of Fashion: Dressing Modern Democracy*, translated by Catherine Porter, Princeton: Princeton University Press, 1994, p.56.

发性的研究，通过对法国的两本主流时尚杂志进行文本分析，他将流行体系中的服装区分为“真实服装”(real clothing)、“书写服装”(written clothing)和“意象服装”(image clothing)三个层次，这提供了阅读和解码时尚杂志的方法。时尚杂志以文字和图像构建出了“书写服装”“意象服装”，并进行传播，由此，真实的服装产生于言语表达的时尚修辞和时尚传播。如果没有话语，时尚便会失去精髓，不再完整，时尚的符号化与时尚文本的重复表演性，使符号学意义上的一件服装，只不过是一种想象，它带给我们的不是实践，而是意象①。时尚媒介不仅建构了时尚符码，同时也生产了时尚交流与传播的话语体系，由此，时尚具有了历史延续性。时尚符码的传播体现出文化变迁的特征，时尚成为有“内在逻辑性”的对变化的无止境追求，并通常在时尚杂志上以“时尚趋势”来表达。

时尚历史清晰地表明，新的时尚与其前身相关，甚至是从那里产生出来的。这是时尚与流行的基本区别，流行没有一个完整的历史延续性，而是各自独立于前身发展出来，并且也没有形成后继者②。时尚的“符号体系”却有源头可溯，即古典时尚，早期的时尚传播不但创造了这套“符号体系”，而且规定了它运行的礼仪规范。一个匿名作者在19世纪40年代出版的名为《美好社会的习惯》(*The Habits of Good Society*)的礼仪书中记载，一个穿着考究的男士需要四种外套：晨礼服、双排长扣礼服、燕尾服和大衣；他还需要六条日装长裤和一条晚装长裤；四件日装马甲和一件晚装马甲，另外还需手套、亚麻制品、帽子、围巾、领带及靴子。③

这个花花公子在1840年的花费显然是宫廷时尚留存下来的时尚遗产，即便当时英式绅士生活方式已成为主流。宫廷时尚的经典元素和审美倾向形成了时尚的符号体系，至今仍被时尚界沿用，也成为现代时尚发展的基础。被时尚界强调的“蓝血品牌”，被现代时尚反复征用的“宫廷风”“贵族风”，均是宫廷时尚符号的延续。在此意义上，我们对服装的描述以及穿着礼仪都是一种历史、文化建构，时尚便是文本，从符号层面解读的时尚，既要看到时尚的“能指”(signifier)，它依托于物质的实体形式，往往与织物、材质、颜色、图案等相关，但同时更不能忽略“所指”(signified)，即这些物质的服饰所标记和联结的时尚礼仪与文化内涵。

---

① [英]保罗·乔布林：《罗兰·巴特：符号学和时尚的修辞符码》，《时尚的启迪：关键理论家导读》，第177—179页。

② [美]赫伯特·布鲁默：《时尚：从阶级区分到集体选择》。

③ [英]詹姆斯·拉韦尔：《服装和时尚简史》，第157页。

（二）时尚传播的偏向

加拿大著名传播学者哈罗德·伊尼斯对传播的偏向与文化的偏向两者关系的洞见，同样有助于我们理解古典时尚的“具身”媒介与印刷媒介对时尚文化的深刻影响，前者确立了时尚是服装与身体结合的动态变化属性，后者则确立了时尚作为一种生活方式的文化机制。伊尼斯曾在时间、空间两个向度上探讨传播媒介的时空控制机制及传播技术中隐含的权力倾向①：

> 根据传播媒介的特征，某种媒介可能更加适合知识在时间上的纵向传播，而不是适合知识在空间中的横向传播，尤其是该媒介笨重而耐久，不适合运输的时候；它也可能更加适合知识在空间中的横向传播，而不是适合知识在时间上的纵向传播，尤其是该媒介轻巧而便于运输的时候。所谓媒介或倚重时间或倚重空间，其涵义是：对于它所在的文化，它的重要性有这样或那样的偏向。

伊尼斯通过区分媒介在时空上的偏向，进而指出长期使用某一种媒介之后，会在一定程度上决定它所传播的知识的特征，一种新媒介的长处会导致一种新文明的产生。“具身传播”塑造了以“太阳王”为代表的时尚绝对权威，宫廷垄断了时尚的仲裁权，但这种权威与垄断在17世纪受到了时尚杂志的挑战。这是一种更有效率的时尚新媒介，王权的衰落伴随着时尚的民主化，时尚杂志的普及、传播路线与时尚仲裁权在欧洲社会的变迁相对应：14世纪后半期，勃艮第风格成为影响整个西欧的古典时尚的开创者；16世纪西班牙宫廷的灰暗而华美的服饰风格影响了除法国和意大利之外的欧洲各个宫廷；17世纪，借助法国时尚杂志的强大影响力，喜好鲜艳色彩、强调浪漫潇洒的法式时尚成为古典时尚的新风潮，巴洛克、洛可可风格传遍整个欧洲大陆，法国既是欧洲时尚的中心，也是欧洲时尚的传播中心。

源于时尚杂志的空间偏向，古典时尚奠定了以巴黎、伦敦为代表的时尚寡头结构的起源。时尚杂志建构了巴黎作为全球“时尚之都”的城市身份和城市空间，这种象征性和想象语境与巴黎的时尚生产系统密切结合，决定了现代时尚的全球竞争格局，并随着欧洲殖民拓展而蔓延至全球。殖民活动

---

① [加]哈罗德·伊尼斯：《传播的偏向》，何道宽译，中国人民大学出版社2003年版，第27页。

改变了殖民地的文化传播机制①,欧洲宫廷的时尚惯习和审美倾向随着殖民活动扩张到了亚、非、美洲各地,也创造了以欧洲古典时尚为核心的符号编码体系和解码原则。殖民地的话语体系、文化认同都逐渐被"母国"同化,其思想观念和审美倾向也向欧洲宫廷时尚趋同,西班牙、葡萄牙、英格兰、法兰西等时尚风格在殖民主义影响下,构建起古典时尚的全球文化传播机制和符号编码解读原则,迄今这套符号体系依旧在全球发挥着作用。

时尚是一种与生产和消费相关联的产业,作为经济的重要组成部分,它与纺织工业、技术革新、市场规模、贸易格局密切相关;作为文化的组成部分,它又与身份性别、权力等级、符号话语等相联系。古典时期的时尚已显现出经济与文化两方面的特性,但真正将时尚推至"文化工业",在物与符号化的生产-消费体系中实现无限循环,则是要在现代性的流动中实现。西美尔对于时尚转型的一个判断是正确的,即相比于尚古的最高阶层与麻木的最低阶层,中产阶级与生俱来地易变、不安分,他们在时尚中发现了可以跟随自己内在冲动的东西,当社会消灭了一个绝对的、长久的专制的君王,他们需要去寻找一个暂时的、多变的替代品来征服自己②。这个替代品就是无限逐"新"的现代时尚。

第五节　古典时尚传播模式

时尚传播与媒介技术密不可分,以西美尔为代表的古典社会理论家为时尚传播提出了经典解释:时尚创造于社会顶层,然后如水般渗透、滴流到各个社会阶层③。结合古典时尚的"具身"传播特征,"涓滴"(trickle-down)理论主导时尚传播的合理时间应框定在古典时期。中世纪欧洲的禁奢令在重商主义崛起后,不断受到挑战,人类模仿的天性使底层民众对于上层人士的时尚衣着及生活方式,有着持续不断的效仿、跟进的热情与兴趣。时尚的起源及传播与人类社会的模仿天性有关,也与时尚将新颖性作为原则体现出来的"创新扩散"原理一致,因此,古典时尚的传播模式是在时尚逐新的本质、媒介技术特征以及社会流动性加大相结合的基础

① 杨席珍:《资本主义扩张路径下的殖民传播》,浙江大学2010年博士学位论文,第26页。

② [德]格奥尔格·西美尔:《时尚的哲学》,第88—89页。

③ [挪威]拉斯·史文德森:《时尚的哲学》,第33、38页。

上而形成的，是中世纪晚期传统社会逐渐消解、现代性逐渐显现的必然选择。

一、"涓滴"理论

（一）时尚——既定模式的模仿

"涓滴"（trickle-down）理论系统的阐释者当然是格奥尔格·西美尔，他从生物学的遗传与变异的对立统一受到启发，提出了时尚起源及其传播的理论①：

> 时尚是既定模式的模仿，它满足了社会调适的需要；它把个人引向每个人都在行进的道路，它提供一种把个人行为变成样板的普遍性规则。但同时它又满足了对差异性、变化、个性化的要求。它实现后者一方面是凭借内容上非常活跃的变动——这种变动赋予今天的时尚一种区别于昨天、明天的时尚的个性标记，另一方面是凭借时尚总是具有等级性这样的一个事实，社会较高阶层把他们自己和较低阶层区分开来，而当较低阶层开始模仿较高阶层的时尚时，较高阶层就会抛弃这种时尚，重新制造另外的时尚。

因此，西美尔认为时尚是阶级分野的产物，是社会需要的产物，统合与分化这两种本质性社会倾向建构了时尚。因此，时尚不太可能产生于等级森严的社会中，也不会在完全平等的社会中产生，因为前者阶层的区分无需用时尚来达成，而后者则没有阶层区分的需求。拉斯·史文德森（Lars Svendsen）认为，"涓滴"理论更多的是受哲学家赫伯特·斯宾塞（Herbert Spencer）的启发，并将时尚的起源上溯到徽章和其他具有地位象征作用的物品，即扩散到原来严格意义上有资格佩戴或使用它们的人士之外。而此类理论的初期基本原理，最早可上溯至亚当·斯密（Adam Smith）的《道德情操论》和康德（Kant）的《实用人类学》，斯密阐述民众因为钦佩富人或大人物，从而模仿他们的衣饰、仪态、语言，甚至是他们的罪恶与愚蠢，由此，这些富人或大人物成为时髦的风尚；康德则将这种模仿归于虚荣与愚蠢，仅仅是为了不比别人更卑微或更进一步是为了获得无用的青睐，这种模仿的法则就叫时尚②。

---

① ［德］格奥尔格·西美尔：《时尚的哲学》，第72页。有改动，原文似将"低"误为"底"。

② ［挪威］拉斯·史文德森：《时尚的哲学》，第34—36页。

图 2-12　贝纳巴雷的《施洗者圣约翰》，约 1470—1480 年

（二）“涓滴”——“法辛格尔”的传播

“涓滴”理论在宫廷时尚的传播路径中也能得到印证。法辛格尔（Farthingale），是 16—17 世纪西欧女性裙装使用的一种结构，用于支撑所需形状的裙子并扩大身体的下半部分。它夸张而巨大的造型成为古典时尚最具吸引力的视觉表征，也是古典时尚极具代表性的一种风格。这种风格最早起源于 15 世纪的西班牙，贝纳巴雷的《施洗者圣约翰》（见图 2-12）描述了西班牙法辛格尔的最早代表之一，裙子呈现出一个非常坚硬的圆锥形形状，礼服外侧有明显的箍[①]：

> 那个时代的西班牙风格裙子被构造成光滑的锥形，在中间正面用系带闭合……有时，中心开合处会敞开，露出对比鲜明但同样华丽的织物的底裙。为了确保裙子的无皱纹悬垂，下面安装了一条挺括的锥形衬裙，称为法辛格尔，作为支撑。柔软的木材制成的轻薄的圆形带子赋予了巨大轮廓和力量……进一步强化了缥缈威严的印象。

16 世纪初时，随着皇室联姻，这种风格传至英格兰，在随后的百年时间里成为都铎王朝时尚的基本元素。就如将拉夫领的尺寸、精致提升到无可比拟的程度而成为英国宫廷时尚的代表元素一样，伊丽莎白一世同样将这种裙撑的弧形撑大至需要改造宫廷门框的程度。为了达到这种巨型效果，鲸鱼骨头取代了早期的柳树插条或绳索，同时，她也善于吸收法国宫廷对这种风格的奢华化，不断用这种风格来展示英国与西班牙之间在战争之外的延伸竞争（见图 2-13）。法辛格尔的传播路线主要是通过欧洲宫廷的联姻或进献而逐步扩大的，但这种风格本身并不局限于宫廷贵族圈，它也逐步扩散至富裕的城市市民阶层，虽然在造型上收敛一些、材料的使用上更朴素一些，但风格却是一致的。这可以有效地规避“奢侈法”的限制。法辛格尔由

① D. D. Hill, *History of World Costume and Fashion*, NJ: Pearson Prentice Hall, 2011, p.360.

图 2-13　伊丽莎白一世的肖像，约 1592 年

此也为文艺复兴时期的欧洲妇女提供了重要的一种社会和文化功能，而并不仅仅用来展示宫廷贵妇们的社会地位和财富。

凡勃伦认为只有金钱和权力是不足以获得社会地位的，关键是要将其展示出来，服装是金钱文化的一种表现，衣着作为社会价值的一种证明的作用被大大提高，由此时尚就成为现代社会必不可少的一种“炫耀性消费”(conspicuous consumption)，它能承担起两项功能：即在自己的阶层内展示与众不同，在阶层外表达对高阶层的刻意模仿[①]。16—17 世纪的欧洲社会，因海上贸易及海外殖民而造成了财富的重新分配，“重商主义”在欧洲强国之间相互对立和战争的气氛中发展起来，富裕商人的社会地位逐步得到提升。这些新兴的资产阶级迫切需要“炫耀性消费”彰显自己的实力，以此体现身份象征。17 世纪的荷兰以“海上马车夫”的强大贸易实力而闻名，阿姆斯特丹(Amsterdam)的新兴资产阶级的品味我们可以从当时形成的以维米尔为代表的“荷兰小画派”的作品中感受。这些作品画幅较小，不表现重大的政治或宗教题材，特别注重对生活细节的描绘。因此，通过这些绘画我们大概可以了解 17 世纪欧洲上层市民的时尚品味，感受古典时尚向现代时尚的转型期间，新的时尚风格的形成。这种新风格不仅意味着时尚从“奢侈法”中挣脱出来，以创新样式来替代宫廷时尚的资源“稀缺性”，以此博得新兴阶层的青睐，而且意味着时尚形成机制的转换。

二、“创新扩散”理论

(一) 创新与扩散

创新与扩散(Diffusion of Innovations)是传播学的经典理论，它的早期阐释者是法国社会学家加布里埃尔·塔尔德(Gabriel Tardes)和佩姆伯顿(Pemberton)。塔尔德认为人们通过互相模仿来保持行为一致，并不断扩大社会的相似性。佩姆伯顿提出，文化传播是所有文化的一个典型现象，其本身具有可以用数量来描述的规律，在任何给定的文化区域内，扩散的速度

① [美]凡勃伦：《有闲阶级论》，第 131—133 页。

是由在连续一段时间内采用某一文化特征的人口单位的数量决定的，创新被采用是因为人们之间某种形式的“文化互动”，扩散型文化的成长倾向于遵循一条S形曲线①。

1962年，埃弗里特·罗杰斯（Everell M. Rogers）出版了《创新的扩散》，正式提出该理论，并重点研究了创新成果是怎样为人知晓以及如何在社会网络中得以推广的。罗杰斯指出创新是指被采纳的被个人或者团体视为全新的一种方法、一次实践或者一个物体，创新经过一段时间经由特定的渠道，在某一社会团体的成员中传播的过程就是创新的扩散。罗杰斯的贡献在于用“采纳”替代了塔尔德“模仿”概念，定义了创新性且以此为标准划分出了采纳者的五种类型。创新性是指社会系统内的个体或其他采纳创新的组织单位相对于其他成员，在多大程度上较早地接受某个观念；以此为标准，“采纳者”可按序划分为创新者、早期采纳者、早期大多数、后期大多数、落后者。采纳的过程可分为认知、说服、决定、实施和确认五个阶段，在创新扩散的过程中，考虑到时间因素，采纳人数会呈现正态分布。因此以时间作为横轴、采纳人数为纵轴，创新过程会呈现出S形曲线（见图2-14），当一个创新采纳率达到10%—20%的时候，采纳人数会出现剧增的现象②。

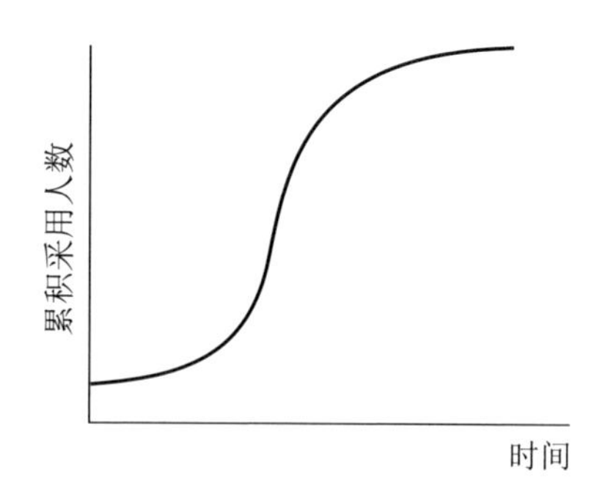

图2-14　S形的创新采用曲线

（二）作为创新的时尚

当时尚成为一种文化创新现象被接纳时，创新扩散传播就适用于时尚的传播过程。这种传播与早期宫廷时尚以“模仿”为核心的传播，存在着明显的“扩散”区别。即被“模仿”的时尚倾向于将时尚限制在某个社会群体之内，而被视作“创新”的时尚则更倾向于向不同社会群体的扩散，这是时尚民

① H. E. Pemberton, “The Curve of Culture Diffusion Rate,” *American Sociological Review*, 1(4)1936.

② ［美］E.M.罗杰斯：《创新的扩散》，唐兴通等译，电子工业出版社2016年版，第11—31页。

主化在传播过程中的体现。

17世纪，时尚已成为新兴资产阶级表达身份与地位的一种手段，时尚越来越被视作创新而非沿袭。获得寻求个性表达者的青睐，这是时尚从宫廷走向现代的开端，也是时尚杂志通过风格的变化来不断寻求创新传播的一种方式。正是在这个过程，时尚的形成机制发生了变化。社会学家赫伯特·布鲁默认为现代时尚是一个在众多竞争样式中进行集体性选择的持续过程，因此在这个集中选择的竞争机制中必然包含的元素——革新者、领头人、追随者和参与者——他们是为了适应审美品味和感知力改变的集体性选择的一部分①。这与创新扩散理论中对采纳者的分类非常类似，权威人士是集体选择的决定者，他们往往是时尚的创新者或早期采纳者，时尚杂志编辑、裁缝、贵族、女演员、艺术家或社会名流等组成了这个群体。时尚的追随者及参与者在时尚扩散的过程中，会坚定地认为某种风格或样式的出现毫无疑问是正确的，选择参与其中就会获得褒扬——社会已将“时尚”一词本身视作一种褒扬。

时尚以“新颖性”为基本原则，决定其被采纳离不开传播，采纳过程同样遵循S形曲线：在初始阶段，采纳者很少，传播速度缓慢；而当采纳者达到一定数量时，传播进入“起飞期”，曲线迅速上升并保持这一趋势；在接近饱和点时，传播又会减速。因此，在时尚传播中，创新者及早期采纳者在时尚传播中的作用不容小觑，他们更为直接地影响并劝服受众接受时尚产品，我们往往视之为时尚的仲裁者或意见领袖。古典时尚向现代时尚转型的推动力便是仲裁者或曰意见领袖的权力转移——从宫廷贵族到时尚杂志编辑、裁缝为代表的时尚专业人士。另外，“创新扩散”理论同样揭示，时尚作为社会文化系统的组成部分，时尚的独特性与稀缺性是其象征性价值的来源，但当大范围扩散后时尚不可避免地成为“流行”，时尚的意义与价值受到挑战，由此时尚也走向它自己的反面——过时。此即西美尔所谓的“时尚的发展壮大导致的是它自己的死亡”②。时尚的广泛流行会消解时尚的独特性，当时尚成为流行时，时尚的魅力随之丧失，因此，时尚的问题不是存在(being)的问题，而在于它同时是存在与非存在(non-being)。

埃弗里特·罗杰斯认为要将人际传播和大众传播两种传播渠道视作一个系统来进行研究，因为“大众媒介与人际传播的结合是传播新观念和说服

① ［美］赫伯特·布鲁默：《时尚：从阶级区分到集体选择》。
② ［德］格奥尔格·西美尔：《时尚的哲学》，第77页。

人们利用这些创新方法的最有效途径”①。在时尚传播中,媒介技术的发展促成了传播渠道的转换,也意味着时尚话语权、时尚产业结构等的转换。古典时尚向现代时尚的转型,首先意味着传播渠道从人际传播逐渐向大众媒介转换:古典时尚以“具身传播”为核心,通过身体的媒介化,以人际传播为主渠道进行示范—扩散;而大众传播则更有效地扩大了时尚的覆盖面,向受众提供相关时尚信息。因此,早期的古典时尚风格鲜少变化,都铎王朝的两大时尚元素——拉夫领和法辛格尔均延续过百年,宫廷时尚以独特性与稀缺性来维持自身的象征意义;但到 18 世纪的晚期,时尚的风格变化明显加快,时尚杂志逐步将时尚周期的变化固定在按“季”更迭,印刷媒介加速了时尚的扩散,也使时尚变得更“速朽”,时尚由“新”替“旧”的周期被大大加速。时尚更替周期的缩短意味着时尚产业规模的不断扩大,也意味着时尚将遭遇新挑战,即时尚越来越需借助媒介创造出一套“技术话语”以维持象征意义并确立自身价值。这促使时尚产业与时尚媒介形成了互相依赖的共生关系。

三、“中心涟漪化”扩散模式

(一)古典时尚的传播路径

作为模仿的时尚,其传播路径遵循的是“涟漪状”扩散的路径(见图 2-15)。

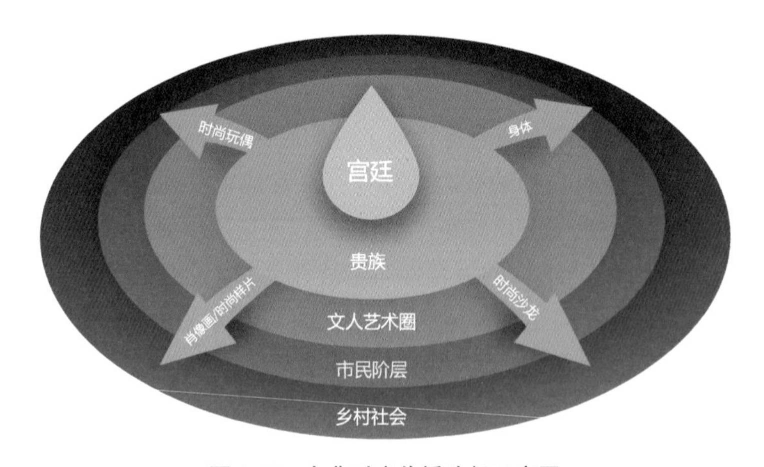

图 2-15　古典时尚传播路径示意图

时尚作为一种宫廷“惯习”,变化缓慢且与等级社会相适应,呈现自上而下的扩散。这些时尚“惯习”既是权力场域中的社会资本,也是权力场域中的身份象征与通行证。布尔迪厄(Bourdieu)认为,惯习(habitus)是作为建构实践活动原则的性情取向,是“物化的历史”,是“外在化的内在化”。古典

① [美]E.M.罗杰斯:《创新的扩散》,第 7 页。

时尚惯习形成的主体是皇室贵族，“场域”(field)则是“宫廷及其社交圈子”：一方面，宫廷时尚包括宫廷服饰及礼仪，这同样成为古典时尚“惯习”的组成部分，这些惯习是宫廷固有属性体现在人身上的产物；另一方面，宫廷时尚作为一种惯习又将宫廷这个场域“建构成一个充满意义的、值得社会行动者去投入并尽心竭力的世界”。路易十四时期的凡尔赛宫无疑是古典时尚惯习与场域的最佳体现。这个充满意义的世界，需要借助传播加以扩散，围绕宫廷这一核心、将宫廷时尚惯习沿宫廷权力自强而弱的方向传播，这一过程的传播效果随社会圈层的扩大而呈现出显著的减弱趋势。

这个传播路径也可从早期时尚杂志自身的报道中得到印证，法国的《文雅信使》在其1673年第3期的一篇评论中将此过程描述得清晰而生动[①]：

> 据说时尚先是从宫廷传到城市贵妇当中，再从城市贵妇到富裕资产阶级妇女，再从富裕中产阶级妇女到女工，后者以较少的布料来模仿前者；宫廷与城市贵妇佩戴宝石，资产阶级妇女佩戴水晶，而女工们佩戴镀金纽扣；如果女工们不能佩戴真品，她们就会用赝品代替。有人补充说，这些女工又将时尚传递给外省的贵妇，从这些外省的贵妇再到其本地的资产阶级妇女，从那里传播到外国。

（二）古典时尚的创新性扩散模式

被视作“创新”的时尚不再满足于在小圈子内被“模仿”，与社会的流动性增强相适应，时尚在它的扩散过程中体现出现代性。时尚的起源及早期采纳者或许还局限于权势阶层，但作为传统社会中表达个性与身份的有限手段之一，时尚扩散至中、下阶层的群体时，他们会用自己有限的资源与可能的手段，改造上层社会的时尚，以适用自身所处的情境。因此，我们将古典时尚的传播模式设定为“中心涟漪化”扩散模式（见图2-16）。该模式既强调了古典时尚的“中心”强势，又兼顾了印刷技术催生出时尚杂志后，时尚的创新性扩散。

模式中“A”即代表古典时尚的传播中心，典型的如法国的凡尔赛宫，作为时尚的策源地，经由法国历届国王与王后的身体力行，将法国时尚提升至时尚“权威”的地位，并作为法国艺术的重要组成部分；而“C”则是媒介环境的角色，它由“具身传播”和早期印刷媒体结合形成，这些传播渠道参与并遴

① C. H. Crowston, *Credit, Fashion, Sex: Economies of Regard in Old Regime France*, Durham: Duke University Press, 2013, p.111.

选了时尚信息;“B_1”“B_2”“B_3”等作为处于社会不同等级位置上的时尚信息接收者,对时尚的采纳与接收程度,往往受其所处的圈层与“A”这个圆心的距离而决定;但无论“B_1”“B_2”“B_3”是处于城市上层还是外省乡村,随着时尚杂志发行量的增长,时尚信息“X”的无数变体,会通过不同的信道传递过来。该模式已能反映出古典时尚传播渠道的多元化和信息的重复性,但很明显,这个传播模式缺乏反馈机制。因此,它无法形成传播的闭环,呈现出“中心涟漪化”的扩散过程。

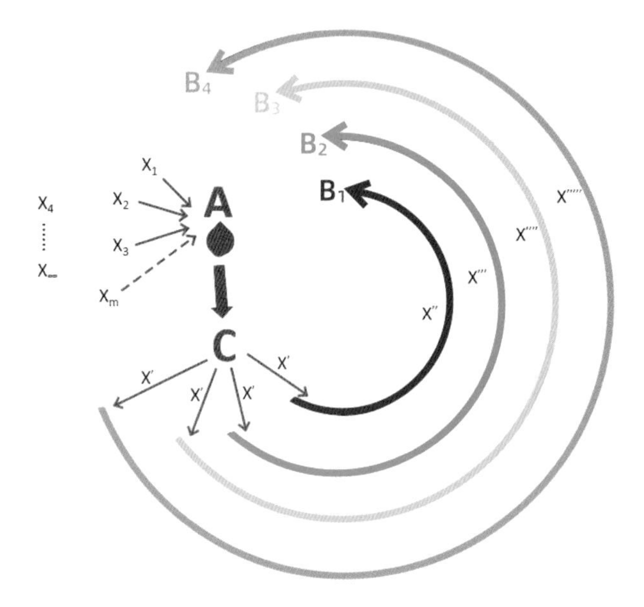

图 2-16　古典时尚传播模式:“中心涟漪化”扩散模式

这个模式强调,古典时尚虽源于封闭的宫廷贵族圈子,但并不意味着当时的上层社会与下层社会在文化交流上完全封闭隔绝。在卡洛·金茨堡(Carlo Ginzburg)的“微观史”代表作《奶酪与蛆虫:一个 16 世纪磨坊主的宇宙》中,这种“中心涟漪化”的扩散模式也得到印证。该书描写了一位名叫梅诺基奥(Menocchio)的农民,因为粗通文墨,读过几本书,因此对世界的起源、上帝的性质产生了与教会不同的看法,结果受到宗教法庭长达 15 年的审判后以异端罪被判处火刑。该书以重构一个 16 世纪意大利北部山区磨坊主的心智世界为写作主旨,揭示出当时下层社会文化与社会上层存在着影响—反馈—渗透的传播过程①。

① [意]卡洛·金茨堡:《奶酪与蛆虫:一个 16 世纪磨坊主的宇宙》,鲁伊译,广西师范大学出版社 2021 年版。

古典时尚传播是中心化、单向度的传播，宫廷场域是传播的起始，早期宫廷时尚惯习作为传播的信息，呈水滴状在围绕宫廷的圈层中自上而下地传播。这也是西美尔“涓滴”理论描述的时尚传播机制，即上层向下层的逐步渗透与影响。决定这一传播向度的是宫廷在政治上的统治地位和宫廷贵族政治权威的外在表达，较低阶层的人在对宫廷时尚惯习的模仿中，实现对较高阶层在外在表现上的接近和建立在服从宫廷权威基础上的社会调适①。随着媒介技术的发展，印刷媒介将时尚塑造成一种理想的生活方式，新兴的资产阶级通过时尚来表达对权力与社会地位的渴慕，表达在财富加速流动时，社会阶层的流动也应加速的意愿。时尚不再局限于权力的表达，它还是个性、创新的追求。

① [德]格奥尔格·西美尔：《时尚的哲学》，第72页。

第三章　现代时尚及其传播模式

第一节　时尚、现代性与现代时尚

现代性指向的是从18世纪中期欧洲启蒙运动到20世纪80年代中期这段时间，社会呈现出世俗化、理性化、民主化、个体化以及科学兴起的五大特征①。时尚天生具有现代性，它一直都在寻求与时代保持一致，对它所处的及相关领域和整个社会的最新发展变化保持敏感。

一、时尚与现代性

（一）时尚的现代性转向

18世纪中叶开启的时尚现代性转向，与社会大规模的功能分化相关。随着社会流动性增强、公私领域分割，社会阶层更加细化，人们的社会角色更趋多元，时尚为现代人提供了"区分"(distinction)的手段。因此，如果将时尚视作物质性与符号性统一的系统，则可以将时尚的历程根据两者的关系分成三个阶段，"'模仿'的秩序对应服装的前现代阶段，'生产'的秩序对应时装的现代阶段，而'仿真'的秩序则对应后现代阶段"②。前现代阶段与本书的古典时尚相一致，时尚作为社会等级秩序的"符号"赋予服装变化以意义；现代时尚通过一整套的编码体系，让时尚在物与符号的生产-消费体系中实现无限循环，以满足资本主义扩大再生产对时尚产业无限扩张的需求，但时尚的符号并未脱离物质形态，而是赋予物质形态以丰富的意指来实现消费欲望的再生产；后现代阶段，时尚符号的无限复制、扩张，使符号脱离了物的指涉滑向了纯粹的"自我参照"，"仿真"代替了意指，即鲍德里亚所说

---

① [英]安东尼·吉登斯、[英]菲利普·萨顿：《社会学基本概念》，第15页。

② [英]伊夫兰特·特斯隆：《让·鲍德里亚：作为意义终结的后现代时尚》，《时尚的启迪：关键理论家导读》，第293页。

的“意指的终结”,时尚最终演变为一场符号的狂欢与迷恋。

现代社会的“生产”秩序使时尚产业成为现代经济的重要组成部分,在物的层面,所有人都可参与时尚,时尚的民主化演变为时尚的无所不在;在符号层面,则是时尚的品牌化,时尚品牌垄断了时尚符号的“能指-所指”的大部分链接,并在此基础上建构起了以巴黎、纽约、伦敦、米兰为核心的现代时尚寡头结构,时尚媒介成为时尚符号生产与传播的核心,并围绕前两者形成了由编辑、记者、买家、摄影师、设计师等组成的时尚“新权势阶层”。

古典时尚向现代时尚转型大约发生在 18 世纪中叶,这既是欧洲社会思想启蒙运动的产物,又与社会结构、权力转移、科技发展、消费文化兴起等密切相关。1785 年,法国诞生了第一本完全专注于时尚的定期出版杂志——《时尚衣橱》。作为第一本现代意义上的时尚杂志,《时尚衣橱》既追求商业上的赢利,确认自己作为时尚产业和公众意识之间的中介,为公众提供时尚信息及服务,以寻求广告商赞助与发行量增长的双重诉求;同时,又通过时尚社论将自己确立为“品味的仲裁者”,以社论的权威性引导读者了解时尚文化,并指导读者理解时尚“技术话语”,赋予 18 世纪欧洲上流社会读者以社会地位——这种社会地位与时尚和消费有关,脱离了旧秩序中的专制和贵族控制①。正是在此意义上,《时尚衣橱》确立了现代时尚杂志的基本形态——既负责生产时尚文化,又负责传播时尚文化,时尚媒体的这种双重性此后一直未变,时尚与媒体形成共生关系。经由媒介中介后,时尚实现了物质与符号的双重生产-消费循环,时尚文化成为现代文化的核心特征,时尚产业成为全球资本主义扩张的重要领域,在媒介化视域下,现代时尚形成迥异于古典时期的生产-消费逻辑、结构与模式。

(二)时尚的现代性

时尚成为现代社会的核心主要体现在两个方面。首先是时尚领域不断扩张,时尚成为现代社会文明的一个显著符号。现代时尚既是民主化进程的推动力,也是民主化带来的结果,时尚转型在宏观层面映射社会权力的角逐、统治阶层的更替,在微观层面反映生活方式、公众意识、性别话语等社会文化的变迁。现代时尚借助大众媒介的强大传播效应,将时尚扩充到文学艺术、娱乐休闲、科技经济等社会的诸多领域,将时尚全方位建构成一种现代“理想生活方式”及“认同幻想”的机制。时尚变得无孔不入而又无所不在,时尚这一概念的外延得到极大延伸,但也导致了内涵的不确定性。因此,要给现代时尚下一个精确的定义变得非常困难。其次,时尚的作用十分

---

① Kate Nelson Best, *The History of Fashion Journalism*, pp.46—47.

广泛，时尚在任何一个它起作用的领域都对其中心内容起着至关重要的作用。例如，艺术的风格，文学的主题和风格，娱乐表演的形式和主题，哲学的观点，商业的实践和专心于科学可能都会深层次地受到时尚的影响①。

时尚逻辑日益渗透至社会其他领域，成为规范人们行动与选择的规则。现代时尚的核心逻辑是对传统的摒弃，对“新”的追逐，使时尚蕴含了解放的力量，这成为现代性中“现代化”的一种代理形式；同时，时尚无休止的逐“新”，与任何改进或增值毫无关系，又让其走向现代理性的反面——为“新”而“新”，“新”获得了不证自明的意识形态正当性。在此意义上，现代时尚呈现出自身价值的悖论：既是社会启蒙与民主化的产物，也是这两者的推动力量，时尚体现了积极、平等、民主化的个体审美的自主性，为新的社会阶层寻求自我表达提供了方式；同时，它非理性的逐“新”又带来压迫性与限制性，是消费主义蔓延、名人沉溺、幻想性满足的主要推手，也在长达百年的现代时尚传播中建构了不合理的性别意识形态。

时尚的现代性体现为时尚意义的获取越来越仰赖于媒体，通过媒体将其置于现代文化的核心位置，与更广泛的意识形态价值形成对话，从而赋予时尚以象征意义。因此，在赫伯特·布鲁默看来，女性着装的变化既是时尚对自身趋势、女装特有的趋势、织物和装饰发展的反应，但更重要的是对艺术的发展，对那些能引起公众注意的令人兴奋的事件，如图坦卡蒙墓的发现，对政治事件或者是类似妇女解放、青年思潮这类主要的社会变革的反应。只有将时尚置于这些不同类型事件中并形成反应，时尚才能形成所谓的“时代精神”并被认为是在现代社会中形成社会秩序的一种中心机制，从而使自身既获得现代性又获得象征意义②。罗兰·巴特对此也有类似的表达，他将服装区分为三类：实际生产出来的物质性的“真实服装”，存在于杂志页面上的“书写服装”以及“意象服装”。巴特认为现代人所遇到的是一种早已被符号化的、被时尚叙事最终塑造的服装，因此，先有建构的“书写服装”，才有“真实服装”③。

时尚的现代性与象征意义只有借助媒体将其置于更广泛的文化背景中，与意识形态价值观形成对话才能形成。在此意义上，我们可以说现代时尚与现代媒体构成共生关系，确保了时尚产业的全球扩张，形成高达 3 万亿美元规模的巨大产值。时尚媒体需要为变幻莫测、捉摸不定的现代时尚提供一种社会公认的评估性价值体系。这套体系既有助于时尚的传播与解

---

①② ［美］赫伯特·布鲁默：《时尚：从阶级区分到集体选择》。

③ ［法］罗兰·巴特：《流行体系》，第 12—23 页。

读，又有助于时尚的辨别与筛选。现代时尚在媒介中介下，日益向符号化方向发展。时尚的符号生产先于时尚的实体生产，并经由媒介的传播形成一套时尚“技术话语”体系，以实现现代时尚无休止的生产-消费的循环，既是欲望的生产-消费，又是物质的生产-消费。

现代性既是一个空间范畴，又是一个时间范畴。文化的现代性往往与新事物联系在一起，作为囊括一切的、作为一种整体生活方式的无休止逐“新”的现代时尚，在空间与时间两个范畴都与现代性完全重叠。由此，现代时尚在现代社会中显得既无所不在又无时不在，现代时尚成为每一种文明确定自身方向的方式。布鲁默认为时尚在现代社会发挥了三种功能：首先时尚引入一个很显著的选择机制，为现代社会带来秩序；其次，时尚作为一种求新运动，就是一种挣脱钳制、摆脱陈腐、奖励创新的运动；第三，时尚为将来的有序做准备，时尚孕育并塑造了现代社会必不可少的一个审美品味有机体①。简而言之，时尚为流变不居的现代社会既提供了现在的秩序，又提供了未来的有序，让求新在允许、有序的范围内持续发生，而不至于让社会失序、混乱。

二、现代时尚结构

（一）时尚中心

时尚中心的竞争与确立是现代时尚结构转型的重要体现。时尚从诞生之初到 19 世纪末，一直是高级时装主导着时尚潮流，巴黎作为全球时尚寡头，古典时尚为它留下的核心遗产是围绕着“高级定制”(Haute Couture)形成的时尚结构，全世界的设计师都寻求在法国开设独立时装店作为积累声望与客户的重要方式。法国既是全球时尚中心又是时尚媒体中心，现代时尚形成的初始“技术话语”几乎都是用法语来表达的②：

> 世界各地的杂志都保留了法语术语，用于表示服装的面料和款式以及表达方式，例如“plus recherché”(“最被追捧”)。这些术语的斜体不仅有助于引起人们对它们作为读者文化资本的价值的关注，而且还可以肯定杂志本身的时尚信誉。

但英国、意大利、德国等欧洲其他国家一直试图摆脱法国时尚的霸权，

---

① ［美］赫伯特·布鲁默：《时尚：从阶级区分到集体选择》。
② Kate Nelson Best, *The History of Fashion Journalism*, p.49.

将时尚与民族主义相联系，创立属于本民族的时尚体系。1804年，在米兰创刊的意大利时尚周刊《女性邮报》(*Corriere delle Dame*)，特意将意大利设计师原创的人体模型插图与来自法国、奥地利和英国的人体模型插图并置，尝试建立意大利的时尚审美品味，迈出了推动意大利现代时尚产业发展的第一步；1870年，意大利第一份时尚报纸《意大利时尚》(*La moda italiana*)诞生，其宗旨便是要将意大利时尚产业从法国时尚产业的垄断中解放出来。与美国相比，意大利的挑战显得漫长而戏剧化，20世纪20—30年代，意大利法西斯政权为振兴本国时尚产业，极力推动时尚的纯粹"意大利制造"，甚至禁止阅读国外时尚期刊，但直到第二次世界大战后意大利时尚界搁置了与法国时尚界的角逐，凭借深厚的文化和艺术传统、精湛的手工技艺和推陈出新的创意精神，意大利时尚设计和意大利制造终于脱颖而出，获得了美国消费者青睐[1]，米兰持续一百多年的挑战才算获得成效。

美国时尚对法国时尚寡头的挑战则与战争、媒介与工业技术等因素密切相关，且见效甚快。两次世界大战的冲击，使时尚产业发生了深刻的转型。首先是时尚权力中心的转移，美国作为新的时尚中心开始崛起[2]：

> 这两次冲突都伴随着一场关于时装业控制权的口水战，尤其是法国时装业。在第一次世界大战(1914—1918年)期间，法国及其盟友认为继续推广法国时尚是战争努力的核心：现在支持巴黎时尚就是维护西方文明的原则。第二次世界大战期间(1939—1945年)，时尚产业的控制再次受到威胁。1940年至1945年间，德国人利用占领法国对法国时尚媒体进行审查：《时尚》(*Vogue*)和《女性》(*Fémina*)等停止出版。

两次世界大战让欧洲各国的时尚产业受到很大冲击，与此同时，美国借此机会通过时尚媒体大力传播时尚的民族主义，目的是消除法国时尚霸权对美国的影响，积极争夺时尚产业及文化资本。好莱坞的崛起是美国时尚的重要驱动力(详见时尚电影的分析)，同时，美国将时尚产业与时尚杂志组合，尤其是康泰纳仕集团(Condé Nast Publications Inc)及拥有庞大报业的赫斯特国际集团(Hearst Corporation)，前者旗下有《纽约客》(*The New Yorker*)、《时尚》(*Vogue*)、《智族》(*GQ*)、《名利场》(*Vanity Fair*)、《康泰纳仕旅行者》(*Conde Nast Traveler*)、《连线》(*Wired*)等知名杂志；后者则是

---

① 李婧敬、曹鹏飞：《意大利的时尚与时尚的意大利——评〈意大利时尚简史〉》。

② Kate Nelson Best, *The History of Fashion Journalism*, pp.73—74.

世界上最大的多元传媒集团之一，拥有日报、周刊以及全球范围内超过300家的杂志（包括《时尚芭莎》《时尚》《时尚先生》等时尚杂志），还有覆盖全美近20%家庭的29个地方电视台及ESPN等有线电视网络。伴随着美国时尚媒体不断构建完善的具有民族主义色彩的“美国时尚”话语体系，资本驱动下的美国时尚产业力图消解法国时尚霸权对美国乃至全球时尚贸易体系的影响，美国利用先进的成衣生产流水线、好莱坞文化、时尚媒体出版中心、技术领导者等综合优势，在争夺全球时尚产业及时尚话语控制权的同时，也改变了欧洲主导的传统时尚产业结构。

时尚工业促进了时尚的大众化。作为工业革命产物的缝纫机通常被认为是提高服装行业生产效率的关键技术，第一台缝纫机虽由英国人托马斯·圣特（Thomas Saint）在1790年发明，但直到19世纪中期缝纫机才获得了广泛运用，其主要推动力来自美国四大制造商——惠勒与威尔逊（Wheeler & Wilson，1850年）、胜家（Singer，1851年）、格罗弗与贝克（Grover & Baker，1851年）以及威尔科克斯与吉布斯（Willcox & Gibbs，1857年），受美国军工企业及美国制造系统（The American System of Manufacturing）的启发，它们合力建立了一套专利共享系统，旨在引导现代家用缝纫机行业的基本结构及改进，大大提高了产品的精度、兼容性、可靠性等性能[①]。从20世纪20年代开始的成衣产业在美国工业化生产体系的加持下，到40年代时已成为服装产业的主流。从20世纪40年代开始，美国作为服装市场、技术领导者、好莱坞的故乡和出版中心的重要性日益增加，成衣业的快速发展促成了美国时尚产业在全球的领导地位，伴随着美国流行文化的全球扩散，开始成为全球工业时尚的主力。

与此同时，美国也诞生了具有美国文化特征的设计师品牌，如以舒适好穿、价格适中的POLO衫闻名的拉夫·劳伦（Ralph Lauren），以风格简洁、动感十足的嬉皮系列起家的汤米·希尔费格（Tommy Hilfiger），以“少即是多”（“less is more”）为品牌理念的卡尔文·克莱恩（Calvin Klein）等代表性品牌，自此，纽约成为继欧洲巴黎、米兰、伦敦之后的第四大时尚中心，以休闲轻松、简洁自在而闻名的美国时尚开始成为全球时尚产业的重要组成部分。

（二）新的时尚结构

伴随着美国时尚产业崛起，时尚结构同时发生转型，以“高级定制”为代

① 张黎：《双性的隐形记忆：家用缝纫机的性别化设计史，1850—1950》，《装饰》2014年第1期。

表的奢华、特权时尚逐渐失去市场份额,工业时尚成为主流,时尚的民主化得到普及,时尚由此成为现代社会的普遍特征而渗透至人们的日常生活。工业化的生产流水线保证了现代时尚的规模、效率与平价,一直被排斥在时尚领地之外的普罗大众开始成为时尚消费的主力人群。时尚越来越成为一种大众消费形式,通过不断缩短变化周期,以刺激时尚生产-消费的循环速率,满足资本驱动下对时尚工业化大生产的利润攫取。综上,伴随着工业化大生产及文化多元化的发展,时尚的形态也逐渐多元化,现代时尚形成既有区隔又相互影响的多种时尚形态,塑造出金字塔形的时尚分层结构①:

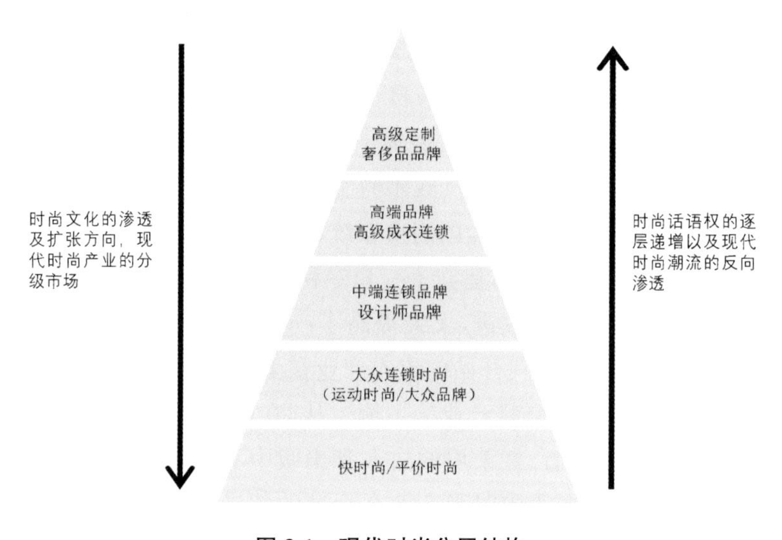

图 3-1　现代时尚分层结构

"高级定制"(Haute Couture)处于现代时尚金字塔的顶端,它既是古典时尚遗产的继承者,又是时尚民族主义的集中体现。"高级定制"源于宫廷时尚,其品牌化最早可追溯至 1860 年前后,具有敏锐商业嗅觉的设计师查尔斯·弗雷里德·沃斯(Charles Frederick Worth)尝试将写有自己名字的商标加在了由他设计的礼服上。他的这一做法,让服装变得更像艺术品,由此法国高级定制或曰高级时装品牌诞生,它的客群主要是皇室贵族和上流社会妇女(沃斯最知名的客户是法国末代皇后——欧仁尼皇后),由高级时装设计师主持的工作室(ateliers)为顾客个别量身,用手工定做独创性时装作品,而且设计师(couturier)及其时装店(maison)只有经过法国巴黎时装

① [英]哈丽特·波斯纳:《时尚市场营销》,第 13 页。

协会的会员资格认证，设计师才享有“高级时装设计师”的头衔，其时装作品才能使用“高级定制”的称号，并且受到法律的保护①。

“高级定制”是源于宫廷时尚的一种特权时尚，反映了时尚在等级社会中作为一种身份与权力的外在性显现；法国大革命打破了社会等级制度，禁奢令的取消也使“高级定制”的专享、特权缺乏了依据，现代社会的“高级定制”更多以高昂的价格、精美的工艺继承这种“特权时尚”，并以独特的时尚话语资本继续占据着时尚金字塔的顶端。“高级定制”的市场份额虽不大，但对于设计师、品牌及时尚潮流而言却有着不可替代的作用。设计师往往以每年两季的“高级定制”发布来确立自己在时尚圈中的地位，香奈儿、迪奥、LV、范思哲等全球知名时尚品牌通过这样的发布会获得最大规模的品牌传播与媒体报道，提升品牌价值，是品牌营销必不可少的手段。

但这个结构化的时尚分层体系并非稳定不变的。工业时尚意味着“时尚”开始普及，走向它自身的反面，时尚作为“炫耀性消费”、身份权力区隔的象征功能日渐衰弱。作为一种社会文化资本，时尚遭遇了严重的“通货膨胀”。但出于人的本性及社会性，打破了等级制的社会个体更需要借助“时尚”来强调一致性与差异性，时尚需要重新创造“稀缺性”以证明自身的象征价值。由此，20 世纪 60 年代出现的街头文化、亚文化催生出时尚新的分层结构，更注重个体主义及社群身份认同的街头时尚开始成为 20 世纪下半叶时尚发展的重要特征，其最极端的例子应该是 20 世纪 90 年代出现的“海洛因时尚”以及伊夫·圣·罗兰（YSL，Yves Saint Laurent）喊出的口号——“打倒丽兹，街头万岁”②。现代时尚从结构化的分层向多元并存的状态转型，时尚也从现代跨入后现代。但街头时尚、工业时尚与高级时尚三者之间，并非截然阻隔的，在资本的推动下③：

> 在这三种类型的时尚中也存在流畅的互相转换。源自亚文化中的事物常常在同一个亚文化中进行有限的生产，但是接下来，它可能传播到工业化时尚中去，然后被豪华时尚所吸引、采用。反之亦然。

现代时尚的分层体系从另一个侧面证明了由一个时尚寡头——巴黎来

---

① ［奥］夏洛特·泽林：《时尚：150 年以来引领潮流的时装设计师和品牌》，周馨译，人民邮电出版社 2013 年版，第 11 页。

② 丽兹酒店（Hotel Ritz）位于巴黎一区的旺多姆广场北侧，距今已有 100 多年的历史，被国际舆论誉为“世界顶级豪华酒店”。

③ ［挪威］拉斯·史文德森：《时尚的哲学》，第 52 页。

确认时尚的标准,这种古典模式已不复存在。时尚的工业化与大众化,使其成为现代性的代理并与现代性形成同构,而现代时尚的“生产”秩序又要求时尚需围绕“中心”进行分层,完全离散状态的多元化不符合资本主义大生产体系的要求。因此,现代时尚表现出中心化、多元化及离心化的多重博弈。在这个博弈过程中,新的时尚中心、时尚权力结构产生了,与此相对应的是时尚媒体结构及传播模式的变迁。

表 3-2　法国高级定制设计师(品牌)一览

序号	名　　　称	国别
1	Adeline André(阿德琳·安德烈)	French(法国)
2	Alexandre Vauthier(亚历山大·沃尔)	French(法国)
3	Alexis Mabille(亚历克西斯·马比尔)	French(法国)
4	Bouchra Jarrar(布什拉·贾拉尔)	French(法国)
5	Chanel(香奈儿)	French(法国)
6	Christian Dior(克里斯蒂安·迪奥)	French(法国)
7	Franck Sorbier(弗兰克·索比尔)	French(法国)
8	Giambattista Valli(詹巴蒂斯塔·瓦利)	Italy(意大利)
9	Givenchy(纪梵希)	French(法国)
10	Jean Paul Gaultier(让·保罗·高提耶)	French(法国)
11	Julien Fournié(朱利安·富尼)	French(法国)
12	Maison Margiela(梅森·马吉拉)	Belgium(比利时)
13	Maison Rabih Kayrouz(拉比·凯鲁兹)	Lebanon(黎巴嫩)
14	Maurizio Galante(毛里齐奥·加兰特)	Italy(意大利)
15	Schiaparelli(夏帕雷利)	Italy(意大利)
16	Stéphane Rolland(斯特凡·罗兰)	French(法国)

资料来源:FHCM 官网(https://hautecouture.fhcm.paris/en/);维基百科。

第二节　现代时尚媒介(一)——从印刷到电子

从 18 世纪中后期到 20 世纪中后期,现代时尚传播媒介的发展经历两个时期:第一时期是以印刷技术为特征的时尚杂志统治时期,以法国时尚杂志为核心,欧洲依旧是全球时尚产业与传播的中心。第二时期是以电子技术为特征的大众传媒繁荣期,广播、电视、电影等电子媒介与印刷媒介一起构成了多元的时尚媒介，随着好莱坞的崛起，美国成为电子时代的时尚传媒大国，卫星技术的诞生与应用，促使时尚传播进入全球即时“在场”的时代。

19世纪中后期，与摄影技术密切相关的电影技术及在电磁学理论上日渐成熟的电报技术，将人类带入一个全新的传播时代——电子媒介时代。在传播思想史家约翰·彼得斯(John Peters)看来，电子传播媒介的兴起，标志着传播开始被纳入人类活动的基本范畴。电磁学作为电子媒介的物质基础，决定了广播、电视作为传播媒介诞生的可能性。1864年，英国理论物理学家詹姆斯·麦克斯威尔(James Maxwell)发现了电磁学基本原理并发表了《电磁论》，从理论上确立了电磁学；1884年德国科学家海因里希·赫兹(Heinrich Hertz)按照麦克斯威尔的理论用实验的方法发现了产生、发射与接收无线电波的方法，并找到了测量光波及电磁波的方法；1897年无线电发明人、意大利人伽利尔摩·马可尼(Guglielmo Marconi)在伦敦成立了无线电报通信公司，并于1901年受美国《纽约先驱报》的邀请第一次跨越大西洋实现远距离的无线电通信。媒介技术的发展为新媒介的产生奠定了基础，电子传媒时代很快就到来了：1920年11月2日，美国匹兹堡成立的KDKA广播电台(KDKA radio)播出了沃伦·哈丁击败詹姆·考克斯当选为总统的消息，标志着世界广播事业的开端；1922年，世界知名的英国广播公司(British Broadcasting Corporation，缩写BBC)正式诞生；1936年，BBC建立了世界上第一个电视发射台，播出黑白电视；1954年，美国全国广播公司(National Broadcasting Company，缩写NBC，成立于1926年)正式播送彩色电视节目，美国成为全球第一个播出彩色电视的国家。

一、媒介的三层隐喻

相对于印刷技术对传统时尚修辞与表征的形塑，电子媒介作为传播渠道、语法规则及媒介环境，重塑了现代时尚的外观与表征系统。约书亚·梅罗维茨(Joshua Meyrowitz)关于媒介的三层隐喻为我们理解现代时尚与电子媒介的关系，提供了具有启发性的角度。梅罗维茨认为媒介分别在如下三个层次上同时运作：媒介即容器/管道(medium as vessel/conduit)、媒介即语言(medium as language)以及媒介即环境(medium as environment)。人们最常关注的是第一层次的隐喻，即将媒介视作一个容器或管道，这导致了媒介研究局限于“内容研究”。

作为语言与环境的媒介虽难以为常人所注意，却在新媒介涌现之后的媒介研究中显得尤为重要。将媒介作为语言就是承认每一种媒介都具有独特的表达潜力。这种表达潜力往往表现为媒介独特的“语法”选择，而这种

“语法”变量是媒介特有的，也是更难理解的。譬如电影中的特写镜头、纪实风格或叙事策略都是电影媒介特有的语法惯例，媒介语法分析会使我们意识到特写镜头强化了受众和主角之间的亲密关系、高角度镜头会使女性显得虚弱，而窥视镜头则让女性性感化，“语法”变量超越了内容分析局限于对电影中女性的角色或形象的分析，更突出了电影作为特定媒介的表征语法。

作为环境的媒介隐喻则源于麦克卢汉的前瞻性理念，即将每一种媒介视作一种特定背景、环境或语境，超越了内容变化和语法变量操作而形成的媒介特征和效果。媒介环境隐喻促使研究者思考，一种媒介的相对固定的特征是什么，使它在生理上、心理上和社会学上不同于其他媒介，而不论内容和语法选择，梅罗维茨认为媒介的环境特征可以从如下方面加以理解①：

(1) 媒介能够和不能传递的感官信息的类型；

(2) 传播的速度和即时性程度；

(3) 单向 vs.双向 vs.多向通讯；

(4) 同时或顺序交互；

(5) 使用介质的物理要求；

(6) 学习使用媒介对消息进行编码和解码的相对容易或困难程度，以及学习使用媒介是倾向于“一次全部”，还是分阶段的。

媒介环境在微观层面上的关键问题是一种媒介对另一种媒介的选择如何影响特定的情境或互动，在宏观层面上则是现有的媒介矩阵中新媒介的产生如何可能改变社会互动和社会结构。因此，任何与媒介相关的话题，无论是性别与媒介、政治与媒介或儿童与媒介，也包括时尚与媒介在内的充分探索，都需要尽可能将上述三个隐喻整合加以考虑。

基于梅罗维茨媒介隐喻的三个层次，相应的对时尚电子媒介（主要指时尚电影/时尚电视，也包括早期的时尚音视频作品）的理解也可分成三个层次：第一层次即是将电影/电视看作时尚的传播渠道，第二层次是作为语言的电影/电视为时尚带来新的表征方式与美学规范，第三层次则是电影/电视作为一种时尚传播的新环境与新语境，如何改变了时尚系统与社会其他子系统的互动关系，进而改变了时尚系统的结构。第三层次的影响力突出表现在全球直播技术及数字技术高速发展的媒介环境中。

① Joshua Meyrowitz, “Understandings of Media.”

（一）作为传播渠道的时尚电影/电视

时尚将电影/电视作为传播的渠道，两者结合产生了特定的影视亚类型——时尚电影/电视（Fashion Film/TV）。时尚电影/电视可以分成广义与狭义两类，广义的时尚电影/电视可以理解为与一切与时尚主题相关的影视产品，包括时尚剧情片，譬如《蒂凡尼的早餐》（*Breakfast at Tiffany's*）、《穿普拉达的女魔头》（*The Devil Wears Prada*）、《了不起的盖茨比》（*The Great Gatsby*）、《欲望都市》（*Sex and the City*）、《唐顿庄园》（*Downton Abbey*）等，或者是讲述时尚品牌历史、著名设计师及时尚媒体等的时尚纪录片或传记片，如《时尚先锋香奈儿》（*Coco Avant Chanel*）、《伊夫·圣罗兰：传奇的诞生》（*Yves Saint Laurent: His Life and Times*）、《华伦天奴：最后的君王》（*Valentino: The Last Emperor*）、《九月刊》（*The September Issue*）等，以及数量庞大的时装发布会的纪录、时尚设计及生产的影像、时尚摄影师的实验性时尚影视作品以及 21 世纪涌现出的融合性数字化时尚网站；狭义的时尚电影/电视，则主要指为时尚品牌制作的创意视听项目，是时尚公司用来交流和建立品牌的主要传播手段①。狭义的时尚电影可追溯至电影诞生之初，被称为时尚新闻短片（fashion newsreel），20 世纪 10 年代前后，时尚从业者为进行商业化推广已开始利用电影这种新媒介制作时尚短片，供影院放映；而首场电视直播时装秀则在 1962 年才出现。

（二）作为语言的时尚电影/电视

电影/电视真正意义上带来了大众文化的普及。尤其是好莱坞电影的崛起，挑战了依托时尚杂志建立起来的精英化的时尚话语体系战，这既是好莱坞时尚对巴黎时尚的挑战。也是大众时尚对高级时尚的挑战。好莱坞时尚与大众流行文化进一步融为一体，为全球带来了一种新的时尚话语体系。譬如 1960 年由理查德·奎恩（Richard Quine）执导的《苏丝黄的世界》（*The World of Suzie Wong*，见图 3-3），不仅为观众提供了一个异国情调的爱情故事，也让美

图 3-3 《苏丝黄的世界》官方海报

---

① D.P. Soloaga et al., "Fashion Films as a New Communication Format to Build Fashion Brands," *Communication & Society*, 29(2)2016.

国上流社会掀起一股被称为“Asian-Girl Fantasy”的时尚浪潮，提供一种对“东方女性的性幻想”的文化想象。1976年的好莱坞电影《出租车司机》(*Taxi Driver*)，该片男主角特拉维斯(罗伯特·德尼罗，Robert De Niro饰)为时尚界贡献了来自社会底层及边缘人群的一种新的时尚规范：莫西干发型加上M-65军装外套。该片女主角艾瑞斯(朱迪·福斯特，Jodie Foster饰)的“嬉皮洛丽塔”造型则提供了一种女性边缘人群的时尚规范：花衬衫、热裤，外加一顶造型礼帽。

电影不仅是第一个伟大的消费时代的伴生物，而且是一种刺激性的广告，也就是一种重要的刺激性的商品①。时尚与影视的结合改变了现代时尚结构，大众时尚成为时尚产业的主流，时尚工业体系与影视产业体系共同推动了时尚在现代社会中形成广泛影响力。电影作为一种日常、大众的文化实践，第一次将现代主义美学与现代性经验传播至大众层面，当观影成为都市生活的主流的娱乐方式时，电影随之也批量生产出现代性感觉并潜移默化地成为大众文化的主流②。时尚逐步成为现代性的一种普遍范式，对时尚的追求几乎同义为20世纪人们对现代性的追求，电影的语法规则对现代时尚的意义，远超将电影作为传播渠道给时尚带来的变化。

(三) 作为环境的时尚电影/电视

作为环境的媒介，提醒我们要从更宏观及长远的维度理解媒介对人们行为及关系的影响与改变。电子媒介作为一种新的时尚信息系统，创造了一种情境，深刻影响了时尚系统结构及更大范围的社会系统的互动关系。基于卫星技术及数字技术的不断发展，24小时全球直播的时尚电视与数字化时尚电影，都对时尚固有的生产-消费流程产生深刻影响：基于四大时装周及时尚杂志形成的按“季”发布的时尚预测周期，被新的时尚周期取代；围绕印刷媒体形成的传统时尚外观，在脱离“版面”的束缚后，在数字化影像的媒介中呈现出新特征。

二、时尚与电视

(一) 早期时尚视频

时尚视频最具影响力的早期实践者是极具技术前瞻性的美国人尼古拉斯·查尼(Nicholas Charney)。他毕业于麻省理工学院，拥有芝加哥大

---

① [加]马歇尔·麦克卢汉：《理解媒介——论人的延伸》，何道宽译，商务印书馆2000年版，第359页。

② [美]米莲姆·汉森：《大批量生产的感觉：作为白话现代主义的经典电影》。

学生物心理学博士学位，曾在1960年代后期创办《今日心理学》杂志，但他是一位计算机时代的远见卓识者，预见了类似"国会图书馆的1 800万本书可以存储在100张视频光盘上"之类的结果。作为对新兴电子技术的回应，他于1976年成立"时尚视频公司"（Videofashion Inc.）并推出《时尚视频月刊》（*Videofashion Monthly*），生产他认为是未来杂志的东西：一种可以用录像机在家庭电视机上播放的时尚录像带，分成月刊与季刊两种形式。这被认为是面向行业和一般消费市场改造的第一本动态影像时尚的杂志。为了获取时尚信息，他每年至少两次派遣工作人员前往巴黎、米兰和纽约，拍摄所有主要设计师在T台的开幕式，每年录制100多场演出，并对著名设计师进行采访。这些拍摄涵盖各种主题——健身、投资着装、男士时尚和配饰，工作人员还录制了与顶级模特和其他时尚名人的谈话。此外，时装公司、化妆品公司及纺织公司等以时尚为导向的企业也经常委托公司拍摄特别活动，这些内容会被制作成视频营销电影、时尚新闻以及即时视频，以供不同的网络电视或当地电视台播出。查尼坚定地认为①：

> 从现在开始，将进入视频时尚时代……视频是电影、电视电影、唱片、广播和杂志相遇的地方，观看真人视频的"你在那里"的即时性远远超过并将迅速超越观看传统印刷品和静止图片的静态体验。视频是一种吸收风格信息的超现代方式，在录像带上观看完整的时尚演示是观看现场直播最接近的事情。

目前，该时尚视频网站（www.videofashion.com）还在为时尚利益相关者服务，官网上它将自己描述成一家"时尚视频的一站式商店"，属于全球首屈一指的时尚视频制作人和供应商。查尼开创性的时尚视频档案是名副其实的时间胶囊，记录了从1976年至今的艺术和时尚产业，其中包含了成千上万的设计师、模特、工匠和业内人士的独家采访。

（二）时尚电视

1962年，电视播出了首场巴黎时装秀，当时克里斯汀·迪奥（Christian Dior）和皮埃尔·巴尔曼（Pierre Balmain）与巴黎时装商会分道扬镳，并给予CBS（哥伦比亚广播公司，Columbia Broadcasting System，美国三大全国

① Phyllis Feldkamp, "Fashion Through Video: A Live-action Alternative to Magazines," *Special to The Christian Science Monitor*, 1(10)1981.

性商业广播电视网之一)全球广播权[①]。这是一连串时装秀的开始,也是新的年轻设计师进入舞台的开始,他们陶醉于尝试新方法和新媒体的机会。最早的固定电视时尚节目包括1980年由埃尔莎·克伦施(Elsa Klensch)在美国有线新闻网(CNN)策划主持的《埃尔莎·克伦施的风格》(*Style with Elsa Klensch*, 1980—2000),属于典型的美国电视风格。在此之前,克伦施曾是一位澳大利亚裔的美国记者、小说家和电视名人,先后担任过《时尚》(*Vogue*)、《时尚芭莎》(*Harper's Bazaar*)、《纽约邮报》(*New York Post*,创办于1801年,是美国历史最悠久的报纸之一)等媒体的高级时尚编辑。

在广播与电视发展的同时,卫星技术也在不断发展。1957年苏联发射了第一颗人造地球卫星,为全球直播在理论上确立了可能性。1980年,特德·特纳(Ted Turner)在美国的亚特兰大创立了美国有线电视新闻网(Cable News Network, CNN),标志着国际电视的诞生,全球传播的"同台表演"时代到来。享誉全球的法国时尚电视台(Fashion TV, FTV),就是依托广泛分布的卫星电视频道而成为全球性时尚电视台。1997年,FTV由波兰出生的总裁米歇尔·亚当·利索夫斯基(Michel Adam Lisowski)在法国创立,是世界上第一个也是唯一覆盖全球的24小时播放的时尚频道。FTV目前已是一个多媒体平台,提供全球时尚评论,由巴黎、伦敦和维也纳的总部独立拥有和运营。它在时尚和生活方式的电视传播方面树立了高标准,在其官网(https://fashiontv.com)上,FTV将自己定位于"一款相当于时尚印刷媒体的电视",目标受众是对时尚、风格、美容和趋势感兴趣的每个人,通过提供其他网络上没有的原创、公正和信息丰富的节目来理解和迎合其受众。FTV立足法国时尚与全球时尚品牌建立了有影响力的合作,巴黎时装周期间各大品牌及时装秀均以能获得FTV的关注而感到自豪。

如果说19世纪因为时尚杂志的兴盛而确立了时尚与媒体的共生关系,将时尚从贵族圈层逐渐扩散至社会新富裕阶层,那么电子媒介则将时尚带入一个全新的视觉传播时代,使时尚成为现代社会的一种总体生活方式而显得无所不在、无所不包,更因其新的媒介语法规则为现代时尚带来一种不同于印刷时代的时尚美学——更倾向于感官体验与奇观化呈现,在印刷媒体时代形成的时尚-传播的共生关系,其力量对比也逐渐发生转化。

三、时 尚 杂 志

时尚杂志以19世纪中叶为界,可区分为前期的文学模式和现代的消费

---

① Polan Brenda, "Fashion Journalism," in T. Jackson and D. Shaw eds., *The Fashion Handbook*, London: Routledge, 2006, p.163.

主义模式。早期的时尚杂志脱胎于文学杂志，独立后一直将文学如诗歌、戏剧甚至小说连载作为杂志的重要组成部分，既体现了精英定位，也兼顾了教育女性的责任。文学模式下的时尚杂志，杂志重要的编辑人员都来自文学界，譬如法国的巴尔扎克（Honoré de Balzac）为《时尚》（*La Mode*，1829—1854）写作，福楼拜（Flaubert）为《巴黎时尚》（*Les Modes Parisiennes*）写作，诗人斯蒂芬·马拉美（Stéphane Mallarmé）负责编辑《最新时尚》（*La Dernière Mode*）；英国美学家奥斯卡·王尔德（Oscar Wilde）编辑《女性世界》（*The Woman's World*），美国诗人埃德加·艾伦·坡（Edgar Allan Poe）则是《格雷厄姆杂志》（*Graham's Magazine*）的特约编辑。但到19世纪中叶后，随着时尚新闻教育的开展，更多的时尚记者与编辑来自新闻与广告专业，文学与时尚开始渐行渐远，而时尚被视作艺术则成为消费主义模式下保持时尚象征价值的重要传播内容。

（一）消费主义模式的崛起

《时尚衣橱》作为第一本现代意义上的时尚杂志，成为早期各国时尚杂志争相模仿的版本，既奠定了现代时尚杂志的基本模式，也奠定了19世纪法国时尚媒体在国际时尚传播中的地位。这一时期法国的时尚杂志呈现出两个特征：一是数量增长很快，出现多达100多种新的法国时尚刊物，期刊的股份成为最受欢迎的一种投资渠道；二是出现出版周期长、商业上很成功的刊物，时尚杂志的消费主义模式渐渐成形。最有代表性的是《女士时尚杂志》（*Le Journal des Dames et des Modes*，1797—1839），出版了将近43年[①]：

> 该杂志每五天出版一次，有八页文字和一两幅彩色铜版画。它定期推出描述社会精英的衣着和生活方式的内容及铜版画，也有诗歌、戏剧评论、乐谱，后来连载的小说反映了《时尚衣橱》的模式，但编辑范围更广，预示着19世纪及以后更主流的媒体。它高度商业化，特别是为时尚和美容产品投放了大量广告，并运行了一项提供信用的邮购服务。最初每年10里弗的定价相对便宜，《女士时尚杂志》在波士顿和费城以及英国、荷兰、意大利、比利时、德国和俄国都很受欢迎。鼎盛时期全球发行量为2 500份，其中不到一半在巴黎，而实际读者人数会高得多。还在1799年至1848年推出了德国版本，它的版式、样式和格式也成为其他出版物抄袭的对象。

① Kate Nelson Best, *The History of Fashion Journalism*, p.26.

图 3-4 《婚纱》,《女士时尚杂志》,1834 年 6 月

《女士时尚杂志》作为法国时尚应对法国大革命及英、德等国时尚产业的挑战,发挥了重要作用。一方面,它延续了法国时尚及时尚杂志专注于精英的传统,将法国时装与着装礼仪结合在一起,作为时尚筛选的准则向全球推广;但另一方面,得益于广告模式的成功,又使其发行价格更接近大众,贝斯特据此认为它开创了现代时尚杂志传播的新模式,即创造一种失真的精英“理想生活方式”以供时尚追求者幻想和认同,它的内容是关于巴黎的高级优雅,但其读者大部分生活在巴黎之外。同样,巴黎作为世界时尚中心的神话地位也反映在福楼拜的同期小说《包法利夫人》(*Madame Bovary*)中。小说女主人公爱玛虽生活在外省小镇,却一心向往着巴黎这座城市的一切,但关于巴黎的一切幻想都来自她订阅的两本来自巴黎的精英时尚杂志①:

> 她一字不漏,读完赛马、晚会和初次公演的全部报道,关心女歌唱家的首演和店铺的开张。她了解时装新款式、上等裁缝的地址、森林和歌剧院的日程。

19 世纪上半叶的市场还不足以支撑如此巨大的时尚杂志出版规模,但到 19 世纪下半叶,随着铁路运输能力的提升、服装工业尤其是缝纫机技术的发展,中产阶级开始崛起,时尚产业化推动了时尚市场规模的扩大,“时尚新闻业——就像这个行业本身一样——从狭隘的、精英的转向对更主流的关注:随着更便宜的新出版物的出现,它扩大并变得更加民主”②。

除了法国之外,英国的时尚杂志在总量与发行量上均出现了增长,1875 年大约有 20 本主要与女性着装有关的刊物,尽管有一些是法国进口的,例如《勒福莱》(*Le Follet*)和《插图时装》(*La Mode Illustrée*)。时尚杂志的发

---

① [法]福楼拜:《包法利夫人》,李健吾译,上海译文出版社 2020 年版,第 68 页。

② Kate Nelson Best, *The History of Fashion Journalism*, p.27.

行量与跨国发行均在提升，如到 19 世纪 60 年代中期的《插图时装》有 50 000 名法国订阅者和更多国外订阅者，到 1876 年，它仅在法国已经超过 100 000 订阅者。《戈迪女士》(*Godey's Lady's Book*)是当时最重要的美国时尚杂志，尽管当时杂志很贵，订阅者每年需支付 3 美元。即便如此，它仍然是当时最受欢迎的期刊，到 1860 年拥有 150 000 名订阅者，杂志主编黑尔(Hale)也成为有影响力的美国品味仲裁者；到 1869 年已拥有约 500 000 名读者，杂志也变得更大，尺寸从八开(6×9 英寸)变为四开(9.5×12 英寸)，并且越来越多地使用竖列，而不是像书一样在页面上书写①。

（二）新杂志的涌现

到了 19 世纪下半叶，时尚杂志的数量与发行量均大幅提升，几乎每年都有新的时尚杂志问世。《时尚芭莎》(*Harper's Bazar*，第一次拼写 zar 只有一个 a)于 1867 年推出，而美国《时尚》(*Vogue*)创办于 1892 年，它们最初都作为周刊出版，目标受众是巴黎、纽约和伦敦富有的上流社会女性，因为对理想女性气质的出色传播而成为“顶刊”。这些时尚杂志充当了“奢华生活方式”和“上流社会理想女性气质”之间的调节工具，确立了将女性气质视为表演的理念，作为女性可以通过美容和着装实践来实现这种气质②。1945 年，最知名的法国现代时尚杂志《她》(*Elle*)诞生，以进一步革新的时尚理念对前两者形成挑战。

1.《时尚芭莎》(*Harper's Bazaar*)

1867 年创刊于美国南北战争期间，被誉为最具现代意义的时尚杂志(见图 3-5)。最初以报纸的形式展示来自德国和巴黎的时尚，直到 1901 年才转为月刊并出版至今。办刊理念是传播时尚文化，“是各个年龄段女性的时尚资源，展示具有远见卓识的造型师、摄影师和设计师的权威和内幕洞察力”③。首任主编梅阿丽·布斯(Mayali Booth)是当时著名的历史学家、

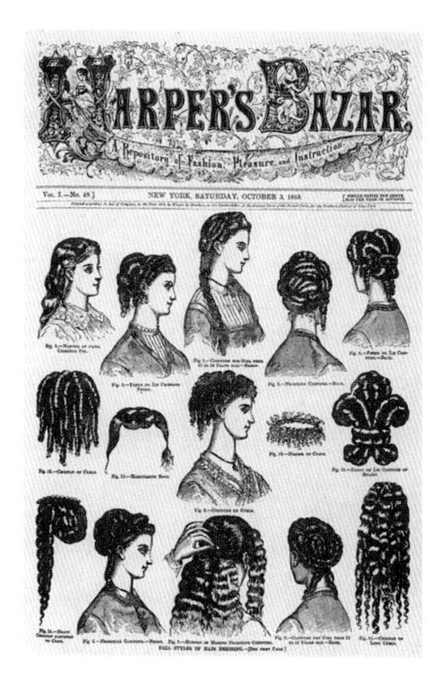
HARPER'S BAZAR
A Repository of Fashion, Pleasure, and Instruction
NEW YORK, SATURDAY, OCTOBER 3, 1868

图 3-5　《时尚芭莎》，1868 年 10 月 3 日

① https://en.wikipedia.org/wiki/Godey%27s_Lady%27s_Book，2022-07-23.

② J. Craik，*The Face of Fashion*：*Cultural Studies in Fashion*.

③ https://www.hearst.com/magazines/harpers-bazaar，2022-07-23.

翻译家，为当时美国上流社会的女性提供时装资讯、文学故事和生活指南；1913 年被鲁道夫·赫斯特(Rudolph Hearst)收购，以更广阔的视野和多元化的信息来源展现 20 世纪初女性追求独立与自主的诉求，表现经济萧条时期女性坚持对时尚与美的追求。1933 年，传奇主编卡梅尔·斯诺(Carmel Snow)(也是 *Vogue* 的前任编辑)将杂志定位于高级时装杂志，并赋予《时尚芭莎》创新的风格①：

> 她是第一个为静态图像带来动感的人，委托摄影记者马丁·蒙卡奇(Martin Munkacsi)在海滩上拍摄一个穿着泳装的模特跑向镜头。她发现了阿列克谢·布罗多维奇(Alexey Brodovitch)和戴安娜·弗里兰(Diana Vreeland)，并给了理查德·阿维登(Richard Avedon)的第一次重大突破，将《时尚芭莎》变成长篇光辉的照片文章，充满了留白，让图像从页面凸显出来。再加上奇怪的文学名人——见鬼，甚至马塞尔·普鲁斯特(Marcel Proust)也为她写了一两篇文章——一本开创性杂志被直接定义。

斯诺任命了艺术总监布罗多维奇、聘请弗里兰担任时尚编辑，组成了时尚杂志史上最为知名的"创意三人组"，并与蒙卡奇、阿维登、曼·雷(Man Ray)等 20 世纪最出色的时尚摄影师合作，用时尚摄影将杂志的视觉形象提升到引领者的地位。斯诺也是战后迪奥(Dior)的全新设计"新风貌"(New Look)的命名者与推广者。到了 20 世纪 90 年代，来自英国的丽兹·缇尔布瑞斯(Liz Tierbras)就任主编，在杂志原有基础上，进一步呈现崭新的优雅风貌。2001 年，中文版杂志开始出版，并于 2005 年正式更名为《时尚芭莎》。它的中国目标受众是收入高、品位高、热爱时尚、追求完美的 25 岁以上的"成功"女性，在苏芒任总编期间策划了广受关注的"Bazaar 明星慈善之夜"，2018 年之后的主编是沙小荔(Simona Sha)。

2.《时尚》(*Vogue*)

《时尚》是美国时尚与生活方式月刊，创刊于 1892 年(见图 3-6)，被誉为"时尚圣经"。涵盖高级定制时装、美妆、文化、生活、T 台等多个主题②，1916 年推出的英国版是第一个国际版，而意大利版 *Vogue Italia* 则被称为世界顶级时尚杂志，目前共有 26 个国际版本。2005 年 9 月，人民画报社与

① "Carmel Snow: Ten Influentials," 10magazine.com. 2 June 2011, 2022-07-23.

② https://www.vogue.com/, 2022-07-23.

美国康泰纳仕集团在中国版权合作推出《服饰与美容 VOGUE》杂志，该版本杂志亦是《时尚》在全球的第16个版本。2021年，出生于澳大利亚的27岁华裔女青年章凝成为大陆版的全媒体编辑总监，成为史上最年轻的《时尚》主编。中国大陆版定位于20至35岁之间、有一定经济基础、受过良好教育、对时尚较为关注的年轻女性，完全抛弃职场、两性关系等内容，仅仅由时装、美容、艺术和生活方式四部分构成。

图3-6　《时尚》，1892年12月24日

1892年创刊时为周报，几年后成为月刊，创建时的目标是办一份“生活礼仪方面”的出版物。杂志从一开始就瞄准了纽约的上流社会，“讲述他们的习惯，他们的休闲活动，他们的社交聚会，他们经常去的地方，他们穿的衣服……以及每个想要看起来像他们并进入他们的专属圈子的人”。1909年，康泰·纳斯(Condé Nast)收购了刊物，并将其逐渐发展为女性杂志，并于20世纪10年代在海外推出 Vogue 版。在康泰·纳斯的管理下，杂志的出版数量和利润急剧增加，它的订阅量在美国大萧条及“二战”期间再次激增。1932年7月，美国版 *Vogue* 刊登了第一张时尚彩色照片，20世纪50年代，被称为杂志“强大的年代”的十年，传奇编辑杰西卡·戴夫斯(Jessica Daves)成为主编，戴夫斯相信“品味是可以教和学的东西”，杂志可以成为“教育公众品味的工具”①。戴夫斯将办时尚杂志看作一件非常严肃的事情，因此，时尚报道虽仍是杂志的优先内容，但更强大的艺术和文学特色被不断充实到杂志中来。戴夫斯时代在1962年结束。传奇编辑戴安娜·弗里兰(Diana Vreeland)成为总编后，编辑方针截然相反，她视时尚杂志为“只是娱乐”，将杂志带入了一个年轻而充满活力的时期，同时也是“奢侈、奢侈、过度奢侈”的时期。1988年，当《时尚》开始输给杂志新贵 Elle 之后，安娜·温图尔(Anna Wintour)被任命为总编辑，温图尔通过更年轻、更平易近人的风格来振兴品牌，并将注意力集中在新的和易于理解的“时尚”概念上，以接近更广泛的受众使用。2009年，长篇纪录片《九月刊》记录了破纪

① https://en.wikipedia.org/wiki/Vogue_(magazine), 2022-07-23.

录的 2007 年 9 月美国版 *Vogue* 的制作内幕，这一期规模达到 840 页，创造了月刊的世界纪录；2012 年，HBO 发布了一部名为《〈时尚〉：编辑之眼》(*In Vogue：The Editor's Eye*)的纪录片，以纪念该杂志成立 120 周年。

3.《她》(*Elle*)

1945 年，由海伦·拉扎雷夫(Helen Lazareff)创刊于法国，"Elle"在法文中解作"她"。杂志聚焦于时尚、美容、健康、休闲等软性议题[①]，至今在 60 余个国家发行 43 个版本，拥有超过 2 000 万忠实读者。同时运营 33 个不同语言的网站，每月吸引超过 2 500 万独立访问者和 3.7 亿次页面浏览量。Elle 的第一个国际版于 1969 年在日本发行，2011 年，赫斯特集团购买了 Elle 杂志在 15 个国家的运营权，2018 年 4 月，法国版被捷克亿万富翁丹尼尔·克雷廷斯基(Daniel Kretinsky)收购。杂志还拥有几个分支品牌，如 *Elle Décor* 杂志(18 个版本)，*Elle Girl* 杂志(5 个版本)，*Eller Cuisine* 杂志(5 个版本)。1988 年引进中国出版，名为《ELLE 世界时装之苑》。由于杂志畅销，20 世纪 80 年代以 Elle 命名的服饰品牌随即诞生，以红、白、蓝为主色调，面料多以棉为主，目前产品已延伸至男女服装、童装、皮鞋、女包、手表及装饰陈列品等。

《她》的时尚理念比精英杂志、美国新杂志如《嘉人》(*Marie Claire*)更前卫，1957 年 12 月 16 日，它预言了年轻设计师伊夫·圣罗兰(Yves Saint Laurent)的成功，倡导了战后法国精英时装业的重要性。在 20 世纪 60 年代，它被认为"制定时尚多于反映时尚"，提出了著名的口号——"Si elle lit, elle lit elle"(意谓"如果她阅读，她就读《她》")[②]：

> 《她》与其说是对时尚的反映，不如说是对它的规定。被 Dior 称为 New Look 的突兀下摆并没有从沙龙延伸到林荫大道，直到 Hélène(杂志创始人)在她的杂志页面上认可它……所有巴黎高级时装的仲裁者、领跑者及所有者，他们的名字在世界各地都诠释了女性的优雅：香奈儿、纪梵希、圣洛朗、巴黎世家、迪奥、库雷格斯，他们也在读《她》。

现代时尚杂志的最大变化来自时尚摄影对时尚插画的替代。时尚传播极其依赖视觉形象，因此，著名时尚评论家安妮·霍兰德(Anne Hollander)提出了时尚只能通过视觉媒体存在的观点。她认为如果没有视觉参考，时

---

① https://www.elle.fr/, 2022-07-23.

② "Magazines: Si Elle Lit Elle Lit Elle," *Time Magazine*, 22(5)1964.

尚就无法被感知，没有图片提供的视觉演示，某些观看方式不会被视为比其他方式更可取[①]。在摄影尚未涉足时尚领域前，时尚杂志一直依靠插画作为视觉传达的载体，由此形成了时尚插画这一既融合又独立于时尚杂志的时尚传播载体，但到 20 世纪以后，时尚摄影基本成为时尚杂志最重要的视觉表征手段，也深刻改变了时尚杂志的时尚修辞体系。

第三节　现代时尚媒介(二)——时尚摄影

时尚摄影替代时尚插画成为时尚视觉传播的主要手段，是现代时尚传播的重要特征。摄影自诞生起就在艺术与记录之间形成张力，这种张力源自摄影的起源及定位。摄影史学家内奥米·罗森布拉姆(Naomi Rosenblum)曾指出，摄影这种媒介在发明不久后，就被证明具有双重特征——既能生产艺术品又能制造记录文本，然而，在 19 世纪的大部分时间里，人们争论的焦点依旧是摄影作为一种媒介技术它的真正功能是哪一个[②]。这种悬而未决的媒介地位以及公众的辩论，影响了摄影作为一种新媒介为获得认可而直接依附于旧媒介——绘画，并最终创造出了通常被描述为一种特殊摄影风格的运动：绘画主义(Pictorialism)或画意摄影。

首先，画意摄影由一种独特的个人表达方式来定义，这种表达方式强调摄影创造视觉美感的能力，而不是简单地记录事实[③]，以此来提升摄影的艺术地位。其次，摄影的出现直接影响了许多肖像画家的角色和生计，在此之前，微型肖像画是记录人像的最常用方法，成千上万的画家从事这种艺术形式，摄影流行后很多画家既为生计也为寻求新的市场转型为摄影师[④]。因此，19 世纪那些雄心勃勃的摄影作品无论是形式还是创作者都依附于绘画，代表则是摄影史上最知名的作品——1857 年奥斯卡·古斯塔夫·雷兰德(Oscar Gustave Rejlander)创作的《两种生活方式》。他动用 16 名专业模特、将 30 张不同的底片印制在 16×30 英寸画面上，灵感来自拉斐尔的经典画作《雅典学院》(1509—1510 年)，讲述了一个有关教化的故事：一个父

① Anne Hollander, *Seeing Through Clothes*, p.350.

② T.T. Heyman et al.(eds.), *Capturing Light: Masterpieces of California Photographys, 1850 to the Present*, Oakland: Oakland Museum of Art, 2001, p.121.

③ S. McCarroll, *California Dreamin, Camera Clubs and the Pictorial Photography Tradition*, Boston: Boston University Art Gallery, 2004, p.17.

④ [英]伊安·杰夫里：《摄影简史》，晓征、筱果译，生活·读书·新知三联书店 2002 年版，第 8 页。

亲的两个儿子选择了两条人生之路：一个在正确的教育下，走在宗教和知识的道德社会中，而另一个则选择了懒惰和堕落。正因为这幅作品，摄影第一次被承认为艺术，也奠定了雷兰德在摄影史上的“艺术摄影之父”的地位。摄影的起源史同样也反映在时尚摄影中，绘画主义的时尚照片成为最早的时尚摄影风格。

一、时尚摄影的起源

摄影技术在1839年就已经正式研究成功，时尚摄影（Fashion Photography）的确切起源无法考证，一般认为可以追溯到19世纪50年代或19世纪60年代。时尚摄影的普遍使用与一项印刷技术的突破有关，即半色调印刷工艺的发明和实际应用，它允许通过诸如文本印刷机在纸上用油墨复制照片，而在此之前，图像是通过手工雕刻的金属板或木刻版画转印在书籍和期刊上的[①]。到1881年，美国发明家弗雷德里克·尤金·艾夫斯（Frederic Eugene Ives）为该工艺申请了专利，并在工艺上进行改进，使它变得更经济。

（一）肖像摄影

早期的时尚摄影更多的是在肖像摄影中强调时尚元素，最著名的要数1856年，由皮埃尔-路易·皮尔森（Pierre-Louis Pierson）拍摄的卡斯蒂廖内伯爵夫人（Countess de Castiglione）的照片（见图3-7）。伯爵夫人一生拍摄了450张各种时装肖像，充分证明了法国对着装风格的重视，并认为着装可以作为表达自我的一种方式[②]。但早期的时尚摄影并不主要用于商业目的，而是为了显示拍摄者的时尚着装及生活方式。1892年的法国期刊《实用时尚》（*La Mode Pratique*）第一次刊登了直接复制的时尚照片，1901年，以摄影插图为特色的法国期刊《趋势》（*Les Modes*）开始出版。早期的时尚摄影主要用来记录设计及着装风格，这是它与人物肖像或戏剧宣传的区别所在，19世纪末还未用专业模特展示时装，因此当时的一些社会名流、贵族妇女以及舞台明星等就经常成为早期的时装模特。这一时期的时尚摄影大部分是在工作室拍摄的，巴黎的罗伊特林根工作室（Reutlinger Studio）、塔尔博特工作室（Talbot Studio，见图3-8）的比索奈·艾·塔波尼（Bissonais et Taponnier）、瑟贝格尔兄弟（Seeberger Freres）等已经开始为巴黎的一些杂志拍摄时尚类照片。这些时尚照片在室内拍摄，背景是具有巴洛克风格

① N. Hall-Duncan, *The History of Fashion Photography*, New York: Alpine Book Co.Inc, 1979, p.9.

② Ibid., pp.14—15.

的古典柱子或精心制作的楼梯，付费模特摆出事先安排好的姿势，穿着当时著名设计师的时装，传达时尚信息。但时尚插画依旧是那个时期的传播主流，因此，早期的时尚摄影更多地采用了手绘时尚版画的各种姿势和表情惯例，甚至为让时尚照片看起来尽可能地不像照片而与版画无差别，照片都在后期经过手工修饰、手绘。

图 3-7　《卡斯蒂廖内伯爵夫人的肖像》，1865 年

图 3-8　《伊冯娜・杜贝尔：法国女高音》，塔尔博特工作室，1910 年

南希・霍尔-邓肯（Nancy Hall-Duncan）在系统地研究了时尚摄影史后认为，从视觉证据看来，19 世纪的绘画肖像、摄影肖像、手绘时装版画和时尚照片之间存在着相互启发与借鉴的关系，因此，当时尚第一次成为摄影的重要主题后，直接从绘画中借鉴表征方式成为顺理成章的事。20 世纪初时，已有摄影师意识到时尚摄影不应局限于时装拍摄，还应包含更多与时尚有关的行为，时尚摄影并非简单的时装演变历史的记录，而是要表现时尚在时间流逝中的行进感，将摄影作为独立的手段来表达时尚在过去、现在和未来的变幻感。1917 年，随着美国摄影分离派的解散，模仿绘画的摄影方式才逐渐退出主流①，时尚摄影的风格也从早期的绘画主义转变为现代主义。

① 孙磊：《论摄影大师奥斯卡・古斯塔夫・雷兰德的作品》，《美术教育研究》2014 年第 22 期。

（二）绘画主义风格：阿道夫·德·迈耶（Adolf de Meyer，1868—1946）

绘画主义在19世纪后期和20世纪初主导了摄影风格及审美。该术语并没有一个标准定义，但通常是指摄影师以“创建”图像而不是简单记录图像的一种创作方式，照片往往没有清晰的焦点，以黑白或朦胧的色调为主，是一种将情感意图投射到观看者想象力领域的方式[①]，是“在有限的色阶中解释非常具体的主题，并利用光线的微妙效果来创造模糊、暗示性的情绪”[②]。绘画主义最初是为了提高摄影作为一种艺术形式的地位，并回应照片只是简单的现实记录的质疑。这种风格在1885年至1915年获得蓬勃发展，到1920年后，更加清晰的图像更吸引公众，因此逐渐被现代主义所替代。但绘画主义作为一种美学及风格，其影响迄今依旧存在。

阿道夫·德·迈耶，被誉为“摄影界的德彪西”，第一个尝试将绘画主义风格运用到时尚摄影中，因此德·迈耶也被誉为将时尚摄影从简单的设计文档记录转化成时尚艺术的第一人，将拍摄的重点从记录服装的细节转向时尚风格和奢华效果的展示，直到唤起一种情绪，这使他成为19世纪与20世纪之交最受追捧的时尚摄影师。德·迈耶的早期作品擅长使用柔焦，强调光线和氛围，以达到类似印象派画家的雾化效果，还常使用中国屏风和波斯服装来表达东方主义，时尚图像常营造出一种优雅和浪漫感，恰当地传达了时尚作为一种“幻想”应有的光环。这种风格集中体现在他为著名模特多洛雷斯（Dolores）拍摄的婚礼照片中，利用水晶球和灯光的奇妙组合表现出的空灵、梦幻的世界（见图3-9）。德·迈耶早年在欧洲时以肖像摄影闻名，于1913年移居纽约后成为《时尚》（*Vogue*）杂志的第一位摄影师，在为《时尚》工作期间，德·迈耶将绘画主义风格充分地引入为杂志拍摄

图3-9 《多洛雷斯的婚礼造型》，德·迈耶摄，1919年

① P. Daum et al.(eds.), *Impressionist Camera: Pictorial Photography in Europe, 1888—1918*, Saint Louis: Merrell Pub Limited, 2006, p.8.

② W.M. Corn, *The Color of Mood: American Tonalism 1880—1910*, San Francisco: M.H. de Young Memorial Museum and the California Palace Legion of Honor, 1972, p.4.

的时尚图片中，一直到1917年左右，绘画主义一直主导着艺术摄影。德·迈耶的风格成为当时国际时尚界模仿的主要对象，但当他后来成为《时尚芭莎》的摄影师时，这种风格也正在失去它的新鲜感。尤其是到20世纪20年代，当焦点清晰、高度详细的摄影变得重要时，绘画主义逐渐衰落，1932年他被《时尚芭莎》解雇，后来在好莱坞度过了余生。

二、现代主义

现代主义(Modernism)的时尚摄影既源于现代主义艺术发展的影响，也是时尚现代性发展的必然结果。20世纪初，倡导女权主义的"新女性"(New Women)思潮影响了时尚的风格，诸如"吉布森女孩"(Gibson Girl)、"Flappers"等为代表的"新女性"用现代主义的着装来宣誓对维多利亚女性的背叛。与"新女性"着装诉求相吻合的运动服、无紧身胸衣、短发开始流行，自行车的发明让女性穿上裤装获得更大的行动自由。而到"Flappers"步入社交圈时，汽车更使女性获得了革命性的行动自由。爱德华·斯泰肯(Edward Steichen, 1879—1973)作为现代主义时尚摄影风格的开创者，也是从背离绘画主义风格开始，他早期绘画主义的代表作《池塘·月光》(*The Pond Moonlight*, 1904)曾拍出290万美元的天价。但后来斯泰肯用简洁的几何线条取代了绘画主义的柔焦效果，将欧洲现代主义绘画的一系列实验技法运用到时尚摄影中，把时尚照片带离了印象派效果。

(一) 爱德华·斯泰肯

斯泰肯是出生于卢森堡的美国摄影师，被誉为将摄影媒介转化为艺术的天才工匠，20世纪最杰出的人像摄影家和时尚摄影之父。作为人文主义者，他通过探索肖像画来揭示和解释人，在时尚摄影界，他开拓了现代主义风格[①]。他的职业生涯始于结识被誉为"现代摄影之父"的阿尔弗雷德·斯蒂格利茨(Alfred Stieglitz)，正是受到后者的鼓励，斯泰肯放弃绘画专攻摄影。出于对艺术的喜爱，两人在1905年共同创办了一间名为"分离派摄影"的画廊(Little Galleries of the Photo-Secession)。这间画廊不时将当时艺术界的先锋——欧洲现代主义绘画大师塞尚(Cézanne)、毕加索(Picasso)、马蒂斯(Matisse)等人的作品带到美国展出，为此，斯泰肯深受影响。1908年著名时装设计师保罗·波烈聘请斯泰肯为自己的最新礼服拍了一组照

---

① Whitman, Aiden, "Edward Steichen Is Dead at 93; Made Photography an Art Form," *New York Times*, 26(3)1973.

片，区别于以往单纯地展示服装，斯泰肯用艺术的方式呈现出了时装的质感与上身效果。这些照片被刊登在了1911年的《艺术与装饰》(*Art et Decorationation*)杂志上，被视为第一批出版的现代时尚照片。

1923年起，斯泰肯受邀成为《名利场》(*Vanity Fair*)的首席摄影师并同时为《时尚》提供摄影作品。他从19世纪的经典艺术、新艺术主义和装饰艺术中汲取灵感，并深受新视觉(New Vision)、达达主义(Dada)等现代派的影响，开始迅速而明确地探索自己的风格。他的照片不再依赖逆光产生梦幻氛围，而是强调强烈、干净的线条、朴素的背景，再配以20世纪新出现的自信模特，斯泰肯的尝试获得了效果，"现代主义"成为20世纪20年代中期之后时尚摄影的新语法规则。至20年代末，随着新客观主义风格的出现，斯泰肯形成时髦雅致且极具表现力的摄影风格。这种风格在他拍摄的华裔女演员黄柳霜(Anna May Wong，见图3-10)及格洛丽亚·斯旺森(Gloria Swanson，见图3-11)的特写中表现尤为强烈。斯泰肯还是一位优秀的新闻摄影师。第一次世界大战时，他担任美国陆军远征军摄影部门的指挥官，负责监督航空照片的制作，第二次世界大战期间，这位艺术家再次入伍并负责所有海战摄影。1947年，斯泰肯放弃了他的艺术实践，成为现代艺术博物馆(MoMA)摄影部的主任，并于1955年组织了"人类之家"展览。该展览展示了来自世界各地数百名专业和业余摄影师的503张人类体验照片，随后在全球范围内巡回展出，超过900万人观看了该展览①。

图3-10 《好莱坞华裔女星黄柳霜》，斯泰肯摄，1931年

图3-11 《格洛丽亚·斯旺森》，斯泰肯摄

① https://www.nga.gov/collection/artist-info.5478.html，2022-07-05.

（二）“新时尚摄影”

通过强烈的光影对比、富有意味的构图形式，斯泰肯将时尚摄影从单纯贩卖服饰的广告变成了一种独特的艺术形式，他的作品被认为提升了时尚摄影的地位，称得上“新时尚摄影”的催化剂。斯泰肯开创性的风格对大西洋两岸的摄影师都产生了很深的影响。其中最为出色的是俄国贵族乔治·霍伊宁-休内（George Hoyningen-Huene，1900—1968），休内为时尚摄影带来了全新建筑构图以及超现实主义效果，使他成为最早捕捉巴黎高级时装品牌风格的人之一，其代表作是为法国《时尚》拍摄的一系列室内“海滩场景”。“时尚女魔头”安娜·温图尔就将休内1930年创作的《潜水员》（见图3-12）选为20世纪最喜欢的时尚摄影作品。休内早期学习过绘画，他陶醉于古希腊的轻盈和诗意之美，这成为他整个摄影生涯中反复出现的主题，并融入他美丽、精心平衡的图像中，将经典希腊女性视作完美女性的理想，他将这种观点表现为时尚图片中一种空灵而优雅的形式（见图3-13）。休内塑造了20世纪30年代及以后时尚摄影的外观及风格，他也是最早使用男模特的时尚摄影师之一，因在平衡色彩、形式、光影方面的无与伦比的天赋以及在时尚图像中注入新古典主义氛围，休内被人们铭记[①]。

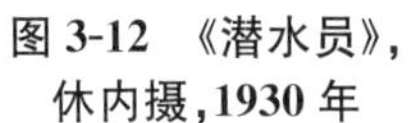

图3-12　《潜水员》，休内摄，1930年

图3-13　《穿“索尼娅”礼服的维奥娜》，休内摄，1931年

休内的风格也影响了20世纪20年代在巴黎勒·柯布西耶（Le Corbusier）工作室学习建筑的霍斯特·霍斯特（Horst P. Horst，1906—1999），

① “George Hoyningen-Huene：An Iconic Photographer of the Twentieth Century，” https://www.georgehoyningenhuene.org，2022-07-05.

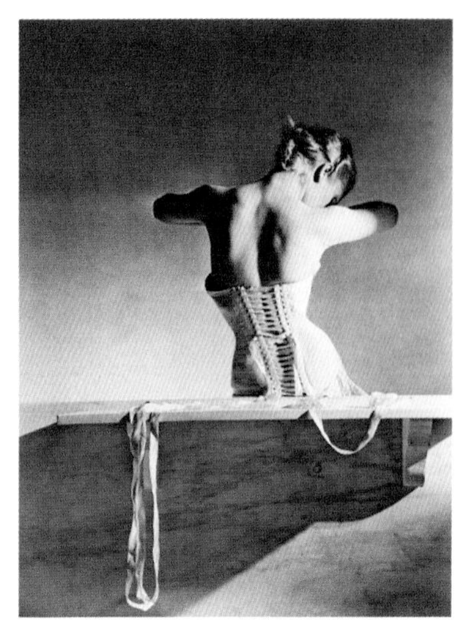

图 3-14 《曼博赫紧身胸衣》，霍斯特摄，1939 年

并把他引向了成功之路。霍斯特是一名德裔美国时尚摄影师，并在 20 世纪中期发展出幽默、诙谐的时尚摄影风格。1931 年，霍斯特开始与《时尚》(*Vogue*)合作，并于当年 12 月在法国版上发表了他的第一张照片，他在巴黎遇到了可可·香奈儿，霍斯特称其为“整个世界的女王”，并为她的时装拍摄了三十年①。霍斯特最具代表性的作品是《曼博赫紧身胸衣》(*The Mainbocher Corset*，见图 3-14)，被视作 20 世纪最伟大的标志性照片之一。他的作品经常反映他对超现实主义的兴趣以及对古希腊身体美的理想。霍斯特的非凡之处在于，“他真正跨越了战前和战后的时尚，并且成功地完成了从黑白到彩色的过渡”②。

三、现实主义及超现实主义

现实主义(Realism)在艺术上指对自然或当代生活作准确、详尽和不加修饰的描述，运动是现代性在 20 世纪的一个比喻，更快的速度与变化是现代性的内在特征，而将这两者结合在一起的是一位运动摄影师——马丁·蒙卡奇(Martin Munkácsi, 1896—1963)。他将时尚身体表示为一个移动的、动态的实体，将运动注入静态的时尚图像，开创了运动时尚摄影的先河，让凝固的影像有了时间与运动的概念。1933 年，蒙卡奇为《时尚芭莎》拍摄的《海滩奔跑》，对时尚的拍摄方式产生了令人震惊的革命性变化，他对服装在运动中的描绘带来了自发性、随意性和纪实现实主义的风格，影响了 20 世纪 30—40 年代的时尚摄影，包括赫尔曼·兰肖夫(Herman Landshoff)、理查德·阿维登(Richard Avedon)以及托尼·弗里塞尔(Tony Frissell，一位女性时尚摄影师)等在内的知名时尚摄影师。蒙卡奇快照般的现实主义成为与早期工作室内时尚摄影不同的第二大模式，他的照片传达了运动的模糊、旺盛的活力和自然的随意性，使它们看起来只是快照，与逼真的效果，

---

① Hopkinson, Amanda, “Horst P. Horst: From Stylish Fashion Shoots to Glamorous Portraits of the Famous,” *The Guardian*, 20(11)1999.

② “Horst P. Horst: The King of Fashion Photography-in Pictures,” *The Guardian*, 2(5)2014.

特别是与斯泰肯的图片中刻意的姿势和静态风格形成鲜明对比[①]。

与巴黎时尚的高级、精致更匹配的显然不是这种年轻而运动的美国风格，一种更具有艺术融合性的超现实主义风格成为欧洲时尚摄影的主流。超现实主义(Surrealism)是第一次世界大战后在欧洲发展起来的一种文化运动，中心是法国巴黎，艺术家通过描绘令人不安、不合逻辑的场景，开发了允许潜意识表达自己的技术[②]，它的目标是"将以前相互矛盾的梦想和现实条件分解成绝对的现实和超现实"[③]。该运动广泛体现在文学、电影、绘画、戏剧、音乐等领域，甚至作为一种政治力量对国际政治也产生了影响，在摄影领域，著名的超现实主义大师有美国的曼·雷(Man Ray, 1890—1976)，法国/匈牙利的布拉萨伊(Brassaï)，法国的克劳德·卡洪(Claude Cahun)以及荷兰的埃米尔·范·莫尔肯(Emiel van Moerkerken)等。从1930年始，时尚摄影开始从超现实主义运动中汲取灵感，同时兼顾商业化需求。超现实主义的时尚照片主要是给消费者提供一种梦幻、神秘、迷恋的效果，去除了艺术运动中野蛮或令人不安的效果。在所有超现实主义艺术大师中，对时尚影响最为深刻的当数萨尔瓦多·达利(Salvador Dalí)，他不仅启发了时装设计师艾尔莎·夏帕瑞丽(Elsa Schiaparelli)的龙虾裙及鞋形帽子等著名作品，甚至直接参与了时尚摄影超现实主义背景的设计。

(一) 马丁·蒙卡奇

蒙卡奇是一位匈牙利摄影师，早年是匈牙利一家报纸的作家和摄影师，专门从事体育运动报道。户外摄影在20世纪初就已出现，他的创新在于将运动照片制作为精心组合的动作照片，这需要艺术和技术技能。1928年，他因拍摄一桩致命斗殴案件并影响了最后的审判结果而赢得关注，这个名声帮助他在柏林找到了一份摄影工作。他为现代社会的速度兴奋，也对新摄影观点感到着迷，尤其是在齐柏林飞艇上航拍照片。纳粹上台后，作为犹太人的蒙卡奇前往美国纽约，富有远见的《时尚芭莎》的天才编辑卡梅尔·斯诺以100 000美元的巨资与他签约，并将她认为过时的德·迈耶辞退，同时聘请了布罗多维奇——一位苏联平面设计师担任艺术总监。她的直觉是，创新的运动摄影师蒙卡奇有潜力成为一名伟大的时尚摄影师。这三人都对创新有着敏锐的洞察力，同时也鄙视陈词滥调，由此彻底改变了时尚的外观，把《时尚芭莎》变成一本当时无人能及的风格具有独创性的杂志。1933年《时尚芭莎》12月版的《海滩奔跑》照片，是蒙卡奇第一张运动时尚摄

---

① N.Hall-Duncan, *The History of Fashion Photography*, p.68.

②③ R.Barnes, *The 20th-Century art book*(Reprinted. ed.), London: Phaidon Press, 2001.

图 3-15 《海滩奔跑》，蒙卡奇摄，1933 年

影作品（见图 3-15）。模特在海滩上向摄影师奔跑过去，她的斗篷在她身后翻滚，充满动感。这种风格表现了美国式的休闲与积极的生活方式，是美国女性为时尚贡献的一种新风格和新形象。

蒙卡奇纪实风格的时尚摄影影响深远而广泛。一直到 20 世纪 40 年代，现实主义依旧是时尚摄影的主流。兰肖夫用模糊动作风格的技巧开创了运动纪实风格的新局面，代表作之一是《骑自行车的人》（见图 3-16）。兰肖夫具有前瞻性的摄影风格也表现在 1936 年为法国版《时尚》拍摄的模特从前进的大象中后退的照片上，这张图片直接启发了阿维登最著名的时尚作品《多维玛与大象》（*Dovima with Elephants*）的创意。蒙卡奇的影响巨大，正如阿维登所言，“今天，所谓的时尚世界充满了蒙卡奇的孩子，他的继承人”，还不仅限于时尚摄影，1932 年，年轻的卡地亚·布列松（Cartier Bresson）偶然见到了蒙卡奇拍摄的《坦噶尼喀湖冲浪的男孩》的照片（见图 3-17）。三个赤身裸体的男孩，他们的轮廓在白色喷雾和阳光普照的水中形成完美的几何形状，布列松后来说①：

图 3-16 《骑自行车的人》，兰肖夫摄，1946 年

图 3-17 《坦噶尼喀湖冲浪的男孩》，蒙卡奇摄，1930 年

① M. Kimmelman, “Innovator and Master, Side by Side,” *The New York Times*, 19(1)2007.

对我来说,这张照片是点燃我热情的火花。我突然意识到,通过捕捉瞬间,摄影能够实现永恒。这是唯一影响我的照片。这张照片是如此强烈,如此具有生活乐趣,(产生)如此奇妙的感觉,以至于直到今天它仍然让我着迷。

(二) 曼·雷

时尚摄影的超现实主义作品通过意想不到的并置和不合逻辑的元素,来展示服装的重要因素并带来惊喜的效果,这种风格的代表人物是美国摄影师曼·雷。曼·雷的大部分职业生涯都在法国度过,作为画家兼摄影师的曼·雷,通过与达利、马塞尔·杜尚(Marcel Duchamp)等艺术家的合作,为达达主义运动和超现实主义运动作出了巨大贡献。20 世纪 20 年代的巴黎,妇女解放、反对因循守旧传统的风气日渐盛行,两位女设计师香奈儿、夏帕瑞丽引领了时尚设计风向,曼·雷为这一对竞争对手留下了精彩的影像。1924—1928 年期间,曼·雷与《时尚》合作,发表了许多摄影作品和评论报道,改变了当时时尚杂志以文字描述和绘画插图为主的状况,使杂志的影响力迅速扩展,销量大增。1934—1939 年期间,曼·雷又成为《时尚芭莎》的签约摄影师,迎来"曼·雷风格"的鼎盛时期——这些黑白照片往往是放大了模特脸部或身体的细节,代表作品包含首次发表在巴黎《时尚》杂志上的《黑色与布兰奇》(*Noire et Blanche*,见图 3-18)以及 1924 年的《大提琴》(*Le Violon d'Ingres*,见图 3-19)。他还将超现实主义和古典主义相结合的艺术风格用于拍摄广告照片,使这些图片超越了商业功能,成为摄影界的永恒经典,最为知名的作品是发表于 1934 年的一幅名为《泪珠》(*Les Larmes*)的

图 3-18 《黑色与布兰奇》,曼·雷摄,1926 年

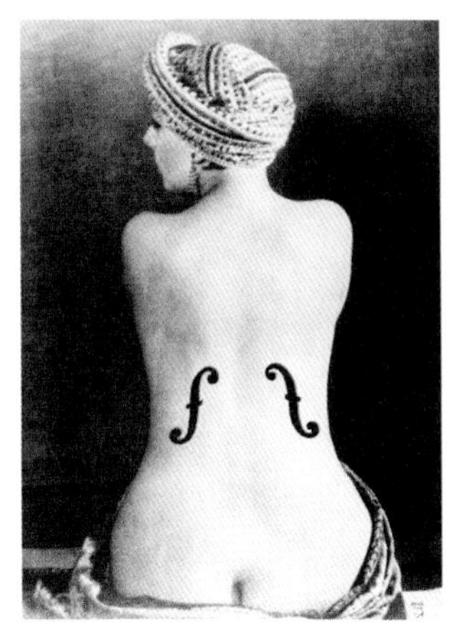

图 3-19 《大提琴》,曼·雷摄,1924 年

防水睫毛膏广告。曼·雷还是一位现代艺术的多媒体实践者，将电影、绘画、雕塑、拼贴画等不断进行组合，是最早进行行为艺术或概念艺术探索的原型，在电影制作和摄影方面也有多项技术创新，其中包括最知名的时尚“射线图”(Fashion Rayograph)，再现了通过无线电波拍摄时尚图片以达到超现实主义效果的图像[①]。

曼·雷在巴黎时期的模特兼助手李·米勒(Lee Miller, 1907—1977)，是二战前欧洲艺术圈最知名的模特与艺术缪斯。二战期间，她作为《时尚》的战地记者，报道了伦敦空袭、巴黎解放以及集中营等事件。作为一名战地记者，米勒捕捉到了达豪集中营大屠杀的第一批照片证据，并记录下了饱受二战蹂躏的欧洲，为女性在摄影这个职业领域赢得了广泛声誉。1945 年 4 月 30 日，摄影记者大卫·E.舍曼(David E.Scherman)和李·米勒相互拍摄了 20 世纪最具争议的系列作品：在希特勒自杀的公寓内，他们为彼此拍摄了多张在希特勒的浴缸中沐浴的照片。在其中最著名的一幅作品中(见图 3-20)，米勒在“希特勒”的旁观下用毛巾擦洗她的肩膀，并抬头望向远处。正如米勒多年后所说，“我在他的浴缸里洗掉了达豪的污垢”，因为就在同一天早上，浴垫上的那双靴子穿过了恐怖的达豪死亡集中营，米勒以一种微妙的象征方式表达了帝国的终结[②]。

图 3-20 《在希特勒公寓浴缸里的李·米勒》，舍曼摄，1945 年

图 3-21 《丽莎在埃菲尔铁塔上》，布鲁门菲尔德摄，1939 年

① https://zh.wikipedia.org/wiki, 2022-07-05.

② “Lee Miller in Eva Brauns Bed,” www.leemiller.co.uk. 1945, 2022-07-05.

(三) 布鲁门菲尔德及其他

同时期的超现实主义时尚摄影师还有欧文·布鲁门菲尔德(Erwin Blumenfeld, 1897—1969)。他是一位德国裔美国摄影师,先后在《时尚芭莎》《生活》及美国版《时尚》担任摄影师。他的摄影风格深受达达主义和超现实主义的影响,对死亡和女性两个领域表现出持续的兴趣,他尝试用变形、多重曝光、蒙太奇及日晒等技术,使他的作品散发出独创性和创意性。他最著名的作品是为《时尚》50周年拍摄的图片(见图3-21),模特丽莎·方萨格里夫斯(Lisa Fonssagrives)在埃菲尔铁塔上身穿华服,漫不经心地挥舞着裙摆,创造出一种独特的趣味①。

安德烈·德斯特(André Durst, 1895—1983),是另一位将超现实主义应用于时尚摄影的摄影师。他主要为《时尚》的巴黎工作室工作,通过尺寸扭曲或将物体脱离正常环境等超现实主义手法来清晰地展示服装。乔治·普拉特·莱恩斯(George Platt Lynes, 1907—1955)是同时期完全不同的一位超现实主义时尚摄影师,经常使用一个意想不到的并置或在时尚图片中引入一个奇异的物体,来达到将超现实主义的惊人效果与时尚摄影引人注目相结合的目的。他拍摄了1940年代许多同性恋艺术家和作家的照片,这些照片在1955年他去世后被金赛研究所收购②。此外,还包括塞西尔·比顿(Cecil Beaton, 1904—1980)。他是一位多重艺术实践者,既是时尚、肖像及战地摄影师,同时也是一位出色的电影及舞台服装设计师,曾凭借好莱坞影片《窈窕淑女》(*My Fair Lady*, 1964)获奥斯卡最佳服装设计奖。比顿的超现实主义作品独具风格,这源于他的作品展示出一种华丽的维多利亚时代的品味。他被誉为一位在20世纪工作的19世纪摄影师,他的照片充斥着挑剔的装饰和华丽的效果,有一种19世纪感伤的色彩③(见图3-22)。

图3-22 《夏帕瑞丽》,比顿摄,1936年

① https://erwinblumenfeld.com/biography/, 2022-05-25.
② "George Platt Lynes," *The New York Times*, 7(12)1955.
③ N.Hall-Duncan, *The History of Fashion Photography*, p.121.

四、摄影“新风貌”

时尚摄影与性别意识形态的发展密切相关。二战之后，女权主义兴起，尤其是法国思想家西蒙娜·德·波伏娃(Simone de Beauvoir)的《第二性》于1949年首次出版。波伏娃基于存在主义的立场，以人类意识的宏阔视野，梳理并洞察了男性通过将自己定义为自我、将女人定义为他者，从而确立以男性为本体地位的人类两性文明史。该书的出版引起巨大反响，她也被视为女权运动的创始人之一。随着女性主义思潮的兴起，时尚摄影也深受其影响并表现出两个明显的转变：一是女性自我意识日益加强，二是对传统敏锐而叛逆的矛盾感觉。20世纪中期，是美国时尚摄影崛起的时代，最为著名的，莫过于理查德·阿维登(Richard Avedon, 1923—2004)和欧文·佩恩(Irving Penn, 1917—2009)，被视为称雄于20世纪时尚摄影界60年的大师。

(一) 理查德·阿维登

阿维登，被苏珊·桑塔格(Susan Sontag)列为“20世纪职业摄影的典范之一”，他丰富的时尚作品可以视为一种社会文献记录。2004年10月，当81岁的阿维登去世时，《纽约时报》对他作出如下评价[①]：

> 他的时尚和肖像照片定义了过去半个世纪美国的风格、美丽和文化形象……阿维登先生的照片捕捉到了时尚进入转型和大众化时代时的自由、兴奋和活力。无论流行什么风格，他的镜头总能找到一种方法来戏剧化其精神。他彻底改变了20世纪的时尚摄影艺术。

阿维登用摄影风格来反映时代的风潮，也用不同时期的“御用模特”来反映特定时代的美，譬如20世纪50年代完美无瑕的“美女”多维玛(Dovima)，后来是中国玛查多(China Machado，一位亚裔美国时装模特)，再是具有异国情调的佩内洛普·特里(Penelope Tree)，阿维登为玛查多这位华裔模特拍摄的照片使用在了1959年2月的《时尚芭莎》上，她也成为第一位出现在美国主流时尚杂志上的有色人种模特[②](见图3-23)。20世纪60年代，他又启用了被誉为“英国面孔”的第一位超模崔姬(Twiggy)来描绘60年代

① “Richard Avedon, the Eye of Fashion, Dies at 81,” *The New York Times*, 1(10)2004.

② B. Foley, “China Machado: Legendary Model and Avedon Muse China Machado Has Still Got It,” *W Magazine*, 8(3)2010.

关于美的新概念，随后则是自然、不完美的“现代缪斯”劳伦·赫顿(Lauren Hutton)来定义20世纪70年代。他用模特的身形面容与气质动作传达了不同时代的精神，也通过摄影表达他对社会变迁的洞察，在他的时尚图片中能清晰地感受到20世纪60年代的女性主义运动及20世纪70年代的性革命带来的时尚观念变化。他早期的摄影风格从蒙卡奇的运动摄影中获得启发，但与蒙卡奇的运动女性不同，阿维登的模特是运动中的时尚女性，充满了欢乐的放纵和对繁华的热爱。阿维登将即兴创作的时尚摄影描述为“从生活中度过的假期”，代表作品是1955年9月《时尚芭莎》杂志上发表的关于巴黎时装的14页故事：《多维玛与大象》(*Dovima with Elephants*，见图3-24)。在1946年至1965年芭莎工作期间，他拒绝使用棚拍，而是把拍摄背景选在大街、夜总会、马戏团、海滩等地方，模特们则到处走动。这使阿维登的时尚照片看上去更贴近生活且富有生命力，成为他在时尚摄影界的标志之一。此外，他的创作也扩展到政治摄影与人文摄影，拍摄的对象有马丁·路德·金(Martin Luther King)和马尔科姆·艾克斯(Malcolm X)等民权领袖。他的人像摄影通常画面单调质感粗糙，却散发着冷静思考和理性真实的气息。他为玛丽莲·梦露(Marilyn Monroe)精心构建的形象，将她呈现为一个明显痛苦而被困在角色中的照片，体现了他关于人像摄影的理解[①]：

图3-23　《中国玛查多》，阿维登摄，1959年

图3-24　《多维玛与大象》，阿维登摄，1955年

① 王洛：《理查德·阿维顿：开启一场时尚与人像的漫长之旅》，《宁夏画报》2020年第1期。

人像从来不是临摹。情绪或事实在转化成照片的那一刻后就不再是事实,而是一种观点。照片没有不准确这回事。因此所有照片都是准确的,却没有一张是真相。

(二) 欧文·佩恩

佩恩成名于时尚肖像,最终以静物肖像与人体立足艺术领域,成为第一位将时尚摄影元素融入人像摄影的艺术家,因此佩恩的作品被誉为最诚实的时尚作品。要了解佩恩的时尚作品必须了解他的许多具有人类学特征的肖像,他甚至坚持认为他的那些"社会学"肖像都是真正的时尚照片。1943年10月的《时尚》杂志上,佩恩的第一个封面静物摄影作品获得意外的成功,从此开启佩恩为《时尚》拍摄150多张封面的传奇。佩恩有意淡化叙事,画面简单,以黑白为主,剔除早期重视故事和情节扮演的风格,以光影与结构突出模特的服装和饰物,呈现出简约的现代感。一个突出的例子是,20世纪50年代佩恩为《时尚》拍摄的第一张黑白封面(见图3-25),通过白色绸带、黑色面纱、眼睛及深色唇形的并置,形成黑白的完美构图。同时,他还通过对时尚摄影的"传统人像"模式的改良,将19世纪肖像的简单和直接与现代形式的复杂性结合在一起,使时尚摄影得以摆脱早期庸俗的广告角色,进入美学的范畴,这些作品尤以他妻子丽莎·芳夏格里芙(Lisa Fonssagrives)为模特的一系列经典封面作品(见图3-26)为最。她以芭蕾舞者的素养完成了很多不可能的拍摄角度,也使自己成为20世纪的时尚标志。佩恩曾为大量国际文化人物拍过令人印象深刻的肖像,包括毕加索、达利、斯特拉文斯基等,他的人像摄影受到美国摄影师沃克·埃文斯(Walker

图3-25 《黑与白》,佩恩摄,1950年

图3-26 《丑角连衣裙》,佩恩摄,1950年

Evans)与法国摄影师尤金·阿杰特(Eugène Atget)的影响,并延续时尚摄影方面用光和视觉风格,呈现了强烈的个人特质:以光影和细节突出人像本身的特质,单纯的背景凸显一种原始、质朴、自然的美感①。从 1988 年始,欧文·佩恩开始了与三宅一生(Issey Miyake)长达十多年的紧密合作,佩恩拍摄的三宅一生的时装作品成为那个年代创造的一个经典。

（三）亚文化的兴起及多元风格

20 世纪 60 年代,伦敦成为时尚的新策源地。这一切源于“摇摆的 60 年代”(Swinging Sixties)。这是一场由青年驱动的文化变革,发生在 20 世纪 60 年代中后期的英国,强调现代性及享乐主义,以“摇摆伦敦”为中心②,“甲壳虫乐队”(The Beatles)与“滚石乐队”(The Rolling Stone)影响了全世界的青年文化。“摇摆伦敦”倡导的“性解放”理念催生出了英国设计师玛丽·奎恩(Mary Quant)风靡全球的“迷你裙”(Mini-skirt),也影响了维维安·韦斯特伍德(Vivienne Westwood)混合了摇滚、朋克的时尚风格,成就了她“朋克时尚教母”设计师地位。这场反叛的文化运动对时尚另一贡献则是,诞生了以崔姬(Twiggy)和让·诗林普顿(Jean Shrimpton)为代表的“超模”(超级名模)概念,伦敦的国王路(King's Road)、肯辛顿(Kensington)和卡纳比街(Carnaby Street)等热门购物区成为新的时尚地标。

英国伦敦东区(East End)成为孕育青年亚文化的“丰美草场”,包括泰迪男孩(Teddy Boy)、光头党(Skinhead)以及朋克(Punk)、华丽摇滚(Glam Rock)等在内的亚文化群体及音乐为时尚带来多元的折衷主义。就时尚摄影而言,同样来自伦敦工人阶级的大卫·贝利(David Bailey)、特伦斯·多诺万(Terrence Donovan)和布莱恩·达菲(Brian Duff)——“黑色三圣体”以“越轨者”的形象闯入时尚摄影界,也为自身赢得了时尚摄影“英雄”般的身份(详见第五章第三节内容)。与这些高调的摄影英雄不同,阿维登的助手、日裔美国摄影师黑罗(Hiro,原名 Yasuhiro Wakabayashi——若

图 3-27　《安格斯公牛腿上的卡地亚项链》,黑罗摄,1963 年

① 林慧萍:《欧文·佩恩:如何用摄影定义优雅》,《美术报》2017 年 4 月 7 日。

② T. Wakefield, "10 Great Films Set in the Swinging 60s," https://www.bfi.org.uk/lists/10-great-films-set-swinging-60s, 15(7)2014.

林康弘，1930—2021），在1956年至1975年期间为《时尚芭莎》工作，黑罗吸收了佩恩与阿维登的风格，照片的特点是优雅地使用大胆的色彩，不寻常的照明和透视，以及令人惊讶的元素并置。他的作品经常被描述为以抽象概念表达从超现实主义到未来主义之间的过渡，代表作是《安格斯公牛腿上的卡地亚项链》（见图3-27）。

五、时尚的新外观

（一）被边缘化的时尚

赫尔穆特·牛顿（Helmut Newton，1920—2004）和盖伊·布尔丁（Guy Bourdin，1928—1991）引领了20世纪70年代的时尚摄影，彻底改变了时尚的描绘及展示方式，摄影为时尚带来了一种新的外观。牛顿与布尔丁都为《时尚》杂志工作，《时尚》给了他们充分的创作空间。与当时的公众品味、时尚出版及社会变迁相适应，两人的作品都将时尚的关键元素边缘化，商品变成了次要的，通过图片传达一种叙事概念才是时尚摄影的核心。他们建立了一种新的视觉语言，将商品推广和描绘女性故事交织在一起。但他们的作品也因过度的情色、暴力及挑战传统价值观的性观念，而常被诟病。有批评家认为正是从他们开始，时尚演变为色情文化的一个细分领域，“其中一些照片与对谋杀、色情和恐怖的兴趣无法区分”[①]。布尔丁极具争议的作品是为鞋履品牌查尔斯·乔丹（Charles Jourdan）拍摄的车祸残骸中的高跟鞋（见图3-28），这是将暴力作为时尚吸引力的令人震惊的一个历史

图3-28 《查尔斯·乔丹鞋履广告》，布尔丁摄，1975年

① K. Hilton, “The Dubious Art of Fashion Photography,” *The New York Times*, 28(12) 1975.

基准。对于牛顿来说,时尚中的女性是脱离了日常生活的一种存在,她永远不会出现在出租车、杂货店或学校门口,正如时尚评论者所言:这些女性居住在"一个充满假装权力游戏和变态欢乐游乐设施的尼采式迪斯尼世界",牛顿拥有"一种堕落的审美意识",将情色提升为高度抛光的高雅艺术[①],他为瓦伦蒂诺拍摄的"摩纳哥"系列(见图3-29)可视作代表。随着晚期资本主义社会中人们的日常生活变得平稳且同质化,人们需要更引人注目、更怪诞的替代刺激,和同时代大卫·林奇的暴力电影一样,暴力时尚摄影作为当时的流行艺术[②]:

图3-29 《马里奥-瓦伦蒂诺-摩纳哥》,牛顿摄,1978年

> 为观众提供了日常生活中无法实现的幻想,给人们提供一些现实中被剥夺的体验——诸如浪漫、魅力、冒险、危险的味道。今天,大多数人与危险的唯一接触是二手的——在职业曲棍球和足球比赛中,在高强度的摇滚音乐会上,或者在电影中。作为景观的暴力是现代生活不可或缺的一部分。

(二)女性摄影师的风格

与牛顿和布尔丁所描绘的"城市色情黑社会"不同,同时代的《时尚芭莎》的女性摄影师黛博拉·特伯维尔(Deborah Lou Turbeville, 1932—2013)的时尚作品却是一种精致的女性凝视,展现了一种"梦幻而神秘"的时尚品味。她为同时代暴力、色情的时尚作品提供了衬托,着力捕捉女性的心灵,一种喜怒无常和神秘的东西,努力透过疏离与单色调影像风格表现女性的内心及不安定的位置[③]。她最为著名的作品是表现在淋浴房中

---

① Robin Muir, "Sex, St Tropez & A Rolls Royce: Revisiting Helmut Newton's Greatest Photographs For British Vogue," https://www.vogue.co.uk/, 2022-07-05.

② F. Stephen, "The Bloody Movies: Why Film Violence Sells," *New York Magazine*, 29(11)1976.

③ L. Borrelli-Persson, "Why the Women of Deborah Turbeville Are Timeless: From Her Bathhouse Beauties to Her Memorable Nudes," *Vogue*, 27(6)2022.

被困的一群泳装模特(见图 3-30),这些图像如电影剧照一般,存在于时尚领域之外,有一些珍贵和古老的东西[①]。另一位女性时尚摄影师莎拉·穆恩(Sarah Moon, 1941—),70 年代在伦敦声名鹊起,穆恩的照片以绘画般的空灵美学为特征,经常充满光、浪漫和神奇。她的广告图片、海报和杂志作品以一种立即可辨认的想象力为标志,图片中出现的女性似乎是散布着文学和电影参考叙事过程中被突然暂停了的形象,她的目标不是色情、光鲜亮丽的魅力,而是女性的力量和脆弱性。1972 年,她成为第一位拍摄倍耐力年历的女性,自 1985 年以来,她一直专注于画廊和电影工作。

图 3-30 《浴室》,特伯维尔摄,1975 年

图 3-31 《山本耀司作品》,穆恩摄,1973 年

时尚摄影的最初目的是记录设计、展示时装,时装设计师认识到摄影的价值是因为这种技术可以"准确"地描绘服装的接缝、形状和细节[②]。相比插画家富有想象力的努力,摄影师不会扭曲时装的风格,于是摄影成为时尚插画一种灵活且廉价的替代品。随着摄影技术及理念的发展,从以德·迈耶为代表的绘画主义到 20 世纪 20 年代斯泰肯直率而引人注目的现代主义,20 世纪 30 年代蒙卡奇开创的运动摄影风格,阿维登镜头下大笑着或奔跑着表达个性的模特,20 世纪 70 年代牛顿和布尔丁令人惊骇的色情暴力时尚图片,时尚摄影在寻求艺术地位与创意表达时,静态、清晰地展示时装的功能性观念不断受到挑战和被突破,时尚摄影中时装越来越被边缘化。

① L. Cochrane, "The Photography of Deborah Turbeville," *The Guardian*, 31(10)2013.
② C. Seebohm, *The Man Who was "Vogue"*, London: Weidenfeld & Nicolson, 1982.

20世纪不断有女性加入时尚摄影领域，她们的视角不断在扭转性别传统时尚的刻板性别印象。20世纪90年代的时尚摄影进入一个新的争议阶段——后女权主义、新的男性气质、对同性恋的矛盾心理以及性多元主义，都在改变时尚的欲望对象和时尚摄影的主体。时尚图片已不止于在杂志页面上呈现，还有可能出现在画廊、独立手册等新的展示环境中。21世纪，随着数码技术的发展，时尚摄影在不断突破传统的同时，图片数量也在爆炸式地增长。今天，随着数字技术的整合，像伊内兹和维诺德(Inez & Vinoodh，荷兰时尚摄影二人组)与默特和马库斯(Mert & Marcus，来自土耳其和威尔士的两位时尚数字摄影师)这样的团队，在美学与技术两个层面重塑时尚照片的概念。21世纪的时尚摄影似乎处在一个十字路口：一方面，它已解决了20世纪的身份焦虑——时尚摄影已经成为一种受人尊敬的艺术形式；但另一方面，时尚摄影又否定自身作为时尚表现手段的基本功能，它变得越来越独立，更多地关注技术而不是图像的主题。但脱离了最初记录与传播时尚功能的时尚摄影，时尚摄影的价值又是什么？

第四节　现代时尚媒介(三)——时尚电影

20世纪初，电影的诞生为时尚提供了一种崭新的传播手段，时尚与电影共同催生出了时尚电影这种新的传播形式。这种传播新形式着重将电影的媒介功能与时尚的动态视觉表征相结合，被用来为时尚作商业化推广。时尚电影迄今未有一个明确的定义，这导致时尚电影在内涵与外延上有诸多模糊。梳理过往文献，较多定义从广义、狭义两个方面来确认，譬如①：

> 广义的时尚电影(Fashion Film)可以理解为时尚工业体系下的电影影像产品，包括时装发布会后台的纪录视频、以时装或时尚行业为主题的剧情片、讲述品牌历史起源的纪录视频、专业人员设计服装过程的纪录视频等形态，同时也包括了传统的拍摄图片的时尚摄影师自20世纪60年代以来所做的动态影像的探索(自发的且时长较短)。狭义的时尚电影，主要是指时尚品牌委托制作的基于数字媒介传播的微电影广告，是推广品牌产品、树立品牌形象的影像化产品。

① 张弢、陈泰宇：《光梦巡游：路易威登时尚电影的视觉语言》，《艺术教育》2020年第11期。引文有部分省略。

也有学者笼统地认为只要“和时尚息息相关”的电影[1]，或者是将时尚元素与电影联姻形成的“时装片”皆可称为“时尚电影”[2]；还有学者认为那些表现社会热点现象、票房远超预期、打造新的时尚流的“现象电影”可看作时尚电影或商业电影的代名词[3]。这些说法或定义往往显得外延过大而内涵不清，狭义的时尚电影则基本等同于时尚广告或品牌宣传片，甚至是仅限于数字时代出现的微电影广告，一种由时尚公司委托制作的“时尚宣传电影”(promotional fashion film)，作为其在线品牌和营销的一部分[4]，或者是专指为时尚品牌制作的创意视听项目，是时尚公司用来交流和建立品牌的主要传播手段[5]，狭义概念则过于突出商业目标并将其限定在“新媒体”范畴而不符合时尚电影的发展历史。

但以媒介考古学的视角来看，时尚电影作为一种特定的电影类型，在20世纪初诞生之后就是一个连续而未中断的发展过程[6]：

> 电影促进时尚的潜力很早就开始被利用，因为新媒体非常擅长将消费重塑为诱人的视觉娱乐。虽然一开始是零星的，但时尚和电影这两个典型的现代产业相互追求，产生了各种直接的、有规律的、整个20世纪一直持续到今天仍在继续的互动。

乌利洛娃(Uhlirova)认为，即使只考虑由时装公司、制造商委托和资助的电影，或者明确为时装业服务的电影，它的历史也贯穿了整个20世纪。

20世纪初的现代性突出地表现为人类对“运动”的痴迷与探索。整个20世纪，许多时尚摄影师都对将时尚身体表现为一个移动的、动态的实体或以其他方式将运动注入静态图像中感兴趣：20世纪30年代曼・雷就已在巴黎尝试活动时尚影像的拍摄；20世纪70年代时，布鲁门菲尔德花了六年时间，创作了一系列以电视广告为灵感的时尚和美容电影，这些作品被鲁

---

① 秦小童：《浅析影视服装设计推动服装产业发展的现状》，《中国民族博览》2019年第2期。

② 张洽：《从〈了不起的盖茨比〉看电影中时尚元素的叙事策略》，《当代电影》2017年第2期。

③ 王一川：《当电影回归时尚本义时——从“现象电影”概念引发的思考》，《当代电影》2014年第2期。

④ N. Mijovic, “Narrative Form and the Rhetoric of Fashion in the Promotional Fashion Film,” *Film, Fashion & Consumption*, 2(2)2013.

⑤ D.P. Soloaga et al., “Fashion Films as a New Communication Format to Build Fashion Brands.”

⑥ M.Uhlirova, “100 Years of the Fashion Film: Frameworks and Histories,” Valerie Steele, et al.(Eds.), *Fashion Theory: The Journal of Dress, Body & Culture*, Vol.17 Issue 2, London: Bloomsbury, 2013, pp.138—157.

宾斯坦(Rubenstein)、雅顿(Arden)及欧莱雅(L'ORÉAL)等美容品牌用作宣传;到了20世纪90年代时,一些先锋设计师如侯赛因·卡拉扬(Hussein Chalayan)和马丁·玛吉拉(Martin Margiela)等人不但尝试用时尚电影替代传统时装秀来展示作品,更将时尚电影融入自己的时尚创作中,视作自己探索时尚不断变化的"物质性"或时尚叙事的手段。

因此,本书将时尚电影视为20世纪初诞生的专业时尚传播媒介,以电影短片的形式,围绕着服装主题,通过传达美感信息和极其谨慎的商业目标为时尚传播服务。这些视听作品往往呈现出令人惊讶的叙事节奏并力求将时尚理念作为叙事背景,时尚电影已成为数字化时代无处不在的时尚象征性生产的重要手段,通常以数字媒体的病毒式传播、口碑分享为目标,是21世纪时尚体系为应对数字革命及受众需求变化而采取的行为方式的结果。

一、时尚电影的起源

1895年12月28日,奥古斯塔·卢米埃尔(Auguste Lumière)和弟弟路易斯·卢米埃尔(Louis Lumière)在法国巴黎公映了他们拍摄的短片《工厂大门》,虽仅有50秒,但却被视为世界电影诞生的标志。就如一切新媒介无法在诞生之初就获得独立性与合法性一样,电影在早期也是作为摄影的剩余价值——"活动照相"而存在的,巴黎人更多地将它视为与杂耍、魔术类似的一种低端娱乐活动。帮助电影摆脱如此窘境,并将电影从技艺提升到艺术的则是另一位先驱乔治·梅里爱(Georges Méliès),他在代表作《圣女贞德》中运用了各种特技如淡入、淡出,开创了电影画面的剪辑技巧,创立了大部分电影技术手法。法国思想家埃德加·莫兰(Edgar Morin)这样评价乔治·梅里爱,"他是无数个单纯的荷马",并认为卢米埃尔和梅里爱在电影史上就像黑格尔所说的一对"反命题":让电影从诞生那天起就成为既追随现实又背叛现实的统一体。对此观点,苏珊·桑塔格在《百年电影回眸》也有类似说法①:

一百年前电影的诞生是双重的开端。在1895年,电影诞生的第一年,制作出了两类影片,发展成电影的两种模式:一种是再现非舞台的真实生活的电影(卢米埃尔兄弟的制作),一种是作为创作、技艺、幻觉、

① [美]苏珊·桑塔格:《沉默的美学——苏珊·桑塔格论文选》,于海江译,南海出版公司2006年版,第174—175页。

梦想的电影(梅利耶的作品)。但这两者从来也不是完全对立的。对于那些初次观看卢米埃尔兄弟所拍的《火车进入拉西约塔站》的观众,电影所再现的单调场景是奇妙的经历。电影的诞生是个奇迹,奇在现实竟能如此奇妙地瞬间再现。电影的全部就是在努力使这种神奇感永存和再生。

虽然法国人发明了电影,但真正将电影商业化的却是美国人,且由于20世纪初大量欧洲移民涌入美国,这种无需识字、无阅读门槛的新娱乐方式,很快就在“镍币影院”中成为底层民众的最佳娱乐方式。也正是从这个意义而言,时尚借助电影真正在20世纪走向了大众,时尚的民主化与大众化和好莱坞电影的崛起密不可分。

(一)“蛇形舞”与早期时尚电影

时尚电影的历史可追溯到电影诞生之初,非常巧合的是,卢米埃尔和梅里爱还都分别制作了最早的时尚短片。最早将电影这种新媒介与服装展示效果联系起来的是一种创新舞蹈形式——“蛇形舞”(Serpentine Dance),它起源于“裙子舞”(skirt dance)并融合了芭蕾舞、民间舞蹈及流行舞蹈等形式,成为19世纪90年代在美国和欧洲流行的舞台表演和早期电影的主要内容。这种由洛伊·富勒(Loïe Fuller,见图3-32)[①]发明的自由式舞蹈,能突出这种新媒介在表达运动、光线及色彩上的能力。舞蹈中,富勒往往身穿由数百码中国丝绸组成的服装,双手挥舞着裙子或手持长棍,让丝绸不断翻滚,利用舞台灯光让服装呈现出花、云、鸟、波浪、山峰等形态。“蛇形舞”是早期电影的常见主题,有两个特别著名的版本,一个是由爱迪生工作室制作、百老汇舞者安娜贝尔·惠特福德(Annabelle Whitford)表演的《安娜贝尔蛇形舞》(*Annabelle Serpentine Dance*, 1894)[②],另一个则是流传更广的由卢米埃尔(Lumière)兄弟制作的《蛇形舞》(*Serpentine Dance*, 1896)[③]。此外,也有许多电影制片人制作了类似版本,并通过手工着色方式表现出电影这种新媒介在彩色投影上形成的独特视觉效果[④]。

---

① A.C. Albright, *Traces of Light*: *Absence and Presence in The Work of Loïe Fuller*, Middletown: Wesleyan University Press, 2007.

② William Dickson & William Heise: Annabelle Serpentine Dance(1895)-YouTube, 2022-07-21.

③ “Serpentine Dance” by the Lumière brothers-YouTube, 2022-07-21.

④ J. Yumibe, *Moving color*: *Early Film*, *Mass Culture*, *Modernism*, New York: Rutgers University Press, 2012.

图 3-32 《富勒肖像》,弗雷德里克·格拉西耶摄,1902 年

但严格来说《蛇形舞》只是电影作为一种新媒介在表达视觉“奇观”上的最初尝试。因此,乌利洛娃认为乔治·梅里爱 1898 年至 1900 年期间为“神话”(Mysthère)牌紧身胸衣制作的短片,应被确定为有史以来第一部时尚电影①,但该片拷贝已丢失。由此,1910 年在伦敦公开上映的时尚短片——《50 年的巴黎时装,1859—1909》(*Fifty Years of Paris fashions, 1859—1909*)②,是目前所能找到的第一部严格意义上的时尚电影。这部 6 分多钟的影像作品,从内容而言更像是一部商业广告与时装展示相结合的作品:电影中漫步巴黎街头或街心花园中的时髦女郎极尽优雅地展示各种最新款式的时装及其细节,类似于时装秀在真实生活环境中的延伸。从 1910 年至 1930 年期间,这些早期时尚短片一直保持着类似的风格,主要是为美国客户展示来自巴黎的最新时装,因此,从其功能与特性而言,最早期的时尚电影可以被认为是一种商业广告③。

(二) 时尚新闻短片与中产阶级

电影观众的变化影响了早期时尚电影的发展。电影的通俗性、日常性以及大众化,使之成为 20 世纪大众文化的重要载体。电影最初没有固定的放映场所,后期逐渐固定在杂耍剧院等被称作“镍币戏院”的低端场所。观众来自社会底层,循环播放往往能累积起惊人的观众数量。美国导演大卫·格里菲斯(D.W. Griffith)1915 年拍出的经典无声片——《一个国家的诞生》,观众累计有一亿之多④:

① M.Uhlirova, “100 Years of the Fashion Film: Frameworks and Histories,” pp. 137—157.

② https://www.youtube.com/watch?v=_pQGweZK6jU, 2022-07-21.

③ E. Leese, *Costume Design in The Movies: An Illustrated Guide to The Work of 157 Great Designers*, North Chelmsford: Courier Corporation, 1991, p.9.

④ [法]乔治·萨杜尔:《世界电影史》,徐昭、胡承伟译,中国电影出版社 1995 年版,第 80 页。

> “镍币戏院”从社会最贫苦的阶层中招徕它们的顾客，特别是当时每年有超过百万之众来到美国的移民，为它们的重要主顾。这些移民，大部分来自中欧，因为不谙英语，看不懂美国的戏剧，所以只好到杂耍场、音乐馆和“一分钱游戏场”来消遣。

这部高规格的史诗巨制影片，点燃了美国电影市场，环境嘈杂、收费低廉的“镍币戏院”已经不能满足电影产业的发展需要，更大更完备的影院呼之欲出。1920年始，好莱坞各大公司开始建造大型影院——“电影宫”。1928年建成的布鲁克林派拉蒙电影宫，极尽奢华，开启了真正意义上的现代电影，也确立现代影院的基本设施标准。为了吸引更有消费能力的中产阶级走进影院，在正片前加映时尚新闻短片，被证明是一种有效的手段。

1911年，法国百代兄弟（Pathé Frères）电影公司发明了在故事片前加映时尚新闻短片（fashion newsreel）的创意，以此吸引有品味的中产阶级走入电影院，当时媒体就将其称为“时尚电影”（fashion film）①。同年，颇具商业头脑的时尚设计师保罗·波烈为缩减成本，第一个用时尚电影来替代现场时装秀向美国市场推广自己设计的最新款时装。美国是电影商业化最为成功的地方，这种创意很快被美国人采纳。通过考察20世纪初新兴的美国时尚和电影产业的交汇，可以发现在默片时期，时尚就被视作电影的一种独立主题并成为电影院招徕中产阶级女性的一种手段②。这些时尚新闻短片注重展示最新的时尚流行款式并为女性提供着装建议，往往通过一个或一组女性，以缓慢的节奏、简单的动作来使观众看清时尚款式和上身效果。而时尚新闻短片诞生的背景则是从1905年至1925年间，电影业从以工人阶级为主的小规模娱乐形式，演变为面向包括中产阶级在内的更广泛的大众娱乐产品，电影的受众群体、企业组织和设计方式都发生了深刻的变化。

从20世纪10年代中期开始，成衣和高级时尚被纳入电影叙事，电影和时尚建立了商业“联系”，与服装有关的社会信息也被纳入电影的叙事内容，以反映更广泛的文化问题，譬如当时的“新女性”（New Woman）运动及进步时代的道德改革运动等。时尚与电影的结合是一种双赢策略，既使时尚企业受益，也为影院招徕了更多的中产阶级女性观众。更关键的是电影院中沉浸式的观影体验是时尚追求梦幻般感受的绝佳中介，时尚电影为尽可

---

① E. Leese, *Costume Design in The Movies: An Illustrated Guide to The Work of 157 Great Designers*, pp.3—7.

② M.T. Finamore, *Hollywood Before Glamour: Fashion in American Silent Film*, New York: Springer, 2013.

能地吸引挑剔、成熟的女性观众，不断将观影体验提升到中产阶级追求的档次，以脱离早期“镍币戏院”的身份。

这种双赢很快被好莱坞转化为主流剧情电影的一种“软销售”策略，时尚在成为独立的电影主题之外，也成为吸引中产阶级女性观看剧情片的吸引力之一。因此，电影工业和时尚系统一直有着商业和文化影响的共生关系，历史学家阿德里安·穆尼希(Adrienne Munich)认为，“从最早的电影时代开始，时尚就将其与电影的亲和力视为提高其知名度的一种手段，这种亲和力超越了美学，涵盖了互利行业之间的联系”[①]。这种联系在整个20世纪形成多种形式，包括时装设计师作为电影服装设计师的角色，将时尚作为电影叙事内容的重要组成部分以及名人红毯走秀等。

二、时尚电影的发展

时尚电影的发展源于时尚传播需求与媒介技术迭代的双重推动。时尚杂志作为时尚最重要的大众传播媒介，最大的弊端在于无法表征服装依托身体而应有的动态与变化，直至电影技术的诞生，时尚才逐步回归服装与身体相结合的动态本质。整个20世纪，时尚摄影师基于时尚的本质及现代性的追求，一直在探索时尚的动态传播。早在20世纪初就有时尚摄影师进行过实验性的动态影像尝试，因此时尚摄影师是推动时尚电影发展的重要动力。

(一) 发展动力之一——时尚摄影师

摄影师对动态影像的追求可追溯到电影诞生之前。电影制作的最初源头是动态摄影的探索，最早可追溯至19世纪末的埃德沃德·迈布里奇(Eadweard Muybridge)和艾蒂安-朱尔斯·马雷(Étienne-Jules Marey)。迈布里奇在1878年至1886年间开创性地对动物运动进行连续摄影，使用多台相机来捕捉不同的位置。他还发明了一种从玻璃光盘投射彩绘电影的装置，让“奔跑的”马、犀牛等第一次呈现在影像中，这些尝试极大地影响了视觉艺术家以及摄影领域的发展[②]。马雷则在1882年制造出了计时摄影枪，能够每秒拍摄12帧连续画面，利用这些照片，他研究了马、鸟、狗、羊、驴、大象、鱼、微观生物、软体动物、昆虫、爬行动物等，创造出了“马雷的动画动物园”。马雷以每秒60帧的速度记录鸽子的飞行，图像质量很好，这被视

---

① A. Munich, “Filming Fashion,” in *Fashion in Film*, Bloomington: Indiana University Press, 2011, p.107.

② A.P. Shimamura, “Muybridge in Motion: Travels in Art, Psychology and Neurology,” *History of Photography*, 26(4)2002.

为第一部连续动态影像的作品。他对如何捕捉和显示运动图像的研究帮助了新兴的电影、摄影领域，事实上，他的影响远远超出摄影领域，被认为对莱特兄弟、爱迪生、卢米埃尔兄弟等人都有启发[①]。

20世纪早期的时尚摄影师深受现代主义和前卫艺术的影响，将“运动”视作现代性的一种体现，尝试制作一些极具实验性的时尚短片，以实现让静态影像“动”起来的一种隐含着现代性的追求。这些极具实验性的时尚短片，将时尚宣传和前卫技术结合起来，而且往往并不直接和广告相关。1930年，时尚摄影师曼·雷和其助手李·米勒尝试在巴黎的奢华化装晚会中架设一架35毫米的投影仪，并要求所有出席晚会的宾客都穿着白色衣服，米勒将彩色电影投影到客人身上，自由走动的客人成为动态屏幕。这种尝试第一次将电影放映、时尚和现场表演结合起来，提醒人们时尚与艺术之间具有的古老亲和力，这种亲和力在20世纪90年代和21世纪头十年再次以新的强度重新出现[②]。另一位时尚摄影师乔治·霍宁根·休内(George Hoyningen-Huene)也在20世纪30年代初制作了几部短片[③]。20世纪60年代，摄影师威廉·克莱因(William Klein)制作了两部时尚短纪录片——《商业和时尚》(*Le Business et la mode*，1962)和《去百货公司》(*Aux grands magasins*，1964)，以及1966年的时尚专题片《你是谁，波莉·马古?》(*Who Are You，Polly Maggoo?*)；同时代在时尚行业影响最深的，则是意大利导演米开朗琪罗·安东尼奥尼(Michelangelo Antonioni)制作的剧情长片——《放大》(*Blow-up*，1966)，这部影片以“摇摆伦敦”最著名的三位时尚摄影师——大卫·贝利、布赖恩·达菲和特伦斯·多诺万的经历为蓝本，再现甚至“神话”了时尚摄影师的声望及影响力。

摄影师对时尚动态影像最引人注目的实验是欧文·布鲁门菲尔德制作的一系列时尚电影。布鲁门菲尔德40岁时才为《时尚》(*Vogue*)拍摄了第一张时尚照片，但他对时尚电影的探索却是开创性的。起初出于对早期简陋的电视时尚广告感到沮丧，他确信自己有能力改进它们，因此开始进行时尚电影试验，从1958年到1964年，他花了六年时间，创作了一系列以电视广告为灵感的时尚和美容电影。在“SHOWstudio”网站上这些重新被修复

---

① http://www.betterphotography.in/perspectives/great-masters/etienne-jules-marey/48592/，2022-07-25.

② M.Uhlirova，“100 Years of the Fashion Film：Frameworks and Histories，” pp.137—157.

③ W.A. Ewing，*The Photographic Art of Hoyningen Huene*，New York：Rizzoli International Publications，1986.

的影像呈现出远超商业推广的效果，表现出极强的实验性和艺术性，承载了摄影师希望完成“注视我”(Eye to I)实验项目的初始艺术目的[①]。1960 年至 1980 年，盖伊·伯丁(Guy Bourdin)、阿维登及牛顿等知名时尚摄影师都为商业品牌制作过时尚电影，也通过摄影素材的延伸使用制作过时尚新闻实验片。

(二) 发展动力之二——时尚设计师

时尚电影的另一个推动力来自时尚设计师。20 世纪上半叶，由于电影过于工业化、民主化和平民化，时尚设计师对于利用电影来表达自己的作品还心存疑虑，因此时尚电影里出现的都是成衣产品，譬如紧身胸衣、鞋子等产品。唯一的例外可能是 1911 年保罗·波烈为自己的设计拍摄的时尚电影——涵盖了他《一千零二夜》设计的全部历史[②]，两年后他为节约成本，还利用这些胶片以取代实物服装到美国推广自己的设计。随着好莱坞黄金时代[③]的到来，以米高梅电影公司(Metro-Goldwyn-Mayer, MGM)的服装设计师吉尔伯特·阿德里安(Gilbert Adrian)为代表的好莱坞时尚成为巴黎时尚的挑战者，越来越多的时尚企业意识到电影及电影明星强大的时尚影响力，时尚逐步将电影作为最重要的传播渠道之一。借此，新兴的美国时尚也在跟巴黎时尚的竞争中取得一席之地。

到 20 世纪 80 年代，品牌传播跨入一个新的阶段，人们不满足于品牌传播仅展示一个标志，他们需要寻找一种生活方式[④]。因此通过差异化的主张，将生活方式作为品牌传播理念，以合理的故事方式来讲述成为品牌获得市场客户快速理解和认同的重要方式[⑤]。创意型视听内容成为时尚品牌传递生活方式及差异化主张的最佳形式。一些新锐的时尚设计师基于经济及创意双重原因，开始用视频取代现场时装秀，但并未获得时尚圈的认可。在随后的 20 年里时尚电影依旧持续吸引着一些较小的创意品牌，将其作为品牌推广的手段，正如乌利罗娃所言[⑥]：

---

① https://showstudio.com/projects/experiments_in_advertising_the_films_of_erwin_blumenfeld/fashion_films, 2022-07-21.

② C. Evans, “The Walkies: Early French Fashion Shows as a Cinema of Attractions,” in *Fashion in Film*, p.120.

③ 一般指 20 世纪三四十年代的好莱坞盛景时期，详见[英]大卫·尼文：《好莱坞的黄金时代：大卫·尼文回忆录》，黄天民译，上海文艺出版社 1988 年版。

④ S. Saviolo and A. Marazza, *Lifestyle Brands: A Guide to Aspirational Marketing*, London: Palgrave, 2013, p.60.

⑤ M. Wickstrom, *Performing Consumers: Global Capital and Its Theatrical Seduction*, New York: Routledge, 2006, pp.2—4.

⑥ M.Uhlirova, “100 Years of the Fashion Film: Frameworks and Histories,” p.147.

> 设计师们对动态影像的兴趣与日俱增当然是受到技术可能性的推动——现在很容易获得的电子和数字制作技术和编辑设备——但也许更重要的是,这与时装秀向戏剧化的转变相吻合,奇观、多媒体、多感官体验将有力地给观众留下深刻印象,以及该时装系列背后的概念和创作过程。

数字技术的出现,将设计师的兴趣转变为持续的时尚象征性生产的内容。时装设计师兼艺术家安娜-妮可·齐舍(Anna-Nicole Ziesche)是21世纪初数字时尚电影的探索者,她在中央圣马丁艺术与设计学院(Central Saint Martins, CSM)的毕业作品——《无限重复》(*Infinite Repetition*, 2000)①,是一个彻底的背离传统时尚传播实践的一个转折点。齐舍将时尚理解为一种无尽的意象,并利用电影媒介来表达有形服装通过不断发展的设计和形状变成无尽的时尚意象。齐舍早期的电影是对时尚构成的正式研究,使用简单的电影剪辑技术来操纵、放大和重复布料的装饰细节和它们所装饰的身体。她最近的电影项目则采用表演媒介来研究自我认知和着装之间的关系,反映身体如何在生理和心理上受到时尚的影响。

另一位探索者是设计师侯赛因·查拉扬(Hussein Chalayan)。他制作了大量的电影和视频装置,作为扩展他时装设计主题的一种方式,包括高度风格化的冥想电影《渡所》(*Place to Passage*, 2003)②,通过创造一个想象中的生活空间,将居住和移动、记忆和探索融为一体;《麻醉剂》(*Anesthetics*, 2004)③,通过对诸多暴力场景的解读,来关注机构如何通过规范隐藏暴力,探讨制度如何规范我们的生活;《缺席在场》(*Absent Presence*, 2005),讨论了关于个性、地域、遗传学以及人类学等交叉认知故事,探讨当我们通过衣物上残留的DNA去辨别"人"的时候,我们应当怎样去定义具体的个体……这些时尚电影与他的时装系列共同构成了查拉扬的"设计宇宙",实现了时尚设计及实践向电影媒介的延伸。黛安·佩内(Diane Pernet),是一位出生在巴黎的美国设计师兼时尚记者,也是国际ASVOFF(A Shaded View on Fashion Film)的创始人,从2000年开始,她敏锐地意识到时尚电影在数字时代的强大表征能力,开始独创一种刻意的粗糙、凌乱、手持风格的低完成度的时尚短片,将镜头对准那些特立独行的小型时尚实验品牌,以

① Fashion-Infinite Repetition by Ann Nicole Ziesche 2000-YouTube, 2022-06-21.

② Place to Passage—Video Installation—Collaboration with Hussein Chalayan(040728) on Vimeo, 2022-06-21.

③ Hussein Chalayan—Anesthetics on Vimeo, 2022-06-21.

后现代风格的影像来呈现时尚的超现实感、设计师的创作过程，挑战传统时尚报道和纪录片的常规惯例。

（三）中国电影与中国时尚

值得一提的是，中国电影的发展几乎与世界同步。1905年，北京丰泰照相馆创办人任庆泰拍摄了由谭鑫培主演的《定军山》片断。1909年由美国商人B.布拉斯基在上海投资创建的“亚细亚影戏公司”，被认为是中国第一家电影制作公司，先后制作了《西太后》《不幸儿》《瓦盆伸冤》等短片，因经营一般，布拉斯基于1912年将其转手。他自己在路经香港回国时，又与黎民伟合作出品了第一部香港故事片——《庄子试妻》，助推了香港电影的诞生。1913年，由郑正秋编剧并与张石川联合导演的《难夫难妻》是中国人拍摄的第一部短故事片。1918年，中国人独立投资经营的商务印书馆活动影戏部成立；1922年，影戏部根据《郑元和落难唱道情》改编的电影《莲花落》曾在美国放映两天，是最早在美国公映的一部中国影片。1930年，联华影业制片印刷有限公司（1932年后改称联华影业公司）成立并吸纳了一批电影人才，包括导演孙瑜、蔡楚生、史东山，编剧田汉、夏衍，还有阮玲玉、金焰等一代影星，与1922年由张石川等创立的明星影片公司、1925年邵氏兄弟创立的天一影片公司鼎足而立，中国电影进入快速发展时期。

观影也成为民国时期最具现代性的都市时尚生活方式。20世纪初，天津、北京、上海等地陆续出现了真正意义上的电影院。1933年，上海的电影院已达44家，排名世界第七。当年斥巨资重建的上海大光明戏院，号称“远东第一影院”，配有空调、沙发座①。电影是开启现代中国的一个重要纬度，也是中国现代性转型的重要推动力。阮玲玉、胡蝶、黎莉莉等民国明星不仅为当时的“新女性”提供了时尚的造型与都市女性的形象，也成为时尚刊物的报道对象，电影为转型期的中国沿海都市民众提供了一种普及化的现代性体验。与好莱坞相比，中国电影不仅为时尚贡献了新的代言人，也为时尚塑造了一个具有现代理念与审美的都市消费阶层。通过建构出大都市的观众群——一个不均衡但不失整体性的公众群，“电影圈——包括作者和观众——越来越意识到电影是机械复制时代一种提升社会觉悟、教化个人和集体的强大媒介”②。

---

① 李欧梵：《上海摩登——一种新都市文化在中国（1930—1945）》，北京大学出版社2001年版，第99页。

② 张真：《茶馆、影戏、组装：〈劳工之爱情〉与中国早期电影》，张英进主编：《民国时期的上海电影与城市文化》，苏涛译，北京大学出版社2011年版，第40—43页。

三、时尚电影效应

对应于梅罗维茨关于媒介的三种隐喻的理论框架,电影作为一种新兴媒介也相应地对时尚产生了三重效应。

(一)电影对时尚的三重效应

时尚将电影作为传播的重要渠道后,产生了第一重效应,即将20世纪的时尚真正引向了大众化与工业化。电影迅速成为时尚生产-消费的"发动机",尤其是好莱坞,成为全球时尚生产-消费的"泉眼"。伴随着好莱坞影片在全球的传播,时尚的生产与传播中心正式将美国纳入其中。美国作为好莱坞的故乡与工业化时尚的策源地,让时尚迎来了消费主义刺激下的民主化进程,一种将时尚与电影相结合的暧昧概念"时尚电影"也随之成为好莱坞类型片中的一种。

第二重效应是一种新的时尚美学规范的确立。电影作为一种更大众化、视觉化的电子传播手段,与20世纪初的现代主义美学与都市化进程相适应,以一种全新的媒介语法规则为时尚带来迥异于印刷媒介时代的美学体系及批评话语。用米莲姆·布拉图·汉森的话来说,即电影尤其是好莱坞经典电影第一次为全球带来了"白话现代主义"的流行①:

> 我选择现代主义美学研究来涵括既表现又传播过现代性经验的各种文化实践,比如大规模生产和大规模消费的时装、设计、广告、建筑和城市环境,以及摄影、广播和电影等。我把这类现代主义称为"白话现代主义"(以免"大众"一词在意识形态上过于武断),因为"白话"一词包括了平庸、日常使用的层面,具有流通性、混杂性和转述性,而且兼具谈论、习语和方言的意涵。

汉森认为"白话现代主义"是理解早期好莱坞电影在全球影响力的一个关键概念,好莱坞电影应该被看作第一个全球性的白话文,它在银幕上调和了现代性的内在冲突,表达了人类在现代化过程中的焦虑不安②。经典好莱坞电影可以被想象为与现代性经验等价的文化实践,即工业生产的、以大众为基础的白话现代主义。因此,好莱坞不仅吸引了美国和其他现代化都市(柏

---

① [美]米莲姆·布拉图·汉森:《大批量生产的感觉:作为白话现代主义的经典电影》。

② 丁珍珍、曾莉:《白话现代主义理论在中国电影研究中的应用》,《电影艺术》2006年第4期。

林、巴黎、莫斯科、上海、东京、圣保罗、悉尼、孟买)的先锋艺术家和知识分子,而且影响到国际国内不断涌现的新的公众阶层。电影第一次将现代主义美学与现代性体验传播至大众层面,即电影大批量地生产出现代性感觉,当观影成为都市生活时尚时,这种批量生产的现代性感觉潜移默化地成为大众文化的主流。

第三重效应则是电影为现代时尚“创造”了无穷的时尚符号与充满消费欲望的环境。正是从这个层次上去理解电影与时尚的关系,我们才能将电影(也包括电视)作为时尚转型的一种系统性力量来看待,当时尚不再局限于精英圈层而日益大众化后,电影/电视提供的“白话现代主义”美学原则与话语文本成为大众文化的主流,媒介在两者的共生关系中逐渐占据主动,媒介逻辑开始渗透并主导时尚的逻辑。

电影突破了印刷媒体的识字门槛,将时尚从精英阶层品味带入多元并存的时代。20 世纪 50 年代迪奥的“新风尚”被视作高级时尚的最后一次“回光返照”,同时代的银幕已预示了一个新时代的来临:马龙·白兰度(Marlon Brando)在电影《欲望号街车》(*A Streetcar Named Desire*, 1951)中穿的紧身白色棉 T 恤,既不新颖也无设计感,此前只是海员的日常工作服,但借助白兰度塑造出的邪气而野性、粗鲁又健硕的银幕形象,迅速成为一种时尚风格而在青年中流行;詹姆斯·迪恩(James Dean)在《无因的反叛》(*Rebel Without a Cause*, 1955)中身着白 T、黑色皮衣、蓝色牛仔裤用来表达“垮掉的一代”的态度,“愤怒青年”成为一种时尚,电影《黑板丛林》(*Blackboard Jungle*, 1955)首次采用比尔·哈利(Bill Haley)主唱的《昼夜摇滚》(*Rock Around The Clock*)作为主题曲,标志着一种新的青年亚文化开始登场,摇滚乐开始风靡全国;埃尔维斯·普雷斯利(Elvis Presley,俗称猫王,1935—1977)的首部电影《温柔地爱我》(*Love me tender*, 1956)上映,美国人为这个不仅拥有漂亮的容貌、标志性的扭胯动作和出色的舞台表演的年轻人疯狂,他更成为这个时代的鲜明的标志,一种新的青年亚文化开始成为多元时尚构成的重要组成部分。

(二) 被改变的时尚生成与传播机制

电影彻底改变了现代时尚的生成与传播机制。传统意义上被动地接受或模仿精英品味的社会下层,通过电影这种大众文化的传播手段,成为时尚逆向传播与模仿的来源。1976 年,马丁·斯科塞斯(Martin Scorsese)的经典电影《出租车司机》为时尚贡献了一种新的“底层时尚”规范,2011 年马克·雅可布(Marc Jocobs)的春夏秀及好莱坞新生代女星科洛·莫瑞兹(Chloe Moretz)为《时尚芭莎》拍摄的大片均重现了片中女主角的经典造型。好莱坞鬼才导演伍迪·艾伦在《安妮·霍尔》(*Annie Hall*, 1977)中则塑造了那个年代文艺女青年的着装模板,女主角安妮·霍尔衬衫、马甲、领带加上西装裤的形象,成为一代人心目中的"白月光",2016年拉夫·劳伦(Ralph Lauren)秋冬系列、2020年维多利亚·贝克汉姆(Victoria Beckham)春夏系列均再次将这种风格搬上T台。

电影将一种奇观化的视觉美学提供给时尚,为现代时尚的符号生产与传播提供了新的源头。在电影诞生之前,时尚更多的是从文学艺术中汲取灵感,但影视成为大众及流行文化的主力之后,视觉美学的原则被改变了。譬如时尚界劲吹多年的"赛博朋克"风,并非来自数字媒介,而是来自雷德利·斯科特(Ridley Scott)的科幻巨片《银翼杀手》(*Blade Runner*, 1982)。影片虽在当年生不逢时,票房惨败,但却并不妨碍它成为"赛博朋克"美学流派的银幕急先锋,冷硬、颓靡、暗黑、阴郁的美学要素,将科技元素、东方元素、未来元素等诸多毫无关联的风格联系起来,更何况还将"混搭"这一概念处理得颇具戏谑感①。这极为符合现代时尚"奇观化"、新颖性的追求,成为随后三四十年中时尚界取之不尽的灵感来源:英国已故鬼才设计师亚历山大·麦昆(Alexander McQueen)的纪梵希女装1998年秋冬季系列,设计灵感即来自片中女主角瑞秋(Rachel)的造型;2006年迪奥秋冬高定系列,设计师约翰·加利亚诺(John Galliano)将剧中另一个反派的女复制人普锐斯(Pris)的造型搬上了T台,将赛博朋克的冷硬颓废与高级时装相结合;法国设计师让·保罗·高缇耶(Jean Paul Gaultier)2009秋冬全系列的未来朋克感同样来自27年前的普锐斯(Pris)的妆容及片中的氛围感;来自伦敦的新锐设计师加勒斯·普(Gareth Pugh)的2016秋冬系列,则以更现代的材质与色彩,重新解构了瑞秋标志性的X型耸肩套装;2017年续集《银翼杀手2049》上映后,2018年纽约时装周上,比利时时尚先锋拉夫·西蒙(Raf Simons)就在自己同名品牌中,还原了这种科技末世氛围。关于《银翼杀手》持久的时尚影响力的名单还可以拉长,对时尚具有类似影响力的电影名单同样可以拉长,包括1968年的法国科幻电影《太空英雄芭芭丽娜》(*Barbarella*)、乔治·卢卡斯(George Lucas)导演在1977年推出的"星球大战"(Star Wars)系列等。

在现代社会,电影为无规则、非理性且不断逐新的时尚提供了源源不断的灵感,同时,也让自己的逻辑日益渗透至时尚逻辑中,成为时尚发展不可

---

① 周若娣、陈樱洁:《从〈银翼杀手〉看科幻电影对未来时尚趋势的影响》,《美与时代》(下),2019年第11期。

忽视的一种外来力量。"'时尚',是一种生产和销售物质产品的商业产业;是一种与现代性和后现代性的动态联系在一起的社会文化力量,和一个无形的意义系统。"①但电影对时尚更大的影响力还在于出现了一种迥异于时尚杂志的时尚媒体——时尚电影,电影不再作为时尚的一种外在力量,而是与时尚结合后形成了一种新的专业时尚媒体。

第五节　时尚媒介与时尚品牌化

时尚品牌体系建构的主导力量来自媒介。媒介作为时尚商品与时尚文化的最佳"中介",从时间与空间两个维度保障了时尚供应链的稳定与可持续性。时间上,工业化时尚的规模化、标准化生产,与时尚消费内在的即时、求新、求异存在着巨大的不协调。从印刷技术到电子技术的迭代,时尚传播实现全球直播、瞬时传递成为可能。现代时尚传播模式为这种不协调带来了破解的方式,将时尚消费从商品消费前移至符号消费。以瞬息万变且求新求异的女装产业为例,从"四大时尚中心"按"季"的时尚发布会开始,下一季的时尚消费已在全球时尚杂志或发布会直播中开始了。时尚商品的消费只是文本或意义消费的延伸,消费者的时尚消费偏好已通过媒介的时尚文本建构成形,零售商或专卖店的购买行为只是文本或意义最后的转化。难以把握的时尚潮流与掌控的消费意愿,通过媒介的中介性介入,成为时尚供应链上游可控、可预测的内容。

空间上,时尚产业扩大再生产的前提是全球消费市场的拓展,媒介推动时尚品牌化的另一面是将时尚程式化,即将特定时尚商品的消费转化成笼统的"生活方式"的兜售——将消费者的偏好、品位、习俗、行为等纳入一套被精心编码的象征符号体系内,通过媒介的中介力量将这套象征符号体系关联至特定品牌的"理念""价值""文化"中,随之传播至全球。时尚的程式化有助于每一次的传播资源都可累积成特定的品牌资产,进而沉淀为品牌价值传承,在消费环节形成品牌溢价。其次是在零售商店、品牌专卖店、旗舰店、时尚高街(the Hight Street)等消费空间内,将时尚的符号消费与商品消费实现最后的闭环——通过媒介的中介化力量,将这些空间建构为社会关系或身份认同的传播空间。实体的购物空间同时也是消费欲望的再生

① A. Rocamora and A. Smelik(eds.), *Thinking through Fashion: A Guide to Key Theorists*, London: Bloomsbury Publishing, 2015, p.2.

产空间，正如福柯所言："空间从来不是'无生命'或仅仅'在那儿'，相反，空间对于社会关系的建构来说是举足轻重的。"

一、时尚品牌的起源：1900—1920

（一）查尔斯·沃斯的尝试

现代时尚的品牌意识最初是在时装领域中诞生的。1860年前后，英国设计师查尔斯·沃斯与他的瑞典合伙人一起在巴黎和平大街(Rue de la Paix)创办了时装店。为了更好地推广自己的服装生意，他尝试将写有自己名字的商标加在由他设计的礼服上，他的这一做法，让服装变得更像艺术品，而不仅仅是衣服而已，时装品牌由此诞生。沃斯早期是欧仁妮皇后的官方裁缝，以奢华的面料、装饰以及融合时代元素的服装而闻名(见图3-33)。作为一个设计师，沃斯的设计风格非常之守旧，但其天才的商业策略，却标志着一个新时代的到来——时尚的品牌时代，终于制作服装的裁缝可以被称呼为服装设计师①。

图3-33　欧仁妮皇后穿着沃思设计的礼服，约1853年

在沃斯的成功示范下，陆续有设计师跟进此种做法，包括被称为史上第一位设计师的保罗·波烈，在1903年创立了以自己名字命名的时装店。他自称是那个"向紧身胸衣宣战的人"，并由此设计出了具有开创性精神的一款简单的窄裙——裙子从胸部开始往下一直垂直到地面，显现出小巧而自然的曲线。他也是第一个将名人画作印在丝绸上的设计师。波烈还颇具创意地将他的时装与家具、配饰、香水一起在精品店里整体陈设，以此传递他的品牌设计理念。此外，天才设计师马瑞阿诺·佛坦尼(Mariano Fortuny)在1907年推出了被誉为永恒的艺术品的"德尔福斯褶裥裙"(Delphos dress，见图3-34)——这款裙子就像一缕带褶皱的丝绸，可以被扭成一绞羊毛一样。其设计后来被三宅一生视作创作三宅褶皱的灵感，包括《时尚》(*Vogue*)杂志的创始人、美国出版商康泰·纳仕(Conde Nast)的夫人都是"特尔斐裙"的主顾。在时尚品牌化的第一个十

① [奥]夏洛特·泽林：《时尚：150年以来引领潮流的时装设计师和品牌》，第11页。

年里，品牌意识大部分来自设计师们对自己作品的珍视，也部分源于当时法国高级时装业的竞争——毕竟能够光临时装店的仅限于富裕阶层、明星、舞蹈家、社会名流等，人数有限。促进时装品牌化的力量除了时装设计师之外，值得一提的还有1900年在英国举办的盛大的世界博览会，沃斯和另一家法国时装名店——杜塞(Doucet)一起让全世界见识了法国高级时装的魅力。随着这次展览的影响力不断扩大，法国时装界开始意识到法国时装是一笔珍贵的品牌资源，需要加以保护，于是1910年巴黎高级时装联合会成立。迄今高级定制时装(Haute Couture)作为时尚的最高等级，依旧受法律保护，符合该会的严格规定并获得批准，才能被认定为高级定制。

图3-34　“德尔福斯褶裥裙”

（二）香奈儿的成功

1909年，俄国芭蕾舞团第一次亮相巴黎，芭蕾舞团充满异域风情的巴洛克式表演，为全球时尚界的彻底改变打下了基础，也为急于从紧身胸衣和传统中解脱出来的欧洲上流社会带来了灵感与刺激。世界上第一个化妆品品牌赫莲娜(HR)的创始人赫莲娜·鲁宾斯坦女士(Helena Rubinstein)在看完演出后，对那些由紫色和金色构成的丰富色彩变化感到非常兴奋：“在昨晚那样完美的色彩中，我觉得自己恋爱了。”①1914年，一战爆发，人们在衣着上不再追求华丽奢侈。但战争也意外加快了女性的独立与解放，男人上了前线，更多的女性成为工厂女工、汽车司机或售票员甚至是随军护士，女性意识的觉醒需要有全新的设计风格去满足。可可·香奈儿意识到女性时尚变革的来临，她以现代、个性、运动的时尚风格，敏锐地抓住了机会，成为有史以来第一个将设计焦点放在功能性和舒适度上的设计师。她非同一般的商业天赋也创造出了一个“Chanel”的品牌帝国②，她那句“时尚来去匆匆，唯有风格永存”的经典名言也成为“Chanel”品牌理念的最好诠释。

菲兹杰拉德在《了不起的盖茨比》中将20世纪20年代形容为一个“奇

① [奥]夏洛特·泽林：《时尚：150年以来引领潮流的时装设计师和品牌》，第42页。

② 同上书，第63页。

迹的时代,一个艺术的时代,一个挥金如土的时代"。而好莱坞拍摄的同名电影也恰如其分地体现了这个由爵士乐、波波头、亮片流苏舞裙等时尚潮流构成的新年代,女性服饰得到了更自由、大胆的解放,人们需要能跟上潮流转换的时尚品牌来满足他们及时行乐、纵情跳舞的时髦生活。让·巴杜(Jean Patou)创立的同名品牌就是其中之一,它是20世纪20年代"假小子风格"的主要诠释者,但品牌最大的贡献还在于运动装方面,特别是网球运动制服。珍妮·朗凡(Jeanne Lanvin)在19世纪末创立的浪凡(Lanvin)品牌则为当时的女性提供了雅致而色彩丰富的替代性选择,并推出了男装系列和香水系列。法国时尚品牌薇欧奈(Vionnet),由传奇女设计师玛德琳·薇欧奈(Madeleine Vionnet)创立于1922年,她被誉为"斜裁大师",她的剪裁艺术对三宅一生、山本耀司(Yohji Yamamoto)影响至深。该品牌最早引入了版权保护理念,为生产的每一件衣服都设计独特署名标志和标签,并制作产权影集,也是第一个把高级时装销售到美国的法国品牌。

引领20世纪20年代时尚风潮的无疑是可可·香奈儿与艾尔莎·夏帕瑞丽,"这两位女士不仅仅是服装设计师,她们还是当时整个艺术运动的一个重要组成部分"[①]。她们在商业上也取得令人难以置信的成功,夏帕瑞丽在20世纪30年代就有26个工作室,雇用了2 000余名员工。意大利的时尚品牌往往是地方优势产业的延伸与再造:如依托托斯卡纳地区悠久的皮革加工和手工艺传统而兴起的古驰、菲拉格慕(Ferragamo)等皮具品牌,又如代表了意大利北部优良羊毛羊绒材料和纺织工业的杰尼亚(Ermenegildo Zegna)、诺优翩雅(Loro Piana)等品牌。意大利时尚行业由其本国悠久的贸易文化、手工艺传统和逐美文化(以美第奇家族为代表的意大利资产阶级把经商的收益用于风雅之事,认为精神生活享受高于一切,其奢侈在于美丽而非安乐演化而来),意大利时尚品牌最具代表性的莫过于创立于1923年的古驰,它既是意大利时尚反抗法国时尚霸权的产物,也代表了意大利时尚品牌的发展历程[②]。

二、电影成就的时代:1930—1950

(一)好莱坞时尚的崛起

伴随着经济大萧条进入了20世纪30年代,女性不得不重返家庭,奢华

① [英]詹姆斯·拉韦尔:《服装和时尚简史》,第224页。

② 蔡端懿:《传承与创新:意大利百年时尚品牌形象图腾的设计营建——以古驰为例》,《装饰》2017年第9期。

与奔放不再是时代的主题，女性时尚重新回归典雅。经济萧条对时尚产业产生了重大的冲击，却意外让好莱坞的电影产业获得发展，也使专为米高梅(MGM)电影设计服装的吉尔伯特·阿德里安(Gilbert Adrian)获得“时尚界神秘之王”的称号，他为包括《大饭店》《茶花女》《埃及艳后》等在内的五十余部电影设计过服装①：

> 他在职业生涯里打破了魅力的概念。他拥有为相机和镜头进行设计的本能，将他的明星打扮成最具戏剧性的……剪影，标志性的斜切礼服，锋利的定制西装……他使琼·克劳馥(Joan Crawford)的男性肩膀更加鲜明，并使用带肩垫的上衣来增强它们。这种外观使她成为我们今天所知道的女神，并发明了20世纪40年代的轮廓。他的设计不仅迷人而鼓舞人心，而且具有普遍性和民主性，他的作品超越了银幕，并很快受到全世界的追捧。

电影服装设计师第一次从幕后走出成为前台明星。在获得巨大名声后，1942年阿德里安在比弗利山庄(Beverly Hills)创立了自己的品牌时装，并开发出一条成衣生产线以供美国的独家精品店销售。这是一条与欧洲时尚品牌迥异的发展路径，欧洲的设计师大都选择在巴黎开设独立时装屋，那是专为少数特权阶层服务的时髦购物场所，以高级时装在上流社会确立品牌的形象与地位，发展出品牌固定的客群。但美国时尚品牌路径却在一开始就借助好莱坞电影强大的传播力，向中下层社会或美国以外的市场辐射。艾德里安为琼·克劳馥1932年的电影《情重身轻》设计的一款白色泡泡袖连衣裙(见图3-35)，在电影上映后引起轰动，梅西百货(Macy)以20美元的价格售出了50万件这款设计的仿制品。

图3-35　琼·克劳馥穿着礼服

最能代表30年代的时尚品牌当属夏帕瑞丽，品牌由意大利传奇设计师

① “Life of Adrian,” http://adrianoriginal.com，2022-09-25.

艾尔莎·夏帕瑞丽于巴黎创立。作为保罗·波烈的弟子，她将超现实主义带到了时尚界，后现代艺术之父马歇尔·杜尚(Marcel Duchamp)和超现实艺术家曼·雷均是其朋友。毕加索启发她用报刊上有关她的文章剪贴成图案，印在她设计的围巾、衬衣和沙滩便装上。超现实主义画家达利为她设计了许多印花图案，包括最为著名的“龙虾裙”(见图3-36)，使品牌的每件服装像一幅现代艺术品，其中包括一款著名的“Tears Dress”。1937年该品牌推出“Shocking”(震惊)香水，香水瓶是一个女人身体模型，由艺术家雷奥诺·汾尼(Léonor Fini)根据女演员Mae West(玛耶·威斯特)的身体模型设计而成，极富视觉冲击力。品牌还用极富戏剧性的时装秀来展示这些“令人尖叫”的、达达主义式的作品，品牌与设计师都成为媒体的宠儿，其在30年代利润已达一亿二千万法郎，拥有26个工厂和2 000多名雇员，无论是个人还是品牌均成为香奈儿(Chanel)最大的竞争对手。迄今该品牌的设计理念及时装秀方式依然深刻地影响着时尚界，在高田贤三(Kenzo)、高缇耶以及加里亚诺的秀场里还能看到该品牌奔放的想象力的影响①。最能代表30年代优雅的品牌则当属莲娜·丽姿(Nina Ricci)品牌，其创立于1932年的法国，以服装起家，以香水闻名，创始人是意大利的玛丽·尼纳(Maria Adelaida Nielli)女士，品牌名称来源于她小时候的昵称。比起夏帕瑞丽令人尖叫的设计，玛丽·尼纳独创的立体剪裁法更追求优雅可人的淑女风格，莲娜·丽姿也是少数几个存活至今的时尚品牌。

图3-36 夏帕瑞丽的“龙虾裙”

(二) 迪奥的“新风貌”

20世纪50年代是高级时装开始摇摇欲坠之前的最后一个告别演出年代。

二战结束后的50年代，是优雅时代的最后一次回光返照。战争让时尚产业受到了很大的影响，但战后初期最先得到恢复的也是时尚业，典雅的设计重新回归主流，其标志性的品牌非克里斯汀·迪奥创立的同名品牌莫属。

① [奥]夏洛特·泽林：《时尚：150年以来引领潮流的时装设计师和品牌》，第87—94页。

1947年的2月，时装设计大师迪奥用一场充斥着线条柔和、腰身纤细的奢华而优雅的伞裙的时装秀（见图3-37），宣告属于自己时代的到来。《时尚芭莎》的主编卡梅尔·斯诺将这些战后新颖的形象形容为“新风貌”（New Look）。从积极层面来说，新风貌承诺了战后必将到来的优雅、富裕的美好时光，并由此扮演了激励社会的角色；但从消极层面来讲，新风貌成为一个用来强调阶级差距的工具，也催生出了一个新阶层——中产阶级[①]。此后的近十年中，迪奥的新风貌成为时尚市场的绝对主宰，品牌销售从巴黎延伸到了伦敦、纽约等地，品牌最高峰时占了整个法国时尚出口量的75%。

图3-37　迪奥的“新风貌”

同时代能与迪奥新风貌相提并论的时尚品牌，只有被称为“创造了时尚的未来”的西班牙设计师克里斯托瓦·巴伦西亚加（Cristobal Balenciaga）创立的同名品牌。他最初在马德里与巴塞罗那各开了一间时装店，直到1937年才在法国巴黎开了一间时装店，并在50年代获得了巨大的成功，品牌的名单上列有温莎公爵夫人（Wallis Simpson）、玛琳·黛德丽（Marlene Dietrich）、英格丽·褒曼（Ingrid Bergman）等的名字。此外，还值得一提的是休伯特·德·纪梵希（Hubert de Givenchy）创立的纪梵希品牌，并由著名影星奥黛丽·赫本将品牌带到了全球性品牌的高度，品牌与电影的紧密合作成就了品牌在商业上的巨大成功；另有华伦天奴（Valentino）创立的华伦天奴品牌。

和法国类似，意大利在二战之前的时尚品牌大都由设计师的个人时装屋转型而来，最为著名的当数古驰（Gucci）品牌。1904年，设计师古驰奥·古驰（Guccio Gucci）开设了一家专门生产皮革制品的店铺，后又推出了皮革手袋、旅行包等，最后连丝巾、领带、眼镜、手套等通通都列入了产品目录。到90年代，古驰成为意大利最大的两家时装连锁店之一，成为意大利时尚的制造者。出生于1914年的艾米罗·普奇（Emilio Pucci）是意大利时尚的一位先锋者，他创立的同名品牌在50年代开始超越国界走向国际市场，推

① ［奥］夏洛特·泽林：《时尚：150年以来引领潮流的时装设计师和品牌》，第104页。

出的卡普立(Capri pants)长裤曾是20世纪50年代的“最IN”时尚。早在1907年,索列尔·芳塔纳(Sorelle Fontana)就在意大利的帕尔玛市经营着一间时装店,战后发展迅速,到50年代,国际电影界中的不少明星也成为她们的顾客。

三、时尚品牌的多元化:1960—1980

(一)新风格,新品牌

时装真正成为设计师可以驾驭的创造并取得商业上的成功,时尚真正成为国际性的大产业,是1960年之后的事,在批量生产、大规模消费盛行的背景下,配合时尚传播的力量,品牌成为时尚产业的核心①。时尚作为一个国际产业也在这个时期开始形成,“摇摆的60年代”(The Swinging Sixties)是20世纪最多姿多彩的年代。战后成长起来的婴儿潮一代(Baby Boomers)给60年代带来了全新的青年文化,质疑、反抗、反主流成为西方社会不断涌现的青年思潮,巴黎街头的青年学生游行、嬉皮士运动、反越战游行以及黑人民权运动,更关键的是音乐,包括摇滚、民谣、黑人音乐等催生出了全新的街头文化或者说是青年文化。街头时尚开始成为时尚品牌的灵感之源,与全球反主流、反权威的社会思潮一致,时尚界诞生了一些特立独行、张扬设计师独特风格的品牌,诸如伊夫·圣·罗兰(Yves Saint Laurent)、皮尔·卡丹(Pierre Cardin)、卡尔·拉格菲尔德(Karl Lagerfeld)等具有市场号召力的时尚品牌。这些设计师将极具个人色彩的性格投射到创立的品牌上,形成了一批冲击传统主流设计理念、崇尚街头个性的“反时尚”设计风格。

图3-38 伊夫·圣·罗兰设计的女性燕尾服

1958年,迪奥因突发心脏病去世,全法国都把重续法国时尚的希望寄托在迪奥的助理、一位21岁的设计师伊夫·圣·罗兰身上。这位被视为迪奥继承者的“皇太子伊夫”却喊出了“打倒丽兹,街头万岁”的口号,并以颓废风设计(Beat Look)将法国左岸精神带入了高级时装。最终

① 王受之:《世界时装史》,中国青年出版社2002年版,第10—11页。

他的这些设计理念无法见容于迪奥品牌，于1962年创立了自己的同名品牌，并同时推出成衣系列以适应更大众化的市场需求。伊夫·圣·罗兰设计的最大贡献之一是将性别平等的概念带进了保守的时尚界。1966年秋冬，一位身穿燕尾服的模特在T台上行走，这个系列是性别自由的先驱（见图3-38），直到那一刻，一种新的女性气质——总是时髦，但叛逆，追求进步，有良好品味甚至会重置新的规则，被纳入高级时尚系统。

20世纪60年代最应该被重视的无疑是安德烈·库雷热（André Courrèges）。设计师早期为巴黎世家工作了11年，1961年，库雷热创建个人品牌“Courrèges”，凭借“将长裙裁剪到膝盖以上6英寸”的Courrèges超短裙迅速成名。品牌迎合了60年代人类首登太空的未来主义美学思潮，相继推出了“月亮女孩”（Moon Girl）与“太空时代”（Space Age）系列，以银白色为主调，采用大色块，采用几何剪裁呈现廓形，材质模仿太空装的科技布料，构成极具视觉冲击的太空造型。该品牌被认为是继时装女王可可·香奈儿之后第一位将男装的设计素材大胆地运用于女装的设计师，为女性提供简洁明快的款式，并建立起全新的现代美学观念。人们认为时尚历史可以简单分割成BC和AC两个时代，即“库雷热之前”和“库雷热之后”[①]。

（二）“反时尚”品牌

与20世纪60年代社会狂热思潮一起退却的，还有理想主义与乐观主义。越战（1959—1975）艰难结束后，随之而来的是两次石油危机，布雷顿森林体系破裂美元急剧贬值，日本经济崛起、撒切尔夫人当选等等。这些政治、经济、文化因素共同凝聚成混杂的70年代，反映在时尚品牌中就是出现了一批所谓的低格调或者“坏品味”的品牌。这些品牌往往跟地下文化、摇滚乐、性、女权主义、反主流等相关联，以“反时尚”的面貌出现在大众面前的。譬如对自然主义的倡导，除了直接催生出第一个国际环境保护组织——绿色和平组织外，还催生出了英国著名的护肤品牌——美体小铺（The Body Shop），其品牌文化倡导为保护地球，彻底执行3R——再回收（Recycle）、再利用（Reuse）、节能（Reduce）的环保理念，号称零残忍自然主义护肤品牌[②]。

民主平等的理念让牛仔裤成为性别模糊、阶层模糊，甚至是性取向模糊化的绝佳产品，形成于美国淘金时代的“利维斯”（Levi's）品牌从矿工、农场主、牛仔们的工装一跃成为20世纪50年代青年叛逆者的心头好。尤其是该品牌的501型号，成为光头党、机车党们的“制服”，随后在60年代的伍德

① ［奥］夏洛特·泽林：《时尚：150年以来引领潮流的时装设计师和品牌》，第169—178页。
② https://www.thebodyshop.com/，2022-07-28.

斯托克音乐节上又成为倡导"爱与和平"的着装，到了70年代早期，LGBT群体穿着501牛仔裤为争取平等权而抗争，随后又成为雷蒙斯(Ramones)等朋克乐队的标志性装束①。同样取得成功的还有创立于1968年的美国时尚品牌卡尔文·克雷恩(Calvin Klein, CK)。在女权主义风起云涌的背景下，它为女性在摇滚、朋克之外提供了性感又极简的风格，并起用了15岁的波姬·小丝(Brooke Shields)作为牛仔裤的形象代言人，此后，成为美国时尚的代表性品牌之一，在商业上获得巨大成功。

在全球时尚品牌版图中，英国的时尚品牌更具有反主流的潮流特征，一批特立独行的英国设计师创立了独具特色的时尚品牌，最值得一提的当数朋克教母、西太后——薇薇恩·韦斯特伍德(Vivienne Westwood)及其创立的同名时装品牌。该品牌将朋克音乐、地下文化、恋物癖设计结合在一起，通过西太后天才般的营销与对亚文化的洞察力，创造了一个充分代表英国跨越时尚与政治逆境的世界，成功地将朋克商业化并营销。法国在这个时期诞生了极具影响力的让·保罗·高缇耶(Jean Paul Gaultier)品牌，是设计师在1976年创立的同名品牌，标新立异的设计使其成为潮流巨星们的重要合作品牌。而真正让该品牌享誉全球则是因为美国流行巨星麦当娜的"金发野心"巡回演唱会，而最为令人记忆深刻的是锥形胸衣外穿的形象。同一时期的意大利则诞生了范思哲(Versace)品牌，由设计师兄妹于1978年在意大利创立，品牌标志是美杜莎(Medusa)女神，象征女性无与伦比的美艳、撩人，蛊惑所有为品牌魅力心动的人。该品牌早期跟美国摄影师阿维登的合作为其打开声誉，注重名人效应，如曾先后为史泰龙(Stallone)设计服装，并为英国歌手艾尔顿·强(Elton John)的世界巡回演唱会设计服装以及专辑封面。阿玛尼(Armani)品牌由设计师乔治·阿玛尼(Giorgio Armani)于1975年创立于意大利米兰，产品线包括成衣、鞋履、手表、包袋、美妆等，已发展成一个时尚集团。1982年，乔治·阿玛尼成为自40年代继迪奥以来，第二个荣登《时代》(*Time*)杂志封面的设计师。

四、强势品牌主导下的时尚产业

(一) 来自东方的影响

时尚品牌在20世纪70年代的发展，最值得一提的是来自东方的影响。国际时尚产业中第一次出现了由日本设计师创立的时尚品牌，包括高田贤三(Kenzo Takada)、森英惠(Hanae Mori)、三宅一生(Issey Miyake)等，开

① 部分资料参考品牌官网，见 https://www.levi.com.cn/landing/brand, 2022-07-28。

始登上国际时尚舞台。高田贤三是第一位用时装征服巴黎的日本设计师，为呼应20世纪60年代嬉皮士运动倡导的“爱与和平”、要鲜花不要武器的理念，他的第一个以“花儿”为主题的时装系列就登上了时尚杂志Elle的封面。随后他用自己的名字“贤三”创立“KENZO”品牌，显示出多元文化融合的设计理念。其创始人将南美洲、远东的热烈的色彩与花朵，或者高更、马蒂斯等艺术家的作品，融入日本和服的基础元素中，形成有一点点传统，有许多热情的颜色，有活生生的图案，还有几分狂野的品牌形象。该品牌从精品时装业一直延伸到化妆品、香水领域。

三宅一生则在1979年以一场名为“当东方遇见西方”的时装秀，展示他在完美与不完美之间找寻一种现代性的独特平衡的设计理念，并以新布料研发、独特剪裁方式来呈现这种品牌理念。他的三宅褶皱被认为是对20世纪初的天才设计师佛坦尼的致敬，其创立的同名品牌被认为：“如果不是三宅一生，褶皱的美感都会被熨斗铲平。”目前在主线的时装品牌ISSEY MIYAKE之下还有六七个副线品牌，尤其是1994年推出的香水品牌——“一生之水”（L'Eau D'Issey），堪称高级时尚香水经典，拥有许多的追随者①。随着日本经济在20世纪80年代达到历史高位，日本时尚也从二战结束初期完全以美国为风向标，而逐渐发展出具有明显东方文化、民族特征的时尚设计师团体，“当川久保玲（Rei Kawakubo）和山本耀司在1981年初次亮相之后，巴黎时尚圈被他们震撼了”。这对来自东方的恋人设计师的联合，让《法国解放报》以这样的标题来报道——《法国时尚界在日本找到了他们的大师》②。川久保玲展现出的独特、自我的女性气质，山本耀司将日本特有的“侘寂美学”（Wabi-sabi）③带进了长久以来由西方审美主导的高级时尚圈。

（二）资本驱动下的时尚品牌

时尚品牌的发展史，就是一部不断商业化的历史。从最初的设计师驱动，逐渐发展到产业驱动，到如今的资本驱动，时尚品牌的商业化，同时体现为资本逻辑越来越成为时尚系统的主导力量，时尚品牌开始征用嬉皮士运动的“花儿”衣服、波西米亚风格的长裙、印第安部落的首饰、公社式的自

① http://www.isseymiyake.com/，2022-07-28.

② ［奥］夏洛特·泽林：《时尚：150年以来引领潮流的时装设计师和品牌》，第182页。

③ “侘寂”是一个理解日本文化与日常的关键词。“侘”源于日本茶道鼻祖千利休的侘茶之道：黯然枯寂，岁月洗练后的古雅、简朴、收敛与粗糙。“寂”见于日本俳圣松尾芭蕉的妙趣作品：吟咏苍古，带着“余裕”的态度自由游走于日常生活间。侘寂，正是从俳句到茶道，从艺术理念到生命意识的独特日本美学。见［日］大西克礼：《日本侘寂》，王向远译，北京联合出版公司2019年版。

然生活态度后，所有这些符号的抵抗内涵与表征均被解构，它们归于统一的商业化时尚。时尚的品牌化即是时尚的符号化，这个体系由现代传播格局形塑，并与现代时尚符号的生产-消费体系相适应。现代时尚品牌体系同时主导了现代时尚产业的全球布局与分工，决定了全球时尚产业的利益分配。

统计数据显示，以耐克(Nike)、香奈儿、迪奥、古驰等为代表的品牌长期位于全球时尚品牌价值排行榜的前列，这些品牌既占据了全球时尚品牌的金字塔顶端，也占据了全球时尚产业链的“微笑曲线”两端。与古典时尚向现代时尚转型同步发生的是时尚的品牌化，古典时尚的生产与消费是在等级社会专享制度保障下运作的，中世纪欧洲以禁奢令的方式保证时尚与特权相关联，时尚产品的专属性只与制作的工匠或作坊相关，时尚消费的特权阶层决定了时尚文本或意义的生产与传播，时尚的生产与消费既不平等，又互相割裂。现代时尚开启了时尚的品牌化历程，在品牌体系中，时尚作为商品的生产-消费与作为文化的生产-消费，实现了统一，并贯穿在“时尚供应链”的全过程：通过品牌，时尚的设计师、模特、传播者、生产商、零售商、消费者共享了一个时尚修辞系统，并确保这个修辞系统能在全球市场实现时尚的传播与共享。

第六节　现代时尚传播模式

如果说古典时尚的生产与传播，与宫廷这个有形的物理空间密切相关的话，现代时尚的诞生与发展则与城市的兴起紧密相连，都市主义(urbanism)成为孕育现代时尚的温床。虽然城市的存在可以追溯到很早的古代，但作为一种指向现代都市和都会地区的独特生活方式，它大致出现在19世纪晚期。路易斯·沃思(Louis Wirth)认为，现代都市的出现，标志着人类进入了一种全新的生存状态：与传统社会在家庭和社区内部的“初级交往”不同，现代都市中人类交往的主导性模式是“次级交往”——人们只投入自己的小部分人格和精力，只要足够完成特定的互动即可[1]。个体化、原子化成为人们行走在城市这个独特生活空间中最重要的身份，时尚成为陌生化的城市社会关系中，人们快速定位自身与他人的一套符号体系。

---

① [英]安东尼·吉登斯、[英]菲利普·萨顿：《社会学基本概念》，第90—91页。

一、现代时尚的“多寡头大众化传播”模式

现代时尚传播是依托大众时尚媒介——时尚杂志、时尚影视及广播而形成的，作为大众传播的一个组成部分而存在。因此，现代时尚传播模式本质上属于大众传播模式，基本的传播过程与研究范畴可用“韦斯特利-麦克莱恩模式”来表示，无论是传播者分析(A)、受众研究(B)、传播渠道/媒介环境的分析(C)，还是时尚信息的生产、确认与传播，这个模式均能直观而清晰地表达传播的完整过程，以及传播中存在的相关反馈。同时，时尚作为社会的一个子系统，又存在着自身的运行逻辑。时尚传播除了遵从大众媒介逻辑之外，也要与时尚逻辑相适应，因此现代时尚传播又有自身的特征。传播模式中 A、C 两个角色，既遵守大众传播中的“二级传播模式”，又呈现出时尚“多寡头”的结构，即时尚信息经由全球时尚权力结构中寡头城市、意见领袖及强势品牌，最终抵达次级城市、次级群体及次级品牌的二级传播模式。

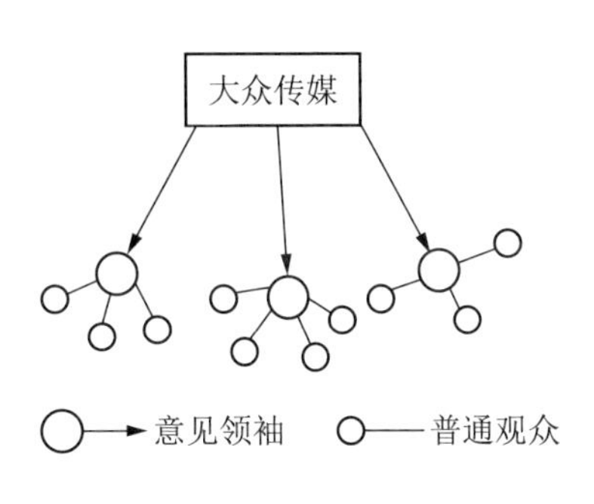

图 3-39　大众媒介二级传播示意

（一）内容生产中心化

现代时尚传播的内容生产呈现典型的中心化特征，而中心化的变迁既与政治经济这些宏观背景有关，也与传播技术的创新运用密切相关。进入现代时尚时期，随着英国工业革命(始于 18 世纪 60 年代的一系列技术革命)的成功及法国大革命(1789—1799)的爆发，时尚中心开始转移，英国开始在欧洲大陆崛起，形成欧洲三大时尚中心并立的局面；随着电子媒介技术的发明与应用，伴随好莱坞的崛起，20 世纪的美国成为大众传媒产业发展最为迅速的国家，纽约作为新兴的时尚内容生产中心开始崛起。

进入 20 世纪，以都市时尚为特征的美国时尚开始随着电子传媒技术的广泛应用而崛起，纽约作为 20 世纪的另一个时尚中心与传统欧洲分享全球

时尚话语权。第二次工业革命后(19世纪60年代后期发生的电力革命事件),美国趁势迅速崛起,电的应用促使美国的传播技术实现跨越式发展,收音机、电视、电影、广播等传播媒介迅速普及,影视节目、影视明星的出现极大地改变了美国时尚的传播效率,也让美国时尚获得广阔的发展空间,其影响力已不亚于拥有悠久时尚演化历程的欧洲。世界时尚传播中心开始由单一的欧洲中心变为欧洲、北美并立。

(二)传播呈现一对多及二级传播特征

大众传播内容由组织化的媒介机构生产,并通过多元媒介渠道,如杂志、广播、电视等向不特定大多数受众传播,因此呈现出一对多的传播特征。而不同感官倾向的技术赋能也使现代时尚信息由单一的视觉传播趋向于视觉听觉融合的传播。同时,时尚传播特有的创新扩散特征,又使这种传播模式呈现出明显的二级传播的特征,即传播借助意见领袖而抵达更多受众。

18世纪中期之后的时尚杂志开始了大众化转型。作为传播时尚资讯的重要渠道,借助印刷术的普及,时尚杂志进入大众传播时代。无线电与照相术的发明,让时尚工业的发展速度激增,也使时尚传播进入电子时代,更让时尚这种最需视觉表现力的传播内容获得了前所未有的"仿真"手段。时尚传播至此与视觉传播几乎可以画上等号,众多时尚传播史上的经典符号几乎都诞生于电子传播时代。

(三)时尚信息符号化

符号是认同的基础,现代社会的流动性让时尚消费成为个体建构认同的有效途径。现代时尚的品牌化、全球化是与时尚传播与消费的符号化同步的。伴随着时尚品牌在全球的扩大再生产,时尚的符号再生产也借助大众传媒内嵌进全球传播体系中,成为影响普通人生活各领域的内容。

现代时尚的符号生产机制呈现典型的中心化特征,世界四大时尚中心——巴黎、伦敦、米兰、纽约成为时尚符号的集中生产地。而这四大时尚中心同时还是全球时尚传媒业最为发达的中心,从这四大时尚中心生产出来的时尚符号源源不断地通过时尚媒介向全球传播。时尚不仅是一种产业,也是一种交流的机制。

时尚内容生产中心化的同时,还让时尚传播摆脱了时空的限制,进入全球传播时代。中产阶级作为一个变动不居、面目模糊的身份,在寻求认同与区隔这一对矛盾中,时尚符号成为最常借用的工具。大众传播时代的到来,时尚内容生产的编码与解码体系开始逐渐完善,而拥有时尚话语权的四大时尚之都,则成为这套编码、解码系统权威的"立法者"与"阐释者"。巴黎、伦敦、米兰、纽约一年一度的时装发布会,可以理解成时尚符号生产的运作体制，只有经由这个体制认可并赋权的时尚内容，才是当下“最 IN”的时尚风潮。各大品牌之所以蜂拥而至，就是需要将一个个现实的时尚之物，经由这套体制“加持”后成为风行全球的时尚符号，不论是 CHANEL 的巨大双“C”标志，还是 GUCCI 的双“G”标识。在现代时尚传播模式下，时尚符号体系不断更新、强调进而传播至全球，以此获得文化地理上的绝对权威，成为全球都市文化的风向标；各时尚大牌经由一年一度的时装周体制，被赋权为正统、合法时尚承载体，时尚符号“拜物教”反复出现在全球发行的时尚杂志、时尚电影及明星代言人身上，而后在面对消费者的橱窗内、柜台里、专卖店中，这些产品已不是能用等价交换的概念来衡量的普通商品，它们是借由时尚传播被施了“咒语”的“魔法”之物——奢侈品。

二、时尚仲裁的新机制

现代时尚的“多寡头大众化传播”模式造就了新的时尚仲裁机制。谁是时尚的仲裁者？时尚的仲裁权力以何种形式体现与传播？这些是时尚作为无限求新、求变的一种社会现象，必须面对的核心问题。

（一）权力转移

古典时尚作为权力与等级的显示，其仲裁者无疑是宫廷。凡尔赛宫作为时尚的策源地，将路易十四“制造”成王权的“典范中心”，作为前现代民族-国家的一个想象中心，以达到团结贵族、驯服民众的目的。法国大革命不仅剥夺了宫廷贵族的特权，也终结了这个封闭圈层对时尚的垄断仲裁权，仅是在拿破仑三世（Napoléon III，1808—1873），即路易·拿破仑·波拿巴称帝时期（Louis Napoléon Bonaparte，1852—1870），美艳的末代皇后欧仁尼凭个人魅力与宫廷地位相结合，使宫廷时尚仲裁权实现了最后的回光返照。她的新洛可可风格的宫廷品味，为时尚史上贡献了值得记载一笔的克里诺林裙（crinolines）。

从第一本现代意义的时尚杂志——《时尚衣橱》诞生，到 20 世纪时尚电影、时尚摄影的蓬勃发展，大众时尚媒介持之以恒地为现代时尚生产出一套时尚评估价值体系，时尚仲裁的权力随之从宫廷贵族转移至现代媒介。虽然早期时尚杂志主要面向的还是贵族精英阶层，但随着社会等级制度的消解，更多富裕的新兴阶层成为时尚消费的主力人群，时尚杂志的数量及传播辐射范围均在 19 世纪得到了大幅度的提升。1871 年至 1908 年间，仅在法国就推出大约 180 种新的时尚杂志。时尚杂志也日益从精英杂志向大众媒介转型，作为第一种突破宫廷圈层向大众传递时尚信息的媒介，时尚杂志通过提供时尚从起源到现代发展的评估价值体系，构成时尚史的一种书写方式。它定义和传播新的时尚产业及文化，将时装转化成一整套复杂的时尚礼仪及概念模糊的生活方式，为现代时尚开疆拓土，也为时尚在普及过程中维持象征价值提供了评判标准①：

> 18 世纪时，“品味”（taste）作为判断时尚的第一个标准由时尚杂志建构并传播，后来“品味”作为时尚判断的关键标志消失了。取而代之的是反映不断变化的文化价值观的新词汇，包括 20 世纪 20 年代的“智能”（smart）和“时尚”（chic），20 世纪 50 年代的“优雅”（elegant）和 20 世纪 80 年代的“风格”（style）。

这套修辞在现代社会的顺畅运行，表明时尚仲裁权力的转移，时尚媒介与不断商业化和民主化的时尚形成一种共生关系。大众时尚媒介已不仅仅承担着时尚信息的传递与扩散，还包含了现代社会对抗流动性而产生的一种“稳定性建构”的需求——为理解变幻莫测、不易捉摸的现代时尚提供一套可操控的时尚修辞。借由时尚修辞，我们能理解“品味”是如何成为 18 世纪下半叶判断时尚的关键指标，它是如何消失，又被哪一个新的文化概念所替代的。

（二）偶像变迁

媒介将时尚建构为一种“理想生活或幻想”的认同机制，但“理想生活或幻想”又因模糊多义而显得捉摸不定。于是借助视觉传播的具象化和形象性，媒介不断创造出能承载“理想生活或幻想”的时尚偶像，供大众膜拜、模仿与追随。随着媒介技术的发展，时尚媒介基于不同的媒介语法特征及美学原则，为时尚史贡献了不同的时尚偶像。这种变迁同样也是管窥时尚史的一种途径。

由于印刷媒介对识字的要求及发行的限制，早期的时尚杂志主要面向社会精英阶层，因此时尚史最早的时尚偶像是“优雅的高级女性”（des élegantes du haut rang），为社会上层提供时尚偶像。真正意义上形成大众模仿与关注的时尚偶像应该是 1900 年在巴黎世界博览会上引起轰动的“巴黎人”（La Parisienne）。这个“白皮肤、小手、有光泽的头发”的“巴黎人”，不仅象征着法国美好时代（La Belle Epoque）②的一种理想女性的气质原型

① Kate Nelson Best, *The History of Fashion Journalism*, pp.5—6.

② 指 19 世纪末到第一次世界大战开始这段时期，让・贝罗（Jean Béraud）是巴黎美好年代生活的主要画家之一。

(见图 3-40),而且代表了一种源于消费品味与能力的社会优越感。经由法国时尚杂志神话化的"巴黎人"作为一种标准,成为包括法国在内的流行性与时尚性的标记,它是消费主义梦想神话的始祖,确立了消费而不是出生是认同并进入时尚这种理想生活方式的途径。随着插画技术及摄影技术的不断发展,"封面女郎"(cover girls)成为更大众化的时尚偶像,杂志封面成为一种推销工具①:

图 3-40　《在圣三一教堂服务后》,让·贝罗画,1900 年

> 女人的脸,既可以代表一种特定的女性美,又可以代表一种传达模特属性的"风格"——青春天真的、复杂的、现代的、上进的,作为一种商品化的女性形象,时尚偶像为审美模仿创造榜样与梦想。

作为法国时尚奢华、精英及宫廷化的解毒剂,英国时尚媒介推出了更朴素、休闲的"淑女"(the Lady),她是"巴黎人"的英国休闲版;作为新教国家的美国,同样需要具有美国气质的时尚偶像,时尚插画家查尔斯·达纳·吉布森(Charles Dana Gibson)创作、美国时尚杂志《戈迪女士》力推的时尚偶像——"吉布森女郎"(Gibson Girl),就是专门为适应清教主义及商业化精神而打造出的美国偶像,"在 1895 年和第一次世界大战之间,吉布森女孩开始主导女性美的标准"②。虽然在"吉布森女孩"身上还能看到"巴黎人"的影子,但更多的是一种新的时尚气质③:

> 与"巴黎人"的腼腆相比,"吉布森女孩"的姿态和目光更直截了当,

---

① L.C. Kitch, *The Girl on the Magazine Cover: The Origins of Visual Stereotypes in the American Mass Media*, Chapel Hill: University of North Carolina Press, 2001, p.5.

② Banner Lois, *American Beauty*, p.154.

③ Kate Nelson Best, *The History of Fashion Journalism*, p.63.

> 表明她更加独立，她的品味体现在消费选择和物质鉴赏(discrimination)上，而不是如她的法国前辈一样体现在艺术洞察力上。这个新的理想女性形象“预见了巨大的潜能，美国将为新世纪作出贡献”，她创造了一个替代欧洲女性气质的国家模式，特别关注年轻品质的美国女孩，从而为20世纪的主流文化现象奠定基础。

20世纪，电影成为一种更大众化、视觉化的时尚传播手段，预示着时尚偶像从社会名流、艺术想象晋级到一个新的群体——明星。好莱坞电影作为一种“白话现代主义”，为全球时尚贡献了一批又一批的明星偶像，也为时尚带来了新的美学原则。媒介的逻辑日益渗透至时尚领域，众多的时尚设计师开始从电影中寻求灵感及美学原则，电影不再仅是表现时尚的一种传播手段。作为更具大众传播特征的一种媒介技术，电影突破了印刷媒介的语言及识字率的限制，时尚偶像开始变得越来越明星化和名人化，时尚偶像的分层化现象也开始出现。随着以纽约为代表的都市时尚的兴趣，时尚偶像更多地成为一种名人现象，譬如杰奎琳·肯尼迪(Jacqueline Kennedy)是公认的美国20世纪60年代的时尚偶像。作为美国第一夫人的她穿戴极有个性，风格鲜明而富有创造性，她的每一次打扮都被竞相模仿，一度引领美国的流行时尚。

三、时尚筛选的新机制

现代时尚的“多寡头大众化传播”模式催生了新的时尚筛选机制。如何在纷繁复杂的潮流变化中确认时尚？如何通过预测、提炼为现代人及时尚产业提供指导？与古典时尚将宫廷作为时尚策源地且风格鲜少变化不同，现代时尚因“多寡头”的权力结构及金字塔形的产业结构，不再拥有一个绝对的时尚策源中心，而且变化周期日趋短暂；现代社会的流动性使个体亟须一种新的身份表达方式，作为“资本主义的宠儿”——时尚产业亟须为全球化的时尚生产-消费体系提供一套可供预测与辨认的筛选机制。由此，大众时尚媒介通过建构出一套批评话语体系，将新颖性与象征性作为现代时尚的普遍筛选机制，为现代个体及现代时尚产业提供预测与指导。

(一) 新颖性

时尚的现代性特征是求“新”，对传统的摒弃以及对新颖的无休止的追求。“除新颖之外，一个时尚物品原则上不需要任何其他特殊性质。”[①]但

① [挪威]拉斯·史文德森：《时尚的哲学》，第23页。

“新”作为时尚的核心概念并非古已有之，其本身就比较新。它的文化根基与中世纪神圣时间观的消亡、现代时间观的确立相关，并伴随着印刷媒介的传播而得以强化与确认，这也为媒介将时尚的筛选机制建构在“新”或“时髦”概念上奠定了文化根基。

本尼迪克特·安德森(Benedict Anderson)在其民族主义研究的经典之作——《想象的共同体》中对“时间”作了独到而精彩的考察。他通过对中世纪教堂中的浮雕和彩绘玻璃上的人物服装的考察，提出中世纪的是一种神圣时间观，这种时间观是垂直、平行的，导致的结果是前人认为过去、现在和未来的时间是垂直并行而非横向连接的；随着钟表的发明及工厂化生产的普及，现代人逐步确立了现代时间观，认为时间是延续流动的，过去、现在和未来紧密相连，由此形成了连续的历史感①。现代时间观为“新”取代“旧”，时尚是对传统的替代这样的延续性发展，奠定了文化根基。据贝斯特考证，“时髦”(à la mode)与“过时”(démodé)形成一对相对概念，应该是在19世纪上半叶，通过时尚媒体的推动才建立的。伴随着这一对概念产生的还有极强的一种暗示性“规范话语”：对“时髦”趋势的了解与否，意味着是否受到社会排斥或尴尬的威胁。由此，时尚及消费成为确立女性身份的核心，时尚媒体在这方面发挥了关键作用，它以更大的活力推动了“新”，成为福柯所说的“规范性话语”②。

新颖性经由媒介确立为现代时尚筛选规则之一，媒介将一切隶属于“新”的变化纳入可理解的文化系统内，识别能与更广泛的意识形态形成对话的时尚元素，并将其突出、凝练、提升，从而成为辨别与筛选时尚的一种有效机制，为人们的日常生活提供规范，也为时尚的社会化生产提供可供辨识与预测的趋势。

（二）象征性

古典时尚强调的是“一切都在正确的时间和地点”(维多利亚社会的箴言)，但现代社会的流动性打破了这种确定的“正确时空”。时尚作为“资本主义的宠儿”(桑巴特语)③，在现代社会被快速商业化、大众化，这意味着时尚不可避免地被“祛魅”了；但时尚作为一种观念性的存在，又需要维持其象征性歧视或文化象征以确保其自身的价值，即时尚需要在现代社会“复魅”。

---

① [英]本尼迪克特·安德森：《想象的共同体》，吴叡人译，上海人民出版社2011年版，第24—28页。

② Kate Nelson Best, *The History of Fashion Journalism*, p.30.

③ 维尔纳·桑巴特(Werner Sombart, 1863—1941)，德国社会学家、思想家和经济学家，著有《奢侈与资本主义》一书。

时尚常常被看作一个不受理性和规律影响的领域,尤其是在不断逐“新”的现代时尚领域,为“新”而“新”,“新”不再与任何功能性的改善相关联时,时尚越发显得难以理解与捉摸不定;但现代人又渴望通过时尚来寻求新的自我表达方式,通过时尚来组织和构建生活方式,并在流动性中寻求稳定的身份。基于这两个层面,如何为现代时尚提供一种可理解的规范性秩序,成为时尚媒介为现代时尚贡献的另一种筛选规则。即将时尚不再仅仅视作服饰流行或变化的物质性存在,而是一整套包括时尚礼仪、理想生活方式、意识形态、文化价值甚至是对一些重大社会事件的反应在内的一个表征系统,通过时尚媒介赋予这些表征以象征性,来满足现代人通过时尚来寻求自我表达、身份归属的渴望,也满足资本主义时尚工业化大生产必需的消费欲望的再生产。

正如罗兰・巴特所言,时尚只有通过与更广泛的意识形态价值观形成对话才有意义。贝斯特也指出媒介将时尚置于更广泛的文化背景中,时尚才能显现出其作为一种群体现象和保持象征性鉴赏价值或文化“区别”之间走的一条细线①。媒介通过构建意义含混且变化多端的时尚象征体系,为流动性的现代社会提供了一种可理解的规范性秩序;时尚在现代社会必须是可辨认、可模仿及可消费的,作为概念的时尚生产与作为实践的时尚生产,通过媒介象征意义的中介实现了贯通。时尚既是一个全球化的生产体系,也是一个全球传播的象征符号体系,要让这个体系不断地为资本带来丰厚的利润,不断为现代人带来理想生活或幻想认同的追逐,时尚必须超越物质存在于人们的想象和理念中。只有当它被作为某种信仰的象征性体系被接受时,时尚才显现出它的价值来。

四、新的时尚文化

现代时尚的“多寡头大众化传播”模式孕育了新的时尚文化。“品味”是如何成为第一个用以衡量时尚标准的关键概念的?取代“品味”的是哪一个新的文化概念?这些概念更迭背后的机制是如何运作的?从18世纪后半叶形成的“品味”、20世纪50年代的“优雅”、20世纪60年代的亚文化,到20世纪80年代的“风格”等,均可理解为经由媒介中介后形成的关于时尚的社会共识机制。这种共识呈现出两面性:一方面以一种民主化的方式将时尚从宫廷贵族封闭的圈层中解放出来,另一方面,它又形成一种新的圈层文化来规范人们的日常生活,并赋予时尚以新的身份区隔与象征性鉴赏价值,由此,经由媒介中介的时尚文化变迁是理解时尚史的重要维度。

---

① Kate Nelson Best, *The History of Fashion Journalism*, pp.5—30.

（一）时尚的民族主义

首先，时尚文化的变迁既与时尚自身的发展逻辑相关，也与时尚民族主义密切相关。伴随着19世纪现代民族-国家理念的兴起，无论是民间还是官方，都将时尚视作民族主义话语权的争夺。民族作为“一种想象的政治共同体”、民族主义作为一种“特殊的文化人造物”，形成的根基在于人性根本的对团体的强烈情感需求[①]。而时尚尤其是服装作为人们最日常的生活物资，既能提供区隔又能提供认同，同时借助时尚媒介提供的一套文化象征符码，时尚很自然地成为确立与传播民族主义的具象化工具。与19世纪欧洲的群众民族主义兴起相一致的是欧洲时尚媒介的发展，尤其是在法国大革命时期，时尚伴随着革命的起落成为辨识革命与建构法兰西民族的重要手段[②]：

> 男士们穿着名为“革命服”的黑色呢绒服。女士则穿着“国家的”(nationale)细呢短上衣。目之所及，随处可见女性穿着或佩戴着代表革命理念的服饰。最常见的是时髦女性穿着象征革命的红蓝白三色条纹长裙，在漂亮的帽子上缀以三色徽章。民众阶层的女性则爱穿着裙子和三色条纹的短外套，戴着普通的圆帽，在街头或公园散步。

革命的热情需要用红白蓝三色时装来表达，穿上白裙的女性成为革命各大庆典或者仪式的重要组成部分；而当革命处于低潮或者复辟来临时，紧身衣、裙撑、膨大的袖子重新又被巴黎女人们视作时尚的选择，时尚被政治化却又显得如此自然。时尚与媒介相结合，成为民族主义确立和传播的重要手段。而随着电子媒介的兴起，尤其是电影的兴起，时尚媒介作为召唤共同体想象的中介，发挥了更大的作用。

现代媒介加速了时尚文化的输出，也激起了时尚民族主义的发展。作为欧洲时尚的起源，法国时尚的影响力既体现在时尚产业贸易上，又体现在时尚文化输出上。现代时尚话语中的法语术语是法国时尚文化占主导地位的显现，正如布罗代尔所言：“时尚就是法国人穿衣、书写和办事的一千种不同方式。”而英国、美国、意大利、德国等时尚媒体则无不是在模仿法国时尚杂志的基础上发展起来的。但随着19世纪英国国力的增强，谋求对欧洲时尚的影响力表现为英法之间在时尚文化上的争夺，针对以洛可可风格为代表的、越来越女性化的法式时尚，英国以简洁、朴素、功能性见长的乡村风格

---

① [英]本尼迪克特·安德森：《想象的共同体》，第4—6页。

② 汤晓燕：《革命与霓裳——大革命时代法国女性服饰中的文化与政治》，第81页。

率先在男装领域获得主导权。与法式时尚文化的奢华相对的英伦时尚，推动 19 世纪时尚历史上的“男性大放弃”，也促成英国毛纺织业的大发展。

两次世界大战都伴随着时装业控制权的争夺：第一次世界大战（1914—1918）期间，法国及其盟友认为继续推广法国时尚是战争努力的核心，甚至提出“现在支持巴黎时尚就是维护西方文明的原则”的口号；第二次世界大战期间（1939—1945），法国时尚的控制权再次受到威胁，1940 年至 1945 年间，德国人占领法国并对法国时尚媒体实施审查——《时尚》（*Vogue*）和《女性》（*Fémina*）停止出版，与此同时，远离战场的美国时尚媒体则出现了平行的民族主义[①]。到 20 世纪上半叶，随着美国经济实力的增强，尤其好莱坞的崛起，好莱坞明星真正让时尚传播成为大众可模仿的对象，时尚作为一种幻想和认同机制，在社会层面形成了无所不在的影响力。辅之以现代成衣业在美国的迅速发展，一种都市化、功能性与年轻化的美国时尚文化开始成为全球流行趋势，并使纽约成为全球有影响力的第四大时尚之都。伴随着国家之间军事及经济实力的变迁，构建民族主义的时尚文化一直与现代时尚产业相伴发展。

（二）时尚的性别意识形态

时尚文化变迁的另一重动力机制来源于时尚与性别意识形态的关系。古典时尚确认“精英”价值，时尚往往与社会等级和出身相关，与性别无关；性别理想或“认同幻想”成为现代时尚的核心特征，经由时尚媒体的持续教育，着装成为性别认同的重要组成部分。套用波伏娃的话说，“如何成为女人”是现代时尚媒体的传播核心，从 19 世纪起不同的时尚媒介就为构建“理想女性”的不同版本而竞争。19 世纪 40 年代是一个见证了火车发明的年代，在这个极具创新和变革的年代，女性服装所展现的一切看起来就更奇怪了，她们全盘继承了古典时尚的奢华、炫耀与繁复[②]：

> 女装腰部位置很低，紧身上衣的装饰线条设计更凸显了低腰的效果；袖子可以很窄或者在前臂位置呈膨大状；裙子长且丰满……女人们会穿大量的衬裙，并通过使用一个用马毛做成的小裙撑，来加强在当时被描述为“茶壶罩”（tea-cosy）的效果。

时代的巨变似乎与女性无关，绝大部分女性接受了这种柔弱和顺从的

---

① Kate Nelson Best, *The History of Fashion Journalism*, pp.73—74.

② ［英］詹姆斯·拉韦尔：《服装和时尚简史》，第 163 页。

境遇，大量的衬裙显然让女性不适合参加任何活动与工作。而事实上在19世纪的大部分时间里，女性从事任何工作都会被轻视，作为当时典型的具有美德模范的妻子，她应该有“有趣的苍白”而不是“粗鲁的健康”的脸色，赋闲在家成为男人地位的最好显现。在时尚进入现代时期的第一个百年中，女性成为遗留在旧时代的古典时尚遗产的继承者。

裤装作为女性时尚现代性转型的重要元素，在1851年由来自美国的女权主义活动家阿梅莉亚·布卢默（Amelia Bloomer）在英国加以推广。这位令人尊敬的布卢默夫人为了女人“穿着裤装”的努力，却遭到当时社会主流的无情嘲笑。而这种“布卢默灯笼裤”（bloomers）直到19世纪末自行车被发明，女性因骑车所需才成为改变女性时尚的重要转变。包括自行车、网球、板球运动在内的新潮户外运动，以及女性参与工作的机会增多，女性时尚开始越来越多地借鉴男性时装，可可·香奈儿敏感地抓住了这股潮流，成为女性时尚现代性转型的引领者。

现代时尚在日益成为女性“专有领域”的过程中，也伴随着时尚成为批评的焦点，过于注重时尚被视作女性浅薄、轻浮、色情甚至是智力低下的表现。法国哲学家让·雅克·卢梭（Jean Jacques Rousseau）便是其中著名的一位，而凡勃伦则认为女性正在利用着装的色情奇观来获得不适当的关注，而本来她们只应成为男性保护者的典型女性的战利品而存在[①]。这种性别意识形态也促使男女时尚走向迥然不同的发展路径：伴随着19世纪末的“男性大放弃”，男性时尚迅速体现出了现代性的特征，男性着装趋于功能化、简洁化与实用性，显现出勤奋、节制、专业的现代男性气质；而女性则作为代理有闲的一个附属群体，完整地继承了古典时尚的遗产，成为需要以时尚来确定身份、展开竞争的一个被动群体。因此，现代时尚的发展，同时包含了女性如何借助时尚逐步摆脱桎梏、实现自身解放的过程。20世纪50年代之后，大众时尚媒介在重构时尚的性别意识形态上，着力甚多，与女权社会运动相配合，女性意识觉醒通过时尚媒介的不断传播而得以确认，并反馈到时尚的风格与文化中。

---

① [美]凡勃伦：《有闲阶级论》，第134—136页。

第四章　后现代时尚及其传播模式

第一节　时尚、后现代与后现代时尚

“后现代”这个概念大约出现在20世纪70年代早期，社会理论的“后现代转向”起始于20世纪80年代中期。“后现代”孕育于“现代性”之内，如果说现代性源于对科学、理性、主体性的张扬，后现代性则源于科学思维的去中心化或者是社会主流知识形式的合法性的丧失。随着数字技术的发展，极度多元和碎片化的后现代性特征主导了当下社会，促使人们反思现代性对社会发展的宏大而线性的进步思维模式①。“后现代主义”的特征具体表现为对传统的“主体性”概念、理性至上主义、旧形而上学的批判，最终归结为人的自由生活——审美生活的彻底实现②。时尚作为社会文化的重要组成部分，深受现代性的影响并与现代性同构，通过大众传媒的力量不断对时尚实践、规范和标准“自然”化，并成为现代社会的一种普遍意识形态，现代时尚作为一种文化体系维系和强化了现有社会关系和价值观念，是现存社会秩序的再生产。但进入后现代社会后，正如道格拉斯·凯尔纳指出的，现代文化这种“自然”的、单一的主导霸权在后现代社会并不存在，当代媒体和流行文化可以更准确地理解为冲突霸权的概念③。即没有任何一个精英群体主宰后现代社会，在对主流文化的不同解释中，媒体为冲突、辩论和谈判提供了场所。

后现代转向给时尚带来新的冲击。后现代主义作为社会系统的内在逻辑，是与后工业社会、消费社会、媒介化社会以及跨国资本主义相关联而产生

---

① [英]安东尼·吉登斯、[英]菲利普·萨顿：《社会学基本概念》，第19—23页。

② 张世英：《“后现代主义”对“现代性”的批判与超越》，《北京大学学报》(哲学社会科学版)2007年第1期。

③ Douglas Kellner, *Television and the Crisis of Democracy*, Boulder, CO: Westview Press, 1990.

的，后现代主义就是一种晚期资本主义的文化逻辑。它的“无深度感”“历史虚无感”以及符号系统内能指与所指的断裂，使后现代社会充斥了以“形象”(image)及“拟象”(simulacrum)为主导的新文化形式，流行着一种“精神分裂”式的文化语言[①]。它日益消解公众与“历史”的联系，给个人带来全新的情感状态与“时间”体验，因此，要理解后现代时尚首先得从后现代主义特征入手。

晚期资本主义的消费主义逻辑及媒介技术逻辑，则为我们理解建立在符号基础上的后现代时尚生产-消费系统提供了入口。媒介社会的崛起，意味着媒介逻辑成为一种独立的建制性力量渗透至社会各领域。极其仰赖文化象征资源的时尚领域首当其冲，成为受媒介逻辑影响甚至主导的一个领域；其次是数字技术背景下形成的多媒体融合环境，既给时尚传播带来了全新的物质性实践，也建构出了新的时尚意识形态；最后，虚拟技术代表着21世纪最新的媒介技术，时尚借助虚拟现实(VR)、增强现实(AR)、CG特效等数字虚拟技术，催生出新型的虚拟时装、虚拟秀场、虚拟偶像等实践形式，并将后现代时尚推向“元宇宙”，对时尚体系进行数字移植。时尚在消费主义逻辑与媒介技术逻辑双重作用下，将“拟象”的生产-消费视作数字时代产业扩张与发展的策略。

一、后现代主义特征

后现代时尚的特征需要从后现代主义的特征入手来理解。弗雷德里克·詹明信(Fredric Jameson)认为，后现代主义是一个用来表示“一个时期的概念”，而不是专指一种特定风格或话语，指的是与后工业时代或消费社会、媒介化社会或跨国资本主义相关联的，一种新型的社会生活和新的经济秩序。后现代主义文化名单中的对象往往表现出两种核心特点，一是对高等、精英文化的特意反动，二是将高等文化和大众文化之间的界限抹掉。20世纪60年代是一个重要的过渡阶段，后现代主义表现出晚期资本主义社会秩序内在真相的若干方面，詹明信将此总结为两大特征：剽窃(pastiche)和精神分裂(schizophrenia)。[②]他用这两个词汇来概括人们感受到的后现代空间和时间经验的独特之处。

(一) 戏仿与剽窃

要理解后现代的剽窃，需从它与现代主义的戏仿(parody)之间的区别

---

① [英]詹明信：《晚期资本主义的文化逻辑——詹明信批评理论文选》，张旭东编，陈清侨等译，牛津大学出版社1996年版。本书引用的是似乎未公开出版的影印本。

② [英]詹明信：《晚期资本主义的文化逻辑——詹明信批评理论文选》，第258—260页。

入手。两者都涉及摹仿，涉及对其他风格特别是习性的拟仿（mimicry），也涉及对其他风格的挖苦。但戏仿利用的是这些风格的独特性，并夺取了它们的独特和怪异之处，制成一种模拟原作的摹仿。一个好的或者伟大的戏仿者须对原作有某种隐秘的感应，戏仿者依旧遵循着其摹拟对象的语言规范；后现代的剽窃则是在人们不再相信任何语言规范，每个个体变成语言孤岛后存在的[①]：

> 剽窃和戏仿一样，是对一种特别的或独特风格的摹仿，是佩戴一个风格面具，是已死的语言的说话：但它是关于这样一种拟仿的中性手法，没有戏仿的隐秘动机，没有讽刺倾向，没有笑声，而存在着某些较之相当滑稽的摹仿对象为平常的东西的潜在感觉，也付之阙如。剽窃是空洞的戏仿，是失去了幽默感的戏仿：剽窃就是要戏仿那些有趣的东西，那空洞反讽的现代手法。

剽窃意味着风格创新变得不再可能，唯有去摹仿已死的风格。现代主义曾经高扬的“主体性”已死，激进的后现代主义者甚至认为，所谓的“个体性主体”只是现代主义建构的一个神话，一种哲学和文化的迷思，后现代主义只能戴着面具用虚构的、博物馆里的风格说话。“主体性”的消亡意味着真正的个人“风格”的消失，“拼凑”（pastiche）成为后现代艺术实践无处不在的创作方法。

后现代社会已演变成为一个由多方力量构成的放任领域，由资产阶级意识形态主导的现代时尚，在后现代社会中滑向了多元风格，消解了典范，更没有了以霸权意识形态为中心的核心体系。“le mode rétro”这个词组属于典型的后现代时尚词汇——复古时尚，昔日曾盛行的“风格”可以被分解为支离破碎的“元素”，以供当代时尚随意“提取”、挪用，丝毫不涉及“风格”的历史境况，正如居伊·德波（Guy Debord）在《景观社会》中所言，我们的社会已是“形象成为商品物化的终极形式”。奢侈品牌巴黎世家的后现代主义设计风格，“剽窃”的是中世纪的骑士铠甲与骑士鞋，然后把这些设计元素再拼凑进《后世：明日世界》（*Afterworld: The Age of Tomorrow*）——一款品牌独立开发的数字游戏中，作为2021品牌秋冬新款的数字“秀场”：游戏的故事背景设定在2031年，从品牌店铺出发，每位玩家通过冰冷的大街，途经幽暗森林，见证一场狂欢之后，登上山巅之后便是一道圣光。中世纪骑

① ［英］詹明信：《晚期资本主义的文化逻辑——詹明信批评理论文选》，第261页。

士那些厚重的盔甲，被品牌用极为轻便的漆艺涂层材质替代，以个人身份的优越感为基础的骑士精神、尚武精神荡然无存，仅仅留下一个盔甲造型风格，成为设计得最好的网络噱头（见图 4-1）。

图 4-1　巴黎世家的“中世纪骑士”风格

（二）能指与所指的断裂

后现代主义的第二个特征是它对时间的独特处理方式——可称为“文本性”（textuality）失序，普遍表现为失去所指的能指转化为形象存在。这个表述更多的源于拉康在这个领域的原创性研究。拉康将精神分裂视作语言的失序，能指与所指之间关系的断绝，导致精神分裂者失去了过去、现在与未来的长期连续性的感受。这种时间的存在性或经验性的感觉本身就是一种语言的效应，我们对个人身份的感觉就有赖于“我”在时间上的持续性感觉。但精神分裂因为意义体系的断绝，处于一种孤立、隔断、非连续性的失序中，只能纵情于一个当下世界的“无我之象”，时间的连续被打断，当下的感受是最强烈的“实在”，失去了所指的能指转化成一个形象，一堆纯粹的符号①。

詹明信的能指与所指的断裂②，对应于鲍德里亚的“仿真”（Simulacra）概念。鲍德里亚认为文艺复兴以来，人类社会显现出三种秩序，分别是文艺复兴至工业革命期间——古典时期的模仿（imitation）秩序，工业革命以来的生产（production）秩序，以及后现代的“仿真”秩序，三种秩序与价值规律

① ［英］詹明信：《晚期资本主义的文化逻辑——詹明信批评理论文选》，第 269—276 页。

② 詹明信认为文本由三部分组成：能指（signifier），指物质的东西、词语的发音、文本的稿子，所指（signified）指物质词语或物质文本的意义（meaning），指涉物（referent），即符号所指涉的“现实”（real）世界的“现实”对象——相对于猫的概念或猫的发音的现实的猫。

的变化相联系,“仿真”秩序表明人类进入一个以“拟像”为特征的历史阶段。“仿真”是后现代时尚的原则,导致了时尚在后现代阶段的一种“假货”的隐喻,它完全自我参照,为时尚而时尚,时尚“从一种(编码符号意义的)纯粹‘指涉’功能向(标志意义终结的)纯粹‘自我参照’功能转变”。时尚成为一种游戏的景观(spectacle)和一种狂欢的表象(appearances),它清空了符号的传统意义,消除了真实历史的指涉功能,标志着能指与所指链接的终结,剩下的只有空洞的符号①。

宗教元素成为后现代时尚最常“剽窃”与“仿真”的对象。2009 年,超模琳达・伊万格丽斯塔(Linda Evengelista)以圣母玛利亚形象登上了著名时尚杂志 *W* 的封面;2018 年,纽约大都会博物馆举办的著名时尚慈善晚会——Met Gala,将主题定为“时尚与天主教的想象力”,当晚很多明星的服饰妆容都饱含着宗教色彩,流行歌星蕾哈娜(Rihanna)头戴天主教的主教冠冕,“惊艳”世界(见图 4-2);近年来,在时尚 T 台上反复出现的所谓“眼泪妆”,源于古典宗教绘画,传闻圣母听到耶稣被钉在十字架上身亡的消息,伤心落泪,但在后现代语境中,“眼泪妆”成为古驰时装秀的妆面灵感,圣母的眼泪成为时尚表达神秘诡谲、华丽脆弱的道具。

图 4-2 蕾哈娜“主教冠冕”造型

除了圣母的眼泪,圣母的头饰甚至形象都能被直接拷贝至时装秀场中:2007 年,法国设计师高缇耶以圣母玛利亚为缪斯设计了一系列服装,并为这个系列取名“圣母们”(The Madonnas);2009 年,高级定制设计师克里斯蒂安・拉克鲁瓦(Christian Lacroix)在自己的最后一场高级定制秀场上,手牵装扮成圣母玛利亚的模特华丽谢幕;香奈儿品牌曾把《古兰经》诗句印在裙子上,佛教的唐卡、红衣主教的短披肩,甚至教皇、骑士、修女等固有形象,都曾陆续出现在当代时尚设计中。这些被抽离了宗教文本的符号,成为时尚表达幻想和认知转化的任意移用的符号。

---

① [英]安格内・罗卡莫拉、[荷]安妮克・斯莫里克编著:《时尚的启迪:关键理论家导读》,第 298—300 页。

二、后现代时尚

（一）波普艺术的兴起

在艺术领域，波普艺术(Pop Art)的兴起，标志着西方现代主义向后现代主义转变。这种主要源于商业美术形式的艺术风格，其特点是将大众文化的一些细节，如连环画、快餐及印有商标的包装进行放大复制。波普艺术于20世纪50年代初期萌发于英国，50年代中期鼎盛于美国。英国人理查德·汉密尔顿(Richard Hamilton)创作了一张名为《究竟是什么使得今天的家庭如此不同，如此具有魅力?》(*Just what is it that makes today's homes so different, so appealing*?)的拼贴画，这是第一部获得标志性地位的波普艺术作品(见图4-3)[①]：画里有药品杂志上剪下来的肌肉发达的半裸男人，手里拿着像网球拍般巨大的棒棒糖；有性感的半裸女郎；室内墙上挂着加了镜框的当时的通俗漫画《青春浪漫》(*Young Romance*)；桌上放着一块包装好的“罗杰基斯特”牌火腿；还有电视机、录音机、吸尘器、台灯等现代家庭必需品，灯罩上印着“福特”标志；透过窗户可以看到外边街道上巨大的电影广告的局部……这一切都可以通过那个半裸男人手中棒棒糖上印着的三个大写字母得到解释：POP，该词来自英文的“Popular”。1957年时，汉密尔顿曾这样来描述“波普”：流行的(面向大众而设计的)，转瞬即逝的(短期方案)，可随意消耗的(易忘的)，廉价的，批量生产的，年轻人的(以青年为目标)，诙谐风趣的，性感的，恶搞的，魅惑人的，以及大商业的。

图4-3　《究竟是什么使得今天的家庭如此不同，如此具有魅力?》，汉密尔顿

波普艺术对时尚有相当特别而且长久的影响力，其中最具代表性的波普艺术家是安迪·沃霍尔(Andy Warhol)。他是美国波普艺术运动的发起人和主要倡导者。玛丽莲·梦露的头像，是沃霍尔作品中最令人关注的话

① “Richard Hamilton and the Work That Created Pop Art,” https://www.bbc.com/culture/article, 2022-08-25.

题。他通过丝网印刷技术将色彩简单、整齐单调的一个个梦露头像批量制作出来，反映出现代商业化社会中人们无可奈何的空虚与迷惘。安迪·沃霍尔同时也是第一个影响时尚界的波普艺术偶像。他的职业生涯始于时装插画师，曾为《魅力》(*Glamour*)、《小姐》(*Mademoiselle*)以及《时尚》(*Vogue*)等高级时尚杂志工作，他也是最早将自己的艺术变成时尚作品的艺术家之一。20世纪60年代，他创作了最知名的纸质连衣裙"Souper Dress"，即将坎贝尔(Campbell)的汤罐图案印刷在纸质服装上。这种"新颖性"解决了消费品的一次性使用的想法，从而抓住了消费主义生活方式的精髓。即使到现在，波普艺术依旧在激发后现代时尚的灵感，如詹尼·范思哲(Gianni Versace)将沃霍尔的梦露头像用于设计，法国新锐设计师卡斯泰尔巴雅克(Castelbajac)展示了印有画家肖像的服装，日本当代著名画家村上隆(Takashi Murakami)充满活力的波普艺术设计则成为包括Vans、马克·雅各布斯(Marc Jacobs)、LV等在内品牌的合作艺术家的灵感来源。

(二) 后现代时尚：多元及冲突

文化冲突霸权概念对理解时尚在后现代社会的转型至关重要，它意味着后现代时尚没有单一的时尚标准，将呈现各种风格和标准，特定的风格和服装可能难以解释①。对于时尚消费而言，它可能意味着一种"新的解放"：消费者可以根据自己的社会背景及个人兴趣从对时尚的不同解释中进行选择②。时尚消费有可能演变为一种后现代主义的角色扮演，消费者操纵视觉代码来模拟不同的身份。无论是时尚的后现代转型还是当代时尚中的后现代主义元素的作用，都促成了后现代时尚霸权的冲突特征，这是后现代时尚与现代时尚霸权的最大的区别。

后现代主义将现实转化为影像，将时间割裂为无数个永恒的当下，导致历史感的消失、意义的消解。詹明信用文森特·凡·高(Vincent van Gogh)的《农民的鞋》(见图4-4)与安迪·沃霍尔的《钻石灰尘鞋》(见图4-5)来比较分析现代文化与后现代文化的区别，认为前者是艺术家用力创造的一个乌托邦领域，是一个完整的、全新的感官世界，在这个世界里可容纳阐释和意义，海德格尔在《艺术作品的起源》中就认为"这双鞋"，表达的就是在"大地"与"人间"的裂缝中挣扎求生的历史境况；然而，沃霍尔的波普艺术则

---

① Fred Davis, *Fashion, Culture and Identity*, Chicago: University of Chicago Press, 1992.

② B.S. Kaiser et al., "Fashion, Postmodernity and Personal Appearance: A Symbolic Interactionist Formulation," *Symbolic Interaction*, 14(2)1991.

是一个截然不同的世界①：

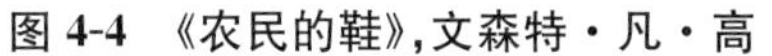

图 4-4　《农民的鞋》，文森特·凡·高

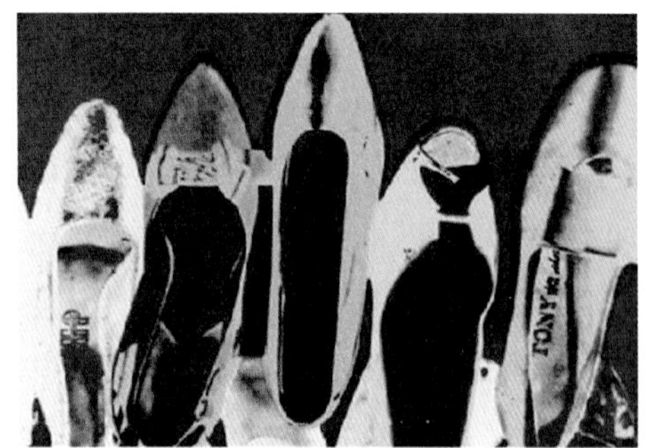

图 4-5　《钻石灰尘鞋》，安迪·沃霍尔

> 我们无法为那些遍布眼前的零碎的物件缔造出一个完整的世界——一个从前曾经让它们活过、滋育过它们的生活境况。总之，我们无法见微知著，无法知道在舞池及舞会的背后，那珠光宝气的明星世界，受潮流时尚热门杂志所统摄的生活方式，究竟是何模样。

后现代的波普艺术创造的是一种崭新的平面和无深度的感觉，而这正是后现代文化的最明显特征。这意味着时尚的风格变得前所未有的多元，变化周期极为异常，媒介成为时尚形象或纯粹符号的巨大的、“永动”的制造机，消费主义成为后现代时尚的内在逻辑。

后现代社会并不意味着仅存在着一种后现代主义风格的时尚。当代时尚的多元性既是后现代时尚的多元性，也是现代与后现代多种艺术风格并存的多元性。作为一种艺术风格，现代主义在 19 世纪末兴起至 20 世纪中期渐至衰落，影响范围涉及哲学、文学、美术、戏剧、建筑等，整体风格前卫，与传统艺术表现形式分道扬镳。时尚也被现代主义狂潮影响，出现了极简风格、色彩单一、剪裁利落、轮廓简洁的现代主义时尚，且其影响一直延续至 21 世纪，像吉尔·桑德(Jil Sander)、海尔姆特·朗(Helmut Lang)、纳西索·罗德里格斯(Narciso Rodriguez)等具有代表性的设计师，都以极简风格影响着当今时尚的风潮。

后现代主义艺术的最大特征：艺术与日常生活之间的界限被消解了，艺术充满了拼凑、符号、反讽，变成了无深度之物；艺术是对日常生活的重复。后现代时尚呈现出显著的去中心化特征。时尚领域的后现代主义表

① [英]詹明信：《晚期资本主义的文化逻辑——詹明信批评理论文选》，第 292—293 页。

现为杂糅多种元素，以求创造一种新的风格，设计师沉迷于在服装与材质的博物馆中仔细搜寻，将研究所得多层次、多角度地掺入设计中，他们无意重复历史，而是借由历史宝藏，创造出新的适合当代美学形态的作品。后现代主义代表设计师有薇薇恩·韦斯特伍德、约翰·加里亚诺、詹妮·范思哲(Gianni versace)、凯瑟琳·哈姆尼特(Katharine Hamnett)等，均以多元而鲜明的“后现代主义风格”著称，时尚不再呈现出60年代以前往往由某种风格来主导的时代特征。后现代时尚也不再有所谓主导的、绝对的风格，在后现代时尚产业中，产业中心不再围绕着以时装为核心展开的设计、生产的物质性实践，而是在品牌与资本联动下，时尚产业成为由商业和媒体操纵下的符号生产与传播的拟象体系。在此，后现代时尚转换成各种各样的由商业、媒介以及社会整体所共同书写的没有主题与中心的文本，而所谓后现代时尚的趣味也就如同德勒兹的“游牧的高原”或如同德里达的“无底棋盘的游戏”一样，成为一种不再有中心、不再有结构的趣味。

三、媒介化社会

后现代时尚及其传播模式的构建，核心动力源于数字媒介的诞生。彼得斯认为数字媒介不仅复活了各种旧媒介，让我们重新回到了充满多对多、一对多，甚至是一对无(one-go-none)模式的传播时代，让我们意识到媒介便是我们生存的栖息之地，传播环境是我们基本的生存环境。更重要的是数字媒介的各种创新成为重组人们日常生活结构和权力关系的重要方式，数字媒介作为一种“基础设施型媒介”(Understanding Media)，“指向了各种最为基础的功能——规制和维护，这些功能体现出数据怎样支撑着我们的存在”①。

(一) 网络社会的崛起

信息技术的发展从根本上改变了社会结构、建构出一种新的社会形态——网络社会。正如曼纽尔·卡斯特在其鸿篇巨制《网络社会的崛起》中所下的结论②：

> 作为一种历史趋势，信息时代的支配性功能与过程日益以网络组织起来。网络建构了我们的新社会形态，而网络化逻辑的扩散实质地

---

① [美]约翰·彼得斯:《奇云:媒介即存有》,第9页。
② [西]曼纽尔·卡斯特:《网络社会的崛起》第1卷,第613页。

改变了生产、经验、权力与文化过程中的操作和结果。虽然社会组织的网络形式已经存在于其他时空中，新信息技术范式却为其渗透扩张遍及整个社会结构提供了物质基础。

网络化的逻辑导致社会、空间与时间的物质基础发生转变，数字传播技术日益中介了人们的日常经验与互动，在网络空间这个抽离了历史与地理的虚拟空间内，数字化的多元融合媒体成为信息与沟通的主流形式。

网络社会的崛起意味着媒介化社会的到来，不断增长的媒介影响带来了社会及文化机制与互动模式的改变，隐含着社会与文化行动的核心成分（如政治、工作、休闲或游戏等），逐渐披上媒介的形式①。媒介作为各方社会旨趣交会的场域，不再仅是作为手段，而是拥有配置特定文化象征资源的权力，其他制度日渐倚赖媒介掌握的象征资源，隐含着这些制度本身必须将媒介运作的潜规则内化，以接近这个象征资源②。这意味着媒介逻辑的成熟，媒介基于自身目的而追求外延的社会影响，“它使得社会建制或社会及文化生活，因为揣测或仿真这套逻辑而产生转变”③。

数字技术的飞速发展使传播进入一个前所未有的多元融合状态，正如克劳斯·延森所说：“数字计算机不仅复制了先前所有的表征与交流媒介的特征，而且将它们重新整合于一个统一的软硬件物理平台上。”④数字媒介整合了文本、图像、声音的既有表达类型，同时又产生了很多新的表达类型；数字媒介让一对一、一对多、多对多的传播模式在同一个物理平台上得以实现，同时让传播的互动与反馈、“在场”与“实时”有了全新的含义。正是基于此，数字技术将时尚传播带入迥异于古典与现代的后现代，正如伊尼斯所言，“一种新媒介的长处，将导致一种新文明的产生”⑤。数字技术带来的不仅是一种新的传播格局，更是一种全新的媒介文化。

（二）新的时尚意识形态

多媒体融合的媒介生态催生出了后现代的时尚意识形态。从古典至现代，时尚的主流意识形态一直由社会精英阶层把控，时尚的文化象征符号以一种建制式的“中心化”生产模式实现生产与消费的循环，由此形成了以巴

---

① S. Hjarvard, “From Bricks to Bytes: The Mediatization of A Global Toy Industry,” p.48.

② S. Hjarvard, *The Mediatization of Society: A Theory of the Media as Agents of Social and Cultural Change*, pp.105—134.

③ 唐世哲：《重构媒介？——“中介”与“媒介化”概念爬梳》。

④ [丹]克劳斯·延森：《媒介融合：网络传播、大众传播和人际传播的三重维度》，第73页。

⑤ [加]哈罗德·伊尼斯：《传播的偏向》，第28页。

黎、米兰、伦敦及纽约为代表的“四大时尚中心”。围绕这“四大时尚中心”形成的传播体系、产业体系成为时尚文化生产的把控者与仲裁者。但新的媒介生态为来自边缘、底层及街头的非/反主流文化提供了传播与扩散的机会,也为亚文化群体的形成提供了社群建构与认同形成的技术手段。坎贝尔认为从20世纪60年代起,时尚就经常源自反主流文化[①]:

> 为了代替这些传统观念,反主流文化主义者提出了个体自我表现和自我实现的核心原则,并且对直接经验、个性、创造力、真实的感觉和快感等赋予了特别价值。

自下而上的反主流文化或亚文化具有某种颠覆性、反叛性和破坏性,挑战现存社会生活方式、价值及伦理,赋予时尚以某种“革命”“先锋”的特征以彰显创新性。

数字媒介造就的新媒体环境,既为时尚带来了多种表征体系,又为时尚带来多元权力结构。社交媒体的兴起,使个人也能生产时尚话语,并以此作为参与时尚产业的一种方式,从而获得时尚领域的经济、社会及文化资本,正如那些日渐受重视的时尚博主一样。这种参与式文化似乎给时尚带来一种新的“民主”概念,它不同于现代时尚建立在工业化基础上的民主化,它被认为是将时尚消费者从时尚霸权系统中解放出来的一种形式,是独立个体或弱势群体对时尚工业的资本主义逻辑的一种挑战。虽然数字媒介无疑为时尚话语的生产模式提供了全新平台,但资本逻辑的强大在于它会将任何可能成为“意见领袖”的目标迅速纳入系统,譬如邀请所谓的“网红”“大V”“知名博主”等与品牌合作,或者成为时尚媒体的合作者,以此维持既有体系的运转。

但可以肯定的是,数字媒介促成的时尚传播的“图像转向”已是不争的事实。虽然网络文化导致时尚图像的视觉同质性严重,但这对纠正主流时尚的修辞和意识形态依旧具有意义,尽管还很难说是彻底改变它。媒介化社会的到来,意味着时尚领域的进一步扩展,后现代时尚几乎将一切吸收进时尚意象中,以满足无止境的消费工厂的符号生产所需。后现代时尚不仅是在风格上“剽窃”与“仿真”泛滥,在社交媒体上,时尚传播的表征体系也充斥着“剽窃”与“仿真”。那些表面新颖、离奇的时尚文本,大部分源于对惯例、传统或艺术的摹仿,时尚的多元化并未带来风格、创意及个性的多元化,

---

① [英]坎贝尔:《求新的渴望》,罗钢、王中忱主编:《消费文化读本》,第280页。

表层的多样掩盖不了空心的同质。

第二节　后现代时尚媒介(一)——传统媒体转型

2009年,全球首个时尚互动视频网站“SHOWstudio”直播了亚历山大·麦昆(Alexander McQueen)的2010年春夏时装秀,这是时尚史上第一场现场直播的时装秀。网络直播还邀请流行偶像Lady Gaga首发新歌来集中造势,成功地将大众引向直播流,实时观看并且参与评论,该视频被同步至YouTube上也吸引了超过150万观众同步观看。这场创新之举催生了图片社交平台Instagram,一款专用的图片社交软件,这个图片分享平台至今仍然火爆。从20世纪末开始,时尚媒体跟所有其他文化现象一样被数字技术裹挟,从最古老的时装秀、传统的时尚杂志,以及对技术特别敏感的时尚电影和时尚摄影,都因数字技术的发展而产生根本性的变化。

时尚系统与媒介技术之间长期存在的互动联系,在数字时代以更激烈、剧变的方式在最近30年对时尚传播产生了颠覆性的影响。这种影响主要体现在三个方面:首先是以杂志、电影、电视等为代表的大众媒介的转型;其次是技术融合带来时尚媒体数量倍增,尤其是时尚企业及时尚品牌,打造了包括官网、官方自媒体账号以及其他合作社交媒体账号在内的自媒体矩阵;第三则是更关键的,数字技术催生出了以社交媒体为代表的时尚新媒体,这些将内容、声音、数据、图像、文本等多媒体手段集于同一渠道,拥有多种格式转换和传输方式的平台,成为技术影响时尚的核心体现,时尚传播呈现出新的权力格局。时尚的历史与对时尚进行表征、展示及形象化的技术密切相关,时尚从根本而言是一种文化斗争机制。因此,数字技术不仅为时尚带来了新的媒介渠道,新媒介的技术特征也改造了时尚文化机制。与其他技术融合的例子一样,时尚媒体在内容生产、分发和消费中已经转变为分散和碎片化的模式①,转型与崛起成为后现代时尚媒介的两个核心特征。

一、时尚媒体的转型背景

数字革命首先是一种技术变迁,但同时又是一种社会和文化变迁。从

---

① H. Cohen et al., *Screen Media Arts: An Introduction to Concepts and Practices*, London: Oxford University Press, 2008, p.357.

技术维度而言，数字技术作为媒介的元技术与底层逻辑，深刻改变了后现代时尚传播的媒介生态，革命范式——新媒体将取代旧媒体，或工具性思维——“传统媒体＋互联网”的转型选择，成为数字化早期的预判与实践。随着新旧媒体之间更复杂的互动在数字平台上展开后，“融合”范式比革命范式更能合理地解释两者之间关系，而“互联网＋”的超越工具性的思维方式，也使媒介研究者更全面、客观地看待多元、混杂、动态及不均衡的后现代传播媒介生态。正如亨利·詹金斯（Henry Jenkins）所言[①]：

> 旧媒体并没有被取代。只是在一定程度上，它们的作用和地位由于新技术的引入而发生了变化……
>
> “融合”这个概念可以用来描述技术、产业、文化以及社会领域的变迁，包括横跨多种媒体平台的内容流动、多种媒体产业之间的合作以及媒体受众的迁移行为等。

因此，理解后现代时尚传播的媒介及实践，首先应从媒介技术变迁切入，进而观察基于技术变迁而对时尚传播实践及时尚文化形成的深刻影响。

数字技术给传统时尚媒体带来的不仅是机遇，更多的是挑战。传统媒体在后现代时尚经历了两种不同类型的转型：一种是基于传统媒体的自身特征，寻求在数字化媒介环境中的垂直细分市场，典型的如小众的亚文化风格杂志的崛起；另一种是基于数字化带来的媒介新技术，在经历了前期的“＋互联网”的应对后，慢慢转型为“互联网＋”的方式来应对这种挑战，一些较为成功的时尚传媒集团转型为平台型的媒介融合集团，并赢得了市场先机。

（一）时尚媒体的信任危机

20世纪80年代，时尚媒体的范围扩大到包括新的时尚生活方式的出版物。专业的时尚媒体，无论是新锐的还是传统，为应对不断扩大的竞争对手，改变了传统的报道风格的时尚内容，以反映当代生活方式和新的男性时尚消费者[②]，作为扩大影响力与发行量的方法。包括英国的时尚新锐杂志《面孔》（*Face*）和 *i-D*，长期发行的杂志——尤其是针对男性读者的杂志，例如《智族》（*GQ*）《绅士》（*Esquire*）以及 *FHM* 等，这些出版物注入了“新新

① ［美］亨利·詹金斯：《融合文化：新媒体与旧媒体的冲突地带》，第45页。

② Polan Brenda, “Fashion Journalism,” in T. Jackson and D. Shaw eds., *The Fashion Handbook*, p.167.

闻”的精神[1]，事实、幻想和观点交织在一起，时尚新闻变得不那么具有描述性和信息性，取而代之的是对设计师的天才故事，或者是精英消费者令人咋舌的奢侈活动的报道。一些时尚编辑，如戴安娜·弗里兰(Diana Vreeland)、安娜·皮亚吉(Anna Piaggi)以及安娜·温特等，被视为时尚的“皇室成员”，而香奈儿的品牌总监兼时尚设计师卡尔·拉格菲尔德，甚至被称为“时尚大帝”(或老佛爷)。当代时尚新闻呈现出极度的名人崇拜，公关行业的巨大力量使时尚新闻越来越被个人或品牌的观点所主导，时尚媒体面临着信任的挑战。

时尚媒体的另一重危机来自后现代文化霸权冲突带来的对传统性别意识形态的挑战。从时尚媒介史来看，最重要的时尚媒体无疑是以女性为受众的时尚杂志，从19世纪中叶至20世纪中叶，类似《时尚》(*Vogue*)、《时尚巴莎》等为代表的国际“时尚顶刊”阵营，既是现代时尚修辞的生产者也是规范者，为全球时尚提供了正统性的时尚霸权意识形态，又是全球不平等的时尚文化主要生产与输出源。20世纪60年代后，后现代时尚的冲突霸权特征不再为女性提供特定的身份，相反，后现代风格的异质性为女性提供了相互矛盾的各种可能身份的必要条件。有研究者将时尚中的后现代主义视为对女性的解放[2]，因为在同一时期流行的款式多种多样，女性能够利用时尚款式的特定元素构建对她们有意义的个人风格，而不仅仅是“遵循”一种新的、定义明确的风格。

时尚鼓励女性成为“后现代主义角色扮演者”，尝试用衣服和产品来展现自己的不同形象，由此产生模棱两可且难以解释的风格，它们的含义必须通过社会互动来协商，从而导致时尚媒体需要提供相异甚至矛盾的解释框架。现代时尚媒体尤其是传统时尚杂志的权威性不再，数字媒介崛起后的多元表达及多元渠道，更需要时尚媒体以更包容的形式转型，既符合将当代时尚解读为后现代主义的观点，又符合媒体文化表达冲突霸权的概念。

---

① 新新闻主义(New Journalism)作为一种思潮出现在20世纪60年代的美国，在“创造性非虚构写作”技巧上，希望建立一种新的、公开的新闻理念，从而挑战传统的客观新闻，以满足时代的需要。其特点是利用感知和采访技巧获取对某一事件的内部观点，而不是依靠一般采集信息和提出老一套问题的手法，它还允许新闻写作利用写小说的技巧，把重点放在写作风格和描写方面。

② L. Rabine, “A Woman’s Two Bodies: Fashion Magazines, Consumerism, and Feminism,” in S. Benstock and S. Ferris eds., *On Fashion*, New Brunswick, NJ: Rutgers University Press, 1994, pp.59—75.

（二）广告商及消费者权力的提升

时尚媒体的转型也体现在广告商及消费者权力的提升上。在媒介竞争日趋激烈的环境中，时尚杂志必须取悦广告商和消费者，这些杂志的主要利润来源是广告。因此，编辑内容时必须补充和加强广告，同时试图保持或增加读者群①。这导致时尚杂志必须考虑广告商的利益而将冲突霸权元素组合进时尚杂志内容，譬如20世纪70年代之后，越来越多的时尚摄影师和编辑将杂志的主题和图像与青年文化并置，特别是与摇滚音乐传播的主题和图像同步，与暴力、音乐、未被广泛接受的性取向为特征的青年亚文化甚至是地下文化同步，成为新锐时尚杂志用以取悦年轻人的“秘籍”②。

传统时尚杂志则需积极回应后现代主义对女性意识形态变迁的影响。20世纪70年代后半叶，女性在工作场所的形象日益增加，需要一种新的时尚审美。20世纪80年代这十年见证了“权力着装”（Power Dressing）的发展：为表达女性能够在传统上由男性主导的职业和政治环境中建立自己的权威，女装受到男性时尚和剪裁传统的启发，宽阔的垫肩成为时尚，以玛格丽特·撒切尔（Margaret Thatcher）、希拉里·克林顿（Hillary Clinton）、米歇尔·奥巴马（Michelle Obama）等为代表的公众人物身上都有这股风潮的影响。英国首相撒切尔夫人被《时尚》（*Vogue*）认为是最早融入权力套装精神的名人之一，她的风格为女性政治家的着装设定了规则，这是一种保守、强大但同时又女性化的方式③。流行文化中对“权力着装”的传播也不容易忽视，如肥皂剧《达拉斯》（*Dallas*，

图4-6　玛格丽特·撒切尔典型的“权力着装”

① E. McCracken, *Decoding Women's Magazines: From Mademoiselle to Ms*, New York: St. Martin's Press, 1993.

② V. Steele, *Fetish: Fashion, Sex and Power*, New York: Oxford University Press, 1996.

③ S. Menkes, “For Margaret Thatcher, A Wardrobe Was Armor,” *The New York Times*, 9(4)2013.

1978—1991)和《王朝》(*Dynasty*，1981—1989)。据统计，全世界有超过2.5亿的观众观看了《王朝》[①]。这些流行电视成果影响西方世界的主流时尚，剧中随处可见的“权力着装”的典型元素——如垫肩、炫目的首饰等，很容易识别。

二、时尚杂志的转型

嬉皮士风潮、摇滚乐、街头文化等都预示着新的时尚文化的诞生。为讨好经济日趋独立的女性力量，越来越多的时尚杂志开始将女性描绘成有能力的和雌雄同体的，能够实现自我目标并管理他人，将女性展示为“异质和矛盾的保守派”身份的创造者，这些服装和产品是故意设计用来投射不同女性形象的。性别文化随着性解放运动而获得更加多元化的展示与宽容，同性恋文化、“酷儿”(Queer)文化等青年亚文化则为时尚杂志的表征体系带来了新的刺激。正如罗兰·巴特在对当代时尚系统研究后指出的，后现代主义理论以扮演和表演来构建性别，后现代主义文本操纵主导和颠覆性的文化规范，使时尚杂志在过去一百多年中建立的性别意识形态遭遇了挑战，并面临着极大的不确定性，这种特征在亚文化风格的时尚杂志中表现得尤其突出。

(一) 亚文化风格杂志的崛起

后现代对时尚杂志的最大冲击即挑战结构化的时尚霸权文化，社交媒体的崛起又使时尚传播权力日趋扁平化，时尚内容的生产与传播呈现出分权化的趋势，包括品牌方、设计师、时尚博主、流量明星甚至是“街拍网红”等，借助数字媒介，都能成为时尚传播格局中的一种力量。伴随这种挑战与青年亚文化的崛起，时尚杂志领域开始出现一种以风格见长的“小众杂志”。区别于传统时尚杂志的大众刊物形象，这些“小众杂志”的源头可追溯至20世纪80年代在英国创办的一系列亚文化风格的杂志：*i-D*(1980—　)、《面孔》(*The Face*，1980—2004)和《眩与惑》(*Dazed & Confused*，1991—　)。这些杂志的共同特点是前卫、街头、另类，并在内容上突出艺术、音乐和时尚的结合，勇于突破性别的刻板印象，大胆挑战传统杂志的时尚审美与理想女性形象。

1. *i-D*

杂志创办人托尼·琼斯(Terry Jones)，曾担任《时尚》(*Vogue*)英国版的艺术总监。该杂志是他探索时尚另类表达的产物，也是英国时尚艺术设计杂

① “Fashion in the 1980s，” http://1980sfashion.weebly.com，2022-09-23.

图 4-7 *i-D* 封面

志中标识性最强的杂志之一。杂志于1980年8月出版发行，记录地下和“街头”的时尚，给时尚出版物带来了一次革命。杂志从创刊到现在，坚持所有的封面人物用不同方式做同样的表情：眨一只眼（见图4-7）。大写的字母“D”强调了杂志对设计的关注，小写字母“i”则暗示了“我行我素”的风格①。它的读者群较为小众，先锋性和年轻化非常明显，目标受众是那些活跃的青年阶层，具有立场分明的自我风格，拥有彻底的革新力，敢于挑战主流意识②，朋克、复古流行派对、锐舞、Hip-Hop等潮流都被以开放的态度对待，设计师和摄影师能够充分表现个人风格。杂志的栏目设置为“时尚眼”（Eye）、“时尚/人物”（Fashion/Features）、“*i-D* 现场”（*i-D* Live）以及“先锋偶像”（i-con）等，风格活泼、报道形式灵活，在图像选择上最大限度地运用摄影的技法加强视觉效果，关照的对象往往是“地下”的先锋群体，常常会出现很多出位的图像。文章内容也有自己的独到之处，往往会采用非常规的表现手段，如早期“手工制作”的设计风格、面对面的访问方式（Q&A）等，形成了 *i-D* 独有的率真风格③，经过40多年的发展，*i-D* 已赢得“年轻天才们的训练场”的美誉。

2.《面孔》

《面孔》是一本英国音乐、时尚和文化月刊，由尼克·洛根（Nick Logan）于1980年创刊，2004年停刊，并于2019年重新发行。杂志的目标受众是15—22岁的摇滚及流行音乐迷，杂志内容以音乐为基础做延伸，涉及了时装、设计、政治、青年亚文化等方面，曾一度被英国青年一族们视为潮流圣经和潮流文化指标翘楚，2004年停刊后几经转手。2019年复刊后的杂志聚焦于网络版兼顾印刷版，但内容不限于时尚领域。杂志招募了极具个性气质的摄影师、作家、设计师和插画家，如于尔根·泰勒（Juergen Teller）、科琳娜·戴（Corinne Day）、尼克·奈特（Nick Knight）、大卫·西姆斯（David

---

① “Maigoo：i-D，” https://www.maigoo.com/citiao，2022-05-20.

② 贺鹏：《i-D：眨眼睛的时尚》，《艺术与设计》2019年第1期。

③ 刘瑜、赵之煜：《传播媒介视角下的中英时尚设计杂志比较研究——以〈VISON青年视觉〉和〈i-D〉为例》，《艺术研究》2011年第2期。

Sims)等,捧红了超模凯特·摩丝(Kate Moss)、设计师亚历山大·麦昆。这些潮流艺术家与杂志相互成就,成为杂志在某个细分领域具有号召力的意见领袖。杂志通过所谓“新人居住在 The Face 的页面上”的编辑方针,挖掘出亚历山大·麦昆这样的新锐设计师(见图 4-8),推出男同性恋等非传统的时尚人物形象,创造了一场“男装革命”(Menswear Revolution),不断打破性别刻板印象,将男性气质以一种表演及不断变化的概念来提出后现代的性别问题[①]。《面孔》为生活杂志开启了新时代——前卫大胆的封面,充满噱头的标题。一直到 2004 年,该杂志始终是西方月度流行文化的谈论焦点,宣告了新浪漫主义(New Romantics)的诞生,还成为推动“布法罗风格”(Buffalo Style)[②]的始祖之一(20 世纪 80 年代英国的反文化风格,灵感来自美国/英国的服装历史)。《面孔》是一本喜欢与主流起彻底冲突的杂志,并以发现青年亚文化而闻名,它记录了泰迪男孩、摩登青年、光头仔这些英国亚文化流派的更迭。

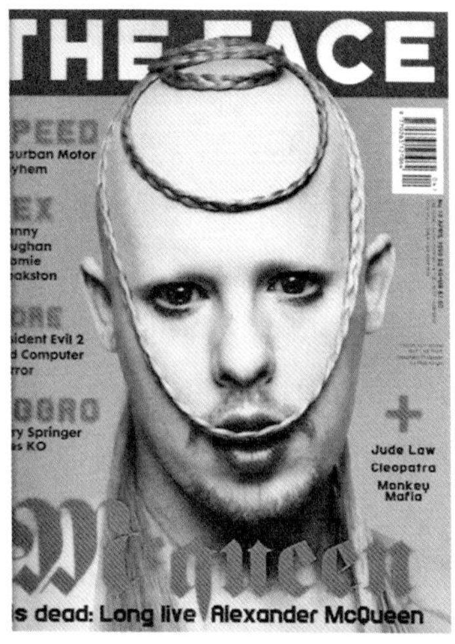

图 4-8　《面孔》封面

3.《眩与惑》

这是一本双月刊的英国风格杂志,涵盖了音乐、时尚、电影、艺术和文学,于 1991 年由英国摄影师兰金(Rankin)与英国资深媒体人杰斐逊·哈克(Jefferon Hack)创立[③],刊名用的是英国老牌摇滚乐队“齐柏林飞艇”(Led Zeppelin)的一首歌名,是具全球影响力的英国时尚文化类杂志,同时也是全球十大最受欢迎的时尚杂志之一(见图 4-9)。创刊时只是一份限量印刷的折叠海报,杂志代表了不同寻常的编辑口味,以英伦朋克式优雅态度关注举世瞩目

图 4-9　《眩与惑》封面

① S. Cole, “Advertising Men’s Underwear,” in D. Bartlett et al.(eds.), *Fashion Media: Past and Present*, London, UK: Bloomsbury, 2013, pp.58—72.

② “Buffalo Style: An Introduction,” https://www.unravelpodcast.com/, 2022-09-24.

③ https://en.wikipedia.org/wiki/Dazed, 2022-09-24.

的时尚潮流、出色闪耀的照片和插画、至高无上的音乐和电影、精彩疯狂的头条事件，等等。但除此之外，杂志最骄傲的还是它的独立性——依然保持着100%的独立经营和独立精神[①]。数字网站“Dazeddigital.com”于2006年11月推出，拥有一支专门的编辑和视频团队，涵盖新闻、时尚、文化、音乐和艺术，每年发布的“眩100”榜单（Dazed 100），是一份塑造青年文化的一百名最具影响力人物的名单，影响很大；2018年9月，杂志推出了名为“Dazed Beauty”的社区平台，致力于重新定义美的语言和交流。

此外，1999年在美国创立的独立先锋时尚杂志*V*（*V Magazine*）[②]，同样也突出时尚、电影、音乐和艺术的融合趋势，以创造性的风格对文化人物和全球青年文化的报道而闻名，2019年4月，同名中文电子刊在中国推出。同年9月《眩与惑》也在中国推出《Dazed青春》，这股专注青年文化的风格杂志的市场定位也吸引了一些传统时尚大刊进入，赫斯特中国（Hearst China）推出《ElleMen新青年》，时尚集团旗下《时尚先生》推出了针对年轻人的新刊《时尚先生Fine》。

时尚杂志作为一门社会技术，曾是生产异性恋、白人、中产阶级女性气质知识的主力，当下则协调了男性气质的变迁和非异性恋的规范[③]。这些小众风格杂志代表了一个不断发展的文化空间，迎合了20世纪70年代后青年亚文化兴起，男同性恋在时尚界的知名度和影响力不断提高，以及“二战”后女性运动的结果，消费主义的推波助澜。在这个新的时尚文化空间中，其创造出一种与传统时尚大刊迥异的时尚亚文化，包括新的男性气质及性少数群体形象，结合前卫的视觉及潮流艺术成为后现代时尚杂志的一种新的形态。

（二）传统时尚杂志转型

机构媒体的数字化转型，本书选择以中国案例进行梳理。从20世纪80年代起，包括《时尚》（*Vogue*）、《她》（*ELLE*）、《时尚巴莎》（*Harper's Bazaar*）、《嘉人》（*Marie Claire*）、《大都会》（*Cosmopolitan*）等在内的众多世界时尚大刊的版权陆续被引入中国。1980年在北京创刊的《时装》被认为是新中国第一本时装类杂志。1988年《她》的中文版《ELLE世界时装之苑》在上海创刊。1993年时尚集团成立，采取版权合作的形式陆续出版了

① 《全球十大时尚杂志排行，时尚芭莎仅排第二》，2019-08-13，https://www.sohu.com，2022-05-12。

② https://en.wikipedia.org/wiki/V_(American_magazine)，2022-05-12.

③ Vänskä Annamari, "Fashion Media," https://onlinelibrary.wiley.com，2022-06-19.

《时尚·COSMO》《时尚先生》《时尚芭莎》等期刊。进入21世纪的前十年更是迎来了时尚杂志的创办高峰，在2003—2007年间平均每年约有20家新刊成立[①]。这些国际时尚杂志的中国版利用信息不对称——读者需要通过阅读时尚杂志来获取国外一手的时尚资讯，了解每一季秀场的最新时尚风潮，迎来了二十多年的黄金发展期。但互联网的发展让世界变平，信息不对称慢慢在消失，国外秀场、社交媒体的内容基本能在中国互联网上同步，新媒体削弱了传统媒体的信息优势。随着广告收入的持续下滑，陆续有时尚杂志关停。中国五大时尚传媒集团（瑞丽传媒、现代传播集团、赫斯特中国、时尚集团、康泰纳仕中国）都面临着关停、转型及裁员的困境：

2014年上半年，时尚集团的时尚男刊全线溃败，除了《时尚先生》尚能盈利，其余男刊出现全面亏损，集团裁员高达20%；

从2015年10月起，瑞丽传媒开始大裁员，2016年1月，瑞丽传媒旗下的《瑞丽时尚先锋》杂志纸质版停刊；

2016年，现代传播集团公布财报，上半年亏损6 890万元，旗下包括《周末画报》《优家画报》等15本杂志广告收入同比下跌20%，集团收入已连续多年下滑，裁员百人；

2017年1月，赫斯特集团（中国）旗下的《伊周FEMINA》停刊；

2017年，康泰纳仕（中国）集团关闭《悦己SELF》杂志，对*Teen Vogue*停止发行纸质刊物，与此同时，集团还减少旗下部分杂志发行期数。

技术赋能促成传统时尚媒介机构选择全新的MCN（Multi-Channel Network）模式，即多频道网络的产品形态，打造传统媒介与数字媒介兼容的传媒机构，将PGC内容跨平台传播，保障内容的持续输出，最终实现商业的稳定变现。国内实施MCN战略较为成功的是时尚集团，早在2010年其就率先提出开创“时尚全媒体时代”的口号，从原本主要依赖纸媒出版产品向多介质产品共存的媒体融合集团转型（见图4-10）。目前，集团业务范围涵盖期刊编辑、图书策划、网络传媒、广告、印刷、发行、数字出版、影视制作、视频输出等多项领域，以内容生产、平台分发、社交矩阵、商业变现来梳理旗下的多元业务链，依托机构媒体原创内容的优势，通过各类客户端分发渠道影响着1.2亿的浏览用户、近7 000万的订阅用户和2 500万的视频用户。

---

① 王梅芳、艾铭等：《发展中的中国时尚传媒状况分析》，《现代传播》2015年第6期。

图 4-10　时尚集团的传播生态演变示意

三、时尚插画的转型

（一）时尚摄影替代插画

时尚杂志的转型反映了数字化时代，新旧媒体之间的竞争并不会导致旧媒体消亡。一旦某种媒体确立了自身作为满足人类某些核心需求的地位，它就会继续在更为广泛的传播选项体系中发挥作用①，时尚插画同样也在后现代中寻求“融合”式发展。时尚插画（fashion illustration）与时尚版画（fashion plate）的不同之处在于，时尚版画是杂志或书籍的图像（例如绘画或照片）的复制品，时尚插画可以做成时尚版画，但时尚版画本身并不是原创的插画作品。在现代摄影技术出现之前，至少自 16 世纪至 19 世纪，时尚的视觉传播主要是通过时尚版画，时尚插画师成为时尚版画的重要创作群体，为大众提供关于时尚服装和理想性别的视觉表征，这使得时尚插画既作为时尚杂志的组成部分又作为独立的艺术装饰品在市场上大受欢迎。

时尚插画的转型要早于时尚杂志，跟时尚摄影的诞生相关。《时尚》（*Vogue*）1932 年的 7 月刊，将爱德华·史泰钦拍摄的一个游泳者举着水皮球的照片用作封面。这是时尚杂志第一张彩色照片封面，时尚插画的研究者莱尔德·博雷利（Laird Borrelli）认为这个封面是时尚媒介的一个重大转折，是时尚插画史衰落的分水岭，标志着时尚插画从时尚传播的重要手段变成了一个非常次要的角色②。从 20 世纪初到 50 年代，时尚插画与时尚摄影并列存在，作为高级定制的艺术表征，展示服装的风格与情境。20 世纪

① ［美］亨利·詹金斯：《融合文化：新媒体与旧媒体的冲突地带》，第 30—45 页。

② L. Borrelli, *Fashion Illustration Now*, London: Thames & Hudson Ltd., 2000, p.6.

60 年代的青年文化对时尚产生深刻影响，对街头文化的即时捕捉非常适合摄影。“摇摆 60 年代”中出现的以大卫・贝利等三人为代表的“黑色三圣体”的摄影师团队，就是时尚摄影地位被抬升至超越其他媒介地位的反映。时尚插画被时尚摄影彻底取代。时尚摄影与时尚产业一起发展，成为 20 世纪 60 年代时尚的主要媒介，时尚照片将时尚杂志变成了畅销全球的一本本厚厚的图画书。

（二）时尚插画的艺术化

脱离了功能性的时尚插画，因边缘化反而走向了更具创新与实验性质的艺术风格。插画作为时尚摄影的配角出现在杂志版面上，以形成“融合”视觉传播效果。在《时尚》(*Vogue*)20 世纪 70 年代的版面中，著名插画师安东尼奥・洛佩兹(Antonio Lopez)的作品就经常与时尚摄影师的照片一起，传达出一种年轻的流行文化的风格(见图 4-11)。这位出生在波多黎各的插画家的灵感来自街头、历史以及实验艺术风格。新旧媒体的融合，使时尚插画重新回归到“艺术创意”的源头，以获得独立的媒介地位[①]：

图 4-11　《时尚》插画，大卫・贝利拍摄，安东尼奥・洛佩兹绘，1973 年 3 月

然而，时尚摄影的出现对时尚插画的影响与任何印刷技术一样大。今天，插画存在于与镜头的共生和次要关系中。摄影——无论怎么改变或修饰——已经不可逆转地等同于真正和真实的东西。照片图像被

① L. Borrelli, “Fashion Illustrators,” https://fashion-history.lovetoknow.com/, 2022-09-24.

> 视为提供“客户服务”——展示衣服的重要手段，就像时尚版画曾经做的那样。相比之下，在20世纪，时尚插画变得越来越富有表现力，传达出一种想法或态度，一种外观的芬芳。

与多元艺术风格结合，成为后现代时尚插画的一大特点。20世纪70年代受波普艺术和迷幻风格（Psychedelia）影响，时尚插画呈现出高度的个性与创意，如与街头涂鸦艺术（Graphity）或数字插画技术结合，成为后现代时尚风格的组成部分。这一时期，时尚插画也成为时尚品牌设计的灵感，譬如美国华裔时尚品牌安娜·苏（Anna Sui），在品牌创立之初就以黑色魔幻时尚插画作为品牌形象，并将这种插画风格延续到产品形象设计中。该品牌的创始人萧志美毕业于帕森斯设计学院（Parsons School of Design），被誉为“魔幻绚丽的缔造者”，自身就是一个时尚插画师，品牌在商业上的成功，部分可归功于用插画形式来呈现一种潮流时尚和年轻快乐之间的轻松风格。进入21世纪，时尚插画通过设计师和插画家/艺术家之间的合作而变得更为流行。2002年，日本插画师村上隆（Takashi Murakami）应设计师马克·雅各布斯（Marc Jacobs）的邀请，开始了与时尚品牌路易威登的长期合作，用他的“超扁平”设计符号重新构想了LV的经典“老花”图案，并取得巨大的商业成功。进入21世纪后，时尚插画正在被数字技术彻底改变。

四、时尚摄影的新风格

（一）时尚摄影的后现代转向

时尚摄影的后现代转向始于20世纪70年代，赫尔穆特·牛顿（Helmut Newton）、盖伊·布尔丁（Guy Bourdin）以及黛博拉·特博维尔（Deborah Turbeville）的作品将时尚摄影从产品重点转向“时尚形象制作”，图片叙事取代了对时尚产品细节的关注。到20世纪90年代初，时尚摄影的重点已转向描绘一种“生活方式”。大量艺术摄影和电影美学成为时尚摄影的灵感来源，叙事成为时尚形象的关键要素之一，往往比服装本身更重要，时装现在可能在时尚摄影中只是一个小小的角色，甚至被完全摒弃，服装“已经从属于生活方式的摄影描绘：从冻结的美丽物体转变为叙事的诱人方面”。[①]这是时尚摄影发生的最显著变化之一。时尚摄影师和造型师使用环境照明、布景和道具构建了一系列图像，将服装作为色情、死亡和心理紧张故事的次要角色。

---

① S. Kismaric and E. Respini, “Fashion Fiction in Photography since 1990, ” in E. Shinkle ed., *Fashion as Photograph*, London: I.B. Tauris, 2008, p.30.

更大的挑战还来自媒介技术,数字时尚电影越来越有取代时尚摄影,成为时尚形象中介的主导媒介的可能。就叙事功能而言,创造具有说服力和理想化的时尚场景,时尚电影的魅力以及营销效果当然更胜时尚摄影,正如时尚研究者卡勒法托(Calefato)评价的①:

> 尤其是电影,它构成了最完整、最多样化的社会形象世界之一,在时尚方面比摄影发挥着更重要的作用,因为它能够通过复杂的符号、话语和感知模式赋予感性以力量并发挥它。

时尚的表征方式与美学风格往往深受媒介技术的影响,其中尤以时尚摄影最为明显。随着数字技术的发展,时尚摄影从单纯的静态影像的制作逐步向动态影像综合化生产靠拢,正如有评论者提出的,自 20 世纪 90 年代以来,时尚摄影见证了一个特别重要和创造性的时期,首先是数字影像技术在时尚摄影中的综合运用,其次是艺术摄影和商业摄影对时尚摄影产生的综合影响②:

> 当代时尚摄影师采取的两条关键路线:电影技术的应用,如塞德里克·布歇(Cedric Buchet)和辛迪·谢尔曼(Cindy Sherman)等人的作品中所见,以及快照美学,如南·戈尔丁(Nan Goldin)、于尔根·泰勒(Juergen Teller)等人。为了解决青年文化的关注、渴望和现实,摄影师和编辑扩大了时尚摄影的叙事,以描绘生活方式,而不是衣服本身。

此外,使用简单的摄影风格来表现最复杂设计的马里奥·索伦蒂(Mario Sorrenti)的日记式肖像、拉里·苏丹(Larry Sultan)的假快照游记以及蒂娜·巴尼(Tina Barney)设计的饱和肖像,都令人惊奇,这种不协调的双重拍摄创造出一种新的影像风格。来自荷兰的时尚摄影师二人组伊内兹-维努德(Inez and Vinoodh)组合,由来自阿姆斯特丹的伊内兹·冯·兰姆斯韦德(Inez van Lamsweerde)和维努德·玛达丁(Vinoodh Matadin)夫妻搭档组成。这个组合为不少时尚顶刊和一线品牌拍过很多大片,是当代时尚圈较有影响力的摄影师组合之一。他们夫妻两人早年在阿姆斯特丹学习时装设计,后来成为一线时尚杂志和时尚品牌的摄影师,但同时他们还有

---

① P. Calefato, "Fashion and Worldliness: Language and Imagery of the Clothed Body," *Fashion Theory*, 1(1)1997.

② S. Kismaric and E. Respini, *Fashioning Fiction in Photography since 1990*, New York: Museum of Modern Art, 2004.

许多时尚电影和多媒体影像作品。

（二）数字技术带来的挑战

时尚摄影的最大改变来自数字技术。美国摄影师菲利普-洛尔卡·迪科西亚（Philip-Lorca Dicorcia）的电影叙述和街头快照风格，反映了20世纪90年代以后时尚摄影的两条新主线。早期他将日常事件置于精心策划的舞台，试图激发观众对现实生活中所包含的心理和情感的认识，后来开始在哈瓦那、开罗和纽约等地，将数码相机24小时架在街头，随机拍摄这些城市空间中的人物，制作了一系列时尚故事（见图4-12）。他的作品可以被描述为纪实摄影、虚构电影以及广告世界的混合，在现实、幻想和欲望之间建立了强大的联系。譬如他的“自由古巴”系列中，以一个哈瓦那年轻女子为中心的间接时尚故事，时尚摄影的对象——衣服和配饰沉入现场，不再是突出的目标，但时尚摄影的另一个目标——吸引注意力，就这些图像而言显得非常有效。同时，迪科西亚还故意避开数字技术，用胶片拍摄，在高端喷墨打印机上打印，其作品的色彩经常有一种奇怪的怀旧感，让人想起柯达克罗姆彩色胶卷（Kodachrome）的柔和光芒。

图4-12　迪科西亚“Heads”系列，纽约街头摄影，2012年4月1日

数字技术为当代时尚摄影师带来了多重身份的轻松跨界，也使时尚影像制作越来越呈现出技术驱动、多元融合的背景。但由此产生的一个问题是，20世纪初摄影不断努力挣脱绘画的“阴影”而获得的艺术独立性，在当代数字媒介环境下，还能继续保持吗？摄影在诞生之初为获得存在的正当性，在最初的二三十年中，一直模仿绘画，由此形成了早期的画意摄影；但随着摄影师尝试用现代主义来摄影、构图后，摄影由此走上了一条独立发展的道路，不再试图让照片看上去像幅画。如今，数字技术将现场表演、3D扫描、时尚电影、虚拟增强现实等内容融合成一体，这种影像制作应被视作新媒介而非摄影的数字化发展。因此，类似于我们在SHOWstudio上看到的一系列创新影像生产，可能最多只能说“它看起来有点像摄影”，但事实它是另外一种全新的融合型媒介。

数字技术的发展，让时尚摄影师一个世纪以来的创作抱负真正获得了前所未有的解放，但另一面却是时尚摄影在数字电影飞速的发展面前，又面临着被宣告“死亡”的威胁。非常巧合的是这两者同时体现在了当代时尚摄影师尼克·奈特(Nick Knight)身上，他既是数字时代最具革新精神的时尚影像实验室——SHOWstudio的创始人，同时他又在2020年接受WWD采访时挑衅式地宣称：“摄影已经死了。当发生数字化变革，影像制作诞生的时候，摄影就停止了。”①

第三节　后现代时尚媒介(二)——新媒介的崛起

当代时尚体系建立在大众传播模式上，时尚的民主化促使时尚成为现代社会的一种普遍模式，Web 2.0时代的到来，让时尚传播增加了传播渠道，提升了互动性，并有了全球化表达的机会。随着社交媒体的崛起，时尚机构与时尚博主、时尚自媒体、视频制作者等时尚领域的新进入者之间产生了张力，时尚传播格局的力量平衡发生了变化。对比一下发行量为10万或20万的一本杂志和拥有1 200万或1 500万粉丝的一个社交自媒体账号，时尚圈已很难忽视这些新进入者对时尚的影响力。而事实上，近20年来，粉丝量过亿的超级时尚“大V”已不再是极个别现象，在如此庞大的粉丝数量的对比下，印刷版的时尚杂志看上去像15世纪时的手抄小册子。

一、社交媒体的崛起

(一)数字技术推动媒介融合

数字技术的发展使传统媒体与新媒体的边界逐渐模糊，促成了数字时代的“媒介融合”发展，各种媒介呈现出多功能一体化的趋势。最初，人们关于“媒介融合”的想象局限于功能层面，即通过数字技术将电视、报刊、广播等不同的媒介形态“融合”在一起，促使媒体内容格式，例如音频、视频或文

① 《Nick Knight专访(上篇)：摄影已经死了》，http://wwdgreaterchina.com/，2022-09-24。

本被集合于一种媒介形态之中从而形成一种“多媒体”(multimedia)功能。随后,人们发现技术的融合会产生“质变”,形成新的媒介形态,譬如电子杂志、新闻博客或播客等,新的媒介形态进而促成一种全新的复媒体(polymedia)生态环境。这个层次上的“复媒体”(polymedia)不同于前者(“多媒体”,multimedia),其“融合”的范围更广,几乎包括媒介的一切要素,譬如传播手段、所有权、组织结构等要素的融合。这种全新的“复媒体”生态环境,为后现代社会提供了多元媒介可供性的结构,“当诸如媒体访问限制、高成本和缺乏媒介素养等制约因素被消除时,用户浏览媒体使用的方式将密切反映他们的情感和社会需求”①。因此,从这个意义而言,新的“复媒体”生态环境带来了媒介技术、产业、文化以及社会领域的变迁,为后现代社会提供了新的融合文化、媒介所有权形式、产业协同方式、媒介消费方式以及社会互动方式。

媒介融合的直接推动力来自数字技术的发展。1969 年,美国研发出的阿帕网(Arpanet)成为今天互联网的雏形。20 世纪 90 年代初期,互联网被称为万维网之前,人们通过诸如 WELL(Whole Earth 'Lectronic Link)这样的计算机会议系统彼此建立个人联系,WELL 被视作最古老的虚拟社区之一,其成员通过计算机交谈、共享联盟、建立联系,并且在某些情况下,也在现实生活中相遇。随着计算机交互变得更复杂、智能及易于使用,社交网络(Social Network Service, SNS)得到了发展。社交网络被定义为人们在其中创建自己的个人资料并与网站上的其他人建立链接的一种在线环境。社交网络源自网络社交,网络社交的起点是电子邮件,解决了信息的即时远程传输,BBS 则把网络社交从点对点推进到点对面的高效传播,随后诞生的即时通信(IM)提高了信息传输速度和信息并行处理能力;博客(Blog)则使在时间维度上分散的信息可以被聚合,从而使每一个信息发布节点体现出越来越强的个性或性格。社交网络大体经历了如下发展过程:以 SixDegrees 代表的早期概念化阶段;以 Friendster 为代表的基于弱关系的交友阶段;以 MySpace 为代表的娱乐化阶段以及以 Facebook 为代表的真实与虚拟交融的平台化阶段。

(二) 社交媒体崛起

社交媒体平台与社交网络是两个交叉重叠的概念。许多社交媒体平台

① C. Edson et al., “Platform-swinging in a Poly-social-media Context: How and Why Users Navigate Multiple Social Media Platforms,” *Journal of Computer-Mediated Communication*, 24(1)2019.

最初都是社交网站,用户创建个人资料并允许通过网络与其联系和交流。随着智能手机技术的发展,这些社交网站作为信息聚合及发布的平台不断得到扩展,由此形成现在所说的社交媒体或社会化媒体(Social Media),即基于用户关系的内容生产与交换的平台。社交媒体平台的发展对全球时尚传播而言,意义重大,时尚话语权第一次挣脱机构媒体的控制,普通个体也有了时尚话语生产与传播的可能性。2004 年 2 月,全球最大的社交媒体——脸书(Facebook)创立,2006 年 9 月面向全球开放,2021 年 10 月 28 日,其主要创始人马克・扎克伯格(Mark Zuckerberg)宣布将脸书更名为"元宇宙"(Meta)。到目前为止,脸书(Facebook)仍然是海外最大的社交媒体平台,2021 年的每月活跃用户数达到 27.4 亿;随后是 YouTube(2005 年)和推特(Twitter, 2006 年),以及包括 Pinterest(2009 年)、Instagram(2010 年)和 Snapchat(2011 年)等在内的基于照片分享的平台,基于短视频的平台 TikTok(抖音的国际版,2016 年)都是当下社交媒体发展中不可忽视的新力量。

对于中国而言,2009 年 11 月上线的微博、2011 年腾讯推出的微信,以及随后涌现的小红书、抖音等社交媒体平台,对时尚传播同样意义重大。1994 年 4 月 20 日,中国与国际的 64K Internet 信道开通,标志着中国正式全功能接入了国际互联网。数字技术在 20 世纪 90 年代和 21 世纪初在中国迅猛发展,受众的媒介接触习惯也随之发生转变,"网络化生存"成为新生代消费者的标签。为了应对受众的迁移,中国传媒产业以主动的姿态融入互联网:1995 年 1 月 12 日,我国第一份电子刊物《神州学人》面世;1996 年,央视网上线;1997 年到 1999 年,我国"四大门户"网站——搜狐、网易、腾讯、新浪诞生;1999 年,阿里巴巴成立;2000 年,百度成立……而中国庞大的网民数量(截至 2021 年 12 月,我国网民规模为 10.32 亿,互联网普及率达 73.0%),更是让社交媒体成为时尚发展不容忽视的一股主导力量。截至 2021 年第四季度末,微博月活跃用户量达到 5.73 亿,日活跃用户量达到 2.49 亿;B(Bilibili)站月活用户量达 2.72 亿;移动端月活用户达 2.52 亿,日活用户达 7 220 万[①];小红书作为生活方式的聚集地,聚集了大量的年轻用户,统计数据显示,截至 2021 年年底,小红书月活跃用户已超过 2 亿,其中,90 后等年轻群体占 72%[②]。

---

① 《去年亏损扩超一倍,B 站跌超 12%创新低！微博营收高增长,广告收入成亮点》,http://stock.stockstar.com, 2022-05-25。

② 国金证券:《消费趋势研究报告:2022 年 1 月小红书月活用户达 2 亿》,https://www.dsb.cn, 2022-05-25。

（三）媒体平台的新模式

社交媒体平台既是一种新的商业模式，又提供了全新的信息聚合、发布模式。概括而言，社交媒体平台具有如下四大核心功能：

第一是聚集流量，流量包括传受双方，流量越大，平台的吸引力就越大。

第二是信息匹配，即将传者与受者进行匹配、配对；匹配度越高、互动性越强，受众对平台的黏性就越强，忠诚度就越高。因此，垂直类平台因为信息的高匹配度，尽管流量比不上综合类平台，却更具商业价值，譬如垂直类的图片社交平台 Istagram 的粉丝量与它的母公司 Facebook 的粉丝量相差甚远，但就商业价值而言，前者更大。

第三是制定传播规则和标准，以此来分配流量，扶持或打击、允许或禁止相关的传播行为。

第四是提升传播的可得性，利用技术降低进入壁垒，提供核心工具和服务。

这四大核心功能，从根本上改变了时尚传播的内在机制。其中，平台核心资源是流量，因此，如何吸引更多的流量既是平台生存的法则，也是平台上的时尚媒介的生存法则。平台鼓励时尚传播树立“流量为王”的传播原则，因此，我们看到越来越多的时尚品牌开始与流量明星合作，时尚传播开始趋于话题炒作而不是严肃内容创作。下面罗列了近年来一线时尚品牌与流量明星的情况（见表 4-13）：

表 4-13　奢侈品品牌近年启用流量明星情况

品　　牌	代言人	形象大使
古驰	/	肖战、华晨宇、熊梓淇
香奈儿	陈伟霆	/
卡地亚	鹿晗	王嘉尔、宋茜
蒂芙尼	倪妮	刘昊然、吴谨言
迪奥	赵丽颖、Angelababy、王子文	王俊凯
圣罗兰	黄子韬	SNH48、Sunnee、迪丽热巴
D&G	王俊凯	/
葆蝶（Bottega Veneta）	易烊千玺	/
蔻驰（Coach）	许魏洲	范丞丞

平台型媒介提供的是海量信息。譬如 Twitter 几乎是每一秒就有上万

条推文发出；平均每一分钟，YouTube 都会收到用户上传的总时长高达 300 小时的视频，整个平台拥有数十亿部短片，内容包罗万象，即便花上一辈子也没有人能看完这些视频。因此，平台型媒介会利用自动化构建、算法、人工筛选等方法，进行配对，将信息的生产者与接收者实现最大可能的匹配。这是平台存在的重要价值，平台的配对效率越高，受众对平台的黏性就越强。这种功能让时尚传播一直谋求的精准化传播成为可能，更多的时尚品牌利用平台型媒介的流量池，找到匹配度高的受众并将之转化为品牌社区成员，通过品牌社区来为消费者提供更有针对性的服务与互动，提升时尚品牌传播的效果。

平台成为传播规则及标准的制定者。当平台的流量大到足以实现垄断后，平台对于传受双方而言，均有了生杀予夺的权利，再辅之以平台方掌握的强大的数据能力，从理论而言，称平台媒介最后掌控着时尚传播的全过程也不为过。平台与平台之间的竞争更多地体现在传播的可得性上，因此，如何用技术给传受双方赋能，是平台发展的机理。

二、时尚新媒体的崛起

（一）时尚博主

自媒体（We Media）这个概念最早由美国专栏作家丹·吉尔莫（Dan Gillmor）在 2002 年提出。他宣称自媒体将是未来的主流媒体，数字技术的发展为我们开启了一个新闻业的黄金时代，它不是我们通常熟知的新闻业，绝大部分新闻将由公众来提供①。在此基础上，2003 年，美国新闻学会下属的媒体中心出版“自媒体”研究报告，并在报告中给自媒体下了定义：普通大众经由数字科技强化、与全球知识体系相连之后，一种开始理解普通大众如何提供与分享他们本身的事实和新闻的途径②。自媒体的发展经历了博客、播客、SNS 社交网站、微博、微信等阶段，对于时尚传播而言，20 世纪末的时尚博客为时尚传播“贡献”了第一代时尚博主，而综合了音频、视频传播功能的播客则催生了更加个性化的时尚意见领袖。随着微博、微信、小红书、快手、抖音等社交媒体平台的发展，时尚自媒体开始迅速崛起，成为不容忽视的时尚传播新力量。

---

① Dan Gillmor, *We the media*, O'Reilly, Media, Inc. 2006-01, http://www.authorama.com, 2022-06-29.

② Shayne Bowman and Chris Willis, *We Media-How Audience are Shaping the Future of News and Information*, The Media Center, 2003-06, http://sodacity.net/system/files, 2020-06-20.

以《时尚》(*Vogue*)为代表的传统媒体的权力来自多方面,包括媒体在行业内的影响力及等级,媒体多年与时尚界的协同和报道,杂志社成员尤其是杂志主编在时尚圈积累的社会资本,媒体自主而有洞见的声音对时尚发展产生过的印记,以及类似《时尚》等主要时尚媒体对高级定制的独家访问权[①]。但 Web 2.0 时代的时尚民主化将以上这些权力结构都推到了一边,包括针对高级定制的独家访问权。时尚金字塔形的结构源自古典时尚的遗产,并由现代时尚继承,围绕着四大时尚中心与四大或六大时尚期刊,形成现代时尚的权力结构。这种结构有助于时尚利益相关者在"变化无穷"的时尚业中,能有效地安排生产与消费。但这种结构在近 20 年内受到极大的挑战,在后现代时尚多样性与时尚传播多元化的共同作用下,时尚领域产生了新的内容生产与传播机制,其中最引人注目的则是那些从边缘逐步迈向中心的时尚博主。

2010 年巴黎时装周的迪奥秀场内,一位来自芝加哥的博主塔维·格文森(Tavi Gevinson)坐在前排,她夸张的头饰遮住了坐她身后的一位《红秀》(*Grazia*)杂志的编辑视线。编辑随后在推特上调侃道,"在迪奥,最不高兴的是,通过 13 岁的塔维的帽子观看时装"。正如哈米斯(Khamis)和蒙特(Munt)在研究时尚新媒体与传统媒体机构角力时,将此画面(见图 4-14)视作过去十年时尚媒体权力变迁的最佳例证[②]:

图 4-14　迪奥 2010 春季秀,塔维在前排就座

无论是芝加哥的塔维、伦敦的苏珊娜·刘(Susie Bubble)、多伦多

① A. König, "Glossy Words: An Analysis of Fashion Writing in British Vogue," *Fashion Theory*, 10(1)2006.

② S. Khamis and A. Munt, "The Three Cs of Fashion Media Today: Convergence, Creativity & Control," *Scan Journal of Media Arts Culture*, 8(2)2010.

的汤米·唐(Tommy Ton)、马尼拉的布莱恩·博伊(Bryan Boy)、巴黎的加朗斯·多茜(Garance Doré),还是她在纽约的合作伙伴“萨托里亚主义者”(The Sartorialist),最受欢迎的时尚博主集体从《时尚》(*Vogue*)的时尚评论风格(排他性和冷漠)转向一个非常不同的白话:参与、健谈,并且——到目前为止——没有附属关系。他们抓住了21世纪数字媒体创造的机遇——互动、全球化、多模式和快速——并激发了时尚媒体的平行力量:在线时尚博客。

上文提到的时尚博主塔维成名时还不到14岁,但却因独特的穿搭品味、直言不讳的行文风格,迅速成为一名知名时尚博主。这是一个越来越强大和有影响力的时尚新媒体群体,她(他)们迫使时尚主流媒体承认并出让部分权力——因为她(他)们身后巨大的粉丝群体是其权力来源,归根到底时尚媒介的影响力来自注意力。注意力经济是后现代时尚商业价值的本质,她(他)们是Web 2.0时代的新贵,这些曾经的业余爱好者已经从边缘移动到前排。

对于时尚博主来说,一种新的时尚民主化进程需要在数字媒体上获得更大的关注——街头时尚,而时尚的发展也确实如她(他)们所愿,多样的街头风格符合后现代社会需要的折中主义与多元化。21世纪初的后现代时尚似乎可以看到一种二分法正在悄悄形成:一个旧世界——专业的、权威的、奢华的《时尚》(*Vogue*)的世界;一个新世界——街头的、随性的、古怪和另类的博主的世界,而时尚摄影博主——用一种描绘生活的方式,“创造”了这种新的时尚风格。

图4-15　《不放弃,纽约》,舒曼摄,2009年

2005年,时装销售顾问斯科特·舒曼(Scott Schuman)成为“全职奶爸”后开辟了自己的业余爱好——街拍。他开始在纽约市的街道上拍摄那些看上去“时尚”的人,然后每天选择一两张发到自己的博客——The Sartorialist上,偶尔会加上自己的评论以说明拍摄的理由。舒曼这个看似无心之举却开了时尚摄影博客的先河,2007年时《时代》杂志将其列为风格和设计方面最具影响力的100名人物之一。作为一名前时装销售顾问,舒曼一开始就提出了关于时尚世界与日常生活关系的双向对话的想法，即时尚之美并不局限于秀场或工作室，传统时尚媒体缺乏对日常生活时尚的关注，来自街头的时尚体现了时尚的多样化和人们表达自我的多元化。舒曼的博客展示了如何捕捉和传达后现代时尚的多样化和多元化，他的时尚理念反映在一张广受关注又广泛争议的街拍照片。这张取名为《不放弃，纽约》（*Not Giving Up, NYC*）的图片（见图 4-15），主角是一名纽约市的流浪汉，舒曼认为他在极其被物质限制的条件下显示出了精心搭配的穿着（眼镜镜框、手套、牛仔裤子、袜子以及鞋子都用蓝色呼应），这就是一种可以代表纽约这个城市气质的时尚精神。

针对来自时尚利益相关者的不同声音，舒曼罕见地发表了拍摄笔记以说明自己的观点[①]：

> 通常处于这个位置的人已经放弃了希望。也许这位先生也有，我不知道，但他并没有放弃他的自我意识或向世界表达自己某些东西的意识……这张照片不是关于时尚——而是关于一个人，虽然他运气不好，但他并没有失去通过风格进行交流和表达自己的需要。看着他穿成这样让我觉得在某种程度上他没有放弃希望。

舒曼认为他在街头观察时尚的方式跟许多设计师从街头寻找时尚灵感的方式并无差别。譬如，设计师约翰·加里亚诺就曾说他的迪奥 2000 春夏高级定制系列，灵感就来自他在巴黎街头慢跑时遇到的“那些无家可归者的风格”，他称之为“波希米亚风”。只不过这些售价达到几万美元一件的时装是经过时尚系统“转译”之后的“流浪汉风格”，不是舒曼镜头下直白而真实的“流浪汉风格”。

但不管如何，舒曼开创的街拍时尚很快就引起了主流时尚的关注。2009 年美国版《智族》（*GQ*）就推出了《纽约的萨托利亚主义者》（*The Sartorialist in New York*|*GQ*）的专题报道[②]。同年，舒曼出版了第一本摄影作品集——《萨托里亚主义者》（*The Sartorialist*），目前该系列已出版至第四本——关于印度的原始时尚。随后他受邀成为 The Gap、科颜氏（Kiehl’s）、巴宝莉等时尚品牌的合作者，还成为 style.com（美国 *Vogue* 的在线主页）的委托合作者。现在登录 The Sartorialist 页面，将会经常看到来自巴黎、纽

① https://www.thesartorialist.com/, 2022-09-20.

② https://www.gq.com/gallery/sartorialist-best-of-nyc-fall-2009, 2022-09-20.

约、米兰等城市的那些光鲜亮丽的“Voguettes”——来自世界各地的《时尚》(*Vogue*)杂志的美丽编辑和造型师，遍布全球的香奈儿“品牌大使”(Chanel's brand ambassadors)——一群由品牌设计师精心挑选的年轻美丽女性。她们既不是模特也不是代言人，她们的任务是把香奈儿新季单品穿戴到街头，等着被发现、被记录、被抓拍，并出现在 The Sartorialist 等类似网站上，这是早就被纳入品牌传播策略中的新品营销手段。

类似这样的时尚博主可以列出长长的名单，譬如阿里尔·查纳斯(Arielle Charnas，生于 1987 年)，——从博主到影响者再到设计师，在 Instagram 上拥有超过一百万粉丝，因此她既能与美国百货公司 Nordstrom 合作开发一条产品线，也能拥有自己的独创生活方式品牌“Something Navy”。凯莉·詹纳(Kylie Jenner，生于 1997 年)——由真人秀明星转型为女商人，詹纳首次在节目《与卡戴珊姐妹同行》(*Keeping Up with the Kardashians*)中崭露头角。该节目记录了卡戴珊家族的日常生活，詹纳以该节目为起点，成为一名成功的社交媒体影响者，后来创立了自己的化妆品品牌，成为美国最年轻的亿万富翁之一。这个名单还包括英国时尚博主苏珊娜·刘(Susie Bubble)，她在 2006 年通过创立时尚博客——Style Bubble 起家，被誉为“英国独立时尚博客的白手起家的女王”，目前在 Instagram 拥有 60 多万粉丝。越南裔的加拿大时尚博主汤米·唐(Tommy Ton)，专注于亚洲街头风格的一位“萨托利亚主义者”。马尼拉的布莱恩·博伊(Bryan Boy)，在 24 岁时开设自己的同名博客，是菲律宾时尚博主和社交名媛，基于其在亚洲的影响力，时尚设计师马克·雅可布以博伊的名字命名了一个手提包(BB 鸵鸟包)。巴黎的加朗斯·多茜(Garance Doré)，2007 年，多茜开始在她的博客上展示自己拍摄的巴黎“街头风格”，2009 年，她开始为她的博客创作视频内容，并于 2012 年在 YouTube 开设了专注于时装周采访的视频专栏“请原谅我的法语”(Pardon My French)，2020 年她搬到新西兰惠灵顿，并推出了新博客 L'Ile。

近年来，中国的时尚博主也在粉丝量及影响力上成为不容忽视的新力量，包括 gogoboi、深夜徐老师、Dipsy 迪西、Mr. Bags 包先生、Anny Style on Top、黎贝卡、Freshboy、石榴婆等都是微博粉丝量居前的时尚博主，但国内大部分时尚博主更倾向于商业转化，与时尚品牌合作、国外时尚信息的整合、时尚实用信息普及等成为时尚博主运营的主要内容。随着抖音、小红书等新的视频社交媒体平台的兴起，一批新的视频类时尚博主正在取代图文时代的初代时尚博主。对“新颖性”极其敏感的时尚系统不会漠视“新世界”中的一切，强大的主流时尚——包括机构媒体、时尚品牌等，通过商业合作或权力“招安”的形式形成控制力，“萨托利亚主义者”们也正在从最初的边缘走向时尚的中心，只不过需要付出独立与个性的代价。

（二）融合型的时尚新媒体

1. SHOWstudio

数字技术的发展促成了融合型时尚新媒介的诞生，其中最具代表性的是创立于2000年的融合型时尚网站——SHOWstudio①。该网站由时尚摄影师尼克·奈特和平面设计师彼得·萨维尔（Peter Saville）开发，利用网络互动和多元前卫的数码技术，网站更新着世界对于影像和时尚的理解。通过持续推出一系列实验性的时尚影像，该网站已成为世界顶尖的数字影像创作平台，并屡获殊荣。2009年，SHOWstudio直播了亚历山大·麦昆（Alexander McQueen）的春夏时装秀，成为史上第一场网络现场直播的时装秀。同时结合流行偶像Lady Gaga的新歌首发集中造势，这场秀成功将大众引向直播流，实时观看并且参与评论，并直接催生了图像社交平台Instagram随后推出的图像分享时尚的新方式，让该平台至今仍然火爆。2019年2月，该网站与著名设计师Maison Margiela合作推出时尚短片《现实逆转》（*Reality Inverse*）。这部创新的时尚电影以标准版本和360度视觉版本发布，观众戴上VR头盔只需点击鼠标就可以在图像中自由移动，为观众打造出一个真实与虚幻交织的空间。影片采用负片、过度饱和、暴力拼接等表现手法，将音乐、设计、绘画、摄影、动态影像及热成像摄影等媒介领域的各种先锋理念糅合在一起，以极为抽象及实验性的数字融合作品让受众感受时尚在数字时代呈现出的颓废、颠覆、虚拟的美学风格。2022年3月25日，SHOWstudio宣布与DAVID CASH合作加入元宇宙，全球首届“元宇宙时装周”已于同年3月24日至27日在虚拟世界“Decentraland”举行，吸引了一众主流品牌加盟。

SHOWstudio作为一个融合媒体平台，既为时尚传播提供了一个独特的平台，培养和鼓励从业者在数字时代进行时尚传播实践创新，同时更为重要的是，它探索并正逐步建立起数字时尚传播的惯例。作为一个开放的传播平台，SHOWstudio利用最新的技术，让以前封闭的高级时尚世界成为大众可以随时进入甚至参与的领域，并将时尚传播的内容扩展到时尚生产的“幕后”（Behind the Scenes，BTS），将时尚制作过程、设计师创意过程甚至时装秀的筹备过程等，均以纪录片的方式加工为网站源源不断的传播内容。这些BTS素材成为许多网站和在线杂志报道的重要素材，让每个人不

① https://showstudio.com/，2022-05-25.

仅可以见证创作过程，而且可以创造性地作出反应、记录、交流和结果评价。同时，SHOWstudio 探索并逐步建立数字时尚传播惯例，在这一“见证不同媒体制度出现”的过程中，也改变了时尚传播的观看/用户模式与时尚产业的组织模式。具体而言，SHOWstudio 并不直接将受众定位于时尚潜在的消费者，在时尚传播的创意与商业需求之间，它更倾向于将受众视作用户，强调受众的主动性、参与性、互动性；SHOWstudio 也改变了时尚媒介组织的传统机制，甚至将知名设计师的设计图纸直接搬上网站供人下载，诸如此类的传播实践挑战了时尚以“神秘感”维持其象征性歧视的价值。

2. BOF

BOF（The Business of Fashion），从时尚博客转变而来的在线时尚杂志，其总部设在伦敦，但在米兰、巴黎、东京和上海都开展业务。创始人伊姆兰·艾迈德（Imran Amed）是加拿大裔英国时尚博主，哈佛商学院毕业后曾在全球管理咨询公司麦肯锡工作。作为一名行业外人士，他从 2007 年 1 月开始在伦敦的家中撰写关于时尚业务的博客——The Business of Fashion，白天则为时尚品牌和新兴设计师提供咨询。早期他将自己的博客内容以邮件的形式发送到近 50 万的时尚从业者手中，这些人包括时尚界最具影响力的设计师、首席执行官和专家，他们分布在全球约 190 个国家或地区。他将数字技术、商业逻辑带入一个以创意为核心的时尚产业中。2016 年 10 月，BOF 推出了付费订阅，随后开发了一本面向高端广告的半年刊印刷杂志，开展品牌在线广告业务，提供时尚业内人士的在线课程教育，策划发布 BOF500 强榜单并将它打造成时尚行业的权威榜单。

BOF 的估值已达数亿美元，创始人艾迈德也被视作时尚界的权威人士而成为时装秀的头排客人。巧合的是 2007 年当艾迈德在自家沙发上撰写时尚博客时，美国版《时尚》（*Vogue*）的传奇“女魔头”安娜·温图尔宣布其九月刊是有史以来规模最大的一期时尚杂志，将近 900 页。这一壮举后来成为时尚纪录片《九月刊》的内容来源，但双方应该都无法预料，自此之后该《时尚》的出版商美国康泰纳仕集团陷入了困境，安娜的时尚圈地位也充满了争议之声。但与此对照，艾迈德却稳稳地坐在了前排，BOF 的影响力日渐提升，或许 BOF 在数字背景下的多元定位，能给出一些这场权力争夺中的答案①：

① “Business of Fashion Boss：‘People on the Inside Don't See How Exciting It Is’，” *The Guardian*，21(2)2016.

> 我们的竞争对手确实不同，具体取决于您所关注的业务部分。我们的活动业务与TED竞争，在线招聘业务与LinkedIn竞争，在线教育业务与商学院和时装学校竞争，从《女装日报》到《纽约时报》再到《经济学人》，我们的内容与所有人竞争，也包括Instagram，还有脸书。我们生活在注意力经济中。您一天中的时间有限，您在某人手机上的空间有限。所以这就是我的想法：没有单一的竞争对手。

3. 时尚品牌自媒体

时尚博主是时尚自媒体的最初主力，随着社交媒体平台影响力的增加，各大品牌开始构建品牌自媒体矩阵，数字时代每一个时尚品牌几乎都可被视为一个时尚媒介。以奢侈品牌古驰为例，作为一线、先锋的国际时尚奢侈品牌，古驰已全面接入中国的数字互联网，其自媒体传播矩阵包含微博、微信、抖音、小红书、官网、优酷等。

至2022年5月23日，品牌官方微博粉丝有367万，主要以短图文、短视频发布品牌即时资讯，内容主要包括品牌秀场、新品发布、广告大片等。

品牌微信包括2个公众号、1个视频号和4个小程序，目标是为用户打造一个资讯和服务社区，推送内容以图文和短视频为主，包括品牌秀场、新品发布、广告大片，除浏览资讯信息外，用户还可以选购商品、预约门店服务。

抖音账号粉丝量达284.4万，主要以短视频发布品牌秀场、新品发布、广告大片等内容，抖音用户互动意愿较高，基于大数据推送，评论区多见用户对GUCCI时尚和奢侈地位的肯定。

小红书账号粉丝量达30.7万，主要以图文、短视频发布品牌秀场、新品系列、广告片，画面精美、高级，注重与女性用户审美共情。

品牌官网则整合了品牌的全部信息，方便受众搜索，同时也提供购买渠道。官网在实现品牌图片、视频、品牌故事等不同内容形式最大化输出的同时，还打造了一个引流生态链，如从官网点击链接能直接进入微信、微博、抖音、小红书等平台。

优酷平台被用于品牌新品、大秀等视频的发布，以更加直观、具有视觉冲击力的动态画面来打动观众，粉丝数为1.1万，但自2021年4月起已停止更新。

数字技术重构了时尚传播的新生态，随着Web 3.0时代的到来，虚拟技术成为时尚及传播领域内触发变革的核心因素。2021年10月29日，全球知名社交巨头——脸书，宣布改名为“元宇宙”后，在自己的社交账号上单独

表 4-16　依托社交媒体平台的 GUCCI 的品牌自媒体传播矩阵

平台		名称	粉丝（万）	主要形式	主要内容	特点
微博		GUCCI	367	短图文、短视频	品牌秀场、新品发布、广告大片	热门内容均为与明星或者代言人的合作信息，利用明星热度来引流，方便粉丝留言互动，充分发挥“广场型平台”信息的即时发布、制造热度和互动的功能
微信	公众号	GUCCI	100①	推送-图文、视频	品牌秀场、新品发布、广告大片、其他趣味性内容（如星座、壁纸等）	主公众号，阅读量多在 10 万以上，排版风格简洁、高级且有设计感，语言风格官方
				主页-功能栏	线上旗舰店、用户社区、古驰小程序、古驰招聘	为核心用户打造的私域社区，可跳转到小程序选购商品、预约到店、选择专属服务等
		GUCCI 古驰美妆	7②	推送-图文、视频	品牌秀场、新品发布、广告大片	阅读量多不足 1 万，排版风格简洁、高级且有设计感，语言风格官方
			/	主页-功能栏	线上选购、美妆资讯、个人中心	用户的私域社区，可线上选购商品、了解古驰最新的美妆资讯、体验沉浸式互动空间
	小程序	GUCCI 古驰	/	线上社区	门店预约、线上旗舰店、品牌故事、品牌全新系列、代言人资讯、星座馆、限定壁纸和表情、虚拟试妆	主小程序，整合“GUCCI 线上旗舰店”、“GUCCI 古驰美妆”、“GUCCI 古驰门店服务预约”的多项功能
		GUCCI 线上旗舰店	/	线上商城	各类商品的线上购买	整合了各系列商品信息，用户可直接搜索进行购买
		GUCCI 古驰美妆	/	美妆社区	线上选购	直接跳转至线上商城
		GUCCI 古驰门店服务预约	/	线上门店	查询门店信息、添加客户顾问、预约门店服务	线上、线下的有效连结和转化

（续表）

平台		名称	粉丝（万）	主要形式	主要内容	特点
微信	视频号	GUCCI	/	短视频、图文	品牌秀场、新品发布、广告大片	制作精良、镜头语言高超
抖音		GUCCI	284.4	短视频	品牌秀场、新品发布、广告大片	制作精良、镜头语言高超且高互动量
小红书		GUCCI	30.7	图文、短视频	品牌秀场、新品系列发布、广告片	画面精美、高级，注重与女性用户审美共情
官网		GUCCI	/	品牌资讯、线上购买	所有渠道内容的复合呈现，提供线上购买渠道	使内容以图片、视频等不同形式全渠道最大化输出，打造了一个引流生态链：从官网点击链接能直接进入微博、微信、小红书、抖音
优酷		GUCCI 古驰	1.1	视频	品牌秀场、新品发布、广告大片	自 2021 年 4 月起停止更新

① 截至 2022 年 5 月 23 日，预计活跃粉丝数：100 万，数据来自新榜，https://newrank.cn，2022-05-25。

② 截至 2022 年 5 月 23 日，预计活跃粉丝数：7 万，数据来自新榜，https://newrank.cn，2022-05-25。

喊话时尚品牌巴黎世家:元宇宙的着装规范(dress code)是什么? 同一天,其首席执行官马克·扎克伯格在公司大会上放出的一段短视频不仅为观众展现了"元宇宙"的各种社交方式,还展示了自己的数字化身在"元宇宙"中的崭新衣品。

"元宇宙"(Metaverse)概念因为 Facebook 的更名掀起关注热潮,同时也引爆了探索中的"虚拟时尚"概念,而被 Meta 在社交媒体上单独"点名"的巴黎世家,则被认为是时尚界对"元宇宙"概念理解最为深刻的品牌。Web 3.0 时代,时尚界已将"元宇宙"视为一个全新的时尚空间,进行了多种时尚实践探索,譬如时尚向游戏行业延伸,为游戏中的角色定制奢华皮肤;数字技术为时尚提供新的传播手段,譬如虚拟偶像代言、虚拟时尚发布等。2020 年后,人们逐渐摆脱思维惯性,开始探索时尚在数字时代的全新发展并寻求更系统彻底的解决方案,完全依存于数字传播的虚拟时装、虚拟时尚商店、虚拟时尚品牌及时尚非同质化代币(NFTs),成为时尚在"元宇宙"空间中的全新实践。媒介技术的变迁存在巨大的不确定性,一切旧技术都曾经是新技术。因此,建立在新技术背景下的时尚发展存在着巨大的不确定性与变化,在人类将"脑机"接口作为下一个新技术进行预测时,我们完全有理由相信时尚产业的发展变迁还远未停止。

第四节　后现代时尚媒介(三)——数字时尚电影

时尚电影已成为后现代时尚象征性生产的重要手段。20 世纪初电影第一次实现了摄影与插画一直追求的服装与身体结合的动态时尚展示,21 世纪的数字时尚电影融合了音乐视频、艺术视频以及时尚短片,为时尚传播开辟了一种新的跨媒体风格、一种新的广告娱乐形式。数字时尚电影主要是指时尚品牌为超越单纯的商业交易而投资生产的一种创意视听项目,以互联网一代为目标,通过多平台故事为数字时代的用户提供品牌价值主张并补充因在线购买而缺失的用户消费体验。基于明确的品牌宣传目的,作为其在线品牌和营销的一部分,这样的电影属于"新媒体"的范畴①。为此,包括迪奥、普拉达、香奈儿、卡地亚、阿玛尼等在内的各大时尚品牌不断提高时尚电影的预算,以应对数字时代商业环境及受众需求的变迁。正如菲利

---

① N. Mijovic, "Narrative Form and the Rhetoric of Fashion in the Promotional Fashion Film."

普·科特勒(Philip Kotler)指出的,相对于大众营销1.0时代、分众营销2.0时代,21世纪是“创意营销传播”的3.0时代,也是价值驱动的营销时代,要以媒体创新、内容创新、传播沟通方式创新去征服目标受众,注重的是合作性、文化性和精神性的营销①。因为消费者才是品牌的新主人,时尚品牌的传播要围绕着一种生活方式或内容来展开,数字技术促使品牌传播进入参与文化和协作传播的时代,品牌传播要弱化交易性,突出关系性和体验性,提高客户满意度和忠诚度,充分尊重用户对媒介、设备、格式的选择。

一、数字时尚电影的兴起

(一)数字时尚网站的兴起

2000年11月,尼克·奈特和平面设计师彼得·萨维尔一起创立了数字交互网站——SHOWstudio,强调通过交互、对话以及在线编程等“数字逻辑”的方式,重新改造时尚杂志及时尚摄影的概念,将时尚的视觉表达推向了多媒体融合。这个网站也是第一个持续鼓励设计师制作时尚电影来展示创作系列的平台,创造了电影呈现时尚的数字化方式。成立20多年来,SHOWstudio利用最新的数字技术不断更新着人们对于摄影和时尚的理解,利用网络互动将神秘而排外的传统时尚圈向数字公众开放。2009年,已故时尚设计师亚历山大·麦昆的时装秀通过互联网直播,奈特拍摄了首个T台影片,这一场直播就让麦昆收获了650多万的粉丝。也是在这次直播之后,70%的伦敦时装展都开始进行现场直播或线上播放。这种新的时尚传播方式也启发了全球最大的图片社交网站——Instagram的诞生,数字媒介确立了视觉或图像传播的主导地位。现在Instagram不仅成了全球最火的一个分享时尚信息的平台,同时平台也开始现场直播,成为一个推广时尚和创意的重要媒介。尼克·奈特认为②:

> 当设计师生产一件衣服时,它会在运动中被看到……设计师不得不接受这不是他们衣服的外观……时尚几乎完全由静止图像来代表……随着互联网的出现,服装现在可以按预期的方式显示。

---

① [美]菲利普·科特勒等:《营销革命3.0:从产品到顾客,再到人文精神》,毕崇毅译,机械工业出版社2011年版。

② Showstudio, “Nick Knight on Moving Fashion,” http://showstudio.com/, 2022-07-25.

Viemo，是一家总部位于美国纽约的视频托管、共享和服务提供商，在成立之初就引起独立电影制作人的关注，逐步成为数字时尚电影的重要平台。2004 年，杰克·洛德威克（Jake Lodwick）和扎克·克莱因（Zach Klein）创建该网站，2007 年，Vimeo 成为第一个通过基于 Flash 的高清视频播放为用户提供高清内容的视频共享网站，2012 年改版后，将视频播放作为网站聚焦中心，2017 年，Vimeo 推出了 360 度视频支持，包括对虚拟现实平台和智能手机的支持、立体视频以及在线视频系列，为拍摄和制作 360 度视频提供指导，该平台的用户数超过一亿。2010 年推出的“Vimeo 音乐节和颁奖典礼计划”（Vimeo Festival and Awards program）①较多关注时尚短片或独立实验短片，对数字时尚电影的传播有较大推动力。

社交媒体的发展，促使许多奢侈品公司建立了专业的编辑团队来“社交化”他们的品牌，最初是通过制作更多创意内容来加强与受众的互动频率和尝试，后来逐步发展到创建博客、数字杂志以及数字平台来改变与客户关系②。2009 年，英国奢侈品牌巴宝莉推出数字互动网站——“风衣艺术”（Art of the Trench），网站最初与街拍始祖——斯科特·舒曼合作，用一种“萨托里亚主义者”的镜头展示了每天穿着巴宝莉风衣的人，用户可以评论和分享照片。该网站可直接链接到脸书。Nowness，是 LVMH（Moët Hennessy Louis Vuitton）集团于 2010 年初推出的数字杂志，号称在内容编辑上保持独立，其早期创始人杰斐逊·哈克（Jefferson Hack），还是伦敦亚文化时尚杂志《眩与惑》（*Dazed & Confused*）的联合创始人。2017 年 5 月，中国《现代传媒》出版集团与英国达泽传媒旗下的 *Modern Dazed* 收购了 Nowness 的多数股权。这种由奢侈品牌创立的数字时尚网站，模糊了时尚利益传播与时尚新闻传播之间的界限。但随着社交媒体的发展，这几乎成为一种不可避免的趋势。

（二）数字时尚电影的兴起

作为新媒体的数字时尚电影的兴起，是在 2008 年前后。数字媒介与时尚电影的结合是一个相对缓慢的过程，这既与技术及带宽的限制有关，又与时尚品牌最初对互联网的排斥相关。正如 20 世纪初时尚对电影作为“镍币戏院”娱乐方式的低端身份排斥一样，时尚品牌尤其是奢侈品牌对网络销售一直心存疑虑。这也导致在 21 世纪最初十年，大部时尚电影还以影院及电

① https://vimeo.com/festival, 2022-07-25.

② A. Groth, “LVMH/Louis Vuitton Is Redefining Luxury Marketing with NOWNESS.com,” *Business Insider*, 2(8)2011.

视作为主要传播渠道，“讲好一个故事”的叙事范式是时尚电影的主流。但2008年前后这种情况有了很大改变：首先，时尚新媒介如SHOWstudio、Instgram等在线平台的影响力增加，时尚设计师意识到数字化媒体能很好地平衡经济与创意；其次，全球电子商务的发展，让时尚品牌意识到受众注意力的迁移，要更接近数字公众尤其是那些年轻的数字原住民，在传播及消费两方面必须拥抱互联网；第三，“后广告”时代的竞争突出了品牌传播需要尊重受众的主动性与参与性，多元化的“后现代”时尚与数字媒介强大的融合表征能力非常契合。

作为新媒体的时尚电影的传播效应已溢出传统意义上的时尚圈，对其他行业品牌及媒介产生影响。2001年，宝马为推广Z4跑车系列，结集了包括大卫·林奇(David Lynch)、雷德利·斯科特(Ridley Scott)、盖·里奇(Guy Ritchie)、李安、约翰·弗兰肯海默(John Frankenheimer)及吴宇森等在内的8位一流电影导演，并邀请了当红明星克里夫·欧文(Clive Owen)来主演品牌系列电影，每个导演分别负责每一集。其中，王家卫执导的一集《跟踪》在2001年的戛纳电影节上放映，宝马公司宣称这些品牌电影仅在公司网站上的点击率就达10万多，这甚至超过了时尚电影的平均收视率。时尚杂志也开始制作自己的时尚电影以补充其印刷版，例如，杂志i-D于2014年发布的《模特的母语》系列时尚短片，既有“跟着刘雯说普通话”(How to Speak Mandarin with Liu Wen)①、“跟着冈本涛学日本话”(How to Speak Japanese with Tao Okamoto)②这样单一模特短片，也有众多名模参与的“时尚中最难的名字如何发音”(How to Pronounce the Hardest Names in Fashion)③的集合短片。冈本涛作为一名日本模特穿着亚洲设计师的衣服，在镜头前教习日本语及日本文化，目前在YouTube上的播放量达到175万；刘雯的视频也与此类似，播放量略为逊色，但也接近百万。时尚电影的影响力还体现在近年来不断涌现的专业时尚电影节或展会上，时尚记者黛安·佩内特(Diane Pernet)于2008年在巴黎创立了国际时尚电影节(International Fashion Film Festival，或称A Shaded View on Fashion Film，ASVOFF)④，在业内影响广泛，2012年德国开始举办柏林时尚电影节(Berlín Fashion Festival)⑤，随后是西班牙的马德里时尚电影节(Madrid

① How to Speak Mandarin with Liu Wen-YouTube，2022-07-25.
② How to Speak Japanese with Tao Okamoto-YouTube，2022-07-25.
③ How to Pronounce The Hardest Names In Fashion-YouTube，2022-07-25.
④ http://ashadedviewonfashionfilm.com，2022-07-25.
⑤ http://berlinfashionfilmfestival.net，2022-07-25.

Fashion Film Festival）和美国加利福尼亚的时尚电影奖（Fashion Film Awards）等。

二、数字时尚电影的特征

跨媒体性能为时尚品牌带来超越单纯商业交易的参与度与互动性，同时，也为时尚传播提供了多渠道的匹配内容。“后广告”时代要求时尚品牌能够通过多平台内容为受众提供感兴趣的故事或娱乐体验，与特定渠道匹配的品牌内容不但会增加存活率，而且能获得更多的主动分享。数字技术催生出了新媒介，时尚品牌需要了解目标渠道的优缺点并以此定义及优化内容。

（一）跨媒体性

跨媒体性是数字时尚电影成为后现代时尚传播主力渠道的重要原因。跨媒体性首先表现为媒体融合使得经综合方式构思和生产的内容，通过多种渠道流动成为必然。主流时尚品牌开始在时尚电影上投入更大的预算，并在网上传播这些电影，且同时剪辑成不同版本在电视、电影和零售空间传播。

2008 年，普拉达推出具有强烈实验性、数字化风格的时尚电影《颤抖的花朵》（*Trembled Blossoms*，2008）①。这部原创动画短片囊括了与品牌相关的时装系列、面料设计、秀场背景及装饰壁画等，片中插画来自年轻插画家詹姆斯·简（James Jean），导演詹姆斯·利马（James Lima）采用当代动画和动作捕捉技术，重现好莱坞黄金时代流行的动画经典，展现了繁盛诱人的鲜花及令人动容的仙女画面，主题既性感又暧昧。这部 4 分多钟的影片在当年的纽约时装周首映，并随后在更多的互联网新平台传播，普拉达开始享受到时尚电影跨媒体性带来的传播红利。同年，YSL 邀请音乐人克里斯·斯威尼（Chris Sweeney）和时尚摄影、导演莎拉·查特菲尔德（Sarah Chatfield）共同为秋冬男装系列制作了时尚电影《光与影》（*Light and Shadow*，2009）②，用来代替时装走秀。这些视频同时在 SHOWstudio、品牌官网、YSL 陈列室的屏幕上播出，后来又在 2009 年的“鸟瞰”（Birds Eye View）电影节上播放。这种“趋势”也使专注于女性导演的“鸟瞰”电影节专门策划了“Fashion Loves”电影系列，以关注新兴的时尚电影类型。

品牌的多平台故事是跨媒体性的核心，即任何内容都可以多格式通过

① https://www.prada.com/cn/zh/pradasphere，2022-07-25.

② https://showstudio.com/contributors/sarah_chatfield，2022-07-25.

双向在线或离线直接连接到社交网络的各节点，以此提升内容在互联网上的存活时间及分享机会。数字时代的时尚电影不同于品牌宣传片。品牌宣传片虽然也强调品牌价值的传播，寻求以故事的形式获得受众的认同，但它往往以品牌自我为中心，不寻求与用户互动，也不追求传播的跨媒体性，宣传片视受众为潜在的消费者而非拥有媒介选择主动权的个体。

（二）“去广告”化

时尚电影允许在戏剧性的场景中将品牌放置到预先细分的群体中，将品牌嵌入视听觉的综合体验中，通过模糊商业与艺术之间的界限，促成了商业推广与媒介化娱乐的共生关系，具体到传播策略层面，则主要表现为“去广告”化。

“去广告”让数字时尚电影区别于传统的时尚宣传片。有学者认为时尚电影可以区分为“传播”（时尚电影作为广告和品牌）和“反思”（时尚电影作为一种文化活动）[①]两种类型，这样的二分法虽然简明，但却与实际有所偏离。时尚电影之所以成为数字时代时尚品牌象征性生产的重要手段，就在于其模糊了商业与艺术、广告与文化的界限。近年来各大品牌专门为传播或销售品牌香水而制作的特定类型的时尚电影——“香水电影”（fragrance film），是其中的典型。譬如香奈儿的《5号香水电影》（*No.5 The Film*，2004）和《香奈儿蓝调》（*Bleu De Chanel the Film*，2010）、普拉达的《雷霆完美心灵》（*Thunder Perfect Mind*，2005）和迪奥的《迪奥真我：焕然一新》（*Dior J'adore：The New Absolu*，2018）都聘请了当代最知名的电影导演，创作出了叙事性的电影，极力弱化“卖香水”的广告效应，突出品牌叙事。这些大预算的“香水电影”充分表明时尚电影极力模糊广告与文化界限，寻找到人类最古老的共同需求——讲故事，回到时尚隐秘的驱动力——欲望与地位，将碎片化注意力充分整合进大众文化空间中。

为进一步弱化“商业”与“艺术”界限，作为新媒体的时尚电影在很多情况下都依据“作者政策”（Politique Des Auteurs），将导演视作创作核心，将作品包装成“作者电影”；或者是不同于主流电影的“前卫电影”（Avant-Grade Film），以“手工”或“个人”模式生产，非常个人化并且使用完全不同的发行和放映渠道[②]的一种亚文化电影类型。两者往往都融合了艺术、音乐、电影、视频剪辑、时尚以及广告等风格，但“作者电影”类型的时尚电影，

① S. Khamis and A. Munt, “The Three Cs of Fashion Media Today: Convergence, Creativity & Control.”

② M. O'Pray, *Avant-Garde Film: Forms, Themes and Passions*, London: Wallflower Press, 2003, p.2.

制作团队往往由著名的导演或摄影师、著名演员及品牌方组成，强调时尚电影的作者身份是理解这些视听风格的关键，一般以短片形式来发行，制作精良且强调梦幻风格，典型的如时尚品牌的“迪奥夫人”系列电影。

三、数字时尚电影的娱乐营销

时尚电影在数字时代传播特征的变化，应被视为技术与消费行为变化的双重结果。时尚电影在诞生之初就源于时尚的商业化目的，随着互联网时代的到来，消费者对传统广告的负面态度及“广告屏蔽技术”都在不断增强，而数字媒介的兴起又带来了新媒体渠道的不断繁荣，渠道碎片化与受众碎片化相交叉导致大众化的品牌传播实践与效果受到质疑。在消费领域，电子商务的快速发展促使越来越多的时尚品牌，包括奢侈品牌不得不将网络销售视作重要的商业战略，依托线下旗舰店独特的体验型消费和服务的时尚品牌，必须重新寻求如何在线上重塑体验感，并与消费者建立在线亲密感。

（一）“转换性”

罗素曾从植入式广告的发展来分析娱乐营销在当下商业环境中作用，并提出“转换性”（transformational）概念①来阐述娱乐营销或植入式广告的力量，“转换性”体现在个人相关性、体验性/移情性、信息性和执行力四个方面。消费者对其喜爱的影视节目及名人明星会进行想象性接触，并通过个人相关性来实现体验性或移情性，即将自己想象为小说、戏剧和电影中的人物，来实现对影视节目或人物的替代性情感认同。在这个过程中，消费者获取了品牌产品信息并进而有可能形成消费决策。但与传统广告不同，品牌在娱乐营销中被部署在给定的社会实践中，人物可以用它来表示友谊、专业、高贵等，譬如奥斯卡得奖导演阿西夫·卡帕迪亚（Asif Kapadia）执导的《托马斯·巴宝莉的故事》（*The Tale of Thomas Burberry*，2016）②，通过对品牌创始人在第一次世界大战前后的经历重新构想，将品牌与人物行为所体现的勇气、坚韧与爱进行强关联，以实现娱乐营销的“转换性”认同。

时尚电影的娱乐营销着眼于长期的品牌价值传递，往往不以直接销售为目的，重视品牌与消费者的情感沟通、心理连接以及关系维护等。因此，

---

① C.A. Russell, “Toward a Framework of Product Placement: Theoretical Propositions,” *Advances in Consumer Research*, 25(1)1998.

② The Tale of Thomas Burberry-Burberry Festive Film 2016-YouTube, 2022-07-25.

作为娱乐营销的数字时尚电影实际上体现了观众沉浸式观看时的一种情感投射：观众通过戏剧性的娱乐进入新的世界[1]，品牌在这些令人兴奋、渴望、奇观化的世界中的存在，意味着消费者在电影或节目的体验结束后，可以在日常生活中与这个世界建立相像性联系。

（二）媒介娱乐

在后现代社会中，媒介娱乐与消费已成为人们的生活方式，两者均被视作表达身份与构建自我的方式。任何一个现代人都会花费大量时间在影视节目、电子游戏及社交媒体上，媒介娱乐是现代人社会实践的核心组成部分，并在其中形成生活的意义与存在感，媒介娱乐是我们产生社会认同感的有力途径。自我概念是体验式消费的一个重要特征，因为它反映了我们对自己的属性的主观信念[2]。这些属性是在我们的经验现实中形成和发挥出来的。时尚与自我概念构建密切相关，在后现代社会中，个体身份与表达的多元化促使时尚借力于媒介娱乐，以此获得更大也更自然的影响力。

在数字时尚电影中，消费者被视为个体或人。在一个没有明显广告设计的娱乐环境中与品牌接触，它会促发受众将自我意识、价值观及身份属性与时尚电影传递的信息联系起来，符合受众自发地构建自我概念的娱乐规律。由此，品牌获得双重背书，既作为电影中预定目标群体的“真实”选择，又作为潜在消费者从娱乐中提取意义后的可能性选择。在著名导演雷德利·斯科特(Ridley Scott)及其女儿乔丹·斯科特(Jordan Scott)合作的时尚短片《雷霆完美心灵》(*Thunder Perfect Mind*，2005)[3]中，这部四分半钟的电影以画外音朗诵创作于20世纪的女性视角的同名诗歌来展开，加拿大超模达莉亚·沃波依(Daria Werbowy)在片中以少女、妻子、母亲、女儿和情妇的复杂身份出场，只在片尾以香水瓶来谨慎地表现商业意图。几乎“无广告痕迹”的媒介娱乐很容易使女性受众对诗歌与电影产生共鸣，形成对女性多元身份及表达的认同，从而间接地与品牌形成亲密而持久的体验关系。时尚品牌的消费选择有助于解决后现代社会碎片化身份的表征困境，为多元身份表达提供符号资源，为身份确认提供强有力的共鸣性话语资源。因此，从这个意义上来说，数字技术虽促成了时尚电影的视觉新形式，为时尚

① E. Hirschman, “Humanistic Inquiry in Marketing Research, Philosophy, Method and Criteria,” *Journal of Marketing Research*, 23(8)1986.

② M. Solomon et al., *Consumer Behaviour: A European perspective*, 2nd ed., Prentice Hall Europe, 2002.

③ Thunder Perfect Mind|PRADA, 2022-07-25.

带来新的外观与表征，但时尚的核心理念依旧植根于传统时尚修辞——赞美时尚源源不断的创造力、手工品质及狭隘的外在美，将时尚视作表达个性和鼓励竞争的工具，或者是社会认同领域的一种变革潜力。

四、作为时装秀的数字时尚电影

数字电影的效果不仅体现为越来越多的品牌将互联网作为内容传播主要阵地，尤其是那些投资巨大的奢侈品牌邀请名导演制作的时尚电影，更体现为时尚越来越倾向于用数字化的影像风格、跨媒体的技术制作手段来表征，时尚数字平台成为时尚发布在数字时代的优先选项，数字时尚电影为“后现代”时装秀提供了数字化替代方案。

（一）直播时装秀

数字时尚电影成为传统时装秀的一种替代方案。2009 年 10 月，SHOWstudio.com 直播了亚历山大·麦昆（Alexander McQueen）生前的最后一场也是最受欢迎的一场时装秀——“柏拉图的亚特兰蒂斯”（Plato's Atlantis）①。这也成为有史以来第一个网络现场直播的时装秀，尼克·奈特在起伏的蛇群下拍摄了模特兼主演拉奎尔·齐默尔曼（Raquel Zimmermann），在奈特对图案和色彩的令人眼花缭乱的描述中，齐默尔曼的身体、服装和更广阔的自然世界被合成为一个催眠幻想，随后的时装秀更是被表达成令人难以置信的戏剧、时装剧。当天的现场秀还同时推出了 Lady Gaga 的新歌《糟糕的浪漫》（*Bad Romance*），歌手同时在自己的脸书账号上公布了这一信息，而她的账号当时有 600 多万粉丝。

奈特与麦昆合作的成功让众多时尚品牌看到了数字时尚电影在时尚品牌推广上的更多可能性与潜力。《辛普森一家/巴黎世家》（*The Simpsons/Balenciaga*）②是大卫·西尔弗曼（David Silverman）执导的一部十分钟的动画短片，改编自家喻户晓的电视剧《辛普森一家》（*The Simpsons*），于 2021 年 10 月在巴黎时装周期间首映，用来代替奢侈品牌巴黎世家的传统时装秀。首映当天还举行了该品牌的“红地毯系列”活动并发布了搭配辛普森一家的服装系列，电影同一天在 YouTube 频道上发布，第一周就获得了超过 500 万次观看，2022 年，其总播放量已超过 1 000 万。

（二）时尚表达的新空间

时装秀高昂的成本及复杂的运行，成为困扰众多初创品牌或小众设计

---

① https://showstudio.com/projects/platos_atlantis，2022-07-25.

② https://www.youtube.com，2022-07-25.

师品牌的现实难题，但随着融合文化的发展，越来越多的时尚利益相关者开始认可数字时尚电影这种替代方案，并吸引主流品牌加入。2009年，英国设计师品牌加洛·普格(Gareth Pugh)秋冬女装系列推出的8分钟时尚电影，因对服装做了激进的处理而引起时尚媒体的共鸣与关注。用时尚电影替代时装秀从21世纪初的小众品牌出于经济考虑的一种替代方案，逐步成为行业的普遍趋势，此后普格与电影制片人露丝·霍格本(Ruth Hogben)进行了一系列合作，将这种替代方案发挥出极大的表征潜能：2010年双方创作了一部由元素组成的时尚概念电影，名为《土、水、风和火》(*Earth Water Wind & Fire*)，同时在纽约户外的一个巨型立方体装置上进行现场直播，并通过SHOWstudio和Youtube向全球观众在线播放。随后霍格本又为品牌制作了2016时尚季的推广视频("Gareth Pugh-S/S 16")，"霍格本+普格"成为品牌前卫风格的标志。这些跨媒体的数字时尚电影注重服装在动态影像中的细节表达，又能传达出设计师的理念。无论是蒙面的钢管舞者，还是苏活中心(Soho Heart)街道上行走的蒙面人，普格挑逗性的服装都是闪闪发光的焦点。普格认为时尚本质上是"关于将一种情绪、本质或转变塑造成一个系列的感觉"，霍格本则用多媒体动态影像、当代潮流文化概念及装置艺术等，将以往静态摄影及时装走秀无法传递的情绪与感觉表达出来。因此，约翰·加里亚诺和已故的亚历山大·麦昆等先锋设计师，都视这些跨媒体的前卫影像为时尚理念的绝佳数字化方案，它们为时尚表达开辟了新空间，也为在线视频制作人提供了与主流同行根本不同的一种电影制作与发行方式。

第五节　数字技术与后现代时尚

时尚传播深受传播技术的影响，特定传播技术与手段界定或构建了特定意识形态及其话语。尼尔·波兹曼(Neil Postman)将人类技术发展划分成三个阶段——工具运用、技术统治以及技术垄断，相应形成了三种人类文明：在工具运用文明阶段，技术服务从属于社会和文化；在技术统治文明阶段，技术成为核心角色，社会文化及符号象征世界都服从于工具发展的需要，但技术还难以撼动人们的内心生活、文化记忆及传统社会结构；而在技术垄断文明阶段，技术至上主义在无形中吞噬着传统世界观，它重新界定宗教、艺术、家庭、政治的意义，从而形成极权主义的技术统治。同时，波兹曼把人类的信息革命从技术更迭角度划分为五个阶段，即印刷术、电报、图像、广播、计算机技术，不同的传播技术会造成不同的意识形态。不同传播技术和手段，固然是一种表达的要素，但更是传播的构成动力，并由此重新界定知识、改变认知，造成新的“意识形态”（知识观念、真理观念、思维习惯、感知外界显示的方式等等）及其话语。它的每一次变化，既无法用一个既定框架来约束，更不是依托在一个已有的躯壳内孤立运转。[①]

数字技术对应的技术垄断文明会造成符号的“大流失”，即符号既可以无限重复，但其本身可能耗竭，同时符号使用越频繁，意义越被削弱。仰赖于象征与符号价值的时尚系统将模仿、传播、区分视为核心，不同的传播技术构建了时尚历史进程中不同的意识形态及话语。工具运用文明阶段的“具身”传播构建了等级化的时尚意识形态与话语，揭示了时尚的创始原则是对个人或群体身份的竞争性断言，即时尚的“肯定原则”[②]。这个原则反映了通过服装或礼仪传达身份，表明所属圈层的功能；技术统治文明阶段，大众媒介构建了时尚的现代性意识形态及现代话语，时尚作为等级社会消亡后的一种替代性满足，在媒介技术快速发展的过程中将个性化、符号化等功能发挥到异常突出的地位；数字技术形成的技术垄断文明，多元数字媒介环境不仅构建了时尚的后现代意识形态及话语，而且在时尚作为一个自主性领域的层面，媒介逻辑作为一种社会主导逻辑日益渗透并影响了时尚逻辑，从而使后现代时尚在制度层面呈现出新的发展趋势。

一、数字媒介重组时尚生产系统

将时尚作为一种社会集体信念创造出来的是时尚生产系统，它包括了一系列的制度和结构，分散在以设计创意为核心的上下游产业链中，包括制造、生产、推广、分销、传播、服务等各个环节。时尚作为一个生产系统，既是物的生产又是符号的生产。具体而言，时尚包括了以服装为主的物质生产与以符号为主的象征生产。服装的生产是有形的，具有效用功能，符号的生产则是无形的，具有社会文化功能。时尚在物质层面存在于穿着者的社会或文化中，而时尚的象征价值则必须在制度上构建并在文化上传播。将服装转化为具有象征价值的时尚并通过服装表现出来，这就是一个时尚系统

---

① 见［美］尼尔·波兹曼：《技术垄断：文化向技术投降》，何道宽译，北京大学出版社2007年版。

② F. Godart, *Unveiling Fashion: Business, Culture, and Identity in the Most Glamorous Industry*.

的运作[1]。数字媒介技术对时尚生产系统的重组也体现在物质与符号两个层面。

(一) 物质层面的“脱实向虚”

首先,在物质层面上,后现代时尚生产系统呈现出“脱实向虚”的发展趋势,即时尚生产系统正逐渐脱离物质层面向虚拟空间延伸。虚拟设计、CAD 三维建模、快时尚的柔性产业链等尚属于时尚生产借助早期数字技术形成的虚拟生产手段;虚拟时装、虚拟秀场、虚拟偶像(网红)等则是近十年来虚拟技术在时尚传播及消费领域的运用;而自 2020 年以后,时尚虚拟化发展的趋势更加明显,人们逐渐摆脱思维惯性,开始探索时尚在虚拟世界的全新发展并寻求更系统彻底的解决方案。特别是在“元宇宙”时代即Web 3.0 到来之后,时尚生产“脱实向虚”有了技术体系的支撑而呈现快速发展的趋势。

“元宇宙”(Metaverse)一词,来自美国著名科幻作家尼尔·斯蒂芬森(Neal Stephenson)的科幻小说《雪崩》(*Snow Crash*),“Meta”表示超越,“Verse”代表宇宙,“超越宇宙”即指平行于现实世界运行的人造虚拟空间,是通过 XR、数字孪生等技术实现的三维互联网产物,该三维时空催生了依靠人工智能 AI 引擎实现的虚拟人和实体化机器人、虚拟空间和个体的本体,并可以依靠区块链、Web 3.0、数字藏品/NFT(非同质化代币)技术创造相应的经济活动[2]。

“元宇宙”空间内,数字媒介为时尚产品的设计、制造、传播以及消费等环节提供了新的模式与场景。2019 年 5 月,荷兰的电子时装公司 The Fabricant 和来自加拿大的区块链游戏公司 Dapper Labs 联手完成全球首件区块链虚拟时装“Iridescence”。这件售价高达 9 500 美元的虚拟时装在现实中并不存在。2020 年,全球首个 100%虚拟时装品牌 Tribute Brand 诞生,通过计算机生成 3D 图像,将虚拟服装“穿”在消费者身上,虽限量且高价,但还是拥有了一定的消费群体。当时尚从街头走向社交媒体时,服装被视为一项内容生产,不用依存实体生产的虚拟时尚显得既环保又“实用”。时尚越来越成为人们在数字空间中展示的内容而非真实的穿着,有什么理由需要耗费现实资源去生产“这一件衣服”呢? 同时,任何一件虚拟时装都能转变成在线环境中的“区块链数字资产”(以太坊区块链上的代币 NFT),它

---

① Y. Kawamura, *The Japanese Revolution in Paris Fashion*.

② 沈阳教授团队:《元宇宙发展研究报告》(2.0 版),清华大学新闻与传播学院新媒体研究中心,2022 年。

证明了数字服装可以成为应用区块链技术的完美画布，而区块链技术则可以为数字服装增加附加价值，这一切使得数字时尚从生产、消费、交易等均脱离了实体时尚，依据一种全新的制度逻辑运行。

（二）符号层面的媒介逻辑

在象征层面，后现代时尚的符号化生产越来越以媒介逻辑为主导进行生产，时尚生产系统的自主性原则受到较大程度的影响。时尚作为社会的一个独立领域其标志是获得自主原则，这是一个漫长而复杂的历史过程的结果。有学者认为正是法国的“断头王后”玛丽·安托瓦内特对时尚任性且无止境的追求与热情，才使这一原则成为可能，并将其扩展到欧洲及其他地区[①]：

> 在玛丽·安托瓦内特之前，时尚受制于贵族和资产阶级的指令和选择，趋势主要来自服装世界之外的动态。有了玛丽·安托瓦内特，时尚得到了解放，并在很大程度上成为一个遵循自己逻辑的自主领域。对于出生在奥地利并一直努力将自己强加于法国凡尔赛宫的王后来说，在她的领导下，时尚的自治是获得权力和弥补政治弱点的一种方式，尤其是她对国王的从属地位。

时尚史研究一般将玛丽·安托瓦内特的专职“女帽和裁缝师”（modiste）罗斯·贝尔廷（Rose Bertin，1747—1813）视作这一过程的关键人物，并称其为“时尚部长”。贝尔廷在巴黎经营着一家名为 Le Grand Mogol（The Great Mogul）的商店，经验丰富，能够对王后的品味与选择产生直接影响，因此而被宫廷贵妇与女官们平等对待。这种平等表达了她作为时尚专业人士在时尚领域的新实力，对时尚的自主化发挥了重要作用。与此同时，18 世纪末还发生了著名的“男性大放弃”[②]，男女时尚之间的差异也越来越大，男士时尚变得简洁而职业，奢侈而繁复的时尚风格由女性全盘继承，这一步加快了时尚作为现代社会一个独立领域的成熟与自主。

在法国哲学家吉尔斯·利波维茨基看来，高级时装创始人、“百年时尚”的开创者——英国设计师查尔斯·沃思则是使时尚围绕着设计师的创意活

---

① C. Weber, *Queen of Fashion: What Marie Antoinette Wore to the Revolution*, New York: Henry Holt and Co., 2006.

② J.C. Flugel, *The Psychology of Clothes*.

动而获得自主性的“里程碑”式人物，他的一系列创新举措，譬如给服装缝上标签、在巴黎开设时装屋、每年两次时装秀、使用活人模特向客户展示设计，以及基于时尚杂志和邮购的营销策略等，充分赋予设计师权力并体现了设计师创意的自主化和个性化①：

> 沃思的举措至关重要：它等于废除了千年以来裁缝与客户之间的从属关系或合作的逻辑，取而代之的是尊重设计师独立性的逻辑。

最终，这种对时尚的赋权导致了时尚特有的表达形式及自主的发展动态——更有条理以及可持续的变化，即时尚的变化是在有秩序的背景下发生的，时尚在某种程度上受到它所取代的东西的限制②。这体现了时尚符号生产的继承性与延续性，并在此基础上时尚成为现代社会的一种信仰体系而获得自足性的发展。但这种情况随着数字媒介时代中媒介逻辑的日益强大而正在改变，基于媒介逻辑生产的时尚符号，更多地呈现出奇观化、潮流化的特征。

（三）时尚的“奇观化”

基于注意力竞争原则的媒介逻辑导致时尚的“奇观化”。巴黎世家被认为是对“元宇宙”概念理解最为深刻的时尚品牌。近年来，巴黎世家品牌异军突起的背后，是其对时尚“奇观化”的大胆探索与尝试，以此制造新鲜感和营销“噱头”，引发社交媒体传播，收获受众注意力资源。2020 年，该品牌推出七夕限定沙漏包，以“我爱你”“我爱我”“他爱我”“你爱我”四种直白文案，结合鲜艳的色彩、粗劣的花卉、蝴蝶、爱心等网络风格浓厚的视觉符号（见图 4-17），组合成“土味文化”视觉传播，在发布当日成功制造了社交话题，引发病毒式传播，登上“微博热搜”，阅读量达到 1.8 亿。

与此同时，为遵循媒介逻辑的“注意力竞争”原则，时尚消费及传播领域内也不断呈现出令人瞠目结舌的时尚奇观。素有“时尚界奥斯卡”之称的 Met Gala 上各路社交名人的红毯造型无不以“注意力优先”为原则：2021 年，金·卡戴珊（Kim Kardashian）从头到脚裹得严严实实的一套全黑巴黎世家服饰挑战了人们对于时尚的认知；2022 年 3 月，在巴黎世家的发布会

---

① G. Lipovetsky, *The Empire of Fashion*: Dressing Modern Democracy, Catherine Porter (Translator), New Jersey: Princeton University Press, 1994, p.75.

② B.D. Belleau, “Cyclical Fashion Movement: Women's Day Dresses: 1860—1980,” *Clothing and Textiles Research Journal*, 5(2)1987.

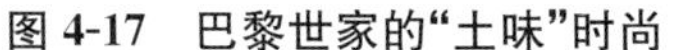
图 4-17　巴黎世家的“土味”时尚

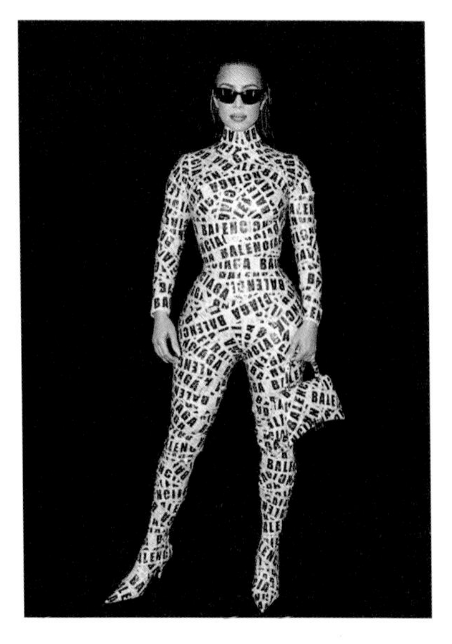

图 4-18　金·卡戴珊的“胶带”造型

上,卡戴珊将印有“BALENCLAGA”字母的胶带缠成连体衣亮相后,更是刷新了人们对“时装”的认知(见图 4-18)。但这都无碍品牌与着装者获取各自所需的曝光度,更有人指出卡戴珊的“创意”拷贝自歌手 Lady Gaga 在《电话》MV 里的造型,但比 Lady Gaga 包裹得更加严实,“眼球”效果更佳。时尚的符号价值建立在时尚作为一个独立领域,自身一向保持的神秘性与排他性上,但随着媒介逻辑的入侵,奢侈品牌主动走下神坛,卸下神秘面具,结合潮流文化获取更大的流量。2021 年巴黎时装周,巴黎世家现场播放了十分钟的短片 *The Simpsons | Balenciaga*,这是巴黎世家与经典动画 IP《辛普森一家》的跨界合作。迄今,这部短片在 YouTube 频道上已经被观看超过 921 万次,短片在保留原有动画人物角色和性格特征的基础上,还植入了“时尚女魔头”安娜·温图尔、“侃爷”坎耶·维斯特(Kanye West)等时尚界代表性人物,以这种极具潮流文化的方式进行品牌推广。

媒介逻辑主导下的时尚符号生产系统,将使时尚更趋于基于媒介技术的虚拟化。制衣技术曾是维持时尚行业运转的核心,缝纫及剪裁工艺曾推动时尚生产系统的持续累积式发展,但如今时尚生产的聚焦点已不再局限于如何做出一件好的衣服,设计师的才能更多体现在引入种种议题来强化品牌社交属性上。巴黎世家为品牌 2021 年秋季系列发布制作的原创游戏《后世:明日世界》(*Afterworld: The Age of Tomorrow*)清晰地体现了这一宗旨。区别于其他奢侈品牌与大型成熟游戏的跨界合作,这是一款完全独立、情节复杂,并由相对完整世界观支撑的网页游戏,消费者可在线进入巴黎世家在游戏中为新系列打造的展厅，沉浸式地感受整个系列。巴黎世家通过这些极富理念的传播创新向大家宣告：我们已经不只是一个时装品牌，我们要建构起拥有完整主张且不断发展的品牌世界。

二、数字媒介促成时尚的分化趋势

时尚传播作为时尚与传播交叉互动的界面，既体现了时尚以传播为核心的发展特征，又以特定的时尚传播模式展现出时尚与传播两者交叉互动的历史脉络。正如美国社会学家戴安娜·克兰(Diana Crane)所言①：

> 时尚传播大规模扩散过程很难系统地研究，但通过评估"自上而下"(top-down)与"自下而上"(bottom-up)两种扩散模型的相关性，可以发现最初以巴黎为中心形成的高度集中的系统已被一个新系统所取代。在该系统中，时尚来自许多来源，并以各种方式传播到不同的公众。

(一) "滴流""逆流"以及"交叉"

克兰"自上而下"的传播模式相当于西美尔针对古典时尚提出的"滴流"理论(trickle-down)。古典时尚是通过宫廷礼仪来表达的，"礼仪"便是将宫廷中可见的消费和开支制度化的准则，以便人们保持他们在宫中应有的地位②。因此，时尚单一的、自上而下扩散模式有助于维护等级制社会的结构。现代社会的来临宣告等级制度的消亡，时尚将"个性化"视作重要的原则之一，时尚可能来自工人阶级、街头文化或社会边缘人群，并逆向传播至社会精英及上层，形成"逆流"(trickle-up)的扩散模式。当时尚从标示社会等级的单一功能中解放出来后，还存在着"交叉"(trickle-across)扩散的情况，即属于同一社会阶层的社会群体交换风格。这在亚文化时尚中较为常见，例如"华丽摇滚"对朋克运动的影响，这两种运动都是工人阶级的亚文化。

时尚复杂多元的传播，典型案例如源自亚文化的哥特式时尚(Gothic fashion)③对主流时尚品牌的影响。哥特式时尚的特点是黑暗、神秘并且通

---

① D. Crane, "Diffusion Models and Fashion: a Reassessment," *The Annals of the American Academy of Political and Social*, 566(1)1999.

② [法]Vincent Bastien, Jean-Noel Kapferer:《奢侈品战略——揭秘世界顶级奢侈品的品牌战略》，谢绮红译，机械工业出版社 2014 年版，第 89 页。

③ 关于哥特亚文化的研究可参见 P. Hodkinson, *Goth: Identity, Style and Subculture*, Oxford, UK: Berg, 2002，他提出了与迪克·赫伯迪格《亚文化：风格的意义》(广西师范大学出版社 2023 年版)一书中关于亚文化"同源性"不一致的观点。

常没有性别的特征，最初由哥特亚文化成员通过自身装饰来传播。典型的哥特式时尚包括染成黑色的头发，异国情调的发型，深色口红以及深色服装，无论男女都描着深色眼线，涂着深色指甲油以获得戏剧性的效果。时尚的"逆向"传播与影响，使哥特亚文化成为一些主流设计师的"创意"参考。哥特风格的代表元素如黑色、蝙蝠、玫瑰、孤堡、乌鸦、十字架、鲜血、黑猫等等，反复出现在高级时尚及秀场中。例如范思哲（Versace）2012 年秋冬高级成衣秀中的十字架、模特阴森森的眼窝、拼缝的金属铆钉皮夹克、坚硬的紧身胸衣和金属链条、禁欲主义色调等，无不是品牌主设计师多纳泰拉·范思哲（Donatella Versace）的哥特风格的体现。山本耀司（Yohji Yamamoto）2015 年春夏秀中，设计师制造出衣衫不整的效果、黑白色拼接、抽象图案、透视、破洞以及混搭等手法，也是典型的哥特风格的挪用。纪梵希（Givenchy）2015 年春夏高级成衣秀，设计师用交叉绑带、露趾长靴、金属扣眼、钉皮罗马长裙、十字架元素、超大的珠宝配饰等，为奢侈品牌纪梵希塑造了大胆的哥特形象……这些案例不胜枚举。

社交媒体的兴起不仅影响了亚文化风格的"逆流"（trickle-up）扩散模式，还改变了哥特亚文化的自身特征。比安卡·伍德（Bianca Wooden）描述数字时代的哥特时尚新浪潮时，认为哥特已经不再是一种有机运动，而更像是一个精心策划的品牌①：

> 哥特自首次引入世界以来，已经有许多面孔。它的最新化身涉及大量的社交媒体。哥特已经从一种抵抗行为转变为一种生活方式。哥特人已经在 Youtube 和 Instagram 上建立了存在感。他们通过分享他们在亚文化中生活的细微差别来欢迎普通观众进入哥特社区。社交媒体不仅改变了哥特社区的认识水平，也改变了社区本身的动态。随着越来越多的哥特人对自己的习惯持开放态度，主流媒体开始将其视为适销对路的生活方式。iPhone 和 Android 的应用程序开发了"哥特表情符号"，它允许您在短信中发送微小的幽灵、蝙蝠、蜘蛛和其他幽灵图标。

如今，哥特时尚已演化成哥特式洛丽塔（Gothic Lolita），这是一种哥特式和洛丽塔时尚的结合，起源于 20 世纪 90 年代末的原宿（Harajuku），此

① B. Wooden, "Goths On Social Media Are Changing the Subculture," *Millennial Influx*, 13(11)2016.

后，又有赛博哥特、传统哥特、维多利亚哥特、贵族哥特等。社交媒体提高了人们对哥特时尚趋势的认识水平，也让时尚界看到了更多的商业利益。与20世纪80年代和90年代更简单的风格形成鲜明对比的是，当代“哥特人”将时间投入精心制作的化妆和服装，他们转向在线哥特式商店，而不是自己制作衣服或二手购买，某些品牌则为社交媒体上受欢迎的“哥特人”免费赠送样品，用以制作品牌产品的传播视频。

（二）去中心的“涌现”

但无论是“滴流”“逆流”，还是“交叉”的传播模式，时尚传播虽多元但依旧可以溯源至最初的核心。进入21世纪后，随着数字媒介环境成为时尚特定的传播情境，时尚的传播与扩散呈现出无法溯源、去中心化的“涌现”模式。这种模式有可能加剧时尚分化的趋势，进而导致建立在“集体信仰”上的时尚系统趋于崩溃。媒介作为时尚的传播手段具有双重作用，首先是基础的信息传递功能，让时尚系统的生产与消费两端建立起联系；但更重要的是建构出一种时尚文化并使时尚成为一种合法化行动，不仅向最广泛的受众宣传设计师的最新创新，而且还通过“教育”公众，向顾客解释为什么时尚很重要，为什么值得购买新衣服和丢弃仍然可以使用的旧衣服，从而使时尚合法化[①]。正如英国人类学家布莱恩·莫莱（Brian Moeran）所解释的，时尚杂志及其他媒体承担着这样的“角色”[②]：

> （时尚媒体是）传播信息的使徒，每季描绘和解释设计师的系列——赋予它们一种读者可以坚持的意义，消除伴随着新奇事物的所有陌生感，调和乍一看可能令人困惑的事物与已经熟悉的事物，从而在以前、当前和未来的趋势之间建立连续性。

因此，时尚媒体在时尚系统化的运行中扮演着不可或缺的协调与沟通的角色。以国际时尚顶刊《时尚》（*Vogue*）为例，它的全球化组织架构包含不同语种的版本，如英文版（1916年创刊）、法文版（1921年）、意大利文版（1965年）、中文版（2005年）等，还包含针对细分市场开发的版本，例如《青少年时尚》（*Teen Vogue*，2001）和《男士时尚》（*Men's Vogue*，2005）。虽然各种版本有自己相对独立的编辑方针，并形成各自的风格，但作为时尚领域

---

① F. Godart, *Unveiling Fashion: Business, Culture, and Identity in the Most Glamorous Industry*.

② B. Moeran, "More Than Just a Fashion Magazine," *Current Sociology*, 54(5)2006.

最重要的核心媒体，《时尚》的信息成为时尚利益相关者形成共同信仰的重要合法性资源。它协调了时尚作为一个系统在全球的运营，支撑包括“四大时尚周”、设计师创意认定等在内的时尚制度体系的运转，把“不可预测”且变幻多端的时尚构建成可组织协调的制度化体系。历史上，是《时尚》将1947年迪奥在“二战”之后的巴黎首秀系列命名为“新风貌”（New-look），并以此为契机将法国高级时装重新带回到国际时尚的中心舞台；同样也是《时尚》，将20世纪60年代兴起的成衣时尚从美国推向欧洲，不遗余力地向保守的法国时尚界及消费者普及新的时尚消费时代的到来，促使成衣在20世纪70年代缓慢却无可逆转地取代了高级时装，成为时尚的驱动力。

基于多元社交媒体形成的“涌现”模式，以*Vogue*为代表的机构型媒体的影响力正日益受到蚕食。这既为时尚传播带来民主化的“福音”，又促使时尚的制度体系遭受分化。时尚作为当下的“一种总体性的社会事实”，已成为整个社会的变化原则，正如吉尔斯·利波维茨基所言[①]：

> 我们已经到了完美时尚的时代，时尚进程扩展到越来越广泛的社会生活领域。现在，时尚与其说是一个特定的外围部门，不如说是整个社会的一种普遍形式。每个人或多或少都沉浸在时尚之中。

这是一个值得警惕的趋势。在时尚无限扩张之时，时尚传播的去中心化是否会导致时尚系统的极端分化，最终因无法维持作为一个独立自主的系统而导致崩溃，尚未可知。但以《时尚》杂志为代表的传统时尚媒体建构起来的时尚文化系统，在目前“众声喧哗”的社交媒体时代如何继承与更新，却已日渐显现出挑战。传统时尚媒体虽曾一直因商业与专业之间的模棱两可而受到诟病，但与当下社交媒体基本不区分商业性赞助与专业性报道的情况相比，传统时尚媒体的编辑与记者显然还是能被纳入新闻专业范畴的。

三、时尚的全球化与在地化

（一）网络“巴尔干化”

网络“巴尔干化”指的是以互联网为代表的信息、通信技术消除了地理壁垒，使处于远距离的个体或群体之间的沟通成为可能，即信息技术消除了传统的地理空间巴尔干。然而由于人类存在有限理性以及信息增长乃至大

---

① Gilles Lipovetsky, *The Empire of Fashion: Dressing Modern Democracy*, p.131.

爆炸，通信、信息技术并不能真正地形成一个全球性的沟通网络，相反，信息技术在成功消除地理空间巴尔干的同时，却不可避免地生成了逻辑空间巴尔干。这种逻辑空间巴尔干是基于个体兴趣、学科专业、社会地位以及观点的，本质上是个体偏好关系而导致生成的①。这个概念最早由美国麻省理工学院的学者马歇尔·范·阿尔斯泰（Marshall Van Alstyne）和埃里克·布林约尔松（Eric Brynjolfsson）在《科学》（*Science*）杂志上撰文提出，最初主要指向逻辑空间上的巴尔干对科学研究的影响②。但随着互联网的发展，这种网络空间的"巴尔干化"不仅出现在科学领域，而且出现在文化、信仰以及社会诸多领域，进而加剧了社会群体的撕裂，分裂成有特定利益的不同子群，即网络社群巴尔干化（Cyber-Balkanization）③。

时尚与文化、传统、惯习密切相关，目前处于全球时尚金字塔顶端的时尚品牌几乎都诞生于欧美，与欧美历史文化关系密切。因此，时尚的全球化传播既是一种商业化传播也是一种跨文化传播，网络"巴尔干化"导致的跨文化传播困境依旧是时尚全球化传播面临的现实困境。以轰动一时的D&G（意大利时尚品牌，Dolce & Gabbana，译作杜嘉班纳）"起筷吃饭"这一品牌传播事件为例，D&G 的品牌宣传片中，将筷子、中国红、眯眯眼、翻译腔视作中国文化的符号，并与自身品牌价值相联系，以此向中国消费者传达品牌所蕴含的意大利文化。但偏偏事与愿违，中国网民却将该视频中的元素和内容视作西方创作者对中国的刻意丑化，直接造成 D&G 的 2018 年度上海大秀被紧急取消。迄今 D&G 在国内电商平台上搜索结果依旧是零，2019 年的奥斯卡颁奖礼上无一明星穿 D&G，专卖店生意更是受到国人的抵制，据估计品牌总体损失在 10 亿元以上，在资本市场受到重挫。

（二）国族认同的品牌叙事

数字技术的发展，并不必然意味着全球传播时代的到来，跨文化传播面临的本地化矛盾呈现出上升趋势。巴黎、伦敦、米兰及纽约被定为世界四大时尚之都，作为时尚内容的产出中心，其生产的时尚符号及时尚规则伴随着欧美强势品牌在全球输出。但随着国家及民族认同感在全球范围的强化，尤其是以中国为代表的东亚各国经济实力的增长，寻求基于民族认同感的时尚文化或品牌文化成为一种"逆全球化"的时尚趋势。

---

① 陈冬、顾培亮：《信息技术的社会巴尔干因果分析》，《科学学研究》2004 年第 1 期。

② V.M. Alstyne and E. Brynjolfsson, "Could the Internet Balkanize Science?" *Science*, 29(10)1996.

③ 李彪：《后真相时代网络舆论场的话语空间与治理范式新转向》，《新闻记者》2018 年第 5 期。

国族认同如何在品牌叙事中发挥作用，"上海滩"（Shanghai Tang）提供了一个可供考察的案例。该品牌由邓永锵（David Tang）于1994年在我国香港创立，被誉为中国第一个现代奢侈品牌。作为高端的"中式原创"生活时尚品牌，创立之初该品牌就主打"老上海风情"的高端手工定制，主营产品包括旗袍、唐装等具有中式美学元素的服装和家居产品。上海滩的品牌标识植根于中国的民族认同，目标是为了复兴和现代化中国传统风格，而不是融合欧美时尚风格，以此参与全球范围内的市场竞争，并占据独特的利基市场。2019年7月，该品牌还联手中国当代著名艺术家徐冰跨界合作举办了活动——"Shanghai Tang X 徐冰・英文方块字书法"艺术作品创作，庆祝"中式原创"25载传承。但在欧美文化主导的时尚领域内，该品牌发展并不顺利，早在1998年创始人就将股权出售给奢侈品和时尚帝国历峰集团（Compagnie Financière Richemont），2008年历峰集团以100%的股权完全收购了上海滩，后又将上海滩出售给了意大利纺织品商人亚历山德罗・巴斯塔利（Alessandro Bastagli），但仅隔两年后，行业处境不佳的上海滩再次被出售，买方是一家总部位于中国的投资基金——云月投资（Lunar Capital），具体交易金额不详。艾歇尔（Eicher）认为作为民族认同表达的着装，必须处理空间和时间的变化[①]，时尚必须置于具体的社会情境中才能作为认同的载体与表征发挥作用，民族服饰不仅随着具体穿着者的情境而变化，也与其所处的时期有关，而且这两者的意义绝不是稳定的。从这个意义上说，民族服饰或者传统服饰可以成为现代时尚的来源，但并不必然意味着能成为时尚在现代社会身份认同与表达方面的载体。

（三）时尚文化的多元化

网络传播的长尾效应使时尚文化的多元化加剧。网络长尾效应[②]能帮助小众群体更快地找到同类并获得认同感，例如同性恋作为小众群体，往往被视作亚文化的一种。但近年来，随着同性恋设计师在时尚领域内的影响力与话语权的提升，以同性恋为代表的非主流性别意识形态在时尚领域内却越来越呈"主流化"的倾向，从设计元素到传播符号，时尚将非主流性别意识形态视作创新性的重要来源。此外，越来越多的时尚大牌有意识地在借

① J.B. Eicher, "Introduction: Dress as Expression of Ethnic Identity," in J.B. Eicher ed., *Dress and Ethnicity: Change Across Space and Time*, Oxford, UK: Berg, 1999, pp.1—6.

② 长尾或长尾效应（The Long Tail）概念，最早由美国《连线》杂志的总编辑克里斯・安德森（Chris Anderson）提出，主要用来描述互联网企业，如亚马逊公司、网飞公司等新的商业模式。这些公司将原来不受重视、未得到满足的多元、分散需求，通过互联网技术累积起来，总的收益超过了主流产品与服务，以此作为商业模式的盈利核心。

助非欧美服饰的元素，如中东元素、非洲元素、东方元素，来表达对小众趣味的尊重。在资本的驱动下，后现代时尚已经成为一部高效的欲望再造机，时尚传播重要的不是时尚品味、时尚文化甚至时尚品牌的传播，而是时尚消费欲望的传播，只有不断将消费欲望进行再生产，时尚的再生产才能实现。

等级社会能消亡，但人类参与竞争、表达自身身份的意识及需要却并未消失。时尚传播的旧秩序是基于时尚历史发展而逐渐形成的，数字时代意味着一种新的传播秩序构建的可能性。“元宇宙”作为一个全新的时尚空间，其符号构建与传播实践还处于起步阶段，但毫无疑问的是，这个全新的时尚空间将给时尚产业带来足够大的发展空间。正如电影《头号玩家》与《失控玩家》中所展现的那样，“元宇宙”将造就人类更多的虚拟活动，数字虚拟形象将成为每个人进入“元宇宙”的刚需，是人们在“元宇宙”中的外在形象和社会标识。据投资银行摩根士丹利估计，仅就奢侈品而言，元宇宙中的游戏和 NFT 至 2030 年可能占整个市场营收的 10%，代表着 500 亿美元的收入机会和 25%的行业利润增长①。虚拟时尚不能简单理解成时尚行业的数字迁移，为时尚在元宇宙中找到一个新的栖息地。时尚作为一个关键的社会过程，帮助我们理解从模仿和区分机制中形成的身份归属、种族认同、性别构建以及生产-消费循环等社会关系，作为社会互动的交叉界面，当时尚移植至一个虚拟空间后，这个过程是否会促使这些社会关系改写还有待观察。同时，建立在新技术背景下的数字媒介逻辑自身存在着巨大的不确定性，一切旧技术都曾经是新技术，我们完全有理由相信时尚生产系统的变迁还远未停止。

时尚是现代社会的产物，媒介化社会是数字技术的产物，时尚传播在媒介技术层面与时尚心理层面交叉互动后，一种新的、尚未出现的时尚逻辑的出现可能性依旧存在。尤其是剥离了实体生产的虚拟时尚成为社交媒体的“通行证”后，时尚作为一个独立的社会子系统将面临怎样的变革，值得关注。

第六节　后现代时尚传播模式

如果说在数字化初期，互联网只是给了受众“一个麦克风”，模糊了传受

---

① 网易科技报道：《投行：元宇宙概念将为奢侈品市场带来 500 亿美元额外营收》，2021-04-08，https://3g.163.com/tech/article。

双方的边界，那么，随着媒介融合的不断深入，不同传播介质和平台被打通，媒介的边界在消失。正如克劳斯·延森所言[①]：

> 一种物质载体能够实现多种不同的传播实践；而一些传播行为则可以存在于不同的媒介载体上。当新的媒介平台产生时，某些先前存在的传播活动会再度出现并移植到新的平台上。

数字媒介整合了一对一、一对多以及多对多的传播形态，数字技术又促成了媒介化社会的来临与发展，媒介作为一个社会子系统既内嵌于社会大环境中，又将自身逻辑不断影响渗透至包括时尚在内的其他社会领域，使后现代时尚传播呈现出复杂系统的"涌现"模式，大量数字新媒介在相互作用、反复迭代中产生出多元、融合及生态化的特征。

一、"涌现"理论

（一）"涌现"理论

"涌现"(emergence)是从自然界到人类社会客观的、普遍存在的现象，只要是复杂系统，就呈现出整体涌现性[②]，如蚁群、雁阵、神经网络、免疫系统、互联网乃至世界经济。"涌现"理论的主要奠基人是约翰·霍兰(John Holland)。在《涌现：从混沌到秩序》一书中，霍兰认为"涌现"的本质就是"由小生大、由简入繁"的生成过程，"涌现"的产生是因为系统组成机制间的相互作用不受某个中央力量的控制，而随着机制之间相互作用的增强，灵活性不断提高，"涌现"现象出现的可能性也不断增大[③]。

"涌现"的理论研究与复杂系统或者说复杂性科学的诞生密切相关。复杂性科学是21世纪的一门崭新科学，复杂性科学研究复杂系统，认为对于生物、生态系统或经济、社会系统等复杂系统，不能视为简单的相加或人类未知的暂时复杂，而是在哲学及本体论上与简单相对的概念。即使人类已实现对复杂系统的认知，其仍应被视作一个复杂系统需要对总体进行整合研究，探索整体规律，这就是研究方法的整体论(holism)。这与20世纪以及近400年来的"还原论"(reductionism)形成对照，"还原论"主张认识整体必先认识局部，从而约简(reduce)到研究个体，例如DNA研究细胞、力学研

---

① [丹]克劳斯·延森：《媒介融合：网络传播、大众传播和人际传播的三重维度》，第74页。
② 苗东升：《论系统思维(六)：重在把握系统的整体涌现性》，《系统科学学报》2006年第1期。
③ [美]约翰·霍兰：《涌现：从混沌到有序》，上海科学技术出版社2001年版，第24页。

究受力体等。复杂系统由大量代理(agent)组成(代理可以是个体、元素，也可以是部分、子系统等)，系统是开放的且受外界影响，在一定条件下，发生微小变化(不同的微小变化可导致有重大差异的结局)，代理之间开始相互作用。之后，系统能自组织、自协调、自加强，并随之扩大、发展，最后发生质变，这种质变在复杂性科学中被称为“涌现”(emergence)[①]。因此，“涌现”和自组织是一对双胞胎，“涌现”强调的是系统自发形成新的宏观结构，自组织强调的却是系统在形成新的宏观结构过程中组分(代理)之间的相互作用[②]。

一个系统从无序转化为有序的关键并不在于系统是平衡和非平衡的，也不在于离平衡态有多远，而是组成系统的各子系统，在一定条件下，通过它们之间的非线性作用，互相协同和合作自发产生稳定的有序结构，这就是自组织结构[③]。整个复杂系统及其“涌现”生成过程的关键就是由少数几条简单的规则支配的生成主体(即代理，agent)在大量的相互作用和反复迭代中产生出巨大的复杂性和涌现性、不可预测的新颖性和不可还原的整体性的过程[④]。“涌现”的结果总是产生新质的信息，改变事物的信息结构，增加世界的信息总量[⑤]。“涌现”不是数量的叠加，而是整体“涌现”出部分没有的新特性，即异质的现象、异质的事物、异质的特性、异质的逻辑联系等，这些新特性又反馈和作用于每一个部分。

(二)“多元融合化涌现”模式

受复杂科学的“涌现”理论启发，我们将后现代时尚传播的模式定义为“多元融合涌现”模式。首先，数字技术促成的复媒体(polymedia)生态环境是一种自组织结构，这个结构由大量不同“代理”组成，以往被机构媒体垄断的媒介组织在数字时代被打破，时尚的利益相关者都能在数字赋能下转化为时尚传播的一个节点，包括传统媒体机构、时尚影响者、时尚品牌、设计师、公关公司、广告公司、时尚买手、生产商、制造商等，因技术赋能都能成为时尚媒介的不同“代理”或子系统。这些“代理”通过非线性的合作，不断“涌现”出新的传播形态及实践，进而使时尚在后现代呈现出异质性和异质的逻辑联系。其次，时尚的多媒体传播生态又与更宏观的媒介化社会产生联结

① 张嗣瀛：《复杂性科学，整体规律与定性研究》，《复杂系统与复杂性科学》2005年第1期。

② 李士勇：《非线性科学与复杂性科学》，哈尔滨工业大学出版社2006年版，第153页。

③ 钱学森、于景元、戴汝为：《一个科学新领域——开放的复杂巨系统及其方法论》，《自然杂志》1990年第1期。

④ 颜泽贤等：《系统科学导论》，人民出版社2006年版。

⑤ 苗东升：《论系统思维(六)：重在把握系统的整体涌现性》。

与互动，促成时尚系统日益开放，并因这种开放而逐步打破现代时尚的平衡状态，从而导致时尚及其传播在宏观层面呈现出一种新的协同结构、功能模式及实践特质，“涌现”出包括虚拟时尚、元宇宙时装周、时尚 NFT 等在内的全新的时尚传播形态及时尚业态。

二、“涌现”模式促使时尚系统从封闭到开放

（一）时尚系统的形成

时尚的持续生产仰赖于时尚系统，因为时尚不仅是关于变化，而且是一种制度化的、系统性的变化。据学者考证，时尚作为一种系统于 1868 年在巴黎首次出现，当时被称为“高级定制”（Haute Couture）的服装获得了制度化。时尚被视作一种制度体系，意味着时尚领域形成了由信仰、习俗和正式程序组成的持久网络。这个网络具有一个公认的中心目标，并让设计师、制造商、批发商、公共关系官员、记者和广告公司等各种代理人协同行动，使这些与时尚相关的、对时尚有着共同信念的代理人集体参与活动，共同参与时尚意识形态的生产和延续，维护时尚持续生产所需继承并沿袭的时尚文化。因此，时尚的制度化同时意味着时尚系统作为一个独立的领域具有排他性，通过排他性以合法化被纳入系统内的各类代理人及其行动，赋予其维持时尚生产所需的社会资本与文化资本，以此获取丰厚的经济资本。

排他性意味着封闭性。古典时尚的封闭性主要体现在以权力等级制为核心形成的宫廷贵族圈内，现代时尚推动了时尚的民主化进程，但这种民主化更多的体现在时尚消费群体的扩散上。时尚作为一种信仰体系为维持其“象征性鉴赏”价值，形成了以巴黎、伦敦、米兰、纽约为代表的“四大时尚中心”，以《时尚》（*Vogue*）、《她》（*ELLE*）等为代表的国际“时尚顶刊”阵营，以及以古驰（Gucci）、巴黎世家（Balenciaga）、范思哲（Versace）、纪梵希（Givenchy）、华伦天奴（Valentino）等为代表的国际时尚品牌体系，以此三者为支撑点形成的结构化的时尚权力体系通过协同合作，决定了时尚生产的一个核心问题：谁有权将事物标记为时尚或合潮流的[1]，通过把控时尚在物质与信念两个层次上的生产与传播，成为一个相对封闭的、霸权意识形态深厚的现代时尚系统。

（二）时尚仲裁权的外溢

媒介融合促成了新的媒介形态及时尚文化的“涌现”，促使时尚系统日

---

① Kawamura，Y.，*Fashionology*：*An Introduction to Fashion Studies*.

益显现出开放性，以此来适应媒介化社会的到来。数字技术促成一种全新的社会形态——媒介化社会的到来，媒介的影响力除了介入社会宏观制度与机构之外，有时更在于导引其他社会场域里特定制度化实践内涵的重塑①。这意味着时尚不仅通过媒介进行交流，而且媒介塑造了对时尚的理解。时尚媒介化的最新发展也表明，通过密切关注媒介的需求、规则和逻辑，而不仅仅是关注时尚的需求和规则，时尚越来越多地被媒介所生产、塑造和改造②。在这个过程中，时尚为了提升自身在社会系统中的地位与影响力，日益遵循“注意力竞争的”策略，将基于封闭系统的吸引力原则——神秘性及象征性原则，以及排他性进行革新。现代时尚时期，信息及传播渠道作为一种稀缺资源被掌握在机构媒体、“四大时尚中心”及时尚品牌手中，传播以传者为中心来展开信息传递。数字化时代，时尚信息变成一种冗余资源，新的传播媒介及传播主体不断“涌现”，受众注意力却变成一种稀缺资源，甚至形成一种可被称为注意力经济的新经济形式。因为按照经济学的理论，其研究的主要课题应该是如何利用稀缺资源，而在信息社会中信息不但不是稀缺资源，相反是过剩的，只有一种资源是稀缺的，那就是人们的注意力。③

当下的传播是围绕着争夺注意力而展开的实践活动。传播实践重心的迁移对时尚系统产生了深刻影响，主要体现在两个方面：一是在时尚系统内，时尚仲裁权力外溢导致时尚系统以开放的姿态纳入更多的时尚代理人；二是时尚系统为适应“注意力竞争”而越来越倾向于将其“神秘”性开放给更加多元的媒介渠道。

时尚仲裁权力的外溢。数字媒体催生了一批新的时尚媒介，并赋予它们引导时尚潮流的手段。基于数字图像的社交媒体平台的发展颠覆了传统时尚媒体，让品牌和个人能够以非常个性化的方式向大众传播时尚。时尚内容生产形成一种新的机制，即所谓的 PGC 和 UGC 结合机制——专业化内容生产与受众内容生产相结合，模糊了传者与受众的边界。在时尚传播的内在机制上，现代时尚从古典时尚继承过来的“由上至下”的时尚生产与传递机制，呈现出更多的“由上至下”“由下至上”及平行交叉的特征，时尚传播不再与结构化的社会阶层对应，更多的呈现出弥散的状态。以上诸种变

① 唐士哲：《重构媒介？——“中介”与“媒介化”概念爬梳》。

② Vänskä, Annamari, *Fashion Media*, 2020, https://onlinelibrary.wiley.com/, 2022-05-20.

③ [美]托马斯·达文波特、[美]约翰·贝克：《注意力经济》，谢波峰等译，中信出版社 2004 年版。

化均导致时尚仲裁权力更加扁平及分散，封闭的时尚系统因权力的外溢而日益显现出开放性，将更多的非系统内的代理者，如社交媒体上的意见领袖、潮流文化领域或亚文化领域内的影响者纳入进时尚权力体系。这些模糊了领域界限、业余与专业、个人与商业的时尚新媒体的影响者，成为打破机构型媒体垄断的时尚内容的生产与传播体系，使时尚的信念生产与传播呈现出开放的姿态。

（三）后现代时尚“祛魅”

时尚是现代社会的一个“神话”，媒介将时尚制造成一种“幻想与认同”的信念体系，赋予时尚以神秘性与象征性。在构建“神话”的过程中，媒介决定了时尚表征模式、象征资源的分配以及时尚符号的合法化。象征资源是指特定场域中的生产者用以构筑、阐释并正当化其实践活动的概念和话语表述，是媒介生产者赖以思考和表述其媒介行为的概念或词汇[①]。时尚与媒介的共生关系，体现为时尚场域内所有行动者日渐倚赖媒介掌握的象征资源，并以媒介构建的时尚概念与话语表述来正当化其实践。媒介凭借幻想与认同的制造机制，创造出了神话叙事，为人们炮制出一个充满各种意义的梦幻世界，其目的在于赋魅一个没有灵魂、充满雷同消费品的世界[②]。正如罗兰·巴特所言，所有的广告表面上是在形容商品，实际上却是向人们诉说着别的东西。时尚作为现代“神话”源于媒介构建，维持时尚的“神秘性”是“神话”的魅力所在。

数字媒介打破了时尚的“神秘性”，“多元融合涌现”的传播模式使后现代时尚面临着快速的“祛魅”。媒介融合“涌现”出新的传播实践形态及时尚表征方式，最典型的即是以 SHOWstudio 为代表的融合网站，而后是完全依存于数字传播的虚拟时装、虚拟时尚商店、虚拟时尚品牌及时尚非同质化代币（NFTs），以及时尚在“元宇宙”空间中的全新实践。2009 年，SHOWstudio 直播了 Alexander McQueen 的春夏秀，成为史上第一场现场直播的时装秀，将原来局限于少数精英阶层的高级时装秀，通过数字媒介的直播而面向全球受众开放。随后，博柏利（Burberry）、古驰（Gucci）、巴黎世家（Balenciaga）等众多品牌跟进，而随着 Web 3.0 时代的到来，现有时装秀的数字化平台不局限于复制线下秀场的固有思路，而是要提供足够的体验和社交，以此吸引更多的普通受众的参与和互动。除此之外，以 SHOWstudio 为代

① 潘忠党：《新闻改革与新闻体制的改造——我国新闻改革实践的传播社会学之探讨》，《新闻与传播研究》1997 年第 3 期。

② ［丹］施蒂格·夏瓦：《文化与社会的媒介化》，第 94 页。

表的数字融合媒介将时尚设计师、时尚摄影师甚至是时装秀的创意、生产过程全部展现出来，将神秘的“时尚”诞生过程——这个神话“黑箱”，一览无余地暴露在大众面前。此外，时尚社交媒体并不直接将自身定位成时尚的权威者，将受众定位成消费者，而更倾向于将受众视作平等的用户，强调受众的主动性、参与性、互动性，以此寻求时尚传播在创意与商业目标之间的平衡。因此，社交媒体会自然而然地将时尚系统扩展至受众群体，以此提升“自己人”的传播效应，将更多时尚系统因封闭而保持的“神秘性”展示给公众，将时装秀、时装制作、时尚拍摄等转化为在线直播，甚至将知名设计师的设计图纸直接搬上网站供人下载，诸如此类的传播形态都将原来封闭的时尚圈打开，挑战了时尚一贯因“神秘感”而得以维持的象征性鉴赏价值。

三、“涌现”模式打破了时尚系统的平衡

（一）打破时尚的等级机制

“涌现”模式打破了时尚系统内传统的等级机制。大众传媒主导的现代时尚与时尚系统内的等级机制相适应，这种等级机制围绕着“高级定制”或高级时尚而逐层展开，围绕着“高级定制”形成的时装周、设计师、制造商及时尚媒体等形成了一个结构化的权力中心。时尚圈将其视作权力的核心及仲裁的化身，这种等级机制成为过去一百多年中，支撑全球时尚产业发展及扩散的基石。技术推动媒介融合为后现代时尚传播提供了一种新的媒介环境，时尚传播“涌现”出异质的现象、特征及逻辑，时尚的发展呈现出扁平化、多元化及垂直分化的趋势，街头时尚、朋克时尚、快时尚、精英时尚、高级时尚等多元时尚都能谋得一席之地，且多元时尚之间的相互影响与互动越来越呈现出复杂特征，“高级定制”或高级时尚的设计概念中经常会出现街头时尚或者朋克时尚的因素与灵感。这种“涌现”模式意味着以“高级定制”为中心构建的时尚系统内部的等级机制被打破。

在更大的社会系统内，后现代时尚传播的“涌现”模式，打破了以传统“四大时尚中心”为核心形成的时尚权力结构，为新的时尚聚集地的“再中心化”提供了可能性。虽然对“时尚中心”没有清晰的定义，但通过国际时尚杂志关于“四大时尚周”的报道基本确立了巴黎、伦敦、米兰和纽约作为时尚之都的寡头统治的存在①。19 世纪中叶，时装秀在法国起源并成为时尚的中心机构，但大规模的时装周则诞生于 1910 年，由法国时装协会主办的“巴黎

---

① C. Breward, *Fashion*, Oxford and New York: Oxford University Press, 2003.

时装周”开幕，巴黎作为全球时尚中心的神话植根于历史，并得到了法国时尚杂志的支持。它们创造了最早的时尚偶像——“巴黎女郎”(la Parisienne)，将源于凡尔赛宫的宫廷时尚风格视作“高级定制”的主要合法途径，时尚系统的主要创新也出现在巴黎，例如设计者作为明星或时装的组织机构等[①]。正如研究者指出的[②]：

> 直到20世纪60年代，时尚服装款式的创造都是一个高度集中的过程，在这个过程中，除了少数例外，源自巴黎的款式占主导地位。其他风格中心的影响力远不及巴黎，并且通常遵循其指示。流行的关于时尚运作方式的刻板印象源自这一时期并持续至今，尽管时尚现在的运作方式大不相同。

但“时尚中心”的数量也非一成不变。二战前，只有伦敦和巴黎可以称得上“时尚中心”，但二战后，得益于工业化缝纫机在美国的普及，美国时装公司发明的“运动装”和成衣使纽约成为主要的时尚中心，当然部分原因也是由于战争期间的服装与面料的限量供应使巴黎相对衰落；二战后，由玛丽·奎恩特(Mary Quant)等设计师领导的20世纪60年代“摇摆伦敦”风格，激发了青年亚文化各流派的创意与反主流在时尚中的运用，伦敦以先锋、前卫的风格区别于“奢侈”的巴黎；由阿玛尼(Armani)和范思哲(Versace)等设计师领头形成的可识别的“意大利风格”，在20世纪70年代后期将意大利品牌打造成专注于可穿戴性和专有技术的法国高级定制的“替代品”。

(二) 时尚“新中心”

1943年成立的纽约时装周、1958年创立的米兰时装周、1983年风格更加前卫先锋的伦敦时装周，与更古老的巴黎时装周一起构成全球时尚地理学。时装周的所在城市不能仅仅理解为活动的举办地点，而应视为时尚权力中心的所在地，即它生产并合法化时尚。在特定的城市举办能持续吸引全球关注的时装周，已使这个城市空间成为一个“象征性的空间”，一个充斥着符号、权力和话语的流动空间。这也是时尚全球权力结构在二战后逐渐

① F. Godart, *Unveiling Fashion: Business, Culture, and Identity in the Most Glamorous Industry*.

② D. Crane, *Fashion and Its Social Agendas: Class, Gender, and Identity in Clothing*, Chicago: University of Chicago Press, 2000, p.132.

形成的平衡结构，即权力主要集中在象征和想象的环节，而物质性的生产逐渐以产业外包的形式向亚洲等地的发展中国家转移。在时尚最重要的传播媒介——时尚杂志上，全球受众只能看到前者，以制衣产业为代表的时尚的物质性生产被自动过滤并屏蔽。

这种平衡结构正在经受挑战并可能被打破，来自消费的推动使韩国的首尔、日本的东京、中国的上海和香港、印度的孟买和新德里、巴西的巴塞罗那等城市，成为全球时尚新中心的可能挑战者。韩流的崛起是借由以韩剧为代表的文化产品在全球传播获得的，借助社交媒体笼络的庞大的粉丝群体成为一种新的时尚合法化授权机制，借助网络传播的巨大效应，韩流成为亚洲范围内风向标，进而有限扩散至全球时尚网络。另一个与之非常类似的是日本东京的街头时尚。与日本二次元文化相结合的网络传播，是东京的街头时尚成为潮流文化的重要表征，诞生了深受年轻人欢迎的潮牌文化，通过强大的趣缘群体在互联网上传播，逐渐影响到高级时尚和工业时尚，东京体现出独特的时尚亚文化中心的气质。此外，比利时的安特卫普，20 世纪 80 年代毕业于安特卫普皇家艺术学院(Royal Academy of Fine Arts)的六位设计师，在伦敦开始了他们的职业生涯，被视为第一代“安特卫普六君子”(The Antwerp Six)①。如今，这个称号已经超出了其原始意义，成为从安特卫普走出来的前卫设计师的代名词，这些最具影响力的比利时设计师成为全球时尚领域最活跃的群体之一。

传统的时尚中心构建在该行业的想象和象征性部分，围绕着时装周的节目单及其报道进行组织。后现代时尚的全球权力结构受到多种社会力量的影响，这些社会力量超越了与时尚资本动态相关的因素及价值链的变化，而更重要的是一种新的社会力量——过去几十年信息技术的发展，使时尚传播形成新的实践及格局，也使全球时尚受众或消费者能够实时把握来自世界任何地方的趋势。时尚的利益相关者在世界各地寻找新的文化趋势，新的生产技术导致快时尚的出现，新款式的不断生产，时装季的倍增，多样化和碎片化的时尚的后现代发展，势必会打破现代时尚结构化的权力平衡状态。

① “安特卫普六君子”(The Antwerp Six)，是 20 世纪 80 年代初在欧洲时尚界崛起的六位比利时设计师的总称，分别是安·迪穆拉米斯特(Ann Demeulemeester)、华特-范-贝伦东克(Walter van Beirendonck)、德克-范瑟恩(Dirk van Saene)、德赖斯·范诺顿(Dries Van Noten)、德克-毕肯伯格斯(Dirk Bikkembergs)和玛丽娜·易(Marina Yee)。

四、"涌现"模式促成了时尚传播的生态化

（一）媒介的"生态化"进化

生态化，即将数字技术促成的媒介化社会视作时尚实践的社会环境，时尚及其传播在后现代社会中的实践与这个环境密切相关。正如心理学家康韦·劳埃德·摩根（C. Lloyd Morgan）在其著作《涌现式的进化》中提到的，"涌现——尽管看上去多少都有点跃进（跳跃）——的最佳诠释是它是事件发展过程中方向上的质变，是关键的转折点"。Web 3.0 时代的到来，意味着时尚及传播呈现出"涌现"式的创新，包括虚拟偶像、虚拟时装、时尚NFT、元宇宙时装周等在内的多种时尚传播新的实践形态，正意味着一个新的时尚时代的到来。而这一切都在提示我们"涌现性"是理解时尚在数字时代创新式发展的一个最佳模式，只有将时尚视作一个系统整体，将时尚视为媒介化社会的一个生态部分，才能理解媒介化视域下时尚在数字时代的"涌现"模式。

媒介形态的融合重组颠覆了以媒介技术或物质为依据进行媒介类型划分的基础，融合状态下媒介自组织"涌现"出生态化的进化，具有新旧共存、互融发展的特征①：

> 新媒介，从宽泛来理解，包括新传播技术为了新的或旧的目的运用，包括使用旧媒介的新方式。原则上，所有交换社会意义的可能性，总是被引入由新旧媒介共存而产生的一个张力模式中，这远比把因为其新异而将某个单独媒介作为兴趣的焦点要丰富。

数字时代的多媒介环境是一个媒介生态圈（见图 4-19）。每一个新媒介平台的诞生，既兼容了原有媒介的交流与表征体系，同时又孕育出新的交流与表征体系，新与旧交互在同一平台上；同时，数字技术促成跨平台传播，平台的边界不断被突破，信息与受众在不同平台之间实时切换与迁移。由此，数字技术构建起了当代时尚传播的媒介渠道生态体系，这种媒介生态环境也带来了媒介技术、产业、文化以及社会领域的变迁，为后现代社会提供了新的融合文化、媒介所有权形式、产业协同方式、媒介消费方式以及社会互动方式。

---

① C. Marvin, *When Old Technologies Were New: Thinking About Electric Communication in the Late Nineteenth Century*, New York: Oxford University Press, 1988, p.8.

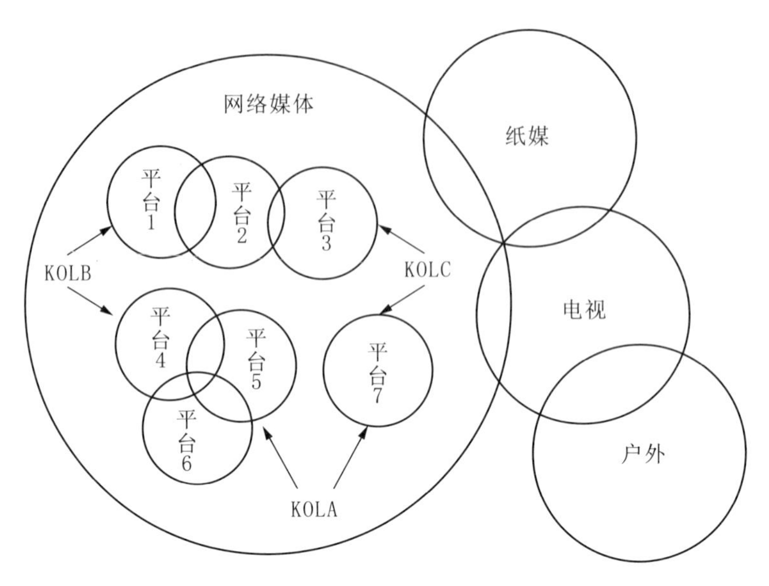

图 4-19　数字时代的媒介生态圈

（二）时尚文化的新表征

生态化使时尚传播领域“涌现”出新的时尚文化表征。在大众媒介形态基础上形成的时尚话语体系，类似于时尚杂志的“封面女郎”、时尚插画的“吉布森女孩”不再可能被继承，依托 CG 技术创造出来的虚拟人物成为后现代时尚的新偶像。在社交媒体 Instagram 中，以里尔·米克拉（Lil Miquela）为代表的虚拟网红（见图 4-20），通过媒介表达和在线互动吸引了众多注意力和社会资本，活跃于时尚圈，与诸多明星、大牌合作，参与诸多时尚品牌推广，已经成为 KOL 领域的佼佼者，在时尚品牌人格化传播中占据越来越重要的地位。里尔·米克拉是一个由硅谷人工智能科技公司 Brud 打造的虚拟网红。她被设定成一个有着可爱雀斑和小麦色皮肤的混血女孩，长期定居洛杉矶，是一个巴西裔美籍的虚拟模特和音乐人。非主流审美、潮酷、高辨识度是她的形象标签。自 2016 年推出以来，她通过在社交媒体持续曝光，积累了百万粉丝，Instagram 粉丝数超过 295 万，并已经与巴宝莉、香奈儿、迪奥等多家时尚品

图 4-20　虚拟时尚偶像里尔·米克拉

牌有过合作，还入选了《时代》周刊“2018 年度 25 位网络最具影响力人士”榜单。里尔·米克拉“出道”以来，多次被邀请参与各类时尚活动，成为《时尚》(*Vogue*)等多家时尚大刊的封面人物，还接受《纽约时报》采访。此外，她在社交媒体和视频平台发布单曲，与品牌推出合作款服饰，并积极参加社会活动和政治议题，是目前全球商业价值最高的虚拟偶像。

近十年，虚拟偶像俨然已成为好莱坞“名人文化”的接力者，相继诞生了以米克拉·索萨(Miquela Sousa)、努努里(Noonoouri)和舒杜·格莱姆(Shudu Gram)(三者在 Instagram 账号粉丝数分别超过 300 万、37 万和 21 万)为代表的超人气数字偶像。当然比这些虚拟偶像更具影响力的则是类似于来自人气游戏《最终幻想》(*Final Fantasy*)中的角色雷霆(Lighting)，她既能为 LV 2016 的春夏广告大片代言(见图 4-21)，又能自由行走于虚拟时空中的所有平台中。时尚是在与社会和文化的联结中不断变化演进的，它来源于生活方式，同时也被表征为生活方式。当后现代时尚与生活方式、社会文化以及现实环境没有关联时，时尚成为漂浮于社交媒体空间内的符号，彼此缺乏联结，也不再有意义。我们不禁要问：这个纯粹的符号体系与传统的时尚系统还是同一个吗？

图 4-21　雷霆代言 LV 品牌

第五章　媒介中介与时尚文化变迁

第一节　媒介中介与时尚文化变迁

进入20世纪,时尚开始作为“生活方式”出售而呈现出巨大的活力。时尚在媒介的中介下构建为现代社会的一个“神话”,时尚消费逐步脱离物的功能性而简化为一种符号性消费。资本驱动着这一“神话”进行轻微但重要的调整——时尚更多的作为“品牌”来展示和销售,它有助于将现代人无所适从的欲望转变成属于一个群体的需要,也使现代人以此为标签实现快速区隔从而形成“部落”化群体。时尚“神话”、媒介中介、品牌符号共同促成时尚从等级文化向消费民主化变迁,但这种建立在消费主义基础上的民主化背后却远非“公平”一词所能概括。

一、媒介与媒介中介

(一)“媒介”的演变

牛津在线英语词典(Oxford English Dictionary Online)从词源和历史两个维度为我们梳理了“媒介”一词的演变,媒介在古典拉丁语中称为“medium”,指的是某种中间的实体或状态,到12世纪之后则意为投身某事的方式。而媒介作为一种艺术的形式、物质、技术与媒介作为大众传播的渠道,均源于17世纪中叶——即交流的总体概念刚刚形成之时。克劳斯·延森进一步考证,认为媒介作为表达或仪式,以及媒介作为传输的双重意涵就是这一领域的历史遗产,直到1960年,“媒介”才成为一个专门术语,用于描述实现跨时空社会交流的不同技术与机构,进而受到特定学术领域的关注与研究①。

时尚作为现代性的产物,无论是在社会学、历史学、文化学、人类学、心

---

① [丹]克劳斯·延森:《媒介融合:网络传播、大众传播和人际传播的三重维度》,第60页。

理学研究中，还是在艺术美学研究中，均包含两层含义，一是作为物质形态的着装或装饰的时尚，二是作为观念形态的文化或意义的时尚。这也意味着对“时尚”的研究存在两条进路，即将时尚作为一种客观的物质形态，通过细节考证和对象呈现，对时尚进行经验型、描述型的研究与分析，譬如作为着装的时尚在 14 世纪，从中世纪晚期的宫廷风格如何过渡到浪漫主义风格，巴洛克或洛可可风格的着装有何具体特征等；二是将时尚视作一种制度性的文化体系，倾向于将时尚视作“在特定的社会环境中出现的特定的衣着系统”，时尚往往与阶级身份、社会权力、价值理念、自我呈现等相关联，时尚既是社会文化系统的组成部分，又是有自身逻辑的文化体系。但时尚从物质体系到文化体系必须通过媒介的中介才能完成，即时尚的意义体系是在媒介的中介下生成的。本章将从杂志、摄影、电影及博物馆四种媒介渠道入手，探讨不同的媒介中介在时尚文化史中的作用。

（二）媒介中介与时尚

媒介中介是时尚文化形成的根本驱动力。很难想象如果不是与某种特定文化或生活方式相联系，牛仔裤会成为 20 世纪全球最具普遍性的时尚符号。从 19 世纪的美国西进运动、淘金热，到 20 世纪的两次世界大战、经济大萧条、嬉皮士运动、“迷惘一代”等历史时期，牛仔裤的历史就是一部媒介中介后不断被符号化的历史。牛仔裤最早是 19 世纪美国淘金工人的一款“罩裤”，用防水布制作，因结实耐磨而得到青睐。1873 年，颇具商业头脑的李维·史特劳斯（Levi Strauss）在裤子的受力点打上铆钉，以改善牢固度与外观并推向市场①，至此牛仔裤正式问世。1902 年，美国最伟大的西部牛仔小说家欧文·威斯特（Owen Wister）的代表作《弗吉尼亚人》（*The Virginian*）问世，在美国文学史上第一次塑造了一个饱满丰富的牛仔形象，这个形象可借书中人物的话来表达②：

> 他们身上有某种东西震撼着我作为一个美国人的心灵——甚至一想到他们就会震动——我从来没有忘记这一点，只要我还活着，就永远忘不了。在这些人的肉体中涌动着我们民族的激情；而在他们的精神中则隐藏着一种真正崇高的气质，这种气质出人意料地迸发出光芒时，他们的形象往往充满着英雄的气度。

① https://www.levistrauss.com/levis-history/，2022-07-25.

② 转引自李军：《〈弗吉尼亚人〉的史学价值》，《史学集刊》2010 年第 1 期。

图 5-1　雷明顿创作的西部牛仔形象

欧文·威斯特通过刻画一个典型的牛仔向我们展示西部英雄的生活，文学作品赋予“牛仔”的英雄文化平移至牛仔裤，使这条“平平无奇”的工装裤成为某种英雄气质的象征。到 1938 年时，《弗吉尼亚人》销量已突破 15 万册，先后四次被改编为电影，并同时被搬上了电视屏幕和百老汇舞台，银幕牛仔走红好莱坞。可以说，没有威斯特的小说和弗雷德里克·雷明顿(Frederic Sackrider Remington)的插画(见图 5-1)，牛仔不太可能作为流行文化英雄流传于后世。

类似的，1957 年，杰克·凯鲁亚克(Jack Kerouac)的小说《在路上》(*On the Road*)问世，此小说被视作“二战”之后美国青年“垮掉的一代”的生活及精神的“圣经”，而“垮掉的一代”的外形则被小说定格在波西米亚长袍和喇叭牛仔裤上。随着《在路上》的畅销，全美亿万条牛仔裤售罄；同一时期的好莱坞推出的马龙·白兰度主演的《飞车党》(*The Wild One*)、詹姆斯·迪恩(James Dean)主演的《无因的反叛》(*Rebel Without a Cause*)，男主角都因身穿牛仔裤的帅气的形象而成为年轻人迷惘、反叛、愤怒、焦虑的形象表征。直到 1934 年，李维斯的“女士牛仔”(Lady Levi's)才问世，随后就开始通过《时尚》(*Vogue*)进行推广(见图 5-2)。但真正将女士牛仔引向消费热潮，则还要等 20 年后性感女星玛丽莲·梦露穿着一款直筒牛仔裤出镜。到 20 世纪 50 年代，李维斯牛仔裤已成为郊区妈妈和建筑工人的休闲宠儿。

从文化传播学角度看，时尚是在视觉条件下的一种意义传递行为，是人通过对物的占有转向意义再生产的过程。人们对时尚的追求和冲动，源于拥有一种有意义的视觉符号并将其显示给他人的心理需求。时尚成为现代社会“真正的运动场”，人们希望通过时尚使其成为总体性的代表和共同精神的体现，因此时尚甚至可以提升不重要的个体①。因此，媒介视域下的时尚史，同样是一部将时尚建构为符号及其意义的历史，媒介的中介不仅将时尚符号进行传播、解读并形成认同，不同的媒介形态还以各自的美学规范及语法特征直接参与了时尚符号的建构及意义的赋予。

---

① [德]格奥尔格·西美尔：《时尚的哲学》，第 18 页。

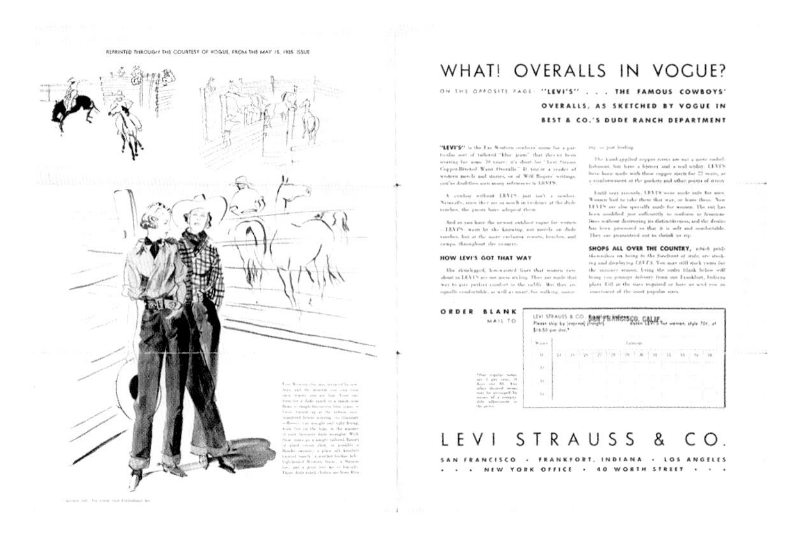

图 5-2　《时尚》(*Vogue*)的女士牛仔广告特写,1935 年 5 月 15 日

二、时尚文化的变迁

(一) 作为文化的时尚

时尚是"杂交产物",被视为产业、制造业、市场、设计与美学、消费和生活方式的一个方面①。因此,关于时尚和衣着实践的话语就形成了文化的一个重要组成部分,对日常生活的微观秩序具有举足轻重的意义。这种话语对于个人与自我、个人与他者的关系也至关重要。但时尚话语往往过于含糊而不明确,经媒介中介后的时尚话语,才能为社会及个体提供更明确的制度规范与实践指导。譬如到 19 世纪中叶,时尚杂志不仅是资产阶级(中上层)女性理想化生活方式的重要组成部分,还是将时尚塑造成一种"理想生活方式和幻想认同机制"的"仲裁者",这套编码体系不仅为一百多年的时尚追求者们提供日常衣着本身,还提供有关衣着的话语以及围绕衣着的美学观念②:18 世纪的时尚杂志建构了时尚史上的第一个批评话语——"品味"(taste, goût),后来是反映不断变化的文化价值观的新词汇,如 20 世纪 50 年代的"优雅"(elegant)和 80 年代的"风格"(style)③。

众多的研究者都将注意力倾注在解释时尚变化的动力来源上,在各种解释框架中,有三种学说的影响力特别大:仿效说或"滴流说"(以西美尔、凡勃伦为代表);时代精神说(以迪切尔为代表);还有"移动的性感部位说"(以

① [英]乔安妮·恩特维斯特尔:《时髦的身体——时尚、衣着和现代社会理论》,第 65 页。

② 同上书,第 51、55 页。

③ Kate Nelson Best, *The History of Fashion Journalism*, pp.5—6.

拉弗为代表)①。但时尚作为内嵌于社会系统中的一个子系统,决定其变迁的除了系统内在的逻辑——即“短暂性、吸引力和标新立异”三个时尚的本质属性②之外,还与政治、经济、文化、阶级、性别、种族、宗教及职业等因素有关。因此,机械决定论或因果论并不适合用来阐释时尚的历史变迁,应将时尚变化视为一个制度系统运作的结果。这个系统经由媒介中介将外部因素与内在逻辑结合在一起,形成时尚传播社会心理机制的变迁,促使时尚在从古典向现代转型中逐渐以符号化为特征,形成可供再生产与消费的意义体系。这个体系是时尚生产体系意图克服自身的不确定性,通过符号化将时尚秩序化并尽可能成为一种可把握、可阐释的文化体系的历史过程。因此,时尚文化的变迁可视为媒介中介下的一种制度化的文化变迁。

(二) 技术变迁与文化更替

时尚对“新颖性”的追求,使其从诞生之日起就仰赖媒介的“创新传播”,将媒介视作手段,为时尚提供传播的资源、手段与知识。古典时尚通过王室贵族的身体、宫廷宴会、巡游、时装玩偶、沙龙等媒介,以“具身”传播扩散了时尚的影响力。路易十四在位长达 72 年,孜孜不倦地用服装及时尚礼仪来“制造路易十四”这一“太阳王”形象③,将凡尔赛宫打造成古典时尚的策源地。但“具身化”的媒介也使时尚成为“一种由具体社会个体所承担并实现、囿于本地语境的表达与事件”④。印刷技术的发展促成了现代时尚媒介的诞生。1785 年第一本完全专注于时尚的常规杂志《时尚衣橱》在法国创刊,成为现代时尚杂志的一个样板,推动了现代时尚文化的形成,它同时表明时尚的仲裁权从宫廷转移至商业化、民主化的时尚新势力⑤。与 20 世纪时尚工业化进程相呼应,电子技术迅速成为时尚传播的“发动机”,好莱坞经典电影与现代主义美学及都市化进程相适应,第一次为全球带来了“白话现代主义”的流行⑥。大规模生产和消费的时装、设计、广告等这类现代主义的“白话”,因其强大的流通性、混杂性和转述性成为日常使用层面现代主义的普及符号,时尚通过电影被想象为与现代性经验等价的文化实践,不断扩充自己的影响力,《蒂凡尼的早餐》(*Breakfast at Tiffany's*)中的奥黛丽·赫本

① [英]乔安妮·恩特维斯特尔:《时髦的身体——时尚、衣着和现代社会理论》,第 73 页。
② G. Lipovetsky, *The Empire of Fashion: Dressing Modern Democracy*, p.131.
③ [英]彼得·伯克:《制造路易十四》,第 24、98 页。
④ [丹]克劳斯·延森:《媒介融合:网络传播、大众传播和人际传播的三重维度》,第 71 页。
⑤ Kate Nelson Best, *The History of Fashion Journalism*, p.22.
⑥ [美]米莲姆·布拉图·汉森:《大批量生产的感觉:作为白话现代主义的经典电影》。

(Audrey Hepburn)、《后窗》(*Rear Window*)及《捉贼记》(*To Catch a Thief*)中的格蕾丝·凯利(Grace Kelly)、《欲望号街车》(*A Streetcar Named Desire*)中的马龙·白兰度等好莱坞明星成为时尚的表征,媒介成为时尚的仲裁者及放大器。

伴随媒介技术的发展,媒介在时尚符号构建能力与意义赋予能力上日趋增强。在时尚文化的变迁中,以“注意力竞争”为基本原则的媒介逻辑的增强,促使时尚有了新的象征性符号和物质性实践。媒介试图定义时尚的周期性变化,尝试将时尚变化无常的“新颖性”合理化,由此建构了一套符号体系,而这些表征与规范又是与特定媒介的技术物质与传播特性密不可分的。譬如基于不同的媒介语法特征及美学原则,时尚杂志构建了消费时代的“封面女郎”(cover girls),时尚插画构建了更具清教气质的“吉布森女孩”(Gibson Girl),好莱坞电影则推出了20世纪20年代更年轻也更具活力的“Flapper Girl”。随着数字技术的发展,挑战“六大”杂志及电影明星的新的“时尚偶像”出现在以Instagram为代表的21世纪社交媒体上。

三、时尚的符号化

(一)时尚的符号价值

鲍德里亚主张一个由媒介构筑的符号与象征世界,使得所有传播、沟通或论述都屈服在传媒建构的单一符码下。他强调,被媒介化的并非那些日报里、电视中或收音机里展现的“内容”,而是那些被符号形式再诠释过后,与特定模式结合并由符码所操控的意义体系①。鲍德里亚的“符号”一词涉及三个不同的领域,即符号学意义上的符号(sign)、心理分析上的征兆(symptom)和社会地位中的信号(signal)②。这与布尔迪厄(Bourdieu)将资本分成能够相互替换的四种形式可以对照着来分析,即经济或货币资本、文化资本、社会资本和象征资本。货币资本在市场资本主义阶段处于主宰地位;文化资本则包括主体化的特征如容貌、气质,还包括客体化的特征如享有知识产权的种种精神产品以及制度化的要素如文凭、荣誉学衔等等;社会资本则是个体在复杂丰富的社会关系中所占据的资源潜能;象征资本意味着某种具有超凡魅力的个人品质如声望和地位或奇异的客体品质如名牌

---

① J. Baudrillard, *Simulacra and Simulations*, translated by Ann Arbor, MI: University of Michigan Press, 1994, p.175.

② 孔明安:《从物的消费到符号消费——鲍德里亚的消费文化理论研究》,《哲学研究》2002年第11期。

或古董[1]。它们之间无法相互取代，但可以相互交换。现代时尚消费的符号化来自商品具有的符号价值，符号价值背离了经典马克思主义政治经济学中的按成本或劳动价值来计算的价值理论，是按照其所代表的社会地位和权力以及其他因素来计价的。符号价值与布尔迪厄提出的文化、社会、象征资本紧密相关，虽然它不涉及成本与劳动，但却可转换成经济资本并实际参与到全球资本主义的生产-消费体系中。

媒介中介促成了时尚符号的大众化与多义性。时尚的消费既是物的消费，即个体的收入客观上决定了时尚消费的能力，但同时，时尚的消费又是一种风格或品味的消费，同等消费能力的个体并不意味着一致的时尚消费。风格与品味的形成往往来源于媒介的建构，中产阶级选择经典的巴宝莉风衣、香奈儿粗花呢套装或爱马仕(Hermès)丝巾，很可能并非出于这些时尚商品的“时尚性”，而恰恰是其一成不变的“反时尚性”。因为这种“反时尚性”是经由媒介塑造的一种“理想生活”或“成功身份”的体现，通过时尚消费，个体实现自我身份的确认，社会实现了结构的再生产。同时，媒介的中介导致时尚符号多义性，这种多义性既源于媒介“转译”的不确定性，又与时尚符号自身的含混与复杂相关。譬如当时尚被视作一种交流手段时，其自身并未形成清晰的时尚话语及语法规则，更多的是暗示、符号、象征及唤醒，意义的复杂性与解读的随意性，都在一定程度上承认“作为文化的时尚”存在着被误读与曲解的可能性。

（二）时尚的符号化

时尚的符号化首先体现为时尚是一种社会话语。在欧洲走向资本主义社会以及资产阶级兴起的过程中，资产阶级时尚作为新兴阶级竞争社会身份的一种手段而发展起来。因此，时尚可视为一种交流的手段，这种交流通过时尚话语，“将一般的衣物呈现为有意味的、美的、可欲的”[2]。这种交流手段在社会更替时可晋级为一种权力欲求的手段，通过时尚体系的系统化生产——不仅包括物质形态的服装及装饰物的制造与供应，还包括关于风格美学、价值观念、身份地位等观念系统的生产与传播，由此，时尚呈现出与权力体系相呼应的发展趋势。

同时，时尚还是一个具有历史继承性的文化体系，并以此与流行或潮流区别开来。在微观层面，时尚的符号化为时尚设计的合法化提供依据。在

---

① P. Bourdieu, *Distinction: A Social Critique of the Judgment of Taste*.

② [英]乔安妮·恩特维斯特尔:《时髦的身体——时尚、衣着和现代社会理论》,第55页。

英国时装设计师、时装界的“朋克之母”薇薇安·韦斯特伍德手中，皮革、橡胶、拉链、曲别针等已不再是单纯的物的形态，因注入了特定的时尚理念、结合特定情境而成为“朋克话语”。这种话语虽无明确的语法结构，但经由媒介中介后却可以获得传播、解读与认同。这种“朋克话语”一旦被纳入时尚文化体系中，就获得了某种超越性与可解读性，且在时尚体系内流转并被反复征用。就宏观层面而言，时尚的符号化为时尚的全球化提供了可能。现代时尚工业体系的发展是建立在生产与消费分离的基础之上的，时尚工业扩大再生产的关键在于消费欲望的扩大再生产，因此媒介中介后的时尚符号体系是促使时尚成为全球“流通话语”的关键。资本主义倡导的自由、竞争、流动、效率等规则，既是时尚发展遵循的产业原则，又是贯穿在时尚的设计、流通、营销、传播等诸多文化环节中的一种意识形态。这种意识形态需要形成一整套的话语体系在全球传播，促成时尚产业的全球分布及时尚品牌的全球扩张。

将媒介视为时尚文化体系的建构性力量，本章聚焦媒介如何以自身逻辑来影响和参与时尚文化体系的建构，分别选取时尚杂志、时尚电影、时尚摄影及博物馆四种传播渠道，探讨时尚杂志在时尚符号的生产与全球传播、媒介形象的建构与沿袭、亚文化的移用与收编等方面的作用，结合以“It Girl”“Teddy Boy”“Ivy Boy”“雅痞”等为代表的媒介形象建构，考察时尚形象的生产与消费体系；考察时尚摄影如何在与时尚插画的竞争中，以“写实主义”的技术特征脱颖而出，又在20世纪50年代以后深受以嬉皮士运动、地下摇滚、二次元、街头文化等为代表的亚文化的影响，寻求艺术上的独立，时尚摄影一百多年的变迁历程几乎就是时尚文化体系的创新历程；而以好莱坞电影为核心的时尚电影，生产出全球化与区域化兼容的时尚文化，直接促成了时尚工业化的全球普及；针对近30年来将博物馆视作当代时尚传播与展示媒介的创新实践，选取维多利亚和阿尔伯特博物馆历时20多年的时尚展览项目——“运动中的时尚”、纽约大都会艺术博物馆2015年盛况空前的时尚特展——“中国：镜花水月”，以及2021年上海当代艺术博物馆的首次概念时尚展览——“侯赛因·卡拉扬：群岛”三个案例，考察“新”时尚史与“新”博物馆学相结合，对当代时尚体系的视觉和文本信息的生产与流通产生的影响。因此，本章将聚焦媒介如何成为时尚文化体系的建构力量，揭示全球时尚传播背后蕴含的话语权的分配与争夺，并由此对内嵌于资本主义全球化进程中的时尚文化体系提供一个普遍性的阐释与分析框架。

四、媒介中介的作用

(一)媒介中介的历史

现代时尚是自我欲望的投射与满足,是个人主义在现代社会发展后,与时尚的民主化进程相结合而形成的一种消费行为。英国学者约翰·汤普逊(John Thompson)从时空关系的重构来理解电子传播媒介在中介现代性过程中扮演的核心角色,他主张19世纪中后期普及化的多种电子媒介,如电报、电话、广播、电影等,涉及社会世界里新的社会行动与互动方式、新的社群关系及新的与他者或自我连结的方式。在电子媒介出现之前,任何符号的传递都与时间和空间牢牢绑定,传播过程是在一个实体空间内的移动,因此传播便是交通;但随着电子媒介的出现,符号的传递可以实现“瞬时共享”,时间与空间从此分道扬镳。因此,大众传播媒介成为理解现代社会中“中介的社会性”(mediated sociality)一个无法忽视的建制性力量①。进入20世纪,汤普逊强调的这种“中介”作用已被另一个概念替代——媒介化,它指的是随着媒介产业发展及新闻专业教育的普及,媒介日益作为一个独立领域形成基于自身目的的制度逻辑,尤其是到20世纪后半叶,不断增长的媒介影响带来了社会及文化机制与互动模式的改变,隐含着社会与文化行动的核心成分(如政治、工作、休闲或游戏等),逐渐披上媒介的形式②。媒介逻辑的成熟,意味着媒介基于自身目的追求外延的社会影响,“它使得社会建制或社会及文化生活,因为揣测或仿真这套逻辑而产生转变”③。

(二)媒介中介的时尚主题

媒介中介或媒介化的时尚主题,我们需要从如下三个方面进行思考:

第一,在古典、现代及后现代的时尚发展历程中,时尚符号体系的建构体现出了多大程度的传承性,这种传承性与媒介有何关系。譬如维多利亚时代的风格与洛可可风格,如何被现代时尚移用,这种移用与作为亚文化的“洛丽塔美学/洋装”之间又有什么关系。哥特风格如何在现代时尚成为一种符号体系,经由媒介中介后产生意义体系,进而在不同的媒介环境中形成不同的时尚风格,如日本的视觉系、中国的杀马特等。

第二,时尚符号在不同媒介场景中形成的意义体系或时尚叙事有何差别,这种差别在异质文化环境或媒介体制中传播是否会形成跨文化传播困

① J.B. Thompson, *The Media and Modernity: A Social Theory of the Media*, *Stanford*, CA: Stanford University Press, 1995, pp.18—37.

② S. Hjarvard, “From Bricks to Bytes: The Mediatization of a Global Toy Industry,” p.48.

③ 唐士哲:《重构媒介?——“中介”与“媒介化”概念爬梳》。

境，若会则如何克服。譬如备受瞩目的“D&G 辱华”事件是个案还是反映了普遍性的传播困境。全球化有没有促成一种全球性或主导性的时尚意义体系或时尚叙事形成。后现代媒介社会的到来，是否存在着一种另类的时尚叙事或时尚意义体系可供全球传播。

第三，时尚作为现代性特征，已渗透至现代社会生活的所有层面。时尚消费的大众化与普遍化，对各类媒介空间中的时尚叙事与时尚符号有何影响，媒介中介的力量又会对时尚生产-消费体系产生何种影响。譬如曾经作为亚文化的街头文化是如何在亚文化时尚杂志的中介下，进入主流视野，并逐渐催生出一种独特的时尚品牌文化——潮牌。主流时尚文化为何会持续对亚文化收编，收编后产生的意义体系是如何被异质群体解读的。

法国社会学家乔治·巴塔耶(Georges Bataille)用“彻底的消费”(intense consumption)这一概念来描述一种不论效用而仅以象征意义为目的的消费。这样的消费不追求任何生产意义上的用处，消费的结果是毁灭物的世俗效用而得到某种象征意义。时尚作为一个物质与符号双重统一的生产-消费体系，其背后既有个体欲望的推动，更隐藏着社会结构性力量。媒介与时尚的“无所不在”使自我欲望成为社会结构化的产物，即时尚消费的选择、偏好及表达，被社会结构控制，是媒介符号体系规训的结果。基于数字技术的虚拟时尚正在挑战传统时尚文化体系，并在“元宇宙”这个全新的时尚空间内形成多种新的实践形态，从而将时尚的发展置于十字路口。

从时尚诞生至 20 世纪中叶，以“新颖性”为基本原则的时尚逻辑主导并构建了时尚的象征性符号和物质性实践，媒介被视为手段，为时尚传播提供资源、技术及知识，提升时尚在现代社会中的地位及影响力。20 世纪后半叶，随着媒介化社会的到来，以“注意力竞争”为基本原则的媒介逻辑日益普遍并制度化，成为分配社会象征资源的重要权力机构，时尚作为极其仰赖象征资源的一种现代“信仰体系”，日益受到媒介逻辑的渗透，两种制度逻辑在时尚传播领域内形成竞争。本章将基于媒介与时尚两者共生又竞争的关系，结合特定时尚媒介与时尚文化的案例分析，系统考察媒介中介下的时尚文化变迁历史。

第二节　时尚杂志：形象建构与欲望再生产

时尚杂志的历史涵盖了现代时尚的发展史，又促成时尚的现代性转向，成为现代性的表征而获得更大的社会影响力。时尚杂志基于印刷媒介的技术特性与美学规范，通过将含混不清的时尚理念与规范以视觉化、具象化的形象进行传播，为一代又一代的时尚追随者提供想象与模仿的对象，这种媒介形象建构的方式几乎贯穿了时尚杂志的发展历史。19 世纪后期的“巴黎女郎”、美国 20 世纪早期“吉布森女郎”以及“二战”后诞生在日本的“Ivy 男孩”（常春藤男孩），都成为时尚史上成功的媒介形象。

一、媒介形象建构：社会现实与媒介的互动

媒介建构观可以追溯到 1922 年李普曼在《舆论》一书中提出的“媒介拟态环境”说，后续学者们开始研究现实社会和虚拟社会之间的关系。有学者认为虚拟社会是现实社会的“镜像反映”，而其他学者则认为社会现实与媒介之间的互动建构起了“虚拟现实”。媒介建构关注的不是媒介呈现的社会现实，而是媒介如何生产意义，并与现实社会进行意义的交换。

（一）媒介建构观的溯源

关于媒介建构观的起源有三种说法：以彼得·伯格（Peter Berger）和托马斯·卢克曼（Thomas Luckmann）为代表的知识社会学传统，认为日常生活的根基，就是“主观过程（与意义）的客体化。正是通过这一环节，主体间的常识世界才得以建构而成”，社会是一个“由外化、客体化和内化三个步骤所组成的持续辩证过程”，而这三个过程也对应了制度化、正当化和社会化的“三阶”客体化，其中一二阶是客观现实的建构，第三阶是主观现实的建构，社会正是同时以主客观现实的形式共同存在，这个过程也可以被描述为，“社会是人的产物，社会是客观现实，人是社会的产物”[①]；以米德和布鲁默为代表的符号互动论传统，则更直接地从符号的角度来阐释社会建构，强调意义的重要性，认为意义来源于人与人之间的社会互动；源自索绪尔普通语言学的批判性话语分析的理论传统，指出话语分析是建构分析的主要研究方法[②]。这三种观点均属于社会建构主义，关注日常生活中的人际交流是如何通过符号生成意义的，意义是社会建构的工具与核心。正是因为意义的存在，客观社会才能和虚拟的符号世界形成勾连，人类的共通性认知和交流才有可能。社会互动既是意义形成的基础，也是意义形成的目的。

传播学将建构的研究对象拓展到了大众媒介的传播内容。媒介传播带有很强的主观性，传播者的价值判断、意识形态及媒介组织利益等多种因

---

① [美]彼得·伯格、[美]托马斯·卢克曼：《现实的社会建构：知识社会学论纲》，吴肃然译，北京大学出版社 2019 年版，第 30、79 页。

② 江根源：《媒介建构现实：理论溯源、建构模式及相关机制》，浙江大学 2013 年博士学位论文。

素，均会在传播过程中发生作用，重构出一种媒介真实。而这种媒介真实通过将现实抽象成符号化的反映，建构了受众对客观世界的认知，并进而影响到社会现实①。随着信息技术的发展，李普曼的核心观点虚拟世界对客观真实世界的建构存在偏移受到了挑战，有学者认为，当下随着人机交互等新媒体技术不断革新和计算机硬件设备、网络基础设施的不断进步，虚拟世界和现实世界之间正在出现越来越多的“模糊地带”②。

媒介建构观大量地从社会学、心理学、政治学、语言学领域借鉴一系列建构主义思想，但始终未形成体系化的理论，就目前而言，仅仅是作为一种与“媒介工具观”相对的观点而存在。“媒介工具观”认为现实是客观存在的事实，意义蕴含在现实世界中，媒介只是事实及意义传递的工具，传播的话语体系是复制式的或反映式的；而媒介建构观则认为，现实是经由主观建构的，意义是由行动者的互动解释生成的，传播的内容是意义，传播的话语体系是建构式的③。

（二）媒介建构观与“涵化”

媒介建构观认为媒介真实影响到了受众对于现实的认知，这种建构的思想在“涵化理论”(Cultivation Theory)中同样有体现，因此“涵化理论”常被视为媒介建构观的分支。“涵化理论”起源于20世纪60年代末对于电视媒体的研究，该理论的主要假设是，电视对于观众的现实社会观存在影响，并通过实证研究验证了这一假设，进一步丰富了李普曼关于“媒介拟态环境”的假说：电视支配了我们的符号环境，收看电视会导致人们按照电视世界里的价值观来看待现实世界，这种倾向在收看电视时间相对较多的重度观众群体中，表现更为明显④。“涵化理论”认为，大众媒介的内容往往具有一定的意识形态倾向，在潜移默化中甚至借助娱乐化的外壳影响了人们的社会观和现实观。人们通过媒介实现与自我的对话和与社会的互动，并在这种对话和互动中完成意义的建构和再生产，进而内化为价值观、外化为行为。

早期研究将“涵化”过程视为线性的、累积性增加，因此是强效果的；但是在数字媒介环境中，传播增加了互动性和参与性，改变了以电视为代表的媒介影响的单向模式，呈现出非线性的甚至抵消“涵化”的状态。数

---

① 陆晔：《作为现代社会文化情境的“媒介真实”——试论电视传播对社会现实的建构》，《社会科学》1995年第2期。

② 周逵：《虚拟现实的媒介建构：一种媒介技术史的视角》，《现代传播》2013年第35期。

③ 江根源：《媒介建构观：区别于媒介工具观的传播认识论》，《当代传播》2012年第3期。

④ 周红丰：《涵化理论研究现状及其趋势探讨》，《新闻传播》2012年第5期。

字媒介环境的"涵化"过程，卷入了更多复杂的社会因素，尤其是受众身份的转变，由传播对象变成传播主体，拥有话语权的受众在选择、接收、反馈信息上掌握了主动，使"涵化"效果分化①，并且拥有主动权的受众，也能够加入意义的建构。早期"涵化"理论强调集体性和统一性，已经被多媒体环境下孕育出来的消费者个性化需求所取代，在某种压力机制的影响下，部分受众甚至出现"反涵化"的激进行为②，这对媒介形象建构提出了更高的要求。

（三）媒介形象建构

以往关于媒介建构内容的研究，主要包含媒介身份、媒介形象和媒介知识三部分，基于时尚传播的具象化特征，时尚杂志的传播效果主要体现为媒介形象的建构。媒介形象指的是"客观现实中的人、事、物的物理形象在媒介世界中的投射"③。法国导演、批评家居伊·德波在《景观社会》一书中指出，"世界已经被拍摄"，发达资本主义社会进入了以影像物品生产与消费为主的景观社会，即景观成为受众视觉和意识的聚焦点，景观已成为一种由大众媒介技术制造出来的、物化了的世界观④，这里的"景观"指的正是形象资源。

鲍德里亚也曾提出"拟像理论"，他认为，正是传媒的推波助澜，加速了社会从现代生产领域走向后现代"拟像"领域。他将人类社会发展划分为"形象反映现实的前现代时期""形象遮蔽和颠倒现实的现代时期"以及"形象和现实没有关系的后现代时期"，在鲍德里亚看来，当代社会正是由大众媒介营造的一个仿真社会，也可称作"拟像社会"⑤。提出类似理论的，还包括美国历史学家丹尼尔·布尔斯廷（Daniel J. Boorstin），他的"图像化革命"理论敏锐地揭露了媒介通过媒介形象营造幻想，媒介形象是一个不具有传统符号形象的内在品质的"伪事件"，它只是借助广泛传播以达成对社会的权力控制⑥。

关于媒介形象的研究均指向消费社会中媒介形象的重要性，受众与客观现实之间往往存在认知距离，媒介形象成为受众了解客观现实的途径。

---

① 石长顺、周莉：《新媒体语境下涵化理论的模式转变》，《国际新闻界》2008年第6期。

② 殷鹤、孟佑辰：《新媒体对涵化理论的冲击研究——兼论亚涵化、反涵化模型的建构》，《新闻知识》2018年第2期。

③ 江根源：《媒介建构现实：理论溯源、建构模式及相关机制》。

④ ［法］居伊·德波：《景观社会》，王昭风译，南京大学出版社2006年版。

⑤ ［法］鲍德里亚：《生产之镜》，仰海峰译，中央编译出版社2005年版。

⑥ D. J. Boorstin, *The Image: A Guide to Pseudo-Events in America*, New York: Harper & Row Publishers, 1964.

但媒介形象并非客观现实的复制式反映。在传播过程中，传播者会根据传播目的，对媒介形象的意义进行重构，而经过加工的媒介形象会持续“涵化”受众的观念，从而在某些方面成为消费主义推波助澜的工具。

时尚的视觉特征以及模仿本质，使其在传播过程中特别需要建构媒介形象以达成传播效果。早在古典时尚时期，虽囿于落后的传播技术，时尚形象只能借助时尚玩偶、肖像画作为媒介，但类似于蓬巴杜夫人、太阳王路易十四、卡斯蒂格利纳伯爵夫人等经常出现在肖像画中的宫廷时尚人物，俨然已是当年媒介建构出的时尚偶像。他们的媒介形象作为时尚的载体，为受众具象化的想象提供了参考依据，但真正具有商业化价值的第一代时尚偶像则是“巴黎女郎”。

二、时尚杂志的形象建构

时尚杂志在现代时尚发展史上长期垄断着时尚文本的生产与传播。时尚杂志的文本主要包括文字及视觉两类，早期的视觉文本主要是时尚插画，到20世纪初时则由时尚摄影替代，而时尚评论则成为时尚规范的权威解读。时尚文本的生产是时尚消费欲望生产的关键推动力。在利益的驱动下，时尚杂志借助文本内容，控制时尚媒介形象的生产，并使它与特定受众群的欲望相契合。以这种传播目的建构出来的媒介形象，一方面重新编辑了受众的思维方式和社会认知，另一方面又自然而然地成为人们感知和思想的代理①。时尚媒介形象的成功建构，塑造了一波又一波影响深远的时尚潮流。

（一）“巴黎女郎”(La Parisienne)

最早的时尚偶像来自封闭的欧洲宫廷，尤其是法国凡尔赛宫。即使在法国大革命之后，《女性与时尚杂志》(*Journal des Dames et des Modes*)等早期时尚杂志的重点仍然是“优雅的高级女性”的生产者。但随着时尚杂志发行量的增大，19世纪中后期更具商业化与普及性的时尚偶像——“巴黎女郎”诞生。作为时尚杂志最早建构的形象，“巴黎女郎”的影响力并不局限于欧洲，她的追随者远及新大陆。同时，作为第一代媒介时尚偶像，其身影迄今依旧在高级时尚中隐隐约约。

“巴黎女郎”是巴黎时尚神话的“代言人”。据考证“巴黎女郎”早在19世纪之前就已是一位老练的时尚追随者了②，但19世纪早期的“巴黎女郎”

---

① 吴予敏：《论媒介形象及其生产特征》，《国际新闻界》2007年第11期。

② S. Valerie, *Paris Fashion: A Cultural History*, Oxford, UK: Berg, 1998, p.19.

还主要存在于文学作品中。譬如在当时有一系列名为“巴黎女郎”的小说，大文豪巴尔扎克也在《朗热公爵夫人》(*La Duchesse de Langeais*)和《金色眼睛的少女》(*La Fille aux Yeux d'Or*)中将“巴黎女郎”设为小说中的角色；一首在1830年由卡西米尔·德拉维涅(Casimir Delavigne)创作的歌曲《巴黎女郎》，在七月君主制期间(1830—1840年间)成为法国国歌；她也受到画家的青睐，成为像雷诺阿、伊达尔戈等大师画笔下的人物。到19世纪中叶，出现了大量能长期发行的法国新时尚期刊，其刊名中就出现了“Paris”或“Parisienne”，例如，*La Toilette de Paris*(1849—1873)、*La Mode de Paris*(1859—1882)、*Les Modes Parisiennes*(1843—1885)以及*La Vie Parisienne*(1863—1939)①。

时尚杂志迅速捕捉到了“巴黎女郎”的时尚号召力和商业潜力，开始将她塑造成一个可供模仿与追随的时尚偶像。首先，“巴黎女郎”当然是特定优雅生活方式的代表，她冬天要住在城市，夏天要住在城堡，她要拥有多姿多彩的生活，出现在赛马场、剧院、舞会等场所。更关键的是，她在这些不同的生活场景里都有代表性的着装②：

> (她)一天要换七八次衣服：晨衣、骑马装、午餐时优雅的简单长袍、散步时的日装、乘坐马车参观的下午礼服，驾车穿过布洛涅森林的时髦服装，晚礼服或剧院晚礼服……她还有健康追求，夏天在海滩上穿着泳装，秋冬穿上狩猎和滑冰服。

这些通过类似《时尚追踪者》(*Le Moniteur de la Mode*)等杂志传播的内容，一方面为当时的时尚追随者确定了时尚礼仪规范，另一方面也制造了更多服装消费的可能。因为要追上这个“优雅的巴黎女性”，就不可避免地需购买杂志提及的各类场景的服饰。当然这还远远不够，这个时尚领袖同时还拥有白皙的皮肤和小手、美丽的肩膀、精致的牙齿、纤细的腰身、飘逸的锁骨和小脚。这意味着越来越多的脱毛剂、紧身胸衣、染发剂、香皂、面霜及化妆品等广告，成为时尚杂志的主顾。精明的商人甚至给一款面霜直接命名为“蓬巴杜面霜”(Pompadour cream)，只有用了这款著名的面霜，时尚追随者才能拥有跟偶像一样白皙的皮肤。时尚杂志让“巴黎女郎”成为当时理

① Kate Nelson Best, *The History of Fashion Journalism*, pp.50—51.

② P. Philippe, *Fashioning the Bourgeoisie: A History of Clothing in the 19th Century*, translated by Richard Bienvenu, Princeton, NJ: Princeton University Press, 1996, pp.2—91.

想女性气质的典范，也提示了时尚与阶级、身份相关联，但可喜的是，时尚杂志第一次确认身份与等级可以通过消费来达成，而不必局限于出身。“巴黎女郎”成为时尚早期消费主义梦想的神话代表，读者可以通过“巴黎女郎”所倡导的最新时尚消费而达成时尚的理想化生活方式①。

“巴黎女郎”还是一种极具价值的商业偶像。“法国的时装业及其所有附属企业都依赖于‘巴黎女郎’作为现代女性气质活生生的纪念碑的可信度”②，她是后世一系列时尚偶像的前辈。从19世纪末至20世纪初，“封面女郎”开始成为时尚具象化的表征，大多数时尚杂志聘用著名插画师为时尚追随者们绘制新的女性理想，为审美模仿提供标准形象：“女人的脸既可以代表一种特定的女性美，也可以代表一种传达模特属性的‘风格’——青春天真、复杂性、现代性、向上流动。”③但也有前卫的时尚杂志开始将女明星或社会名流的照片作为“封面女郎”进行推广，以吸引读者。最早是一本名为《漂亮的艺术》(*L'Art d'Être Jolie*)的法国新杂志，在19世纪80年代后期将当代社会美女的照片放在了封面上，随后是《女性》(*Fémina*)，真正有影响力的是从1901年起，《时尚芭莎》将以往固定的封面转变为每月更新的“封面女郎”④。随着杂志试图定义女性理想并且它们的读者的愿望不断增长，“封面女郎”成为常态。但“巴黎女郎”的影响力依旧强大，尤其是通过法国版《时尚》的不断传播，“Parisienne”这个词成为兼具名词和形容词功能的概念，它既可以表示时尚，也可以指裁定时尚⑤。但具有浓厚“奢华血统”及宫廷气质的“巴黎女郎”也遭遇了英国传统家庭理念及美国清教主义的挑战。英国的《女王》(*The Queen*)和《英国女性家庭杂志》(*The Englishwoman's Domestic Magazine*)开始树立更符合传统家庭伦理及更趋驯化的理想女性形象——“淑女”(The Lady)，英国的时尚杂志通过绘画、肖像及插图等视觉文化来表达“淑女”的时尚风格及艺术品味，而这又是与“巴黎女郎”的奢侈和色情相对应的。19世纪后期的英国时尚

---

① Kate Nelson Best, *The History of Fashion Journalism*, p.52.

② T. Garb, *Bodies of Modernity: Figure and Flesh in fin-de-siècle France*, London: Thames and Hudson, 1998, p.87.

③ C.L. Kitch, *The Girl on the Magazine Cover: The Origins of Visual Stereotypes in the American Mass Media*, p.5.

④ E.M. White, *Representations of the True Woman and the New Woman in Harper's Bazaar*, Graduate thesis, Iowa State University, 2009, p.42.

⑤ A. Rocamora, "High Fashion and Pop Fashion: The Symbolic Production of Fashion in *Le Monde and the Guardian*," *Fashion Theory: The Journal of Dress, Body & Culture*, 5(2)2001.

杂志向读者承诺，购买和阅读领先的杂志会提高她们“自然”的女性气质①。当然，“巴黎女郎”更大的竞争对手来自时代的改变，“新女性”开始崛起。

(二) “新女性”——吉布森女孩(Gibson Girl)

“新女性”(New Woman)是19世纪后期西方社会出现的一种新型女性人格，并在20世纪产生了深远的影响。19世纪后期，随着城市化与工业化的不断发展，女性教育与就业机会不断增加，争取女性民主权利运动成为世纪之交社会转型的一大特征。1894年，爱尔兰作家莎拉·格兰德(Sarah Grand)②在一篇有影响力的文章中使用“新女性”一词来指代寻求彻底变革的独立女性。但“新女性”真正的普及者是英裔美国作家亨利·詹姆斯(Henry James)③，他用自己小说中的女主角来描述欧洲和美国这些受过教育、有独立职业的“新女性”。正如历史学家露丝·博丁(Ruth Bordin)概括的④：

> 詹姆斯的“新女性”往往是富裕和敏感的女性，尽管或可能因为她们的财富，她们表现出独立的精神，并习惯于独立行事。“新女性”一词总是指对自己的生活进行控制的女性，无论是个人的、社会的还是经济的。

“新女性”泛指在19世纪与20世纪之交的欧洲与新大陆产生的新的理想女性群体，通常与维多利亚时代倡导的“真女性”(True Woman)相对应。“真女性”是历史学家用来描述19世纪中后期维多利亚时代理想女性的术语，“真女性”的概念从根植于中世纪宗教文化的女性意识形态发展而来，“真女性”以她谦虚、顺从的天性，对宗教和道德的虔诚以及对家庭、丈夫的奉献为特征⑤。这种意识形态形成了女性是非理性的、智商不如男性、

---

① Rappaport, D. Erika, *Shopping for Pleasure: Women in the Making of London's West End*, Princeton, NJ: Princeton University Press, 2001.

② S. Ledger, *The New Woman: Fiction and Feminism at the Fin de Siecle*, Manchester: Manchester University Press, 1997.

③ H. Stevens, *Henry James and Sexuality*, Cambridge: Cambridge University Press, 2008, p.27.

④ R. Bordin, *Alice Freeman Palmer: The Evolution of a New Woman*, Ann Arbor: University of Michigan Press, 1993, p.2.

⑤ B. Todd, "Separate Spheres: Woman's Place in Nineteenth-Century America," *Canadian Review of American Studies*, 16(3) 1985.

只适合家庭生活等偏见，因此让女性始终处于从属地位似乎是自然而恰当的。

理想的"真女性"最好的体现是19世纪中期流行时尚杂志的插图。这些插图往往是用一种被称作"钢雕"(steel-engraving)的印刷技术来制作的，因此"钢雕女士"(The steel-engraving lady)是"真女人"的形象化写照(见图5-3)，"她被石版印刷工艺创造出来并表达她性格中的道德正直元素"①。19世纪中后期随着美国经济的发展及国内民族主义情绪的增强，急切需要塑造出与"老欧洲"不一样的时尚偶像来回应。《戈迪女士之书》(*Godey's Lady's Book*)是19世纪早期针对美国上流社会精英女性的女性出版物，在美国内战前发行量即达到15 000份，当莎拉·约瑟夫·黑尔(Sarah Josepha Hale，1788—1879)被聘为总编辑后，她试图创造一种不那么具有消费主义色彩的理想女性——"戈迪女士"(Godey's Lady)，与新大陆的清教气质相吻合，同时又具一定独立精神而与"真女性"相区别②：

图5-3　"钢雕女士"，《戈迪女士之书》，1840年

> 现在是行动的时候了。我们必须播种田地——收成是肯定的。这一进步的最大胜利是将女人从她的劣势中拯救出来，让她与男人并肩作战，成为他所有追求的助手。

黑尔坚持通过杂志来达成她消除社会不平等和推动美国女性教育的坚定的编辑原则，这也使她成为她那个时代最重要的编辑之一。

---

① D. Pedersen, "American Beauty. Lois Banner," *Atlantis: Critical Studies in Gender, Culture & Social Justice*, 10(1) 1984.

② http://www.godeysladysbook.com/bookofthenation.htm, 2022-05-25.

图 5-4　吉布森创作的标志性吉布森女孩肖像

“新女性”代表了一个受过正规教育、身体强壮、精神独立、有运动和户外爱好的年轻美国女孩，当代学者用这个概念来描述19世纪后期美国社会中女性角色不断变化的观念[①]。时尚史专家研究表明，1870年至1879年的《时尚芭莎》的封面上体现出的还主要是“真女性”的形象，而从1890年至1901年期间，“新女性”已出现在《时尚芭莎》的封面上[②]，其中最具代表性的即是被誉为第一位美国时尚偶像的吉布森女孩（Gibson Girl）（见图5-4）[③]：

> 她的脖子很细，头发高高地堆在头上，现代的蓬松而时尚的发髻，完美地穿着适合一天中的地点和时间的最新时尚服装。吉布森女孩也是新的、更具运动型的女性之一，可以在中央公园骑自行车，经常锻炼，并且解放到可以进入工作场所的程度。

19世纪末、20世纪初，包括《时尚巴莎》《女士居家杂志》（*Ladies' Home Journal*）等在内的时尚媒介开始寻求美国的时尚风格及时尚理想，更受欢迎的吉布森女孩表现出比“戈迪女士”更具“国家偶像”的潜力，她成为最受欢迎的“新女性”版本，被称为美国女性的第一个“国家美容标准”。在1895年和第一次世界大战之间，吉布森女孩开始主导女性美的标准[④]。

吉布森女孩是一个来自时尚插画家的杰作。19世纪末和20世纪初，欧美大概存在11 000种杂志和期刊，88%的订阅者是女性。为了吸引女性订阅者，出版商雇用优秀的插画家创作插图，为女性提供具象化的时尚偶像。吉布森女孩一词具有特定含义和一般含义。从特定含义上讲，它特指插画家查尔斯·达纳·吉布森（Charles Dana Gibson）从1886年到1910年

① J. Matthews, *The Rise of the New Woman: The Woman's Movement in America, 1875—1930*, *Chicago*: Ivan R. Dee, 2003.

② E.M. White, *Representations of the True Woman and the New Woman in Harper's Baza*.

③ A. Mazur, “U. S Trends in Feminine Beauty and Overadaptation,” *Journal of Sex Research*, August 22(3)1986.

④ Banner Lois, *American Beauty*, p.154.

间绘制的插图中的女性。吉布森 1867 年出生于马萨诸塞州，1886 年开始为《生活》(*Life*)杂志画插图。他早期的幽默图像风格并没有使他很成功，直到吉布森女孩插图的诞生，他的全国声誉才发展起来[①]。这些由他在美好年代(19 世纪末至 20 世纪 20 年代)的报纸和杂志上发表的一系列笔墨插图所构成的，虽是一个虚构形象，却被认为是代表了“成千上万的美国女孩”的组合，是美国新一代理想女性的化身[②]：

> 我会告诉你我是如何得到“吉布森女孩”的。我在街上看到她，在剧院里看到她，在教堂里看到她。我到处都能看到她。我看到她在第五大道闲逛，在商店的柜台后面工作……我还没有真正创造出一种独特的类型，国家制造了这种类型……“种族大熔炉”造就了某种性格；为什么她不应该成为某一种类型的脸？……没有特定的一个“吉布森女孩”，但有成千上万的美国女孩……

与她的前辈“巴黎女郎”相比，“吉布森女孩”显现出明显的美国风格，她更年轻、独立、爱好运动，关键是她是一个现代女性。作为“新女性”的一员，“吉布森女孩”更关心自己而不是取悦男人，这是女性第一次真正专注于自己的梦想和目标。但吉布森也从传统女性身上汲取了一些形象元素，譬如她依旧体现了精致的美丽，有修长线条、尊贵感，她可能性感但绝不粗俗或淫荡。比起“戈迪女士”过于谦虚的清教气质，她更有时尚感，比起另外版本的“新女性”，她又更有安全感。因为“吉布森女孩”从没想要篡夺传统男性的权力，不过多地参与政治，她设法保持在女性角色的范围内，没有太多的越界。

吉布森创造了一个替代欧洲女性气质的美国“国家模式”，迅速成为美国占主导地位的时尚营销偶像。与法国博览会上“巴黎女郎”的地位类似，1893 年的芝加哥“哥伦比亚百年纪念日”上，“吉布森女孩”作为美国女性气质的典范，出现在可口可乐、内衣等各种广告中，吉布森女孩的壁纸和海报非常流行，这个新大陆更年轻的美国女孩与日益精英化的巴黎时尚和高级时装形成鲜明对比[③]。她不断地出现在美国主流的女性媒体封面上，预示

---

① F. Downey, *Portrait of an Era: As drawn by C. D. Gibson*, New York: Charles Scribner's Sons Ltd., 1936.

② E. Marshall, “The Gibson Girl Analyzed By Her Originator,” *The New York Times*, 20(10)1910.

③ J. Craik, *The Face of Fashion: Cultural Studies in Fashion*, London and New York: Routledge, 2003, p.73.

了20世纪主流文化的年轻化取向。

同时期的"新女性"家族中还有更具个性气质的Flappers。1922年，位于芝加哥的杂志*The Flapper*发行，在第一期的开篇，它自豪地宣布Flappers与传统价值观决裂，Flappers被视为"吉布森女孩"在20世纪20年代的亚文化版（见图5-5）：她们穿着短裙，剪短头发，听爵士乐，蔑视传统，化着傲慢的妆容，在公共场合吸烟、饮酒、驾驶汽车、以随意的方式对待性行为，并以其他方式蔑视社会和性规范①。Flappers被认为是对维多利亚时代女性传统的重大挑战，越来越多的女性摒弃陈旧、僵化的角色观念，接受消费主义和个人选择，还倡导投票和妇女权利。在时尚界，Flappers以风格著称，其代表人物则是可可·香奈儿及她开创的时尚，背景音乐则是美国爵士乐的流行及伴随它的舞蹈②。

图5-5 "Flappers"形象，《星期六晚邮报》，1922年2月4日

1929年华尔街股市崩盘，Flappers时代也结束了，人们需要告别时髦的生活方式和讲究的外表，20世纪20年代喧嚣的浮华和魅力时代让位给了大萧条。2013年的电影《了不起的盖茨比》(*The Great Gatsby*)，通过时尚设计师缪西娅·普拉达(Miuccia Prada)与戏装设计师凯瑟琳·马丁(Catherine Martin)共同创作的超过40套的电影造型，用最摩登的方式再现活力生动的20世纪20年代的纽约，以及爵士年代里那些特立独行的Flapper们。她们把所有的奢华元素往自己身上堆砌，流苏、羽毛、亮片等等，她们是那个纸醉金迷年代的最佳表达。

（三）"常春藤男孩"(Ivy Boy)

牛津衬衫、毛衣背心、卡其色裤子、菱纹领带、便士乐福鞋……这是一个"常春藤男孩"(Ivy Boy)的标准装束。这个媒介形象是在日本战败后，美国占领日本的历史背景下诞生的一种美式时尚风格，它在20世纪60年代主导了日本的青年时尚文化。这个"男孩"由服装设计师石津谦介(Kensuke

---

① J. Rosenberg, "Flappers in the Roaring Twenties," *About.com.*, 2022-05-25.

② P.W. Thomas, "Flapper Fashion 1920s Fashion History," *Fashion-Era.*, 2022-05-25.

Ishizu)"创造"出来，但在其"故乡"——美国的常春藤校却从来没有存在过。但这丝毫不妨碍"常春藤男孩"成为日本时尚史上最成功的男性形象，也成就了日本时尚在30年后对美国时尚的反向输出。

"二战"之后，日本普通民众生活艰难，缺衣少穿，而驻守日本的盟军尤其是麦克阿瑟（MacArthur）司令部接手的银座（Ginza）地区，因为数千名美国大兵及家眷的涌入而成为所谓的"小美国"。美国人丰富的物质享受让饥饿与贫困的日本人羡慕不已。而伴随着战败的耻辱感，还有对美国文化及实力的艳羡感，这种复杂心理让第一次听到"常春藤联盟"的石津谦介既敏感又向往。在有限信息的参照下，主要靠着想象，石津谦介塑造了一个"常春藤男孩"的形象——活力十足，代表美国精英文化的年轻时尚男性，让日本战后婴儿潮中出生的一批时尚年轻人找到了模仿的对象和身份认同。这种认同既与模糊的美国文化相联系，又与日本本土的保守文化相决裂，它代表一种更新、更好的生活方式，当然它首先是一种消费方式。

但最初推广"常春藤男孩"并不顺利，因为日本主流男性气概观念认为，男性不应该花过多的精力在穿着上，最能体现男性气概的穿着是西装。因此，为了说服受众，石津谦介在1954年成立了服装品牌——VAN Jacket Inc，并利用日本杂志《男子俱乐部》(*Men's Club*)，推广常春藤联盟的时尚文化，为时尚新手提供不同场合的穿搭建议，并介绍西方国家的最新时尚趋势。1964年，VAN的品牌自创刊物发刊，将常春藤时尚从小众推向了主流，石津的追随者黑所俊子（Toshiyuko Kuroso）开设时尚专栏，捕捉银座街头的"常春藤男孩"（见图5-6）。这些照片改变了年轻人的想法，成为杂志上最受期待的栏目。虽然日本男性开启了打扮自己的时尚意识，但是社会和父母却将这些游荡在银座街头，身着常春藤风格服饰的年轻人与"叛逆""犯罪"等字眼联系在一起。为了改善常春藤时尚的形象，消弭大众的疑虑，1965年，品牌派人前往美国，拍摄真正的"常春藤风格"。而具有反讽效果的是，无论是在哈佛大学还是耶鲁大学，甚至包括布朗大学、哥伦比亚大学、普林斯顿大学，拍摄团队看到学生们穿着"边缘磨损的短裤和快要烂掉的夹脚拖鞋"。更离谱的是，少数敢在校园里穿上深灰色西装和领带的都是日本交换生，"在悠闲自在的美国同侪身旁，他们显得极度缺乏自信"。但即便如此，已在日本成为时尚标志的"常春藤男孩"，代表着一种"更好文化或文明"的时尚文化。摄影集《带上常春藤》(*Take Ivy*，见图5-7)一经出版，便成为日本青年常春藤盟校风格的指南，成为日本婴儿潮一代追逐美式时尚的"圣经"。

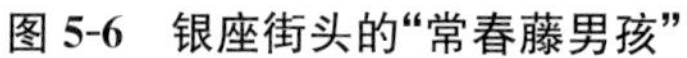

图 5-6　银座街头的“常春藤男孩”

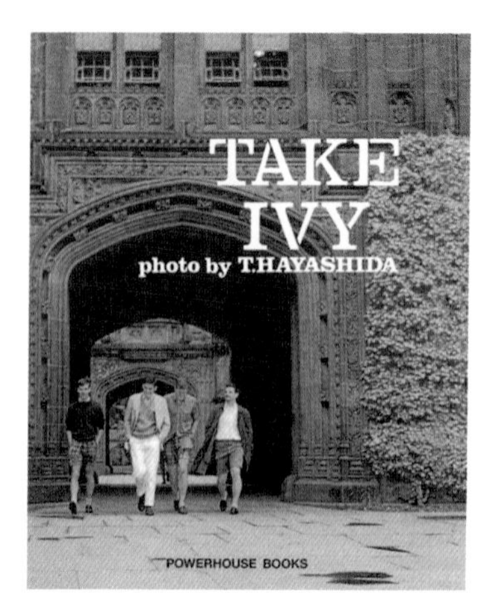

图 5-7　《带上常春藤》时尚摄影集

拍摄团队在返回日本后，向当时发行量最大的时尚杂志《男子俱乐部》的读者保证：美国年轻人的穿着就是你们在杂志专栏《街头的常春藤联盟》中看到的服装。VAN 还赞助了一档名为《常春藤俱乐部》的电台广播节目，畅谈男性时尚。通过全方位的媒介轰炸，VAN 成功完成了媒介形象的建构——使消费者能够理解常春藤服饰所指的美国时尚，并被其所吸引。正如 VAN 的一位员工所说，“穿上 VAN 之后，即使我口袋里连 100 日元都拿不出来，我也能够进出有钱人的俱乐部和高级饭店的泳池，俨然就是个富人模样”。而昭和天皇的侄子三笠宫宽仁亲王，也会穿上常春藤服饰在公开场合亮相，杂志大胆地刊登了他的图片，并将其称为“皇族常春藤”。这正是 VAN 成功的原因，在常春藤潮流达到高潮的 1967 年，VAN 的产品供不应求，收益已高达 36 亿日元(相当于 2015 年的 7 100 万美元)①。到 20 世纪 80 年代，更加休闲的美国西海岸牛仔裤风格在日本风靡一时，VAN Jacket Inc 在 1984 年倒闭，因为它已难以跟上年轻文化的趋势②。

2008 年 5 月，时尚博主迈克尔 · 威廉斯(Michael Williams)在个人网站上发布了几十张《带上常春藤》摄影集的扫描件，这些照片记录了“常春藤男孩”的黄金时代。照片在网上疯传两年后，布鲁克林出版商 Power-House 首次发行了这本摄影集的英文版，全球销量超过五万册，并帮助迎来了新常春藤风格的浪潮。包括拉尔夫 · 劳伦(Ralph Lauren)和 J.克鲁斯(J. Crew)这样的美国知名设计师在内，都在品牌商店内展示了这本摄

① [美]W.大卫 · 马克斯：《原宿牛仔：日本街头时尚五十年》，吴纬疆译，上海人民出版社 2019 年版。

② “The Legacy of Take Ivy,” https://www.japannakama.co.uk/.

影集，而杂志编辑和零售商则直接从照片中拷贝外观①。在 Web 3.0 时代，“常春藤男孩”又迎来新的创作者与形式，由英国广播公司工作室(BBRC Studio)创立的“常春藤男孩宇宙”(IVY BOYS Metaverse)②，利用 NFT 技术建立“常春藤男孩”在数字时代的生态系统(见图 5-8)。该网站宣称“常春藤男孩”代表着每个人都能感受到怀旧和生活的前进，在元宇宙的环境中建立社区以参与“常春藤男孩”文化以及传播拥有这种文化的意义，并为合作设计师提供创造力和个人主义的表达。目前通过该网站已有近 8 000 名由不同设计师复刻或再创的“常春藤男孩”售罄，这些形象都有各自的身份、效用、社区和路线图，并为消费者带来 BBRC 宇宙的专属福利。

图 5-8　韩国插画家 Aaron Chang 创作的 IVY BOYS NFT

三、媒介形象与时尚叙事

(一) 媒介形象的生命力

媒介建构的时尚形象，表面上是为迎合时尚发展过程中消费者的欲求，并将这种欲求形象化、具体化，且带有强烈的商业诉求，正如“常春藤男孩”的建构与传播就是一部日本的美式时尚史，它显示：

> 世世代代的年轻人总是唯媒体权威马首是瞻，借此学习如何突出新风格。青少年之所以喜欢常春藤风格的规则，是因为它们提供了如何“适当”穿着的简单方法……日本人奉杂志为“圣经”，看到杂志内的图片就非拥有那些东西不可，而且不计任何代价。日本人一般无法靠

---

① W.D. Marx, “Stalking the Wild Madras Wearers of the Ivy League,” *The New Yorker* 1(12)2015.

② https://bbrc.io/, 2022-06-10.

自己打定主意，必须有范例遵循才行。

这种美式时尚是通过渴望改变以及事业成功，但却与社会格格不入的那些人之手，在日本获得传播的。它与日本文化没有关联，成为漂浮在日本社会之上一种趣味表达。而时尚只有成为一种生活方式时，才能获得较为长久的生命力。

但如果将“新女性”等媒介形象置于更广阔的社会环境中，即可发现它们既与时代思想、文化价值相关，又与时尚自身作为一个传承性的文化体系相连接，它们“涵化”了不同时代追随时尚的年轻人的行为与心理，进而内化成一代人共享的价值观与意识形态。由此，这些媒介建构的时尚形象又对抗了时尚的浅薄，内化成社会思想文化变迁体系的重要组成部分。

法国社会学家吉尔·利波维茨基认为时尚具有三个本质属性：短暂性、吸引力和标新立异[①]。但在“新女性”的各类版本中——“It 女孩”(It Girl)却存活将近百年，直至当下的互联网时代依旧具有时尚号召力，这个媒介形象意外地对抗了时尚的短暂与多变。1927 年，克拉拉·鲍(Clara Bow)主演的电影《IT》上映(见图 5-9)，它普及了“It 女孩”这个概念，并在开场白中将这个形象定义为：“一些人所拥有的品质，她以其磁力吸引了所有其他事物。”人们开始用“It 女孩”来形容一类人，这个词从此进入了文化词汇[②]。现在“It 女孩”的定义是，以社会名流的生活方式而声名大噪的年轻女性，即物质女孩。但据考证，这个概念早在 1904 年就出现在鲁德亚德·吉卜林(Rudyard Kipling)的短篇小说《巴瑟斯特夫人》(*Mrs. Bathurst*)中：“It 女孩”并不是美，It 就是“It”。有些女人如果曾经走在街上，就会留在男人的记忆中。1927 年 2 月，时尚杂志《大都会》(*Cosmopolitan*)出版的连载故事再次定义了“It”：

图 5-9　美国电影《IT》海报，1927 年

① G. Lipovetsky, *The Empire of Fashion: Dressing Modern Democracy*, p.131.
② J. Morella and E. Epstein, *The "It" Girl*, New York: Delacorte Press, 1976.

这种品质是某些人所具有的，It以其磁力吸引了所有其他事物。有了“It”，如果你是女人，你就会赢得所有的男人，如果你是男人，你就会赢得所有的女人。

在早期的用法中，“It女孩”被认为具有性感魅力和特别吸引人的个性。如果女性在不炫耀自己的性取向的情况下获得了很高的人气，则尤其被视为“It女孩”。作为一个媒介建构的时尚偶像，“It女孩”体现出超强的生命力，但在20世纪90年代，却被用来描述“一个忙于购物和参加派对的‘性感’的年轻女性”。

（二）媒介形象的时尚叙事

媒介的形象建构将零碎的时尚符号转换成有意义的时尚叙事。这种时尚叙事并不会随着潮流的改变而消亡，而是沉淀为一种集体记忆，成为社会文化的重要组成部分。时尚界反复刮起的“怀旧风”，很大程度上并不是对过往时尚潮流的一种回归，更多的是对时尚集体记忆的一种回望与再生产。时尚作为一种文化的人造物，也因此具有了“想象的共同体”的功能。譬如所谓的“都市型男”“西部牛仔”等均来源于时尚的媒介形象建构，但最终演化成极具传播力的文化记忆。

时尚传播史同时又是时尚品牌的发展史：成功的时尚品牌几乎都在其品牌发展历程中建构过广为人知的媒介形象，“迪奥女郎”之于迪奥品牌，Flappers之于香奈儿品牌，均在此列。媒体与品牌“合谋”建构的时尚形象，其传播过程都由某一重大或一系列媒介事件所引发。这些媒介事件往往成为时尚传播的引爆点，那些善于生产媒介事件的时尚品牌，往往能够吸引最广泛的受众，并在相当长一段时期内占据媒体关注的头条，引发话题，形塑时尚追随者们的时尚观念，进而提升品牌的忠诚度，形成品牌的“铁杆粉”。同时，经过事先计划并精心排练，让这些建构出来的时尚形象在政治、经济、体育、社会新闻报道中转化成一个个符合媒介事件标准的传播仪式，则是时尚品牌特别倚重的一种传播方式。借助这些仪式，强烈的短暂的情感爆发最终会形成稳定的持久的情感能量，而正是这种情感能量将处于情境中的个体相互连接起来，从而形成情感连带①。这些持久的情感能量，对抗了具体某种风格的短暂属性，并随着时间的流逝而附着在群体记忆中，成为时尚品牌价值、文化的认同来源。

媒介形象建构往往与消费主义联系在一起。“媒介将受众关心的话题

① [美]兰德尔·柯林斯：《互动仪式链》，林聚任等译，商务印书馆2009年版，第181—182页。

内容转化为消费符号,以媒介话语权力行使为消费提供正当性”①,因此,我们也需要警惕,媒介形象建构是在媒介消费主义的本质下,媒介拉拢受众的一种方式,容易导致感性欲望的泛化、主体人格的异化和精神价值的消解。尤其是在互联网背景下媒介形象建构带来的虚假狂欢,在虚拟的网络环境下,人们可以不分等级、地位、背景,躲在屏幕后以“虚构”出来的形象示人,在媒体和网红的“围攻”下,出于对成功和时尚的渴望,非理性地为消费主义买单。

第三节　时尚摄影:亚文化时尚的表征

时尚摄影始于19世纪50年代的巴黎,最初的功能是记录设计、推广商品。因此,时尚摄影的历史经常被理解为展示或销售服装及配饰而拍摄的照片记录史,它依附于时尚发展、以功能性目标作为价值。但只需稍稍翻阅一百多年的时尚摄影史,就会发现这种观点即使不能说是错误的,起码也是对时尚摄影的一种浅薄之见。从最初的画意摄影,到20世纪初的现代主义、现实主义及中期的超现实主义、运动摄影以及二战之后的多元风格,时尚摄影“不仅作为时尚描述和摄影风格的记录,而且还作为艺术影响力、商业影响力和社会文化习俗的重要记录”②。

时尚摄影的核心特征当然是它的时尚意图,但这种意图必须通过技术手段来创造幻想,代表“欲望本身”③。简言之,一方面,作为摄影的一个分支,它一直寻求自己的审美规范及语法惯例来合法化时尚摄影的独立地位,另一方面,时尚摄影在幻想与欲望基础上投射的女性气质形象需要获得时尚体系乃至社会的认可。由此可见,时尚和摄影互为依存,时尚需要摄影技术进行“时髦”变化,而摄影则是时代试图通过女性形象的重组来发现自己的身份④,前者符合时尚求新求异的核心特征,后者发挥了摄影作为记录及传播的功能价值。时尚与摄影的这种关系,推动了近百年的时尚摄影发展,直到20世纪60年代,时尚摄影开始寻求艺术的完整性与独立性,在投射的女性气质形象上与时尚体系的逻辑与传统呈现出张力。这种张

---

① 吴予敏:《论媒介形象及其生产特征》。

② N. Hall-Duncan, *The History of Fashion Photography*, p.9.

③ Evans, C. and Thornton, M., *Women and Fashion: A New Look*, London/New York: Quartet Books, 1989, p.107.

④ Del Renzio, T., “The Naked and the Dressed,” *Art and Artists*, 10(3)1976.

力直接影响了 20 世纪后半期时尚摄影的发展,而这一切可从“摇摆伦敦”开始溯源。

一、亚文化:越轨与认同

(一) 摇摆 60 年代

摇摆 60 年代(Swinging Sixties)①是一场由青年推动的文化变革,发生在 20 世纪 60 年代中后期的英国,强调现代性和享乐主义,以“摇摆伦敦”为中心,见证了艺术、音乐和时尚的繁荣,关键元素包括披头士乐队(The Beatles)、性手枪(Sex Pistols)乐队等摇滚或朋克音乐的崛起,激进的反核运动、性解放运动声势浩大。“摇摆伦敦”对于时尚发展影响深远,不仅是因为英国时尚获得前所未有的主导地位,更在于时尚大规模地将青年亚文化视作创意源头,两者结合颠覆了传统时尚的等级体系,重新定义了现代时尚的结构,这种影响迄今仍未消除。

图 5-10　崔姬穿着匡特迷你裙

摇摆 60 年代的社会风潮直接激发了新兴的街头时尚。英国时尚设计师玛丽·匡特(Mary Quant)的迷你裙(见图 5-10)、芭芭拉·胡拉尼基(Barbara Hulanicki)的“比芭风”(Biba),这些更年轻、街头的时尚刺激了伦敦卡纳比街和切尔西国王路等时尚购物区的崛起。第一位超模简·诗琳普顿(Jean Shrimpton)因“迷你裙、长直发和可爱的大眼睛”的形象,作为“60 年代的面孔”被视为“摇摆伦敦的象征”。她与另外一名以雌雄同体形象著称的青少年模特崔姬(Twiggy)一起重新定义了时尚与美的标准。这种定位最直接的推动力来自时尚摄影史上知名的“黑色三圣体”(Black Trinity)——大卫·贝利(David Bailey)、布赖恩·达菲(Brian Duffy)和特伦斯·多诺万(Terence Donovan)——三位来自伦敦工人阶级的时尚摄影师,被公认为“纪实”时尚摄影的创新者。他们以“越轨者”的身份用“越轨”的风格创作出全新的时尚形象并获得认同,进而影响了时尚界。他们一起主宰了 20 世纪 60 年代的伦敦摄影界,将英国时尚带到一个从未有过的高度。

① https://en.wikipedia.org/wiki/Swinging_Sixties, 2022-07-01.

(二)认同与越轨

亚文化(Subculture),从广义上来说,通常被定义为属于更为广泛的文化的一个亚群体,这一群体形成一种既包括亚文化的某种特征,又包括一些其他群体所不包括的文化要素的生活方式[①]。"越轨"与"认同"是亚文化研究的重要纬度,社会学研究表明,身份认同是后天塑造的,并非先天获得。20世纪早期库利(Cooley)的"镜中我"的理论就提出他人评价对人们形成对自己的看法有重要影响,随后米德(Mead)在此基础上发展出第一个关于自我形成和发展过程的社会学理论,其核心观点是自我是个体与他人的社会互动的产物[②]。身份认同并非固定不变,在消费社会中个体主义盛行后,身份认同显得更为复杂、更具流动性;同时,身份认同又具有个体及社会双重属性,身份认同可以区分成初级身份认同与次级身份认同,前者往往形成性别、族群的身份认同,与个体生命历程早期相关,后者则是当社会角色、职业及社会地位等因素加入后,更具社会属性的自我身份的确认。因此,詹金斯认为,身份认同需要从私人或个体性要素、集体或社会性要素以及身份认同的具身化(embodiment,即作为身份认同承载体的身体的存在)三方面来考虑[③]。

"越轨"指的是与社会主流的价值和规范相违背的行为。这个概念既可用于个体在某个时点上打破常规的行为,又可用来指称一个群体的活动与社会认可的"常态"或"可接受"之间有偏差。涂尔干(Durkheim)认为"越轨"是任何社会都会存在的现象,在个体主义水平和个人选择自由度较高的社会中,对低水平越轨行为的容忍度也较高。"越轨"作为对"正常"的一种偏离,具有两个主要社会功能:首先,"越轨"可以是一种创新,给社会带来新的思想和价值观,挑战那些有着悠久历史的传统和习俗;其次,越轨行为引起负面反应时,可以警示和提醒人们,现存的主流规则和价值体系到底是什么。20世纪60年代的符号互动论认为"越轨"就是"贴标签"(Labelling),即社会强势阶层强加给弱势群体的一个标签。但"贴标签"的影响非常大,个体会将外界所贴的标签内化为身份认同的一部分,并据此调整自己的行为[④]。越轨者的身份认同,不是越轨者个人动机或者行为导致的,而是通过"贴标签"的过程生产出来的。贴标签还导致越轨者被排斥在主流社会之

---

① [美]戴维·波普诺:《社会学》(第10版),李强等译,中国人民大学出版社1999年版。
② [英]安东尼·吉登斯、[英]菲利普·萨顿:《社会学基本概念》,第195页。
③ Jenkins, R., *Social Identity*, London: Routledge, 2014.
④ [英]安东尼·吉登斯、[英]菲利普·萨顿:《社会学基本概念》,第244—246页。

外,被污名化(Stigmatized)和边缘化[1]。

(三) 亚文化流派

要真正理解亚文化,首先还得从亚文化的起源、发展及大致的流派入手。在任何时期,青少年都是各民族喧闹的和更为引人注目的部分[2]。20世纪60年代以英国伦敦东区(East End)为核心的“摇摆伦敦”称得上是青年亚文化的“丰美草场”,伦敦东区属于伦敦东部、港口附近地区,是伦敦传统工业区,临近码头,居民大多是卖苦力出身的穷人和外来移民,街道狭窄、房屋稠密,多为19世纪中期建筑,第二次世界大战中,大部分遭受轰炸破坏,后重建。英国第一个具有亚文化特色的青少年群体泰迪男孩(Teddy Boy)就诞生在伦敦东区。

1. 泰迪男孩(Teddy Boy)

英国第一个有影响力的青少年群体,泰迪(Teddy)源自对英王爱德华的昵称,用来替代“爱德华式”的穿衣风格,20世纪50年代在英国伦敦开始形成,与摇滚乐联系紧密。泰迪男孩常身穿袖口宽大、用天鹅绒或绸缎面料改造的爱德华套装,头顶华丽的蓬巴杜发型、脚蹬一双Eton高帮绒面皮鞋,这与他们工人家庭的出身与环境格格不入。这些青年用着装风格表达对父辈传统价值观的不屑与反叛。泰迪女孩(Teddy Girl)以工薪阶层的年轻女性为主,她们集体拒绝战后紧缩,推崇享乐主义,去酒吧,参加各种娱乐活动,成为英国青少年休闲娱乐社群文化的奠基人。迪奥(Dior)2019秋冬大秀即以泰迪女孩为主题,将这些亚文化女孩的风格作为时尚史的重要一环纳入设计理念。

2. 摩登族(Mod)

20世纪60年代摩登派(Mod)文化大热。摩登族骑小绵羊(Scooters)机车,模仿法国新浪潮电影中男演员的发型,穿着军用风衣,剪法式的覆耳发型,搭配一板一眼的衬衣和领带、意式或法式裁剪的窄身西服、尖头皮鞋,塑造一种“花花公子”的形象,但他们都来自底层(因此迪克·赫伯迪格称他们为“底层纨绔儿”)。后来摩登族出现分化,一部分回归平民性,穿上牛仔和大头靴,听躁动的摇滚乐、崇尚重金属装饰风,逐渐与光头党(Skinhead)融合;另一部分则被商业化、白领化,与六七十年代的嬉皮(Hippie)风格相关,倡导用鲜花对抗强权(live in love and peace)。摩登派

---

[1] Becker, H.S., *Outsiders: Studies in the Sociology of Deviance*, New York: Free Press, 1963.

[2] [美]埃里克·埃里克森:《同一性:青少年与危机》,孙名之译,浙江教育出版社1998年版,第12页。

对时尚最大的影响体现在英国亚文化制服品牌弗莱德·派瑞(Fred Perry)中,该品牌创立于20世纪40年代,及至英国于1966年夺得世界杯,足球风大盛,该品牌又与英国足球文化相关;70年代至90年代,摩登文化与音乐相关,那些支持弗莱德·派瑞的乐队或乐迷自称"派瑞男孩"(Perry Boys)。迄今,该品牌最为经典的Polo衫,称它的每个配色都有它的故事,比如黑色金边代表的是反主流,当时的朋克乐队很喜欢穿;红色白边则是曼彻斯特地下亚文化所流行的;该品牌的鱼尾大衣、哈灵顿夹克则成为摩登族文化的体现。

3. 光头党(Skinhead)

光头党(Skinhead)文化受牙买加移民文化(Rude Boy)与英国摩登文化的影响,早期只是属于少数年轻人基于时尚、音乐和生活方式的一种亚文化形式,传到东欧后开始变得暴力而具有攻击性,具有政治或种族的特征。光头党的造型受到英式工装的影响,对时尚影响颇深。光头仔们上身穿军装、皮装或格子衬衫T恤,下身穿"李维斯"(Levis)窄脚牛仔裤或背带裤,脚搭高筒马丁靴(Dr. Martins),尤以黑色与樱桃红的马丁靴最有标志性。到20世纪80年代,受朋克(Punk)文化的影响,女性光头仔则多了迷你裙和渔网袜,发型也从平头变成了真正的光头。光头党修身、简单和反叛的元素成为时尚界经典叛逆的形象,很多时尚品牌都曾经用过光头党元素作为设计灵感,包括加拿大设计品牌"D二次方"(D Squared)、俄罗斯潮牌"戈沙·鲁钦斯基"(Gosha Rubchinskiy)和意大利奢侈品牌"古驰"(Gucci)等。

4. 朋克(Punk)和华丽摇滚(Glam Rock)

青年亚文化的一个重要领域是音乐。"朋克"(Punk)一词源自英国,黑话(切口)、涂鸦、铆钉是朋克的典型符号。1975年"性手枪"发表专辑《上帝拯救女王》(*God Save the Queen*)被视作朋克音乐的起点,唱片封套大胆地把英女王的嘴巴用"SEX PISTOLS"字样的封条封着,惊世骇俗。而在时尚界,薇薇安·韦斯特伍德受她热衷朋克摇滚的男友马尔科姆·麦克拉伦(Malcolm Mclaren)的影响,设计和出售带有S&M色彩的捆绑(bondage)和恋物(fetish)风格的时装,独创了时尚设计的朋克美学。为对抗朋克的粗糙、肮脏与混乱,新浪漫主义(New Romanticism)与时尚联姻,打造出精致的妆容和独特的流行音乐——华丽摇滚。其最初诞生于伦敦SOHO区的"Blitz Club",这些年轻人用天鹅绒、丝绸、织锦、蕾丝边的褶皱上衣、阔腿长裤等一切浮夸华丽的布料装扮自己,化着雌雄莫辨的浓妆,全力拥抱物质的花花世界。因此这些人又被称作"blitz kids",代表人物是巨星大卫·鲍伊(David Bowie)。其性别模糊的装扮,华丽戏剧化的台风和颓废慵懒的音乐风格，成为影响全世界年轻人的一种亚文化风格。华丽摇滚膜拜的榜样是19世纪的著名作家王尔德（Wilde），其风格及意义则与王尔德唯一的小说《道林·格雷的画像》（*The picture of Dorian Gray*）有关。少年道林·格雷相貌俊美、心地纯良，热衷佩戴绿松石，具有无可救药的自恋、同性恋或者双性恋气质，这些特质的影响延伸到了之后的朋克音乐、哥特音乐、金属音乐，传播到日本后成就了视觉系摇滚乐和至今风靡亚洲的角色扮演（Cosplay）运动。

（四）时尚亚文化

以“摇摆伦敦”为核心的各类青年亚文化，既将着装作为自我身份确认的重要工具，又对主流时尚形成巨大挑战，主流时尚总是试图将陌生事物自然化（如朋克）而非将自然事物陌生化①，对主流、权威的“越轨”与亚文化群体内部的身份“认同”几乎是这些风格不一的亚文化流派诞生及发展的核心原因。

英国伯明翰学派在20世纪70年代就将青年亚文化作为文化研究的对象，该学派的灵魂人物斯图亚特·霍尔（Stuart Hall）认为，“身份是建立在历史与文化背景之上的，事实上身份是关于使用变化过程中的而不是存在过程中的历史、语言和文化资源的问题”②。正是因为身份的不确定性与流动性，所以“认同”就成为现代人尤其是年轻人最为重要的身份确认过程。因此，伯明翰学派将亚文化群体的“越轨”行为，视作他们追求“认同”的过程。

围绕亚文化有三个关键词：抵抗、风格与收编。而亚文化与时尚之间关系密切是由于其风格。亚文化风格表达了青年人关注的并且企图予以解决的一些特殊问题与事项。亚文化风格一般包含如下几个方面：偶像，比如印在服装上的各种画像；小玩具或小工业制品，如滑板或小绵羊机车等；步态或身体姿态语，譬如摩登族的“扮酷”和朋克的“愤怒”；俚语，某一群体特殊的词汇及其流传方式③。在迪克·赫伯迪格看来，摩登派对于衣着细节挖空心思的讲究既是渴望逃避沉闷的工人阶级生活，与自己所处的工人社区划出一道“明显的距离”，同时又表达了一个群体共同的向往。因此，风格，即衣着和其被穿着的方式的综合，不仅是阶级身份的表达，还是亚文化身份的表述。风格成为特定人群的连接，更强化了这种连接。

---

① ［英］伊丽莎白·威尔逊：《梦想的装扮：时尚与现代性》，第252页。
② ［英］斯图亚特·霍尔：《文化身份问题研究》，庞璃译，河南大学出版社2010年版，第8页。
③ ［英］乔安妮·恩特维斯特尔：《时髦的身体：时尚、衣着和现代社会理论》，第174页。

二、作为越轨者的时尚摄影师

(一)"黑色三圣体"(Black Trinity)

"黑色三圣体"的诞生就是一个"贴标签"的案例。1964年5月10日发行的《星期日泰晤士报》杂志发表了一篇题为《模特制造者》(*The Model makers*)文章①,将大卫·贝利、布赖恩·达菲和特伦斯·多诺万这三位出生于伦敦工人阶级的时尚摄影师称之为"黑色三圣体"(见图5-11)。这个命名来自诺曼·帕金森(Norman Parkinson)②。另一位著名的时尚和肖像摄影师,定义了20世纪50年代的巴黎"新风貌"和60年代的"摇摆伦敦"以及70年代和80年代追求异国情调的时尚外景拍摄。

图5-11 "黑色三圣体"合影

"摇摆伦敦"的青年亚文化群体以一种惊世骇俗的方式标志着20世纪60年代社会共识的破灭,亚文化成为底层与边缘群体传达反抗与矛盾,对主流或霸权进行挑战的表现,同属于工人阶级、出生于伦敦东区的"黑色三圣体"抓住了这股思潮并将它与时尚摄影结合,以"越轨者"的身份闯入原本属于中产阶级的时尚摄影师行列,形成与阿维登和佩恩截然不同的一种粗鲁、挑衅、傲慢的风格。亚文化时尚常神奇地挪用或非法"盗用"一些普通物品,如曲别针、塑料、皮革等"这些微不足道的物品",然后以代码的形式让其承载亚文化的部分"隐秘的"意义。与此类似,"黑色三圣体"将崔姬不可思议的瘦弱、诗琳普顿的极度平凡,打造成了20世纪60年代的时尚面孔,这是对高级时尚优雅、美丽的挑衅,又用充满性暗示的图像风格——时尚摄影第一次以冒犯受众的方式来挑战原则,驳斥关于高级时尚的优雅神话。"黑色三圣体"的时尚摄影以具体的形式部分地如实再生产了不被主流接受的青年亚文化,为传统时尚文化带来了鲜活的血液。

---

① https://www.duffyarchive.com/magazines/sunday-times-10th-may-1964, 2022-07-01.

② https://photogpedia.com/norman-parkinson/, 2022-07-01.

（二）布赖恩·达菲（Brian Duffy，1933—2010）

达菲被视为时尚摄影纪实风格的鼻祖之一，也是一位非常成功的商业广告摄影师，他与其他两位摄影师一起重新定义了时尚摄影的美学，并重新确立了摄影师在行业中的地位。达菲早年学习时尚插画从而得到了《时尚芭莎》的职位，由此开始接触时尚摄影，1957 年至 1962 年被英国《时尚》杂志聘用。但他几乎被称为名人摄影师，拍摄了迈克尔·凯恩（Michael Caine）、披头士乐队、大卫·鲍伊等人专辑的标志性封面，这也是当年英国盛行的名人文化的一部分。到 1970 年年末，达菲已基本放弃摄影，在 20 世纪 90 年代，他转而致力于对古董的修复工作，并被英国古董家具修复协会认证为修复师。他的职业生涯及 60 年代重要拍摄事件均在 BBC 纪录片《拍摄 60 年代的人》（*The Man Who Shot the 60s*）中得到了体现。达菲最知名的照片即是为鲍伊的三张专辑提供了创意概念和摄影图片，其中被广泛提及的是 1973 年的“Aladdin Sane”封面（见图 5-12）①，他对鲍伊变色龙般的公众形象的创造产生了重大影响。

图 5-12　“Aladdin Sane”封面，布赖恩·达菲摄

（三）特里·多诺万（Terry Donovan，1936—1996）

多诺万出生于伦敦东区的工人阶级家庭，父亲是卡车司机，母亲是百货公司主管，11 岁辍学后成为一名学徒。他在接受采访时曾这样描述自己的童年生活②：

> 我出生在伦敦东区，大部分时间都在一辆大卡车的驾驶室里和父亲一起在英格兰旅行。我去了大约十所不同的学校，因为我们经常四处走动，后来我决定成为一名厨师。我非常努力地进入文森特广场的烹饪学校，但这没有用，因为我太年轻了。所以我们家除了开卡车或职业军人之外唯一值得尊敬的工作是乔叔叔，他是一名平版印刷师，我决

① https://www.anatomyfilms.com/brian-duffy-swingin-60s/，2022-07-01.

② https://www.duffyarchive.com/portfolio/terry-donovan/，2022-07-01.

定成为一名平版印刷师。

在叔叔的那儿，15 岁的他第一次接触摄影，之后一切都改变了。创作图片、冲洗胶卷以及观看一张白纸上出现图像时的兴奋，促使他成为舰队画报的摄影助理。他在 1959 年成为传奇时尚摄影师约翰·弗伦奇（John French）的助理，一年后雄心勃勃的多诺万就建立了自己的工作室。多诺万善于将柔软与坚硬、奢华与日常并列，影像风格前卫，图片往往是颗粒状的，有深色阴影和高对比度，并且充满个性。他的时尚照片看起来像电影剧照，以至于詹姆斯·邦德的制片人在为第一代 007 邦德选角时——肖恩·康纳利（Sean Connery）被确定之前，试镜了他的一位男模特。他先后为《时尚》（*Vogue*）、《她》（*Elle*）、《女王》（*Queen*）等时尚杂志拍摄图片；同时，多诺万又是位名人摄影师，拍摄了从戴安娜王妃到肖恩·康纳利等名人。而在时尚形象的创造上，他把诗琳普顿和娜奥米·坎贝尔（Naomi Campbell）推上了国际超模的位置，前者是"英国面孔"，后者是第一位黑人超模，多诺万成了工人阶级家庭出生的、白手起家的百万富翁，也是英国最有影响力的摄影师之一。从 70 年代起，多诺万专注于广告拍摄，并在导演广告和音乐视频表现出了天赋。他导演的 MTV《沉迷于爱》（*Addicted to Love*，1986）在 YouTube 上的浏览量近 7 000 万，多诺万热衷于柔道和禅宗佛教，1996 年因抑郁症自杀。

（四）大卫·贝利（David Bailey，1938—　）

贝利是"黑色圣三体"中最知名的一位，这种巨大的名声部分来自他与法国影星凯瑟琳·德纳芙（Catherine Deneuve）的婚姻，以及与模特诗琳普顿和佩内洛普·特里（Penelope Tree）的感情关系。贝利同样在 15 岁辍学，在舰队街的一家报纸谋得一份抄写员的工作，并在 1959 年同样成为弗伦奇的摄影助理。1960 年他成为英国版《时尚》的签约摄影师，2020 年 8 月的封面是他为该杂志制作的第 99 个封面。他的第一张《时尚》封面是在 1966 年 3 月，他拍摄了第一位黑人封面明星唐娜·露雅（Donyale Luna），而就全球的《时尚》杂志来说，他大约贡献了 300 多张封面[1]。贝利作为"摇摆伦敦"艺术创作的领军人物是由 1964 年一个名为"David Bailey's Box of Pin-Ups"的拍摄项目奠定的，这个项目集中了最具标志性的肖像作品，包括迈克尔·凯恩（Michael Caine）、米克·贾格尔（Mick Jagger）、克雷双胞胎（Kray twins）、安迪·沃霍尔及保罗·麦卡特尼（Paul McCartney）等

---

① "David Bailey," *Vogue UK*, 2022-07-01.

人物。

作为时尚摄影师，1962年拍摄的名为《纽约：年轻的想法向西走》（*New York: Young Idea Goes West*，见图5-13）的图片，第一次展示了他通过诗琳普顿投射的新的女性形象：诗琳普顿站在曼哈顿的一个十字路口，瘦弱，蒙眬的眼睛；热狗标志、出租车以及乱扔垃圾的街道吞没了她小小的身影。诗琳普顿的“平凡”不足以使其成为高级时尚的代表，但摄影师开始确定“外观”的性质并构建“时尚自我”①。贝利的时尚摄影风格源于他对摄影主体的独特看法，“我认为摄影都是性……‘让我的腿跨过’是整个职业生涯中存在的理由”②。他与诗琳普顿之间的关系及隐含的职业魅力，以及时尚图片传达出的强烈性暗示，使他的摄影风格获得了惊人吸引力。他成为流行风尚的缔造者，而诗琳普顿则成为“摇摆伦敦”的象征，两者都成为20世纪60年代的时尚神话。

图5-13　《纽约：年轻的想法向西走》，大卫·贝利摄

三、亚文化符号的审美生产

（一）亚文化——“风格之源”

赫伯迪格的经典研究揭示了亚文化的核心便是风格，风格是“富有意味”且别具一格的“符号形式”，风格提供了抵抗的功能，但也免不了被收编的命运，不是被资本就是被主流意识形态。但这丝毫不影响它成为供养商业文化的一片“大牧场”，因为亚文化就是货真价实的东西和粗制滥造的东西的矛盾混合体③。

亚文化是后现代时尚创意的策源地。正如詹姆逊所言，在资本主义晚期，审美生产已经普遍融入商品生产：以更高的货物周转率生产更多的

---

① Derfner, P., “The privileges of alienation,” *Art in America*, 64(3)1976.

② Sturges, Fiona, “Look Again by David Bailey Review-no Reflection, No Regret,” *The Guardian*, 29(10)2020.

③ Stuart Hall and Paddy Whannel, *The Popular Arts*, Boston: Beacon Press, 1967, p.276.

新奇商品的迫切性,这种迫切性现在赋予审美创新和实验越来越重要的结构功能和地位[①]。时尚的民主化伴随着时尚消费的年轻化,时尚体系需要来自更年轻、更新鲜的创意刺激,而青年亚文化无疑是最直接的"风格之源"。亚文化的抵抗是通过风格,或称为仪式、符号的手段彰显,来改变符号使用者的社会地位,实现他们的身份分类、文化认同。亚文化的抵抗风格生成后,资本和支配文化将对其进行不懈的收编(incorporation)。收编呈现出两种特有的形式:(1)亚文化符号(服装、音乐等)转化为大量生产的物品(即商品的形式);(2)统治集团(如警方、媒体、司法系统等)对越轨行为进行"贴标签"和重新界定(即意识形态的形式)[②]。"摇摆伦敦"的众多亚文化风格最后都如詹姆逊所言被收编进时尚的"审美生产"中,转化为大量符号性商品,凭借购买行为成为消费者自我表达的便利工具。这个逻辑既可用"比芭"精品店的爆红,又可用"朋克美学"的持续生命力来佐证。

（二）被物化的女性

时尚对亚文化的收编需要通过媒介中介。时尚摄影通过构建可识别的时尚形象来描绘模糊而无法定义的女性气质,这些女性气质往往以"艺术"的形式进行传播。这对时尚风格的普及至关重要,但这同时又使"女性"和"艺术"作为既定的拜物符号,与时尚图片、时尚海报中被转化为视觉和概念的商品成为等价物。通过时尚摄影的技术手段,这些符号包括商品才具有非凡的吸引力。因此,摄影的重要性在于它明显有能力超越符号代码(品味、情感和叙述),并将被剥夺了意义和关联的时尚描绘成"一种梦寐以求的真实状态"[③],时尚图片传播的印象和风格就是一切。于是作为一种理想,不可思议的瘦弱的时装模特诞生了,而摄影是描绘这个理想首选的媒介,将时尚摄影师"神话"并刻意突出其和模特之间的"越轨"关系,也能成为年轻人"向往的一种理想生活"。

亚文化研究证明,阶级是在实践中作为一种物质力量发挥作用并在风格中得以展现的[④]:

> 从摩登族夹克的线条和无赖青少年的鞋底上,我们可以发现历史

---

① Jameson, Fredric, "Postmodernism or the Cultural Logic of Late Capitalism," *New Left Review*, 146(7/8)1984.

② [美]迪克·赫伯迪格:《亚文化:风格的意义》,胡疆锋、陆道夫译,北京大学出版社2009年版,第117页。

③ Hollander, A., *Seeing Through Clothes*, p.327.

④ [美]迪克·赫伯迪格:《亚文化:风格的意义》,第99页。

> 的原料在其中被折射、被保持、“被处理”的痕迹。关于阶级和性特征的焦虑，以及在顺从和越轨、家庭和学校、工作和休闲之间的张力，所有这一切，通过一种一目了然又令人费解的形式凝聚在风格中。

因此，每一种亚文化都是一段独特“时期”的表征——是对特殊情境的一种具体回应。泰迪男孩的法兰绒套装，摩登族钟爱的切尔西靴、乐福鞋，光头党的马丁靴，骷髅头、MA1（飞行夹克）、单宁牛仔，朋克美学的曲别针、捆绑风、铆钉、涂鸦等，这些“日常之物”无一例外，当它们被抽离了日常环境成为时尚摄影的焦点后，消费主义神话已将其纳入更大范围的审美生产体系中。时尚于是能周期性地“复古”：将披头士风、嬉皮风、朋克风、雅痞风、嘻哈风每隔一段时间“再生产”一番。但也应看到，在收编与征用这些亚文化符码的过程中，传统时尚体系也得到了更新。

四、“越轨”的时尚摄影

作为时尚摄影“越轨者”的“黑色三圣体”，将时尚表征为一种亚文化风格，可以预见这会产生相当大的挑衅和扰乱的力量。因为它挑衅和扰乱的对象是常人与通常的世界赖以组织与认知时尚的经验背景。这些越轨的时尚摄影，不仅质疑了传统时尚的界定及表征方式，而且还对时尚应该什么样提出了新鲜的看法与表征。

（一）“越轨者”的神话

“黑色三圣体”的意义首先体现为第一次由时尚摄影师来界定时尚的新形象，这种全新的时尚“外观”建构了 20 世纪 60 年代的“时尚自我”。之所以称这种界定与建构为“越轨”，一方面是时尚摄影师的角色“越轨”，另一方面是新形象的“越轨”。1960 年之前，光鲜亮丽的杂志和模特、昂贵的服装、典雅的礼仪，时尚世界代表的是漂亮、有礼貌却难以穿透的中产阶级，正如达菲评价的，“在 1960 年之前，时尚摄影师高大瘦弱……但我们是不同的：矮小，肥胖和异性恋”[①]，关键是还都来自伦敦东区，是工人阶级对时尚世界的介入。“越轨者”成为时代的英雄，他们的生活方式成为电影创作的灵感，成为年轻一代的梦想，底层青年、滚滚金钱、巨大的名声与源源不断的女性。1966 年，意大利导演米开朗琪罗·安东尼奥尼（Michelangelo Antonioni）的电影《放大》（*Blow-Up*，1966）以贝利的生活为原型，将这个英雄神话推向

① Heaf, Jonathan, “David Bailey Photography Interview-GQ.COM (UK),” 20(1)2012, *GQ*.

了高潮。这种神话在时尚摄影史中依旧在发挥作用，生于1966年的英国时尚摄影师约翰·兰金(John Rankin)以"新大卫·贝利"(New David Bailey)而闻名，他也承认这个词为他标签化了自我，确定了他自己的职业生涯。他与编辑杰斐逊·哈克(Jefferson Hack)一起创立了时尚亚文化杂志《眩与惑》(*Dazed & Confused*)①。

建构"越轨"时尚新形象是神话的另一面。时尚摄影与街头设计师、时装精品店以及青年亚文化群体一起对高级时装的主导地位发起挑战，并创造了一种更吸引年轻群体的新时尚。新时尚需要新面孔，需要为年轻人提供具体的模仿对象及传播表征，于是"黑色三圣体"将崔姬、诗琳普顿、坎贝尔等非常规"美女"打造成了时尚面孔。诗琳普顿将她的成功归因于"平凡"②：

> 我看起来和我这个年龄的其他年轻女孩一样……我在镜头前僵硬不安。有消息说我有最令人惊讶的蓝眼睛，但除此之外，我所做的任何成功都是为了体现平凡——这当然是一种非常有市场的品质。

但这种"平凡"恰恰成为中产阶级"做作"的对立面，成为工人阶级"越轨者"的选择。乔治·梅利(George Melly)在他关于20世纪60年代时尚、艺术和流行场景的重要著作《反抗时尚》(*Revolt into Style*)中将诗琳普顿命名为"多莉鸟"(Dolly Bird)原型——一个被认为有魅力但不是很聪明的年轻女子，这是新时尚的年轻偶像。

(二)"让人震惊就是时髦"(To shock is chic)

"越轨"的影响体现为一种"让人震惊就是时髦"(To shock is chic)的时尚新理念。这些"越轨者"直接用图片表达了对时尚自负态度的不敬。依照巴特的说法，主流文化的主要物质是一种假装为自然的倾向，一种以"正常化"来取代历史形式的倾向，要将自身表现得仿佛是根据"自然秩序的明显法则"建构而成的③。亚文化则站在其反面，将"日常之物"非自然化。通过这种方式，亚文化确立了自身的风格，也是20世纪60年代的"越轨者"为时

---

① Heaf, Jonathan, "David Bailey Photography Interview-GQ.COM (UK)," 20(1)2012, *GQ*.

② Shrimpton, J., *Jean Shrimpton: An Autobiography*, London: Ebury Press, 1990, p.43.

③ [法]罗兰·巴特：《神话——大众文化诠释》，许蔷蔷、许绮玲译，上海人民出版社1999年版。

尚带来的新的美学规范。这些“越轨”的形象与时尚杂志相融合，使时尚体系对于视觉内容的生产变得格外重视，不断增强时尚摄影师在时尚体系内的话语权，改变了时尚编辑、艺术总监及摄影师三者在时尚传播中的固有权力模式。

同时，“越轨者”也为寻求时尚摄影艺术的完整性与独立性提供了空间，并将时尚摄影带到一个发展的“十字路口”，为20世纪70年代以牛顿、布尔丁为代表的暴力、色情及挑战传统性观念的时尚影像风格撑开了空间。通过“越轨”，这些“越轨者”把时尚摄影带离其最初的“原点”——清晰地拍摄服装并将其作为商品推广，使时尚摄影向着“让人震惊就是时髦”的偏执方向行进。时尚摄影成为一种令人尊敬的艺术形式在画廊与博物馆中展出，但时装却变得越来越不重要了，仅仅是模糊的、随意的、远距离的摄影道具①。随着时尚摄影变得更加独立，摄影师与设计师和时尚编辑之间的关系也成为时尚体系内的矛盾点：设计师抱怨摄影师忽视了时尚，时尚编辑抱怨摄影师的图片，是对传统及读者的挑衅与激怒。因此，“时尚三圣体”的“越轨”不仅仅是对时尚摄影传统的突破，更是通过与青年亚文化的互文参考质疑了时尚的基础。这种基础是从时尚诞生至今通过时尚媒介反复塑造的“一种理想生活方式”。但是自三位“越轨者”之后，时尚摄影将这些骇人听闻的主题——同性恋、易装，以及偷窥、谋杀和强奸带进了时尚世界，它们与时尚曾经营造的幻想与欲望主题大异其趣。

第四节　时尚电影：范式转移与修辞变迁

时尚电影诞生于20世纪早期，但在21世纪有了模拟和数字化身后获得了爆发性发展。数字时代的时尚电影成为时尚品牌内容传播的重要形式，基于数字媒介传播的时尚电影也成为时尚最广泛的象征性生产，以SHOWstudio、Viemo为代表的时尚数字媒体为时尚电影的发展提供了更多可能性。因此，时尚电影可视为围绕着服装主题不断变化的一种时尚媒介类型，它可以被定义为一种以短片形式、为品牌服务的视听作品。传达美感信息和极其谨慎的美学在作品中占主导地位，这种美感和美学继承自时尚摄影和/或品牌本身。这些作品往往呈现出令人惊讶的叙事节奏并力求

① N. Hall-Duncan, *The History of Fashion Photography*, p.180.

将品牌概念作为叙事背景。时尚电影已成为数字时代无处不在的时尚象征性生产的重要手段，通常以数字媒体的病毒式传播、口碑分享为目标，是21世纪时尚品牌应对数字革命而采取的行为方式的结果。

但时尚电影并不是数字时代的一个新东西，它产生于电影诞生之初。作为一种特定的时尚媒介类型，它的关键特征可以追溯到“前数字时代”，其独特的“时尚电影效应”以及美学与一百多年前突出服装主题不断变化的早期电影有相似之处①。只有将时尚电影置于电影诞生之初时尚与不同电影文化之间密切互动的更大框架内，将其定位于时尚、电影、艺术和新媒体的更广泛的实践和话语中，我们才能了解当今时尚电影制作人的动机和实践②。本节将探讨时尚电影在百年发展历程中形成的范式，并评估数字时代时尚电影范式对时尚修辞形成的挑战。

一、范式及修辞

(一) 范式及范式转移

1962年，美国著名的科学哲学家库恩(Thomas Kuhn)出版了《科学革命的结构》一书，开创性地提出科学发展并非积累性和直线性的，而是一种革命模式，并提出了一个在科学及哲学界具有里程碑意义的重要概念——范式(paradigm)。何谓范式？库恩认为，范式是用来阐释科学发展的本质和看法的系统理论，一种“范式”往往是科学共同体成员所共有并认可的东西。“范式”的一种意义是综合的，包括一个科学群体所共有的全部承诺；另一种意义则是把其中特别重要的承诺抽出来，成为前者的一个子集……“范式”一词无论实际上还是逻辑上，都很接近于“科学共同体”这个词。一种范式是，也仅仅是一个科学共同体成员所共有的东西。③

科恩强调，首先必须认识“科学共同体”的独立存在，其次确认“范式”是一种“专业基体”(disciplinary matrix)，通过符号概括、模型和范例这三种最根本成分来影响群体认知，一门学科的力量是随着研究者所掌握的符号概括的数量而增长的。因此，范式往往有三个层次：一是共同体成员普遍接受的共同理念，二是普遍认可的由概念、范畴和核心理论等组成的理论框架，三是能为学科或共同体成员提供的一种成功示范的工具、解决

---

① M. Uhlirova, “The Fashion-Film Effect,” *in Fashion Media: Past and Present*, London: Bloomsbury, 2013.

② M. Uhlirova, “100 Years of the Fashion Film: Frameworks and Histories.”

③ [美]托马斯·库恩:《必要的张力》，范岱年等译，北京大学出版社2004年版，第288页。

疑难的方法或用来类比的图像①。自库恩提出“范式”这个概念后，其影响也逐渐突破学科界限，成为人们理解某一专业或学科的共同理论模式，并为解决问题提供框架，由此来确定某一专业或学科的共同传统和发展方向②。

科学进步之所以不是累积、线性的而是革命性的，就是因为范式之间存在着“不可通约性”(incommensurability)。范式的不可通约性，一是指范式之间的标准不一致造成的不可比性；二是新旧范式共同的术语部分的重叠，但是内涵可能完全改变，造成范式之间的无法沟通；三是新旧范式之争可能是在不同层面进行的，所以科学家在同一点、同一方向看到的可能是不同的东西。这也就是为什么一些科学家会终身抗拒新的科学真理的原因。③

库恩指出范式之间不但存在着“不可通约性”，而且往往在逻辑上也不相容。这导致“范式转换”(shift of paradigm)表现出革命性，使整个学科呈现出结构性的变革。正是在这个意义上，本书借用“范式”概念来梳理时尚和电影的利益相关者是如何基于共同理念，将时尚与电影相结合，在逾百年的历史中形成共同体成员认可的特定范式，探讨在影像技术变迁的推动下通过不断的“范式转移”逐步突破时尚的传统修辞，形成时尚新的表征体系及外观。

（二）时尚修辞

时尚修辞，即时尚被理解、表征、谈论及写作的方式。时尚从14世纪诞生起，其修辞方式基本是由时尚杂志决定的，整个20世纪，时尚传播一直寻求突破这种传统修辞，时尚电影的诞生及发展为突破提供了可能性。1785年，第一本时尚杂志《时尚衣橱》在法国创刊。自此，杂志图文的印刷页面基本确定了时尚的表征及外观。也正是在这个修辞系统内，罗兰·巴特开创性地将时尚区分成意象服装、书写服装和真实服装，分别对应以摄影或绘图的形式呈现的图像化服装、以文字描绘的语言化的服装以及现实中的实体化服装。罗兰·巴特认为由文字描述的书写服装抛却了真实服装的实际功能和意向服装的审美复杂性，直达服饰符码背后的意义，若要探讨时尚的修辞，只需围绕着“书写服装”，选取书写服装要比真实服装和意象服装更具有

① D.L. Eckber, and Jr. L. Hill, “The Paradigm Concept and Sociology: A Critical Review,” *American Sociological Review*, 1979, pp.925—937.

② 刘放桐等:《现代西方哲学》,人民出版社1990年版,第813页。

③ [美]托马斯·库恩:《科学革命的结构》,金吾伦、胡新和译,北京大学出版社2003年版,第133—137页。

方法论上的优势，因为只有书写服装没有实际的或审美的功能，它完全是针对一种意指作用而构建起来的：杂志用文字来描述某件衣服，不过是在传递一种信息，其内容就是：流行(La Made)。[①]

因此，罗兰·巴特对流行体系的研究是围绕着书写服装在时尚叙事中的作用展开的，这些纯粹在符号学层面上运作的书写服装构建起了时尚对象、图片、文本与读者之间的意义网络，并赋予服装以时尚的意义。

罗兰·巴特这种纯粹文字修辞系统的分析方法忽略了时尚的本质——服装与身体结合的一种动态变化，它忽略了“着衣的身体是文化的产物，是加于身体之上的各种社会力量的结果”[②]。书写服装虽赋予时尚杂志作为时尚仲裁者的权威，但也使时尚丢失了灵动而显得死气沉沉。整个 20 世纪，时尚一直在寻求时尚的动态传播效果，这既是 20 世纪现代性的体现，又是时尚作为身体与服装的结合的内在需求。在时尚摄影停止的地方时尚电影继续往前，“电影全是光和影，不断的运动，转瞬即逝……摄影是静止的、定格的……通过时间保存物体而不会腐烂”[③]，电影将时尚表征为服装与身体结合后特定情境下的活动表现，它呼应了时尚即时、短暂的新颖性。因此，当技术促使我们这个时代“图像转向”(pictorial turn)后，时尚电影日益成为时尚修辞的核心表征方式，因为“图像”是具有生命力、媒介一致性和流通性的真正文化产品，图片却仅仅是客观实在且具体可感的物质性材料[④]。“转向”的实质是范式转移，时尚电影在诞生之初是作为时尚摄影的“剩余价值”而存在的，延续的是时尚杂志已成型的时尚修辞。但时尚电影获得独立地位后，根据自身的媒介语法规则及传播特征，逐步形成自己的时尚修辞体系。这种修辞体系又随着媒介技术的更迭，产生范式转移。本节即在范式转移的分析框架内，结合时尚电影具体案例，总结出时尚电影的不同范式，并探究范式转移导致的时尚修辞的变迁。

二、时尚电影的三种范式

(一) 叙事范式

叙事范式是时尚电影对主流电影意识形态实践的继承与发展。叙事(narrative)的历史几乎与人类历史一样古老，亚里士多德的《诗学》堪称叙事鼻祖。“讲故事”或“听故事”作为人类与生俱来的一种基本冲动、交流手

---

① [法]罗兰·巴特：《流行体系》，第 7、25 页。

② [英]乔安妮·恩特维斯特尔：《时髦的身体：时尚、衣着和现代社会理论》，第 18 页。

③ P. Wollen, “Fire and Ice,” *The Photography Reader*, London: Routledge, 2003, p.78.

④ [美]W. J. T.米切尔：《图像理论》，兰丽英译，重庆大学出版社 2021 年版，第 17 页。

段和认知模式，构建起人类社会秩序、意义的重要部分。20 世纪八九十年代，叙事学逐渐发展成熟，以“讲故事”的形式进入管理学领域，成为“故事管理”(Story Management)或“故事营销”(Story Marketing)的理论来源。21 世纪初，劳伦斯·维森特(Laurence Vincent)正式提出品牌叙事，将叙事从营销引入品牌领域①，认为利用主题、人物、情节、美学等叙事元素能够打造出传奇品牌或品牌神话。随着互联网的发展，跨媒体叙事(Transmedia Storytelling)成为叙事学的最新发展，该理论的提出者亨利·詹金斯(Henry Jenkins)认为数字技术带来的媒体融合、参与文化和集体智慧，促使叙事内容能够在多种渠道间系统地分散开来，创造出统一且协调的娱乐体验。跨媒体叙事的核心是不同媒体共同构建起一个故事世界(Storyworld)，且每一个媒体渠道都各司其职负责自己的故事项目，但又与故事世界和其他项目串连，受众以集体社区的身份发挥智慧、互动参与②。

数字时代是一个故事重新复兴的时代。叙事凭借其普遍性和重要性出现在各社会领域——个人的、政治的、法律的、医学的，还出现在各种媒体介质中——口头的、印刷的、视觉的、数字的，叙事以独特而强大的模式对经验进行解释、对知识加以建构③。数字媒介将人类重新带入“视听觉融合的即时在场时代”。这意味着远古“篝火边的故事偏好”有了数字化替身。因为从人类学角度而言，人们喜欢故事是将故事视为一种礼物，能让人们的感情投射其中。电影工业的商业目标和意识形态实践决定了其传播话语是叙事性的，作为商品生产的主流电影是叙事电影，因此，在大众接受层面，主流电影采用的叙事系统正是电影本身的流通方式，它定义了电影审美和意识形态可能性的视野，提供了电影“素养”和可理解性的衡量标准，叙事是标记和定义整个电影机构的意识形态功能的主要实例和工具④。时尚电影将电影叙事与品牌叙事相结合，成为时尚电影的主流范式之一，这些时尚“大片”早期以影院及屏幕为优秀放映场所，最近十年则主要通过互联网获得分享与存留。

1. 时尚的经典叙事

由卡尔·拉格菲尔德执导的香奈儿系列时尚电影，是叙事范式的典型

---

① [美]劳伦斯·维森特：《传奇品牌：诠释叙事魅力，打造致胜市场战略》，张超群、钱勇译，浙江人民出版社 2004 年版。

② [丹]亨利·詹金斯：《融合文化：新媒体和旧媒体的冲突地带》，第 30—32 页。

③ [美]罗伯特·斯科尔斯等：《叙事的本质》，于雷译，南京大学出版社 2015 年版，第 297—298 页。

④ S. Neale, *Genre and Hollywood*, New York and London: Routledge, 2005.

代表。这个系列包括《巴黎上海幻想曲》(*Paris-Shanghai*: *A Fantasy*, 2009)、《现在记住》(*Remember Now*, 2010)、《曾几何时》(*Once upon a time...*, 2013)、《回报》(*The return*, 2013)、《重生》(*Reincarnation*, 2015)、《曾经·永远》(*Once and Forever*, 2016)。在这个雄心勃勃的系列中,"老佛爷"捡拾起时尚作为权力及身份象征的传统理念,用传统的电影叙事手段反复讲述关于品牌及其创始人的神话故事。这些故事并不注重服装的形式或美学品质,而是围绕着一种"上流社会"的生活方式和态度展开,这是自古典时代起时尚着力建构的一种修辞。"老佛爷"在第一部短片中讲述了品牌创始人的5次"梦幻中国"之旅(香奈儿女士并没有真正到过中国),短片中的中国人也都不是由中国演员饰演,历史情境也并不真实,但这并不妨碍品牌通过"奇幻故事"来传达香奈儿女士我行我素的自由精神。《现在记住》请来法国著名的艺术电影明星帕斯卡·格雷戈里(Pascal Gregory)出演男主,影片用性感明星碧姬·巴多(Brigitte Bardot)、摇滚明星米克(Mick)和比安卡·贾格尔(Bianca Jagger)夫妇以及迪斯科时代巨星唐娜·莎曼(Donna Summer)的经典造型,串起了20世纪50、60、70年代的怀旧叙事,表明品牌一直代表着每一个时代的精神及气质。《曾几何时》则是一部描绘品牌创始人职业生涯开端的电影,时长达18分钟多,英国女演员凯拉·奈特莉(Keira Knightley)饰演年轻的加布里埃尔·可可·香奈儿,导演把创始人的成功讲述成一个灰姑娘式的奇迹故事,将品牌的成功归结于发现贵族"优越"的审美倾向以及炫耀性消费的需要。

经典叙事电影的核心是"讲好一个故事","衣服作为银幕话语层次结构中的低级元素,主要用于强化叙事观念"①。"香奈儿"系列电影中,服装可能在故事和人物方面发挥重要作用,但它们不是这些电影叙述的核心。品牌故事或品牌创始人的故事,尤其是传奇性,才是这个系统的核心。同样,电影《卡地亚·奥德赛——卡地亚的商业史诗》(*L'Odyssée de Cartier-Epic Cartier Commercial*, 2013)②,借鉴古希腊史诗《奥德赛》(*Odýsseia*)这一杰作,将英雄奥德修斯的冒险之路替换成品牌标志——一颗豹形宝石的冒险故事。这头"豹子"穿越俄罗斯雪地、撒哈拉沙漠、德国黑森林,直至到达品牌的发源地巴黎。20世纪90年代后期开始,路易·威登拍摄了一系列以"旅行者精神"为主题的时尚电影,这也是最早将讲故事作为叙事资源的

---

① J. Gaines, "Costume and narrative: How dress tells the woman's story," in J. Gaines and C. Herzog eds., *Fabrications*: *Costume and the Female Body*, New York and London: Routledge, 1990, p.180.

② L'Odyssée de Cartier-Epic Cartier Commercial-YouTube, 2022-08-28.

时尚品牌之一。这些电影不以直接销售产品为目标,突出了旅行的理念,将它作为品牌的核心价值进行传播。在2011年时,品牌所属的路易·酩轩(LVMH)集团旗下的在线时尚电影网站 Nowness 将这些时尚指南加工成了一系列视频,这些视频还拥有自己的 Facebook 账号"旅行的艺术"(The Art of Travel),任何人都可以在其留言处发表个人看法。

2. 奇观化的时尚叙事

视觉文化时代,奇观化的时尚本身也能成为叙事的主题。在经典叙事电影中,基本不鼓励观众"看"服装,但视觉文化使电影的"蒙太奇美学"不断转向"造型美学"。电影正在经历一个从叙事电影向奇观电影的深刻转变。通过普通叙事欲望化、传统叙事景观化、现代叙事时尚化的三种奇观化电影策略[①],奇观化的时尚本身也成为叙事的主题。这意味着时尚电影的叙事中心将围绕着时尚而非故事展开。普拉达的年轻副线品牌缪缪(Miu Miu)在时尚电影上更具雄心,2011年起该品牌以每年两部的节奏持续推出"女性故事"(Women's Tales)系列电影,并每年在威尼斯国际电影节和纽约时装周期间举行首映,至2022年已有23部。该系列的第一部是美国女导演佐伊·卡萨维茨(Zoe Cassavetes)执导的《化妆间》(*The Powder Room*, 2011),卡萨维茨在2007年才刚刚完成她的故事片处女作《破碎的英语》(*Broken English*);其后分别是阿根廷女导演卢克雷西亚·马特尔(Lucrecia Martel)执导的《穆塔》(*Muta*, 2011),第三部是意大利电影女导演兼演员吉亚达·科拉格兰德(Giada Colagrande)的《女装》(*The Woman Dress*, 2012),第四部由伊朗裔美国女导演马西·塔吉丁(Massy Tadjedin)执导的《夜深人静》(*It's Getting Late*, 2012),第五部电影则是由第一位获得圣丹斯电影节最佳导演奖的非裔美国女导演艾娃·杜维奈(Ava DuVernay)执导的《门》(*The Door*, 2013),以及最新的第23部电影,犹太裔美国女导演雅尼查·布拉沃(Janicza Bravo)的《房间里有一只鸟》(*House Comes with a Bird*, 2022)(上述"女性故事"系列电影均可见于缪缪 YouTube 频道上的女性故事播放列表[②])。

缪缪品牌寻求与全球女性导演合作,但规定电影中必需使用该品牌的服装,因此,大部分电影中"服装"本身成为叙事主题。譬如《门》,全片故事围绕着服装更新展开,每一次服装的变化都描绘了女主人公从悲伤的"蛹"中醒来,通过服装导演讲述了一个象征性的生活变化的故事,寓意着女性经

---

① 周宪:《论奇观电影与视觉文化》,《文艺研究》2005年第3期。

② https://www.youtube.com/playlist?list=PL786D16AF57EE5536.

由“门”通往自我的道路；在《穆塔》中，导演则把品牌服装刻意地奇观化，电影背景设定在一条热带河流的巡游船上，8 位女模特的脸总是被柔焦、道具或灯光等遮挡，没有对话，只有一些难以理解的只语片言或自然的声音，通过人物的服装、配饰、化妆构建起模糊的叙事，《穆塔》将纯粹的时尚商品推广混淆为时尚奇观式的展示。

“女性故事”系列揭示了时尚作为叙事主题的潜力，帮助观众看到时尚不仅通过服装在叙事中表现而存在，而且通过时尚作为叙事本身的表现而存在，时尚作为叙事主题体现了电影中的服装，其重要性从作为故事的不显眼的补充提升到成为一种从故事中转移出来的奇观，从而发展出自己的审美语言。这种逆转对关于观众和性别的辩论具有重要意义，对规范（男性）凝视的观念构成挑战①，这也是品牌创始人缪西娅·普拉达（Miuccia Prada）的女性主义理念在品牌价值上的体现。奇观化的时尚叙事并不一定是商业化时尚电影的正式原则，这些短片的主要优势在于它们可以展示运动中的衣服。

（二）行动范式

行动范式的时尚电影是数字媒介时代时尚摄影对传统时尚修辞的一种“革命”。行动范式推崇“时尚即行动”（fashion as action），旨在通过时尚电影利用新技术以“革命”时尚的静态表征模式，将时尚从封闭空间转移至开放式场景，从印刷页面转移至互联网信息流中，采用前卫的电影制作技术将时尚作为展开的对象进行戏剧化表达，时尚被定位成一种艺术文化的即时活动形式。

1. 动态影像的革命性尝试

时尚摄影师是这种范式的开创者，最早的实验可推至前文提到的雷·曼与助理米勒在 20 世纪 30 年代的尝试——将电影投影与时尚现场表演结合的尝试。但行动范式真正成为时尚传播的主流范式之一，则是近十来年的事情，标志性的事件是摄影师尼克·奈特创立了时尚数字化平台——SHOWstudio。该网站的主要目标就是通过声音和运动来研究服装的表现形式，目的是解决时尚形象制作中一直存在的问题：如何让时尚“动”起来，挑战在他看来已是暮气沉沉的老旧的时尚杂志。尼克·奈特自己也创作了一系列将静态和动态图像融合的时尚电影，以此作为时尚摄影及时尚杂志的数字替代方案。这些电影和数字互动提供的混合图像采用连续摄影及叙

① S. Bruzzi, *Undressing Cinema: Clothing and Identity in the Movies*, London: Routledge, 1997, p.36.

事的方法，同时采用慢动作和蒙太奇编辑等电影技术，以此呈现时尚是一个“将意义无情地包含在审美化表面之下的过程”[①]。譬如时尚电影《小天鹅》(*Cygnet*，2011)[②]，尼克用多媒体手段呈现了高级时装在中国模特奚梦瑶做出各种动作时的稀有动态，影片还提供了异想天开的配乐；他与露丝·霍本合作的《预兆》(*Portent*，2009)[③]采用图像三联画的形式，借鉴了卡拉瓦乔和米开朗基罗的构图，配上古典管弦乐，通过明暗对比的灯光、蜡烛、静物、女性裸体及华丽的画框，将后现代高级定制设计师马丁·马吉拉(Martin Margiela)、海德·艾克曼(Haider Ackermann)、瑞克·欧文斯(Rick Owens)、维克多和罗尔夫(Viktor & Rolf)的作品放置在古典浪漫主义背景中表达，将前沿的数字美学与复古的怀旧风格拼贴融合，以此体现当季时尚即将到来的预兆。

2019年2月，设计师约翰·加利亚诺与尼克·奈特联合制作的时尚短片《现实逆转》(*Reality Inverse*)[④]，采用负片、过度饱和、暴力拼接等表现手法，将音乐、设计、绘画、摄影、动态影像及热成像摄影等各种媒介手段糅合在一起，以极为抽象及实验性的数字融合作品表现时尚的后现代美学风格，而品牌标志性的“云朵手袋”(Glam Slam)则以柔软的云朵形状浪漫地呈现在影片中，显得熠熠发光。类似的美学风格及时尚外观在SHOWstudio.com网站上的时尚电影中随处可见，将数字美学、媒介技巧与文艺复兴时期的绘画、古典浪漫主义的画面或中世纪教堂音乐等重新组装，成为行动范式时尚电影作为流行文化的标志性图像，也成为互联网上受欢迎的文化“新货币”，获得点击与分享。这种拼贴式的戏仿，被弗雷德里克·詹姆逊(Frederic Jameson)定义为空白的模仿、一个失去幽默感的戏仿的仿制品(pastiche)[⑤]，却能将时尚令人惊叹的外观、特定的媒介情境以及无情节的故事结合，创造出强大的视觉效果，将观众吸引到摄影师制造的场景中[⑥]。

---

① V. Campanelli, *Web Aesthetics: How Digital Media Affect Culture and Society*, Rotterdam and Amsterdam: NAi and Institute of Network Cultures, 2010, p.197.

② Fashion Film: Cygnet|SHOWstudio, 2022-08-28.

③ Portent|SHOWstudio, 2022-08-28.

④ https://showstudio.com/projects/reality-inverse, 2022-08-28.

⑤ F. Jameson, *Postmodernism, or, the Cultural Logic of Late Capitalism*, Durham: Duke University Press, 1991.

⑥ M. Maynard, "The Mystery of the Fashion Photograph," in P. McNeil et al. eds., *Fashion in Fiction: Text and Clothing in Literature, Film and Television*, Oxford: Berg, 2009.

2. 时尚新活力

行动范式的时尚电影激发了时尚的新活力。亚历山大・麦昆品牌与SHOWstudio随后进行了更多的合作，2022年该品牌最新的《短跑运动员》(*The Sprint Runner*, 2022)[①]就由屡获殊荣的视觉艺术家索菲・穆勒(Sophie Muller)执导，舞者在一个空荡荡的仓库里，身着公主裙，穿着流线型运动鞋(The Sprint Runner)轻松地跳跃、滑行并完成一系列的波比动作，她强大有力的身体与轻盈流畅的运动形成和谐乐章，把时尚品牌的新品推广转变成了一场引人入胜的表演。行动范式的时尚电影为数字时代的时尚创造出一种新修辞。这种新修辞使服装更接近于艺术品，并传达了设计师在无尽的创作过程中渴望被理解的抽象概念。作为传统时尚摄影及时尚杂志的数字化替代方案，它使时尚表现出越来越多的流动性趋势并重新焕发出活力。

行动范式的时尚电影抛弃了时尚杂志图片配以文字的权威、理性的表征形式，也无需经过编码、解码过程。受众以具身(embodiment)的方式感知"流动的时尚"，通过受众主体与技术媒介的互动，在沉浸式观看中产生信仰效应，时尚被再度还原出宫廷时代的"灵晕"(aura)光环，即它是在特定情境中存在的短暂新颖性，时尚的魅力就在于它在空间和时间中的即时性。由DBLG工作室(DBLG是一个由艺术家、导演和设计师组成的战略联盟，工作室通过动态设计将品牌带入生活)出品的时尚电影《隐藏》(*Hidden*, 2019)[②]，受设计师品牌Vincent Lapp首个高级定制系列启发，用三联视频装置融合了时尚、音乐和视觉艺术的多元表征。在2019年伦敦时装周开幕式上，这部时尚电影在三个巨大的屏幕上同时放映，每件服装的动态图形语言与音乐打击混合声相配合，让观众沉浸在强烈的视觉与听觉融合中。这部电影随后赢得了SHOWstudio的年度时尚电影奖。马修・唐纳森(Matthew Donaldson)在他的电影《大满贯》(*Grand Slam*, 2011)[③]中也是如此，由韩国乒乓球运动员李秀妍(Sooyeon Lee)主演，通过高清视频下的极慢动作，乒乓球技巧被提升到了艺术的地位，而她所穿的克里斯托弗・凯恩(Christopher Kane)、马克・法斯特(Mark Fast)、吉尔・桑德(Jil Sander)和范思哲(Versace)的连衣裙、紧身裤、连身裤和许多流苏在动态的流动图像中仿佛要跃出屏幕，极富美感。

---

① https://www.showstudio.com/news, 2022-08-28.

② Hidden on Vimeo, 2022-08-28.

③ https://heatherdonaldson.tumblr.com/post, 2022-08-28.

（三）作者范式

数字时代，时尚品牌的传播已不满足于仅仅创造一种排他性的光环，更希望能通过互动，让客户感觉到自己成为时尚品牌世界的一部分，以此对品牌产生身份认同与归属。但这种认同与归属不能继续采用古典时尚的“头衔授予”或“贵族圈子”确认来实现。作者范式的时尚电影通过提供一种虚拟文化社区的方式，能让品牌世界与受众有更亲密的连接，通过确认消费者的文化资本或社会资本，从而赋予时尚品牌以象征资本。作者范式的时尚电影最常见的创作组合是知名导演＋知名影星＋品牌方，品牌选择的合作对象往往是有着强烈作者风格且知名度较高的导演：这一方面源于电影文化中独特的“作者政策”的影响，另一方面是因为在信息冗余的互联网空间，差异化与知名度是作品获得用户主动搜索及平台算法推荐的重要参数，知名导演的作品自带社交性，并能有效“滤除”内容营销的“销售”色彩，成为很多社交平台优先考虑共享及推荐的内容，并能激发受众的主动分享。

1. 作者政策

作者政策（la politique des auteurs），是指一部影片的最终归属问题，这一直是个有争议的问题。这一政策的关键之处是给予导演高于任何其他利益相关者的作者地位，将电影视为导演作品的一部分，而不是将它们视为属于某一种类型①。因此，“作者”一词意指特定导演在各种电影中发展出来的重复风格和主题，这种概念能确保电影批判性话语的连贯性以及电影评论家话语的有用性，因为往往只有评论家会看过研究对象的不同电影并加以审视、归纳出其中的重复性。1955 年，法国新浪潮（French New Wave）的代表人物弗朗索瓦·特吕弗（François Truffaut）在《电影手册》（*Cahiers du cinéma*）中明确了“作者电影”这一概念，电影导演的签名不只体现在剧本或脚本中，更体现在影片的拍摄本身，尤其是一种可辨识的导演风格或拍摄手法②。按此标准，法国的让·维果（Jean Vigo）、罗伯特·布列松（Robert Bresson）、让·雷诺阿（Jean Renoir）、让-吕克·戈达尔（Jean-Luc Godard），德国的赖纳·维尔纳·法斯宾德（Rainer Werner Fassbinder）、维姆·文德斯（Wim Wenders）和玛格丽特·冯·特洛塔（Margarethe von Trotta），意大利的费德里科·费里尼（Federico Fellini）、米开朗琪罗·安东尼奥尼（Michelangelo Antonion），以及美国的阿尔弗雷德·希区柯克

---

① D.A. Gerstner and J. Staiger eds., *Authorship and Film*, London: Routledge, 2013.

② B.K. Grant ed., *Auteurs and Authorship: A Film Reader*, John Wiley & Sons, 2008.

(Alfred Hitchcock)、霍华德·霍克斯(Howard Hawks)、奥逊·威尔斯(Orson Welles)和大卫·林奇(David Lynch)等,均被《电影手册》认可为电影作者的标签。电影这种媒介虽然具有深刻的工业化、商业化特征,且高度依赖技术,但"作者电影"概念的提出将它提升到一种艺术形式的地位,即特定导演的创造性归属于导演本人并由此确认其艺术家的身份。法国新浪潮运动提倡"作者电影"的概念旨在鼓励导演突破陈规进行创新。但时尚电影利用这一理念,将知名度与独特性兼具的导演转化为时尚品牌的"社交货币":特立独行的导演自己变成了创意品牌,时尚电影以"浓缩"的方式回收导演的"标志性风格",供受众在线消费,以此参与了一种"品牌融合"①。

2.《迪奥女士》(*Lady Dior*)系列

作者范式的"作者电影"最常被提到的是奢侈品牌迪奥的《迪奥女士》,该系列分别在品牌最重要的销售城市——巴黎、纽约、伦敦、上海拍摄,电影拥有共同的女主角玛丽昂·歌蒂利亚(Marion Cotilliard)以及同款不同色的迪奥女士包,请到了不同的知名导演:奥利维尔·达汉(Olivier Dahan)的《黑色贵妇》(*Lady Noire Affaire*, 2008)、约翰斯·阿克兰(Johans Akerland)的《胭脂夫人》(*Lady Rouge*, 2010)、大卫·林奇(David Lynch)的《蓝调上海》(*Lady Blue Shanghai*, 2010)以及唯一导演了两部的约翰·卡梅隆·米切尔(John Cameron Mitchell)的《灰调伦敦》(*Lady Grey London*, 2011)和《迪奥女士》(2011)。这些电影在互联网上都以"作者电影"的身份亮相,导演风格是理解这些作品的关键,电影传播及分享的主力是影迷而非品牌粉丝。

在《蓝调上海》这部16分钟的黑色悬疑短片中,充满了林奇过往电影的标志性风格——晦涩的情节、闪烁的灯光、快速地闪回、一朵蓝玫瑰和令人难忘的音乐。迪奥作为出资方只提出了三个条件——必须突出展示特定的Lady Dior·蓝色手袋、上海的标志性建筑以及怀旧的老上海场景,导演拥有充分的创作自由。显然品牌希望能与导演的特定风格绑定,将艺术和商业结合起来,为品牌商品提供文化储备;而在互联网上,这部片子也被当作是大卫·林奇的作品,而不是迪奥的广告宣传片。《蓝调上海》既通过迪奥官网发布,又通过社交媒体吸引了大卫·林奇的特定受众群体,最终,大卫·林奇及其风格成为时尚品牌的二次消费对象,并因此获得了主流媒体的关注。

---

① N. Mijovic, "Narrative Form and the Rhetoric of Fashion in the Promotional Fashion Film."

同样，普拉达的《心理疗法》(*A Therapy*，2012)[①]请来了大导演罗曼·波兰斯基(Roman Polanski)，屡获殊荣的两位英国知名演员——本·金斯利(Ben Kingsley)和海伦娜·伯翰·卡特(Helena Bonham Carter)分别出演，但与常规意义上“作者电影”的前卫风格不一样，这是一部充满了波兰斯基风格的喜剧短片：一间考究典雅的诊所内，不苟言笑的心理医生在书桌前奋笔疾书。门铃响起，一个穿着华贵的女人走进房间，她脱下皮草大衣挂在衣架上，随后脱下皮鞋(全片只在此露出皮鞋底上的 PRADA 商标)，躺到长椅之上，开始滔滔不绝地讲述。医生起先端坐旁边认真倾听，可是他不受控制地被衣架上那件皮草大衣吸引，终于按捺不住站起身来……结尾定格在波兰斯基式的反讽短语上：普拉达适合所有人(Prada suitable everyone)。

3. 致敬前卫电影

作者范式的时尚电影还有一类是向前卫电影的致敬之作。前卫电影是电影工业体系内，对不符合线性叙事结构和分辨率的探索类电影形式的统称，包含实验电影、地下电影、抽象电影等。这种使用关联形式、抽象、循环和其他非叙事技术构建的电影流派，是对电影制作和发行工业化以及电影形式标准化的反叛[②]。瑞典女时尚摄影师兼导演桑德拉·弗雷伊(Sandra Freij)的时尚摄影作品浪漫而女性化，往往融入茫然和困惑的情绪。她为设计师塞西莉亚·玛丽·罗布森(Cecilia Mary Robson)的 2011 春夏系列创作的《随时间的音乐起舞》(*A Dance to The Music of Time*，2010)[③]，就是对前卫电影——《去年在马里昂巴德》(*Last Year at Marienbad*，1961)的致敬，该片成为伦敦时装周官方数字收藏影片。艾丽·穆利亚奇克(Elle Muliarchyk)为菲利普·林(Phillip Lim)和连卡佛(Lane Crawford)执导的《乔利》(*Joli*，2010)[④]是对乌克兰裔美国前卫电影导演玛雅·德伦(Maya Deren)的代表作——《午后网格》(*Meshes of the Afternoon*，1943)的致敬，《乔利》借鉴了玛雅·德伦的“恍惚电影”对再现个体潜意识及内心体验的手法，将时尚表现为一种情感性体验。当代最具影响力的荷兰视觉艺术创作者、夫妇档伊内兹·范·拉姆斯维尔德(Inez van Lamsweerde)和维诺德·

---

① A Theraphy|PRADA，2022-08-28.

② M. Le. Grice，*Experimental Cinema in the Digital Age*，London：Bloomsbury Publishing，2002，p.290.

③ “A Dance to The Music of Time”—Official London Fashion Week Digital Collection Film. Cecilia Mary Robson S/S 11 on Vimeo，2022-08-28.

④ Joli (Elle Muliarchyk collaborates with Phillip Lim/Lane Crawford)-YouTube，2022-08-28.

马塔迪恩(Vinoodh Matadin)为伊夫·圣罗兰(YSL)创作的《亚利桑那的缪斯》(*Arizona Muse*)①则是对英国前卫电影的关键人物斯蒂芬·德沃斯金(Stephen Dwoskin)的《片刻》(*Moment*, 1968)的致敬。

与此同时,一些前卫导演则直接被时尚品牌"相中",成为商业世界中的"另类"。中国电影人杨福东的作品优美而伤感,擅长将古典气质与现代场景对接,以模糊历史感与现实性来拓宽影像叙事,他执导了《普拉达:一年之计》(*Prada: First Spring*, 2011)②。这部黑白电影在上海拍摄,中国演员耿乐穿着品牌男装,与一众年轻男模特营造出一个无所不能的梦幻世界。全片充满旧上海风情,体现了超现实主义艺术场景、时间、叙事的模糊感。普罗恩扎·舒勒(Proenza Schouler)是由两位美国帕森设计学院的毕业生联合创立的当代设计师品牌,它从当代艺术和青年文化中汲取灵感而获得商业上的成功。该品牌邀请了美国前卫导演哈姆尼·科林(Harmony Korine)执导了《雪球》(*Snowballs*, 2011)③。科林的电影以古怪、松散和越界的美学为特色,探索禁忌主题并结合实验技术,而就是这样一位典型的"地下电影"的创作者近年来屡次成为一线奢侈品牌的合作者,2014 年他执导了《古驰裁缝》(*Gucci Tailoring*, 2014)④。

意大利老牌时装屋"米索尼"(Missoni)委托美国地下实验导演兼作家肯尼斯·安格尔(Kenneth Anger)为其 2011 秋冬系列(Missoni F/W 2011)⑤制作了时尚电影。安格尔自 1937 年以来专门从事实验短片制作,作品近 40 部,他的电影将超现实主义与同性恋、神秘主义融合在一起,属于典型的亚文化形态的前卫电影。该品牌官方宣称导演标志性的迷幻美学与"米索尼"系列中梦幻般的针织和疯狂印花完美搭配,堪称时尚与电影的珠联璧合。导演果然不负众望,将米索尼家族的全体成员转化成前卫电影中的形象,影片风格华丽、配乐奇特。

边缘化的前卫导演成为时尚电影的创作者,这似乎是个悖论。但这些时尚电影往往有效地边缘化了产品,强调时尚品牌与艺术的联系,从而传达品牌的纯粹价值观,并将观众的注意力从故事和人物身上转移到服装及时尚的表达上。而且这些时尚电影的风格在某种程度上与网络美学

---

① Yves Saint Laurent SS11 by Inez van Lamsweerde & Vinoodh Matadin-Arizona Muse.flv-YouTube, 2022-08-28.

② Prada: First Spring-YouTube, 2022-08-28.

③ https://www.youtube.com/watch?v=LBOIA4Z5kms, 2022-08-28.

④ https://www.youtube.com/watch?v=psyCXr9uqaQ&t=12s, 2022-08-28.

⑤ https://www.youtube.com/watch?v=P-n2fWtbj2U, 2022-08-28.

具有较强的一致性，即对各种形式的模仿、挪用、拼贴，对风格的重新混合和重新解释①。这种合作正在超越时尚媒体的传统标准与框架来传达品牌，充分体现出数字媒体在创意、创新方面的机会及方法。

三、范式转移导致的修辞转换

（一）传统时尚修辞

叙事范式的时尚电影继承了传统时尚修辞，但数字媒介丰富了时尚的叙事方式。在叙事范式中，时尚依旧被表达成"一种理想生活方式或梦幻生活的认同"，时尚品牌延续狭隘的外在美和其他刻板印象，譬如时尚作为阶级及身份区隔的功能，强调了等级制而非民主化，强化了时尚作为一种炫耀性消费在后现代社会中的价值，同时鼓励社会竞争和不平等。叙事范式的数字时尚电影，"经过精心管理，也是增强而不是削弱现有的范式"②。叙事范式的时尚电影具有自我调节的结构，可以自我维持和关闭，电影的驱动品牌提供了开头、中间和结尾的确定的叙事结构。读者作为一个被动的观看者，不必关心叙事场景的缺失或叙事方案的解决，时尚电影华丽诱人的外表下，没有掩盖驱动它的品牌力量，邀请观众陶醉其中的是消费主义建构下的品牌符号。

数字时代的叙事范式更应该被理解为一种品牌的内容策略，即将故事与社交媒体的传播特征、品牌价值观以及时尚电影的表征方式结合起来。叙事内容在许多情况下被转移到背景中，以便观众可以欣赏到充满魅力或特定风格的时尚图像世界，在全球市场输出符合品牌现实的国际化审美。从这个意义上说，叙事范式的时尚电影超越了商业化推广，用一种新的媒介语法规则来呈现丰富、复杂的东西，其中审美有了新的概念，时尚呈现出与新时代同步的生活方式。

（二）时尚新修辞

将"时尚视作一种行动"体现了时尚电影的范式转换，它改变了时尚的传统修辞体系，革新了时尚的生产与传播逻辑。数字时尚电影在时尚摄影停止的地方继续向前，其主要动机是探索服装及装饰的动态和变形的各种可能性。时尚摄影一直追求形式美学的不精确叙事，表征出时尚是服装随着身体一起展开的动作、面料的质感、褶皱的律动以及色彩在不同光线下的

---

① V. Campanelli, *Web Aesthetics: How Digital Media Affect Culture and Society*, Rotterdam and Amsterdam: NAi and Institute of Network Cultures, 2010.

② A. Utterson, "General introduction," in A. Utterson ed., *Technology and Culture: The Film Reader*, Abingdon: Routledge, 2005, pp.1—10.

情绪。行动范式把曾经被照片的静止打断的动作、手势、光线、情绪转变为声音-图像的联动从而表现出时尚引人入胜的流动，突破了被时尚杂志固化的时尚外观。相对于时尚杂志的图片而言，时尚电影是“动态有声图像”在信息流中的“无限”延展，它更易于“疏通”观众的意识流并产生“合流”的传播效果。法国哲学家贝尔纳·斯蒂格勒(Bernard Stiegler)曾揭示过声音与图像双重关联而对受众隐秘的支配机制，“声音流将图像联结起来，图像的停顿构成了图像的运动，上述‘重合’正是通过这一运动而启动了‘完全接受’的机制”①。

作者范式为后现代时尚提供了一种全新的“时尚被理解、表达与接受”的模式。后现代社会，媒介娱乐与消费成为人们的生活方式，两者均被视作表达身份与构建自我概念的方式。几乎任何一个现代人都会花费大量时间在影视节目、电子游戏及社交媒体上，媒介娱乐是现代人社会实践的核心组成部分，也是产生社会认同感的有力途径。人们在其中形成生活的意义与存在感，媒介娱乐构建自我概念是体验式消费的一个重要特征，因为它反映了我们对自己的属性的主观信念②，这些属性是在我们的经验现实中形成和发挥出来的。时尚与自我概念构建密切相关，在后现代社会中，个体身份与表达的多元化促使时尚借力于媒介娱乐，以此获得更大也更自然的影响力。在时尚电影中，消费者被视作是个体或人，在一个没有明显广告设计的娱乐环境中与品牌接触，它会促发受众将自我意识、价值观及身份属性与时尚电影传递的信息联系起来，符合受众自发地构建自我概念的习惯。由此，品牌获得双重背书，既作为电影中预定目标群体的“真实”选择，又作为潜在消费者从娱乐中提取意义后的可能性选择。

时尚电影范式既是一个连续而未中断的发展过程，又是一个在数字技术加持下对时尚产生“革命性”影响的中继(relay)与创新。一方面，后现代时尚在电子视觉文化以及数字图像等层面重现了古典时尚的传播机制与时尚传统理念，服装再度与身体相结合并形成“具身化”的传播，时尚被强化成身份与阶级区隔的标志并再度成为炫耀性消费的手段；另一方面，技术转向又确实改变了时尚逻辑，时尚甚至可以脱离实体生产而完全以虚拟数字状态存在，虚拟时尚与人类的互动会重新生成时尚意识与身体经验，因为它在指向虚拟身体的同时又延伸了自我感知，从而为时尚产业的发展提供了新

---

① [法]贝尔纳·斯蒂格勒:《技术与时间 3:电影的时间与存在之痛的问题》,方尔平译,译林出版社 2012 年版,第 14 页。

② M. Solomon et al., *Consumer Behaviour: A European perspective*, 2nd ed., London: Prentice Hall Europe, 2002.

的可能性。时尚电影在过去无论有多少化身或伪装，一直是在时尚与电影结合的轴线上缠绕互动，但“元宇宙”提供的虚拟时尚空间，则将时尚电影带入一个全新的未知方向。

附录　“时尚电影：范式转移与修辞变迁”案例分析表

序号	品　牌	样本编号	电 影 名	导　演	案 例 特 征	范式类型
1	巴黎世家（Balenciaga）	1	《辛普森一家/巴黎世家》（*The Simpsons/Balenciaga*）	大卫·西尔弗曼（David Silverman）	故事从辛普森为了给太太准备生日礼物开始，他通过电邮致信巴黎世家，希望能借他一套礼服……最后将品牌的2022春夏季用动画片和T台走秀的方式同步结合。	A
2	巴宝莉（Burberry）	2/1	《比利·艾略特15周年》（*15 anniversary of Billy Elliot*，2015）	克里斯多弗·贝利（Christopher Bailey）	围绕着英国2000年的现象级电影《舞出我天地》的男主人公比利·艾略特诞辰15周年展开，吸引了包括贝克汉姆、埃尔顿·强等音乐家和模特在内的阵容庆祝，并在蹦床上跳跃来展示品牌的产品。	A
		2/2	《托马斯·巴宝莉的故事》（*The Tale of Thomas Burberry*，2016）	阿西夫·卡帕迪亚（Asif Kapadia）	讲述了年仅21岁的创始人托马斯·巴宝莉经历的事业初创、一次大战等事件，传递品牌代表的英伦气质及历史积淀。	A
		2/3	《巴宝莉王国》（*Burberry Kingdom*，2019）	尼克·奈特（Nick Knight）	电影聚焦巴宝莉2019年的新品，将“女士”的概念形象化，女性的精髓拟人化。	B
		2/4	《巴宝莉：想象无止境》（*Burberry：Open Spaces*，2021）	里卡尔多·蒂西（Riccardo Tisci）	四位主演置身英伦田园中，风起，他们突破界限，在稻田间自由飞舞。表达出一种梦想与现实、人与自然合二为一的无限可能。品牌新品在本片中成为焦点。	B

续表

序号	品牌	样本编号	电影名	导演	案例特征	范式类型
3	卡地亚(Cartier)	3/1	《奥德赛》(*L'Odysée*, 2012)	布鲁诺·阿维兰(Bruno Aveillan)	借鉴古希腊史诗《奥德赛》,讲述品牌标志——一头“豹子”穿越俄罗斯雪地、撒哈拉沙漠、德国黑森林,直至到达品牌的发源地巴黎。	A
		3/2	《求婚》(*The Proposal*, 2015)	西恩·埃利斯(Sean Ellis)	在离别的巴黎机场、充满艺术气息的罗丹博物馆、浪漫的音乐厅电梯,三段精巧设计的爱情故事,蒙太奇式地交替演绎,让六分钟的故事充满了戏剧感,将品牌与爱情紧紧锁定。	A
		3/3	《钻石》(*Diamonds*, 2015)	约翰·伦克(Johan Renck)	以歌舞片形式演绎了好莱坞经典名曲《钻石是女人最好的朋友》,全片氛围欢快雀跃,以现代场景巧妙展现出风情万种的女性与卡地亚钻石珠宝的超凡魔力。	A
4	香奈儿(Chanel)	4/1	《第五号香水》(*N° 5 The Film*, 2006)	巴兹·鲁赫曼(Baz Luhrmann)	影片是对《红磨坊》电影的二次消费,以“逃跑”故事为主线,将经典与传奇两大元素跟品牌的经典产品绑定。	C
		4/2	《巴黎上海幻想曲》(*Paris-Shanghai*: *A Fantasy*, 2009)	卡尔·拉格菲尔德(Karl Lagerfeld)	短片以一个梦开始,讲述了品牌创始人并不存在的5次中国之旅,短片中的中国人都不是由中国演员饰演,历史情境也不真实,却很好地表达了香奈儿女士我行我素的自由精神。	A
		4/3	《记住当下》(*Remember Now*, 2010)	卡尔·拉格菲尔德(Karl Lagerfeld)	短片由法国艺术电影明星帕斯卡·格雷戈里(Pascal Gregory)出演男主,通过20世纪50、60、70年代的怀旧叙事,表明品牌一直代表着每一个时代的精神及气质。	A

续表

序号	品　牌	样本编号	电影名	导　演	案例特征	范式类型
4	香奈儿 (Chanel)	4/4	《曾几何时》 (*Once upon time* ..., 2013)	卡尔·拉格菲尔德 (Karl Lagerfeld)	影片长达18分钟，由英国著名女星凯拉·奈特莉(Keira Knightley)主演，讲述了品牌创始人传奇的成功故事，场景设定为1910年的巴黎康朋街21号。	A
		4/5	《重返》 (*The return*, 2013)	卡尔·拉格菲尔德 (Karl Lagerfeld)	1953年12月，在睽违15年之后，香奈儿女士决意重返时尚舞台，推出高级定制服系列，短片夸张地重现了这一壮举并预示着香奈儿风格的涅槃重生，再次强调了品牌及创始人的传奇性。	A
		4/6	《重生》 (*Reincarnation*, 2015)	卡尔·拉格菲尔德 (Karl Lagerfeld)	讲述了一个古堡迷情的传奇故事，复刻了当年茜茜公主的服饰及兼容性，强调品牌的高贵血统。	A
		4/7	《曾经·永远》 (*Once and Forever*, 2016)	卡尔·拉格菲尔德 (Karl Lagerfeld)	由当红明星克里斯汀·斯图尔特和杰拉丁·卓别林担纲主演，再现了品牌创始人香奈儿女士非凡的品位与创造力，突出了品牌的“巴黎”元素及血统。	A
5	COS	5/1	《COS的声音》 (*The sounds of COS*, 2014)	勒纳特,桑德 (Lernert & Sander)	导演是当代极具创意的荷兰二人组，通过模仿衣服发出的声音、碾碎盐、打开雨伞、戴上烤箱手套、跺着脚等为时尚视频创作配乐，突破时尚的新颖性与日常性之间的关联。	B
		5/2	《COS & 傅厚民》 (*COS×André Fu, Urban Landscape*, 2015)	傅厚民 (André Fu)	香港建筑设计师傅厚民(André Fu)与品牌的合作，突出来自北欧的COS简约环保风格与中国传统禅宗理念的对话与融合。	C

续表

序号	品牌	样本编号	电影名	导演	案例特征	范式类型
6	迪奥(Dior)	6/1	《黑色贵妇》(*Lady Noire Affaire*, 2008)	奥利维埃·达昂(Oliver Dahan)	一部迷你黑色电影,灵感来自阿尔弗雷德·希区柯克的世界,一位神秘黑衣女士发现自己正处于警方调查之中,该调查将她从巴黎街头带到了埃菲尔铁塔,谜底的关键是她的包里藏着什么?	C
		6/2	《蓝调上海》(*Lady Blue Shanghai*, 2010)	大卫·林奇(David Lynch)	一位性感的无名女士走进她在上海的酒店房间,找到了一台老式唱片播放设备,突然一个从天而降的蓝色迪奥出现,一段发生在上海的迷情故事展开,短片充满了林奇元素。	C
		6/3	《胭脂夫人》(*Lady Rouge*, 2010)	乔纳斯·阿克伦德斯(Jonas Akerlunds)	导演擅长拍摄MV和用音乐表达主题,该片也不例外,以纽约为背景,性感红衣女士重新演绎了歌曲《火星之眼》(*The Eyes of Mars*),一种MV式的奢华。	C
		6/4	《迪奥夫人》(*L.A. dy Dior*, 2011)	约翰·卡梅隆·米切尔(John Cameron Mitchell)	女主演模仿了我们都非常熟悉的现实生活中的角色:疯狂的女演员,在繁忙的日程表中如何突破束缚寻找自我。	C
		6/5	《灰调伦敦》(*Lady Grey London*, 2011)	约翰·卡梅隆·米切尔(John Cameron Mitchell)	具有神奇治愈能力的滑稽艺术家格雷夫人,成功吸引了残疾粉丝、落魄画家等,格雷夫人的优雅和性感成为启发这些人的无尽力量。	C
		6/6	《秘密花园》(*Secret Garden*, 2012)	I.V.拉姆斯韦 & V.马塔丁(Inez van Lamsweerde and Vinoodh Matadin)	导演为当代极具影响力的时尚摄影夫妇,以法国凡尔赛宫为背景,突出奢华与气势,以品牌的奢华服装作为叙事主题展开,展现女性美的多样性。	A

续表

序号	品牌	样本编号	电影名	导演	案例特征	范式类型
6	迪奥（Dior）	6/7	《秘密花园》（*Secret Garden*，2015）	斯蒂芬·克莱恩（Stephen Klein）	有别于2012年的高尚奢华，这次拍摄移师郊外，在一片迷雾的树林里，用不真实的场景，呈现时尚的梦幻性。	A
7	杰尼亚（Ermenegildo Zegna）	7	《重生玫瑰》（*A Rose Reborn*，2014）	朴赞郁（Park Chan_Wook）	典型的朴赞郁风格：一位来自伦敦的年轻CEO考虑将他的发明卖给一位神秘的中国亿万富翁，然而，在真正见到潜在投资者之前，主角必须面临一系列挑战，包括旅程、谜语和换衣……	C
8	芬迪（Fendi）	8	《危险邀请》（*Invito Periocoloso*，2013）	卡尔·拉格菲尔德（Karl Lagerfeld）	两位模特身着品牌最新的成衣单品，被神秘主人邀请参加罗马城堡中的晚宴，一部语焉不详的恐怖片。	A
9	阿玛尼（Giorgio Armani）	9/1	《爱丽丝》（*Alice*，2011）	O.扎姆 & C.埃夫金（Olivier Zahm & Can Evgin）	影片以爱丽丝和她的奇境为隐喻，讲述一个女性逃离日常、追寻自我的故事，表达女性自我意识的觉醒与追求。	A
		9/2	《瓦莱里亚》（*Valeria*，2012）	O.扎姆 & Z.卡利尔（Olivier Zahm & Julien Carlier）	延续了两位导演关于爱、逃离与寻找的主题，表现女作家瓦莱里亚在土耳其伊斯坦布尔的一系列回想与思考，主演穿着品牌2012—2013秋冬系列。	A
10	古驰（Gucci）	10/1	《古驰罪爱》（*Gucci Guilty*，2010）	弗兰克·米勒（Frank Miller）	展示了独立、叛逆的女主的诱惑力量，短片突出了品牌的双G标志，并将品牌香水视作女主性感和力量的来源。	A
		10/2	《克鲁斯2016》（*The Cruise 2016*，2016）	格伦·卢奇福德（Glen Luchford）	通过两位行走在纽约街头的模特去聆听英国乐队音乐会的故事展开，以20世纪60和70年代为灵感，表现品牌异域融合街头的风格。	A

续表

序号	品 牌	样本编号	电 影 名	导 演	案 例 特 征	范式类型
11	H&M	11	《H&M联名 Marni》(*Marni at H&M*, 2012)	索菲亚·科波拉(Sophia Coppola)	以经典的索菲亚·科波拉的方式完成,长镜头和聚焦画面,赞美青春,展现 H&M 新系列的灵感来自 Marni 的原版印刷品,短片在摩洛哥马拉喀什拍摄。	C
12	爱马仕(HERMES)	12/1	《蜕变》(*Mètamorphose*, 2014)	瓦利·杜哈梅尔(Vallèe Duhamel)	概念性极短的时尚电影,完全突出移动中的时尚的概念,配合以节奏感强烈的音乐。	B
		12/2	《移动的人》(*Man on the Move*, 2014)	罗曼·洛朗(Romain Laurent)	展现了品牌服装在巴黎歌剧院首席舞者身上的完美展示,体现了服装与身体之间的关系。	B
		12/3	《爱马仕 2011 秋冬系列》(*Hermès' A/W 2011*, 2011)	尼克·奈特(Nick Knight)	充满动感的镜头与音乐表达,短片充满活力,并用绘画般的品质,通过两位模特的优美动作来展现品牌的工匠及手工艺传统。	B
13	罗意威(Loewe)	13/1	《罗意威黄金收藏系列》(*Colección Oro*, 2012)	路易斯·维内加斯(Luis Venegas)	以纪实采访穿插秀场展示的方法,通过节奏昂扬的西班牙斗牛音乐展现品牌自 1846 年成立以来的经典元素与产品。	A
		13/2	《皮革大师》(*Masters of Leather*, 2009—2011)	马修·唐纳森(Matthew Donaldson)	通过工匠、工具、皮革细节等展示了制作品牌标志性产品“Amazona”包的专业知识和细致入微的细节。	A
14	路易·威登(Louis Vuitton)	14/1	《旅行精神》(*The Spirit of Travel*, 2015)	G.V.施泰纳(Gordon von Steiner)	两位名模在美丽的加勒比海,在天与海之间,一起探寻旅行的真谛。	A
		14/2	《旅程之约》(*Invitation to Travel*, 2013)	罗曼·加夫拉斯(Romain Gavras)	讲述女主乘坐红白条纹热气球降落在卢浮宫中心,在奢华浮夸的宫廷宴会中进行了一次有趣的冒险,然后逃离的故事。	A

续表

序号	品牌	样本编号	电影名	导演	案例特征	范式类型
14	路易·威登(Louis Vuitton)	14/3	《交换》(*The Exchange*, 2013)	兰金(Rankin)	当该品牌的两个行李箱在酒店混在一起时,陌生的两人瞬间产生联系,然后在酒吧里,一个调情的时刻上演了,隐喻品牌作为身份与认同的象征。	A
		14/4	《不羁与自由》(*Going with the flow*, 2013)	达米安·勒默西尔(Damien Lemercier)	以动画短片的形式,展示在20世纪初,该品牌最著名的衣柜行李箱和蒸笼包,伴随着世界上第一艘跨大西洋班轮的乘客,延续了品牌的传奇故事讲述。	A
		14/5	《这四堵墙》(*These four walls*, 2015)	兰金(Rankin)	短片以困于斗室四墙之内的女性为主题,表达突破与勇气的女性/时尚力量,镜头着重聚焦于大红色的品牌服装及饰品的视觉冲击。	A
		14/6	《蔑视》(*Le Mépris*, 2012)	奥利维尔·詹姆士(Olivier Zham)	以1963年让-吕克·戈达尔(Jean-Luc Godard)的作品《蔑视》(*Contempt*)预告片作背景,并以碧姬·芭铎为原型演绎品牌女装秀,表达出时尚能够使美貌与道德信念结合,以此挣脱令人不安的平庸,更像是剧情片与纪录片的综合体。	C
15	魅可(MAC)	15	《鬼魅》(*Gareth Pugh for MAC*, 2011)	露丝·霍格本(Ruth Hogben)	短片是霍格本为先锋设计师加勒斯·普与化妆品牌MAC合作的产品所创作,表达该系列"从强大、深沉和神秘到轻盈、脆弱和空灵的真正多功能",强调先锋的视觉冲击力。	B
16	米索尼(Missoni)	16	《米索尼2011秋冬系列》(*Missoni F/W 2011*, 2010)	肯尼思·安格尔(Kenneth Anger)	安格尔自1937年以来专门从事实验短片制作,将超现实主义与同性恋和神秘主义融合在一起,属于典型的亚文化形态的前卫电影。该片用导演标志性的迷幻美学来呈现品牌的针织和疯狂印花,将米索尼家族的全体成员转化成前卫电影中的形象,影片风格华丽、配乐奇特。	C

续表

序号	品 牌	样本编号	电 影 名	导 演	案 例 特 征	范式类型
17	缪缪(Miu Miu)	17	“女性故事”系列(Women's Tales, 2010—2022)共23部:《化妆间》(*The Powder Room*, 2011);《穆塔》(*Muta*, 2011);《女装》(*The Woman Dress*, 2012);《夜深人静》(*It's Getting Late*, 2012);《门》(*The Door*, 2013);《房间里有一只鸟》(*House Comes with a Bird*, 2022)等	Z.卡萨维茨(Zoe Cassavetes)、L.马特尔(Lucrecia Martel)、G.科拉格兰(Giada Colagrande)、M.塔吉丁(Massy Tadjedin)、A.杜维奈(Ava DuVernay)、J.布拉沃(Janicza Bravo)等	品牌寻求与全球女性导演合作,但规定电影中必须使用品牌服装,因此,大部分电影中“服装”本身成为叙事主题,譬如《门》中,全片的故事围绕着服装更新展开,每一次服装的变化都描绘了女主人公从悲伤的“蛹”中醒来,通过服装导演讲述了一个象征性的生活变化的故事,寓意着女性经由“门”通往自我的道路;在《穆塔》中,导演则把品牌服装刻意地奇观化,电影背景设定在一条热带河流的巡游船上,8位女模特的脸总是被柔焦、道具或灯光等遮挡,没有对话,只有一些难以理解的只言片语或自然的声音,通过人物的服装、配饰、化妆构建起模糊的叙事,《穆塔》将纯粹的时尚商品推广混淆为时尚奇观式的展示。	A
18	盟可睐(Moncler)	18	《别偷夹克》(*Don't steal the jacket*, 2009)	布鲁斯·韦伯(Bruce Weber)	水枪中喷射而出的花朵;喜欢与爱犬嬉戏的甜美女孩;怀有赤子之心的高个兄长,一部典型的布鲁斯·韦伯风格的奇幻悬疑剧,长达24分钟,融合了音乐片、幻想片、惊悚片和探险片于一身,表达出品牌对当代艺术多元性的关注与两者的契合性。	C
19	普拉达(Prada)	19/1	《心理治疗》(*A Therapy*, 2012)	罗曼·波兰斯基(Roman Polanski)	一部充满了波兰斯基风格的喜剧短片,以一次注定无法达成目标的心理治疗为线索展开,传达出导演对时尚的反讽:诱惑无处不在又难以抵御。	C

续表

序号	品牌	样本编号	电影名	导演	案例特征	范式类型
19	普拉达（Prada）	19/2	《一年之际》（*First Spring*，2011）	杨福东	杨福东具有东方哲学的影像风格是理解这部黑白电影的关键，以老上海为场景，中国演员耿乐身穿品牌男装，与一众年轻男模特一起，营造出一个无事不可能的梦幻世界，全片充满旧上海风情，体现了超现实主义艺术场景、时间、叙事的模糊感。	C
		19/3	《战栗之花》（*Trembled Blossoms*，2008）	詹姆斯·利马（James Lima）	这部原创动画短片采用当代动画和动作捕捉技术，重现好莱坞黄金时代流行的动画经典，展现了繁盛诱人的鲜花及令人动容的仙女画面，主题既性感又暧昧。	A
		19/4	《雷霆完美心灵》（*Thunder Perfect Mind*，2005）	雷德利·斯科特 & 乔丹·斯科特（Ridley Scott，Jordan Scott）	斯科特父女的作品，该片以画外音朗诵创作于一世纪的女性视角的同名诗歌来展开，表现女性在少女、妻子、母亲、女儿和情妇复杂身份中的矛盾与成长，几乎“无广告痕迹”，使女性受众形成对多元身份及表达的认同，从而间接地与品牌形成亲密而持久的体验关系。	C
20	汤姆·布朗（Thom Browne）	20	《九月派》（*The Septemberists*，2007）	安东尼·戈科莱亚（Anthony Goicolea）	导演是一位当代美籍古巴摄影师和多媒体艺术家，以其探索性、身份和起源文化主题的自画像而闻名，拥有艺术史与绘画学背景。短片中，男模们在迷雾中的乡村劳动：放羊、剪羊毛、纺线剪裁……用肖像和风景来探索怀旧主题。	C
21	托德斯（TOD'S）	21	《帕什米之梦》（*Pashmy Dream*，2008）	丹尼斯·霍珀（Dennis Hopper）	剧情老套的时尚叙事，美女与慕名者之间的追逐游戏，由品牌代言人格温妮斯·帕特洛主演，目的是推广品牌的核心产品 Tod's Pashmy 包。	A

续表

序号	品牌	样本编号	电影名	导演	案例特征	范式类型
22	私享(Vente-Privée)	22	《欲望》(*Le désir*, 2011)	欧文·奥拉夫(Erwin Olaf)	一种典型的法式幽默,以一位英俊男模的送礼为线索展开一系列的误解与搞笑的场景,表明时尚与欲望的多层次性。	A
23	伊夫·圣·罗兰(Yves Saint Laurent)	23/1	《光与影》(*Light and Shadow*, 2009)	莎拉·查特菲尔德(Sarah Chatfield)	男模站立在不断晃动的灯下不动,在来回摆动的光与影的明暗交错中,表达服装在不同光线下的形态以及不同情绪。	B
		23/2	《亚利桑那的缪斯》(*Arizona Muse*)	I.V.拉姆斯维尔德,V.马塔迪恩(Inez van Lamsweerde, Vinoodh Matadin)	该片是对英国前卫电影的关键人物斯蒂芬·德沃斯金(Stephen Dwoskin)的《片刻》(*Moment*, 1968)的致敬,以黑白影像来表达时尚短暂的存在。	A
以下为时尚设计师品牌						
24	亚历山大·麦昆(Alexander McQueen)	24/1	《柏拉图的亚特兰蒂斯》(*Plato's Atlantis*, 2009)	尼克·奈特(Nike Night)	在起伏的蛇群下,导演拍摄了模特兼主演拉奎尔·齐默尔曼(Raquel Zimmermann),在奈特对图案和色彩的令人眼花缭乱的描述中,模特的身体、服装和更广阔的自然世界被合成为一个催眠幻想。	B
		24/2	《短跑运动员》(*The Sprint Runner*, 2022)	索菲·穆勒(Sophie Muller)	导演是屡获殊荣的视觉艺术家。舞者在一个空荡荡的仓库内轻松跳跃、滑行并完成一系列的波比动作,将轻盈流畅的运动与时尚新品推广结合起来,形成一场引人入胜的艺术表演。	B

续表

序号	品　牌	样本编号	电 影 名	导　演	案 例 特 征	范式类型
25	塞西莉亚·玛丽·罗布森(Cecilia Mary Robson)	25	《随时间的音乐起舞》(*A Dance to The Music of Time*, 2010)	桑德拉·弗雷伊(Sandra Freij)	导演为瑞典女时尚摄影师兼导演,其作品浪漫而女性化,并融入茫然和困惑的情绪,该片是对《去年在马里昂巴德》(*Last Year at Marienbad*, 1961)的致敬,成为伦敦时装周官方数字收藏影片。	C
26	加勒斯·普(Gareth Pugh)	26/1	《土、水、风和火》(*Earth Water Wind & Fire*, 2010)	露丝·霍格本(Ruth Hogben)	一部围绕着土、水、风和火四种元素展开的时尚概念电影,对服装做了较为激进的处理以传达设计师的理念。	B
		26/2	《想象 79》(*Immagine 79*, 2011)	露丝·霍格本(Ruth Hogben)	通过身体被放置和流离失所的方式来体现时尚的存在与虚幻的概念,在影片的前半部分,人物被投射到了一个文艺复兴时期的小教堂的天花板上,后半部分则是通过不断地移动制造出身体出现和消失的一种即时在场的幻觉,服装在投射与运动中呈现出各种形态。	B
27	侯赛因·卡拉扬(Hussein Chalayan)	27/1	《麻醉剂》(*Anaesthetics*, 2004)	侯赛因·卡拉扬(Hussein Chalayan)	通过对诸多暴力场景的解读,来关注机构如何通过规范隐藏暴力,探讨制度如何规范我们的生活,该系列电影还包括《读数》(*Readings*, 2008)等作品,与他的时装系列共同构成了卡拉扬的“设计宇宙”,实现了时尚设计及实践向电影媒介的延伸。	C
		27/2	《缺席在场》(*Absent Presence*, 2005)	侯赛因·卡拉扬(Hussein Chalayan)	讨论了关于个性、地域、遗传学以及人类学等交叉认知的故事,探讨当我们通过衣物上残留的 DNA 去辨别“人”的时候,我们应当怎样去定义具体的个体……	C

续表

序号	品牌	样本编号	电影名	导演	案例特征	范式类型
28	吉尔·桑德等品牌(Jil Sander, etc.)	28	《大满贯》(*Grand Slam*, 2011)	马修·唐纳森(Matthew Donaldson)	通过使用极慢动作的高清视频,韩国运动员李秀妍(Sooyeon Lee)的乒乓球技巧被提升到了艺术的地位,表现出她所穿的设计师高定服装在动态的流动图像中的变化及美感。	B
29	梅森·马丁·马吉拉(Maison Martin Margiela)	29	《现实逆转》(*Reality Inverse*, 2019)	尼克·奈特(Nick Knight)	影片采用负片、过度饱和、暴力拼接等表现手法,将音乐、设计、绘画、摄影、动态影像及热成像等各种媒介手段糅合在一起,以极为抽象及实验性的数字融合作品表现时尚的后现代美学风格,而品牌标志性的“云朵手袋”(Glam Slam)则以柔软的云朵形状浪漫地呈现在影片中,显得熠熠发光。	B
30	菲利普·林,连卡佛(Phillip Lim, Lane Crawford)	30	《乔利》(*Joli*, 2010)	埃勒·穆利亚奇克(Elle Muliarchyk)	该片是对美国前卫电影导演玛雅·德伦(Maya Deren)的代表作——《午后网格》(*Meshes of the Afternoon*, 1943)的致敬,借鉴了玛雅·德伦的“恍惚电影”对个体潜意识及内心体验的表达手法,将时尚表现为一种情感性体验。	C
31	普罗恩扎·舒勒(Proenza Schouler)	31	《雪球》(*Snowballs*, 2011)	哈姆尼·科林(Harmony Korine)	科林是美国知名前卫实验电影的创作者,作品以古怪、松散和越界的美学为特色,探索禁忌主题并结合实验技术,该片无明确主题,注重表达品牌的散漫自由的精神。	C
32	文森特·拉普(Vincent Lapp)	32	《隐藏》(*Hidden*, 2019)	DBLG 工作室	用三联视频装置融合了时尚、音乐和视觉艺术的多元表征,每件服装的动态图形语言与音乐打击混合声相配合,让观众沉浸在强烈的视觉与听觉融合中,这部电影随后赢得了年度时尚电影奖。	B

表注:案例共选择 32 个品牌 73 部电影,其中 1—23 为全球化时尚品牌,24—32 为设计师品牌,均按品牌英文首字母排序;范式类型:A 指叙事范式、B 指行动范式、C 指作者范式。

后 记

本书的后记由致谢组成，以此表达我对此书写作过程中所获帮助与鼓励的感谢。

首先要感谢国家社科基金后期资助项目，为本书提供了充裕的研究及出版资金，更重要的是，在项目申请阶段，五位匿名专家提出的具体建议，为本书的修改及最后完善提供了方向。在项目成果鉴定阶段，匿名评委及项目组最终给予的评价与鼓励，是本人近年来得到过的最大肯定："该成果是本人（指评委）近五年评审的国家社科基金成果中最优秀的一个"；"该成果是一项下了很大功夫的研究成果，在一定程度上填补了国内该领域的研究空白"；"该项研究整体结构颇为宏大，但层次清晰，理论分析与实证材料相互映照，具有较高的学术价值"……类似这样的肯定，既令我忐忑，又令我有勇气在时尚研究领域继续努力。

其次要感谢我在东华大学任教 8 年来，每一届卓越时尚传播班的同学。本书的直接起因是为了更好地讲授为该专业学生开的三门专业课，时尚传播作为一门跨界的新兴学科，当初接手这些课时，我几乎无从下手，没有教材、没有资料，更没有可供参考的教学大纲，一切都是在教学相长中逐渐摸索并捋顺的。卓越班的每一届学生都对本书的写作作出了反馈与贡献，本书的每一章节都在班上进行过试讲与讨论，在此过程中，选修"时尚传媒概论""时尚品牌传播"以及"时尚新闻写作"课程的学生也早已不再仅限于卓越班的同学，同学们对课程的良好反馈以及"人力扩散"，促使我下决心将松散的教案整理成系统的研究成果，以此更好地应用到教学中去，而我也在三尺讲台上收获了人生最多的快乐。

在写作过程中，我的本科学生李娜、刘晓莹为早期书稿做了大量的资料收集、整理工作，虽然最后成稿时，因为体例有了很大改动，大部分资料都未能收录使用，但依旧要谢谢你们，下一份写作清单中，这些资料将依旧有用；还要感谢我的四名研究生——黄嘉欣、徐琰、夏芸洁、冯怡华，你们为本书的图表绘制、格式规范、图片校对以及排版复印等琐事，付出了辛勤的劳动，这些并非我的专长，但又是完成项目最终鉴定的必要环节，因为你们的帮助而提前完成。

上海人民出版社作为本书的出版方，在项目申请以及出版流程中，给予了很大的支持，尤其是出版社的责任编辑老师，从初稿审核到终稿反馈，都以极大的耐心与细心，给予帮助。每一位认真负责的图书编辑都是知识生产的“扫地僧”。

在媒体工作了十年后，我进入人生的迷茫期，不知道日复一日的所谓新闻生产价值何在。感谢我的导师童兵教授给了我再次学习的机会，重回复旦大学新闻学院的三年博士生涯，既让我告别了过往，又让我有勇气归零再出发，为人生的下半场找到一个新起点。职业、城市、身份均改变后，我感觉像重活了一次，过程虽然很艰难但改变带来的未知与焦虑，却让我重新找到了努力的动力。感谢童老师和师母林涵教授一直未放弃我这个学术后进生，使我有勇气将思考的点滴形成文字，如今读来，觉得有那么一点点的成就感。

我向来不是一个非常勤勉的人，总在间歇性努力与持续性散漫之间曲折前进，但我的家人及朋友却对我有着不切实际的期望。为不辜负这些期望，我不得不自加一些压力，以表达对他们在生活上、情绪上对我无微不至的照顾的感激。人不是因看见而相信，而是因相信而看见，你们根深蒂固的对我过高的偏见，日渐成为我孤独寂寞的研究工作中的兴奋剂，促使我耐心穿过长长的隧道，看到远方那束微光。

本书写作贯穿了新冠疫情三年，最后完稿又恰逢2022年上海特殊的春季。在烂漫的春光里，足不出户地在写作与上网课之间切换，还要照顾到学生随时被触发的情绪，以及自己孤独无助的心理，那真是一段艰难的日子。但正如萨特所说，“不管我们处于何种地狱般的环境之中，我们都有自由去打碎它”。感谢这个写作任务，救赎了这段魔幻而痛苦的人生，在不如意的环境中寻得内心的自由与安定，是写作给我带来的心流。

最后，也要感谢自己，有勇气拥抱不确定性，不沉溺于世俗的成功，将人生当成一场修行，遵从内心。都说人生最甜的果实，既不是他人馈赠的，也不是唾手可得的，而是跳一跳、努把力才摘得的那一颗，这本书，算是这样摘得的一颗果实。

图书在版编目(CIP)数据

媒介视域下的时尚史/徐玲英著.—上海:上海
人民出版社,2024
ISBN 978-7-208-18901-0

Ⅰ.①媒… Ⅱ.①徐… Ⅲ.①服饰美学-美学史-世
界 Ⅳ.①TS941.11-091

中国国家版本馆CIP数据核字(2024)第088591号

责任编辑 刘华鱼
封面设计 孙吉明 夏 芳

媒介视域下的时尚史
徐玲英 著

出　版 上海人民出版社
(201101 上海市闵行区号景路159弄C座)
发　行 上海人民出版社发行中心
印　刷 上海盛通时代印刷有限公司
开　本 720×1000 1/16
印　张 23
插　页 2
字　数 367,000
版　次 2024年9月第1版
印　次 2024年9月第1次印刷
ISBN 978-7-208-18901-0/G·2188
定　价 158.00元